高等学校规划教材

机床数控技术

主　编　李富荣　曹凤梅　张九鼎
副主编　马　婕　张　德

西北工业大学出版社

西　安

【内容简介】 本书详细、系统地介绍了数控技术基本内容，数控加工工艺与编程，计算机数控系统软、硬件结构，插补控制原理；重点介绍了典型伺服驱动系统的组成及应用，常用检测装置的工作原理及其在数控机床上的应用，数控机床的典型机械结构及数控设备的工作原理和传动结构。此外还介绍了数控机床的维护维修等内容。本书内容简明扼要、由浅入深、层次分明、图文并茂；数控加工工艺与编程部分紧贴生产实际，书中数控加工编程典型案例具有很强的示范性，便于读者理解和掌握。

本书可用作高等院校机电一体化、机械设计制造及其自动化等相关专业学生的教材，也可用作相关工程技术人员的参考书。

图书在版编目(CIP)数据

机床数控技术 / 李富荣，曹凤梅，张九鼎主编．—西安：西北工业大学出版社，2023.8

ISBN 978-7-5612-8907-5

Ⅰ．①机… Ⅱ．①李… ②曹… ③张… Ⅲ．①数控机床 Ⅳ．①TG659

中国国家版本馆CIP数据核字(2023)第147503号

JICHUANG SHUKONG JISHU

机 床 数 控 技 术

李富荣 曹凤梅 张九鼎 主编

责任编辑：曹　江　　策划编辑：李阿盟

责任校对：胡莉巾　　装帧设计：李　飞

出版发行：西北工业大学出版社

通信地址：西安市友谊西路127号　　邮编：710072

电　　话：(029)88491757，88493844

网　　址：www.nwpup.com

印 刷 者：西安五星印刷有限公司

开　　本：787 mm×1 092 mm　　1/16

印　　张：16.5

字　　数：433千字

版　　次：2023年8月第1版　　2023年8月第1次印刷

书　　号：ISBN 978-7-5612-8907-5

定　　价：48.00元

前　言

随着“互联网＋制造业”时代的到来和“中国制造 2025”规划的实施，智能制造和智能工厂蓬勃兴起，高水平制造业人才缺口高达近千万人。在此大背景下，机械工程技术人员要具有自动控制、机电传动、工程测试等方面的综合知识与技能。数控技术是集机械设计与制造、微电子技术、计算机技术、自动控制技术、信息处理技术、检测传感技术等于一体的综合技术，广泛应用于航空航天、汽车、船舶、电子等行业。机械类专业应用型本科生必须掌握数控加工工艺与编程、数控机床结构与控制等相关理论和知识，具备数控机床编程与操作、调试与维修等方面的综合技能，以满足当前社会对制造业人才的需求。

为了适应新工科机械大类专业建设和人才培养的需求，在编写本书过程中，笔者曾去多家制造类企业进行实地调研，收集了企业典型生产案例，并结合笔者多年从事数控技术教学和科研的实践和感悟。本书内容安排力求由浅入深、重点突出，图文并茂、层次分明。本书内容具有以下特点：

(1)根据实际需求，精选案例，选取的案例基本上都来自于制造企业的实际生产。

(2)以“项目任务驱动”为主线，构建完整的教学设计布局，让学生每完成一部分知识的学习，就可以通过章节自测题进行自我测验，以达到查漏补缺的目的。

(3)对较为抽象和难以理解的内容，用图表加以说明，便于学生理解和掌握。

(4)每一章都有教学提示和教学要求，每一章最后都有章节小结，以便于学生在学习前明确学习目标，在学习后形成较为系统的知识体系。

(5)本书部分内容融入课程思政案例，给学生以反思和启迪，使学生在获取专业知识的同时提升思想道德修养。

本书由银川能源学院李富荣负责统稿和定稿，参加编写工作的还有银川能源学院曹凤梅，张九鼎、马婕、张德。编写分工如下：第 1 章由曹凤梅编写，第 2、3 章由李富荣编写，第 4 章由张九鼎编写，第 5 章由张德编写，第 6 章由马婕编写。

在编写本书的过程中，笔者参考了大量文献资料，在此向相关作者表示感谢；同时，笔者得到了银川能源学院相关校领导和机械与汽车工程学院全体教师的热情帮助和耐心指导，在此对他们表示感谢。

由于水平有限，书中疏漏之处在所难免，恳请读者不吝指教，以便进一步修改和完善。

编　者

2023 年 3 月

目　录

第1章 绪　论

教学提示：数控机床是采用数字控制技术对机床各移动部件相对运动进行控制的机床，它是典型的机电一体化产品，是现代制造业的关键设备。计算机、微电子、信息、自动控制、精密检测及机械制造技术的高速发展，加速了数控机床的发展。目前数控机床正朝着高速度、高精度、高工序集中度、高复合化和高可靠性等方向发展，同时其应用也越来越广泛。

教学要求：本章主要讲述数控机床的基本概念和特点，主要技术参数、分类以及技术与发展水平等。本章内容是数控机床的基本知识，要求学生理解并掌握数控机床的基本概念、组成与特点以及分类，了解其发展趋势以及在先进制造技术中的作用。

1.1 概　述

☞ 本节学习要求

1. 了解基于数控技术的先进自动化生产系统及其在制造业中的作用。
2. 理解数控机床基本结构、主要技术参数。
3. 掌握数控技术及数控机床相关的基本概念。

☞ 内容导入

大家见过激光刻章机吗？它依靠激光管产生激光，激光携带高温在章料上逐行扫描雕刻，是集光、机、电一体化技术的简易数控设备。

1.1.1 数控技术的基本概念

数控技术是综合了计算机、自动控制、机电、电气传动、测量、监控、机械制造等学科领域成果而形成的一门技术。在现代机械制造领域中，数控技术已经成为核心技术之一，是实现柔性制造（Flexible Manufacturing，FM）、计算机集成制造（Computer Integrated Manufacturing，CIM）、工厂自动化（Factory Automation，FA）、智能制造（Intelligent Manufacturing，IM）的重要基础技术之一。数控技术较早地应用于机床装备中，本书讨论的数控技术具体指机床数控技术。

《工业自动化系统 机床数值控制 词汇》（GB/T 8129—2015）把机床数控技术定义为"用数字化信息对机床运动及加工过程进行控制的一种方法"，简称数控（Numerical Control，NC）。

1.1.2 数控机床的基本概念

数控机床（Numerical Control Machine）是采用了数控技术的机床。国家信息处理联盟第五技术委员会对数控机床作了如下定义:"数控机床是一个装有程序控制系统的机床,该系统能够逻辑地处理具有使用代码,或其他符号编码指令规定的程序。"换而言之,数控机床是一种采用计算机,利用数字信息进行控制的高效、能自动化加工的机床,它能够按照机床规定的数字化代码,把各种机械位移量、工艺参数、辅助功能(如刀具交换、冷却液开与关等)表示出来,经过数控体系的逻辑处理与运算,发出各种控制指令,实现要求的机械动作,自动完成零件的加工任务。在被加工零件或加工工序变换时,它只改变控制的指令程序就可实现新的加工。因此数控机床较好地解决了复杂、精密、小批量、多品种零件的加工问题,是一种柔性、高效能的自动化机床,也是一种典型的机电一体化产品。

1. 数控机床的组成

数控机床主要由程序介质、数控系统、机床主体 3 部分组成,如图 1.1 所示。

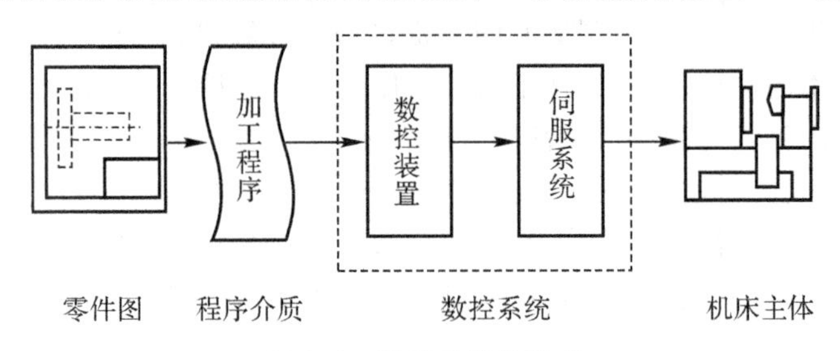

图 1.1　数控机床的组成

(1)程序介质。程序介质用于记载机床加工零件的全部信息,如零件加工的工艺过程、工艺参数、位移数据、切削速度等。常用的程序介质有 U 盘、磁带、磁盘等。有一些数控机床采用操作面板上的按钮和键盘将加工程序直接输入或通过串行接口将计算机上编写的加工程序输入数控系统。在计算机辅助设计与计算机辅助制造(CAD/CAM)集成系统中,加工程序可不需要任何载体而直接输入数控系统。

(2)数控系统。数控系统是一种程序控制系统,它能逻辑地处理输入数控系统中的数控加工程序,控制数控机床运动并加工出零件。数控系统由数控装置和伺服系统两部分组成,各公司的数控产品也是将两者作为一体。数控装置是数控机床的核心,在本书第 3 章将详细叙述。

注意:数控装置其形式可以是由数字逻辑电路构成的专用硬件数控装置或是计算机数控装置。前者称作硬件数控装置,或 NC 装置,其数控功能由硬件逻辑电路实现;后者称为 CNC 装置,其数控功能由硬件和软件共同实现。数控装置将数控加工程序信息按两类控制量分别输出,从而控制机床各组成部分实现各种数控功能。一类是连续控制量,送往伺服驱动装置;另一类是离散的开关控制量,送往可编程逻辑控制装置(PLC)。

对于现在的 CNC 装置来说,其主要功能可概括为:

1)译码。将程序段中的各种信息,按一定语法规则翻译成数控装置能识别的语言,并以一定的格式存放在指定的内存专用区间。

2)刀具补偿。加工零件时,对刀具尺寸、刀具磨损或多把刀之间长短差异进行补偿。刀具补偿包括刀具长度补偿、刀具半径补偿。

3)进给速度处理。编程所给定的刀具移动速度是加工轨迹切线方向的速度,速度处理就是将其分解成各运动坐标方向的分速度。

4)插补。插补就是在用户编制的零件轮廓段的起点和终点之间进行数据点的密化,控制两个以上坐标轴协调运动。一般数控装置能对直线、圆弧进行插补运算。一些专用或较高档的 CNC 装置还可以完成椭圆、抛物线、正弦曲线和一些专用曲线的插补运算。

5)位置控制。在闭环 CNC 装置中,位置控制的作用是在每个采样周期内,把插补计算得到的理论位置与实际反馈位置相比较,用其差值去控制进给电动机,使其带动执行机构(工作台)向着误差缩小的方向运动,从而提高机床的定位精度。

伺服系统由伺服驱动电动机、伺服驱动装置、检测装置组成,是数控系统的执行部件。它的基本作用是接收数控装置发来的指令脉冲信号,控制机床执行部件的进给速度、方向和位移量以完成零件的自动加工;位置检测装置间接或直接测量执行部件的实际进给位移,并与指令位移进行比较,将其误差转换放大后控制执行部件的进给运动。常用的位移检测元件有脉冲编码器、旋转变压器、感应同步器、光栅及磁栅等。这部分内容将在本书第 4 章详细叙述。

(3)机床主体。数控机床的机床主体与传统机床相似,由主轴传动装置、进给传动装置、床身、工作台以及辅助运动装置、液压气动系统、润滑系统、冷却装置等组成。但数控机床在整体布局、外观造型、传动系统、刀具系统的结构以及操作机构等方面都已发生了很大的变化。这种变化的目的是满足数控机床的要求和充分发挥数控机床的特点。图 1.2 所示为 MJ－460 数控车床外观,图 1.3 所示为 QM－40S 型立式加工中心外观。这部分内容将在本书第 5 章详细叙述。

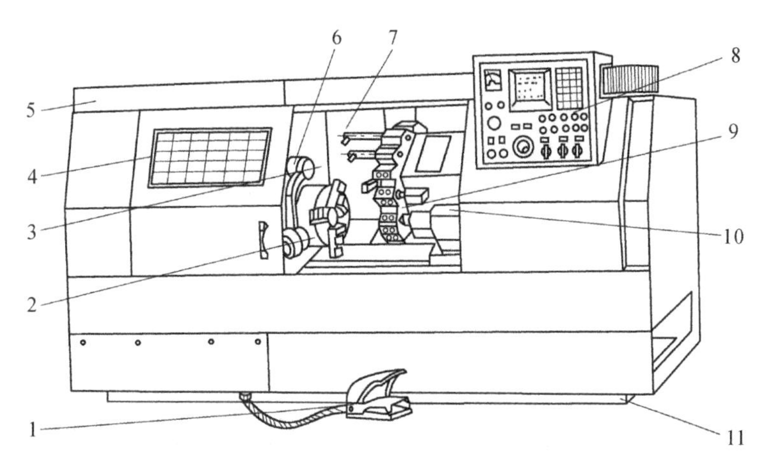

图 1.2 MJ－460 数控车床的外观

1—脚踏开关;2—主轴卡盘;3—主轴箱;4—机床防护门;5—数控装置;6—对刀仪;7—刀具;8—操作面板;9—回转刀架;10—尾座;11—床身

2.数控机床的主要技术参数

(1)主要规格尺寸。数控车床的主要规格尺寸有床身上最大工件回转直径、刀架上最大工件回转直径、加工最大工件长度以及最大车削直径等。数控铣床和加工中心的主要规格尺寸有工作台面尺寸、工作台 T 形槽以及工作行程等。

(2)主轴系统。数控机床主轴采用直流或交流电动机驱动,具有较宽的调速范围和较高的回转精度,主轴本身的刚度与抗振性比较好。现在数控机床的主轴转速普遍能达到 5 000～10 000 r/min 甚至更高,对提高加工质量和各种小孔加工极为有利;主轴转速可以通过操作面板上的转速倍率开关直接改变。

(3)进给系统。进给系统有进给速度范围、快速(空行程)速度范围、运动分辨率(最小位移增量)、定位精度和螺距范围等主要技术参数。进给速度是影响加工质量、生产效率和刀具寿命的主要因素,直接受到数控装置运算速度、机床运动特性和工艺系统刚度的限制。其中,最大进给速度为加工的最大速度,最大快进速度为不加工时移动的最大速度。进给速度可通过操作面板上的进给倍率开关调整。

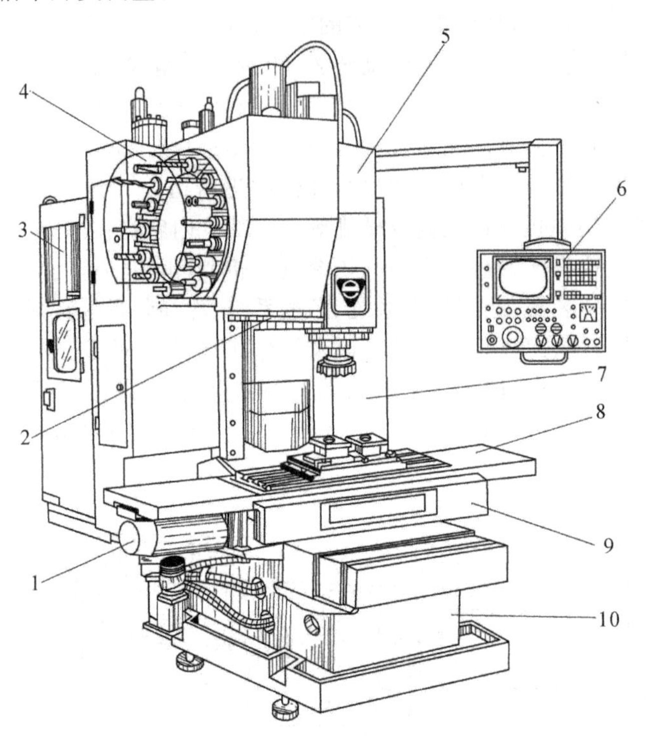

图 1.3　QM－40S 型立式加工中心的外观

1—轴的伺服电机;2—换刀机械手;3—数控柜;4—盘式刀库;5—主轴箱;
6—操作面板;7—驱动电动柜;8—工作台;9—滑座;10—床身

脉冲当量(分辨率)是指两个相邻分散细节之间可以分辨的最小间隔,是重要的精度指标。其有两方面的内容:一是机床坐标轴可达到的控制精度(可以控制的最小位移增量),表示数控装置每发出一个脉冲信号时坐标轴移动的距离,称为实际脉冲当量或外部脉冲当量;二是内部运算的最小单位,称为内部脉冲当量,一般内部脉冲当量比实际脉冲当量设置得要小,目的是在运算过程中不损失精度。数控系统在输出位移量之前,自动将内部脉冲当量转换成外部脉冲当量。其计算式如下:

$$\text{实际脉冲当量}=\text{传动比}\times\frac{\text{丝杠螺距}}{\text{电动机每转脉冲数}}$$

脉冲当量是设计数控机床的原始数据之一,其数值决定数控机床的加工精度和表面质量。目前数控机床的脉冲当量一般为 1 μm,精密或超精密数控机床的脉冲当量为 0.1 μm。脉冲当量越小,数控机床的加工精度和加工表面质量越高。

(4)定位精度和重复定位精度。定位精度是指数控机床工作台等移动部件在确定的终点所达到的实际位置的精度。因此移动部件实际位置与理想位置之间的误差称为定位误差。定位误差包括伺服系统误差、检测系统误差、进给系统误差和移动部件导轨的几何误差等。定位误差将直接影响零件加工的位置精度。

重复定位精度是指在同一台数控机床上，应用相同程序、相同代码加工一批零件，所得到的连续结果的一致程度。重复定位精度受伺服系统特性、进给系统的间隙与刚性以及摩擦特性等因素的影响。一般情况下，重复定位精度是呈正态分布的偶然性误差，它影响一批零件加工的一致性，是一项非常重要的性能指标。对于中小型数控机床，定位精度普遍可达±0.01 mm，重复定位精度为±0.005 mm。

(5)刀具系统。数控车床刀具系统的主要技术参数包括刀架工位数、工具孔直径、刀杆尺寸、换刀时间、重复定位精度等。加工中心刀库容量与换刀时间直接影响其生产率，通常中小型加工中心的刀库容量为16～60把，大型加工中心可达100把以上。

换刀时间是指自动换刀系统将主轴上的刀具与刀库中的刀具进行交换所需要的时间。

1.1.3　基于数控技术的自动化生产系统

1. 直接数字控制系统

直接数字控制或分布式数字控制(DNC)是用一台计算机直接控制和管理一群数控机床进行零件加工或装配的系统。它将一群数控机床与存储有机床控制程序的公共存储器相连接，根据加工要求向机床分配数据和控制程序。在DNC系统中，基本保留原来各数控机床的计算机数控(CNC)系统，中央计算机并不取代各数控装置的常规工作，CNC系统与DNC系统的中央计算机组成计算机网络，实现分级管理。

2. 柔性制造单元及柔性制造系统

(1)柔性制造单元(FMC)。FMC既可作为独立运行的生产设备进行自动加工，也可作为柔性制造系统的加工模块，具有占地面积小、便于扩充、成本低、功能完善和加工适应范围广等特点，非常适用于中小企业。它由加工中心(MC)与自动交换工件(APC)装置组成，同时数控系统还增加了自动检测与工况自动监控等功能，如图1.4所示。其根据加工对象、数控机床的类型与数量以及工件更换与存储的方式不同，可以有多种形式。

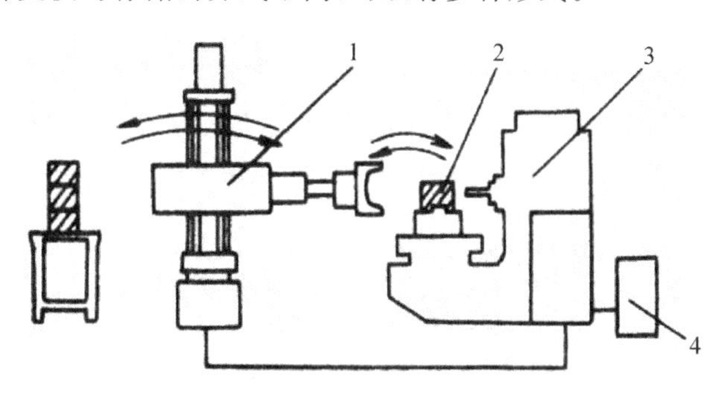

图1.4　FMS框图

1—机器人；2—工件；3—加工中心；4—监控装置

(2)柔性制造系统(FMS)。它具有多台制造设备，大多在10台以下，一般以4～6台最多，包括切削加工、电加工、激光加工、热处理、冲压剪切、装配、检验等设备。一个典型的FMS由计算机辅助设计系统、生产系统、数控机床、智能机器人、自动上下料装置、全自动化输送系统和自动仓库等组成，如图1.5所示。它由计算机进行高度自动的多级控制与管理，对一定范围内的多品种、中小批量零部件进行制造。

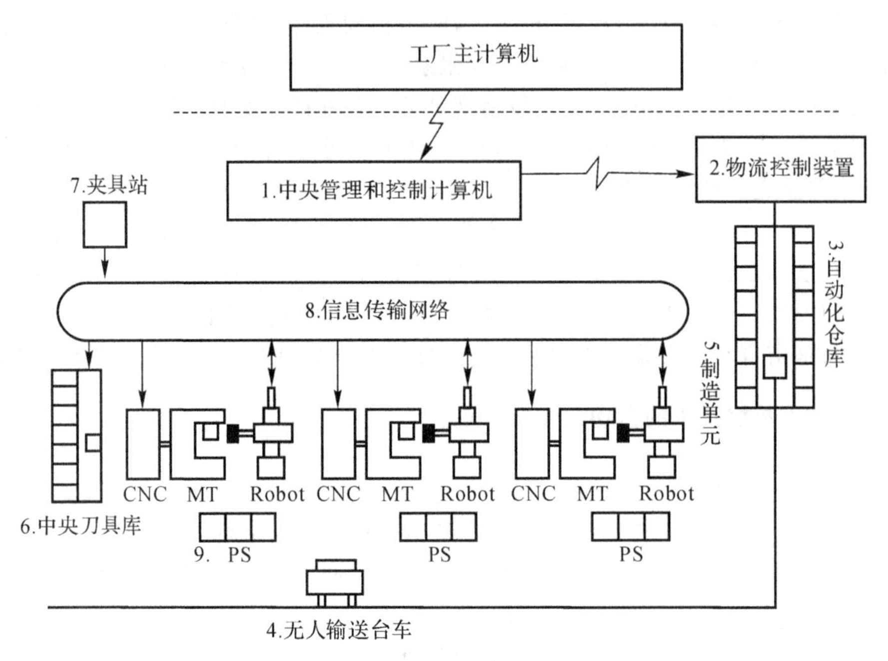

图 1.5　FMS 框图

3. 计算机集成制造系统

计算机集成制造系统(Computer Integrated Manufacturing System,CIMS)是一种先进的生产模式,它是将企业的全部生产、经营活动所需的各种分布的自动化子系统,通过新的生产管理模式、工艺理论和计算机网络有机地集成起来,以获得适用于多品种、中小批量生产的高效益、高柔性和高质量的智能制造系统。它是在柔性制造技术、计算机技术、信息技术、自动化技术和现代管理科学的基础上发展起来的,其最基本的内涵是用集成的观点组织生产经营,即用全局(全系统)的观点处理企业的经营和生产。"集成"包括信息的集成、功能的集成、技术的集成以及人、技术、管理的集成。一个典型的 CIMS 由信息管理、工程设计自动化、制造自动化、质量保证、计算机网和数据库等 6 个子系统组成,其相互关系如图 1.6 所示。

1.1.4　数控技术在先进制造技术中的作用

自从 20 世纪中期,人们将计算机技术引入控制机床加工飞机机翼样板的复杂曲线中以来,数控技术在机床控制方面取得了深入的发展,开始是数控铣床,接着是数控车床、数控钻床、数控镗床、数控磨床、数控线切割机床,之后是加工中心、车削中心、数控冲床、数控弯管机、数控折弯机、板材加工中心、数控齿轮机床、数控激光加工机床、数控火焰切割机等。这些都成为现代制造业的关键设备,保证了现代制造业向高精度、高速度、高效率、高柔性化的方向发展。

阅读材料

1983 年,日本东芝公司违反"巴筹"(巴黎统筹委员会,由除冰岛以外的北约国家与日本等国组成)限制,卖给苏联几台五轴联动的数控铣床。苏联人购买了这些数控机床使得螺旋桨在水中转动噪声大为下降，以至于美国的声呐无法侦测到苏联核潜艇的动向，苏军核潜艇能很好地隐藏在海底；该数控机床的销售，也使得苏联的装备制造业上了一个档次。这就是当时震惊全世界的“东芝事件”。这次事件使美国海军第一次丧失了对苏联海军舰艇的水声探测优势，直到今天，美国海军仍没有绝对把握去发现新型的俄罗斯核潜艇。

透过“东芝事件”，我们要清楚认识到，装备制造业直接影响着一个国家的经济实力与地位，而大型高精度数控设备又是装备制造业里的重中之重，它不但关系着工业的现代化程度，更关系着国防安全。

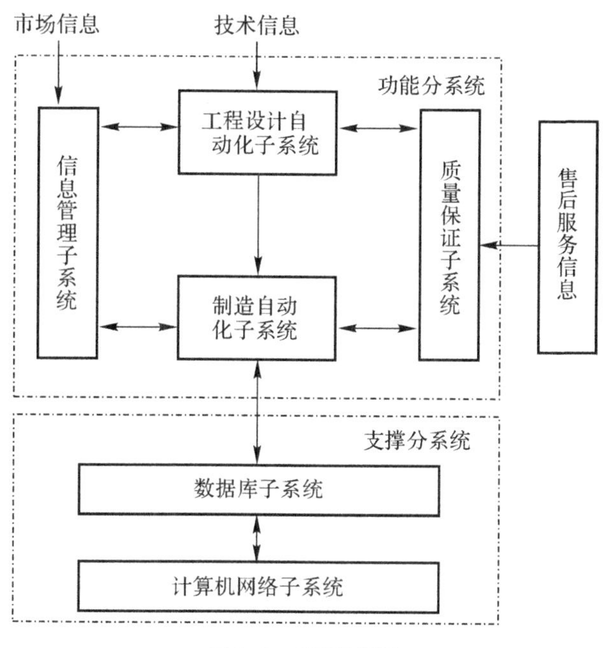

图1.6　CIMS框图

20世纪末，由于微电子技术的飞快发展，数控系统的性能有了极大的提升，功能不断丰富，满足了数控机床自动交换刀具、自动交换工件(包括交换工作台，工作台立、卧式转换等)的需要，而且还进一步满足了在数控机床之间，增加自动输送工件的托盘站(APC)或机器人传输工件，构成FMC的需要，还实现了由多台数控机床(含加工中心、车削中心)传送带、自动制导车辆(Automated Guide Vehicles，AGV)、工业机器人(Robot)以及专用的起吊运送机等组成的FMS的控制。此外，还有由加工中心、CNC机床、专用机床或数控专用机床组成的柔性制造线(Flexible Manufacturing Line，FML)，或多条FMS配备自动化立体仓库连接起来的柔性制造工厂(FMF)。

本节思考题

1. 数控机床由哪几部分组成？各组成部分的主要作用是什么？
2. 数控机床的主要技术参数有哪些？
3. 解释下列名词、术语：脉冲当量、定位精度、重复定位精度、FMC、FMS、CIMS。

1.2 数控机床

☞ 本节学习要求

1. 理解并掌握数控机床的工作过程、加工特点及分类。

2. 了解数控机床的发展状况及趋势。

☞ 内容导入

同学们都参加过金工实习,知道普通车床的工作过程,那么数控车床又是怎么工作的呢?通过这节课的学习大家就知道了。

1.2.1 数控机床的工作过程

数控机床的编程人员在编制好零件加工程序后,就可以由操作人员输入[包括 MDI(手动数据输入)、由输入装置输入和通信输入]至数控装置,并存储在数控装置的零件程序存储区内;要加工时,操作者可在机床操作面板上调出加工程序,数控装置对加工缓冲区内的零件加工程序进行自动处理(如译码、运算、插补、机床输入/输出等),然后输出控制命令到相应的执行部件(伺服单元、驱动装置和 PLC 等),从而加工出符合图纸要求的零件。其过程如图 1.7 所示。

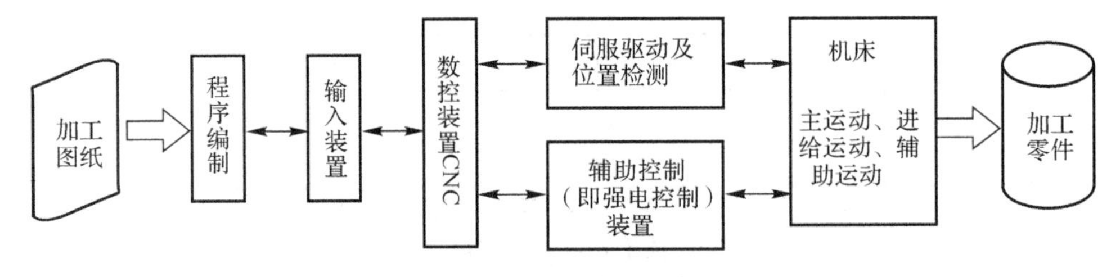

图 1.7 数控机床工作过程

1.2.2 数控机床的特点

数控机床与普通机床加工零件的区别在于数控机床是按照程序自动加工零件,而普通机床由工人手工操作来加工零件。在数控机床上只要改变控制机床动作的程序,就可以达到加工不同零件的目的。由于加工过程是由程序控制的,因此数控机床相应具有以下几个特点:

(1)加工零件适应性强,灵活性好。数控机床是一种高度自动化和高效率的机床,可适应不同品种和不同尺寸规格工件的自动加工,能完成很多普通机床难以胜任或者根本不可能加工出来的具有复杂型面的零件,如复杂曲面的模具加工、螺旋桨及涡轮叶片加工等。

(2)加工精度高,产品质量稳定。数控机床按照预定的程序自动加工,不受人为因素的影响,加工同批零件尺寸的一致性好,其加工精度由机床来保证,还可利用软件来校正和补偿误差,加工精度高、质量稳定,产品合格率高。因此,其能获得比机床本身精度还要高的加工精度及重复精度。

(3)综合功能强,生产效率高。数控机床的生产效率较普通机床的高 2～3 倍。尤其是某些复杂零件的加工，生产效率可提高十几倍甚至几十倍。这是因为数控机床具有良好的结构刚性，可进行大切削用量的强力切削，能有效地节省机动时间，还具有自动变速、自动换刀、自动交换工件和其他辅助操作自动化等功能，使辅助时间缩短，而且无须工序间的检测和测量。对壳体零件进行加工时，利用转台自动换位、自动换刀，几乎可以实现在一次装夹的情况下完成零件的全部加工，节约了工序之间的运输、测量、装夹等辅助时间。

(4)自动化程度高，工人劳动强度减轻。数控机床主要是自动加工，能自动换刀、启停切削液、自动变速等，其大部分操作不需人工完成，可大大减轻操作者的劳动强度和紧张程度，改善劳动条件。

(5)生产成本降低，经济效益好。数控机床自动化程度高，减少了操作人员的数量，同时加工精度稳定，降低了废品、次品率，使生产成本下降。在单件、小批量生产情况下，使用数控机床加工，可节省划线工时，减少调整、加工和检验时间，节省直接生产费用和工艺装备费用。此外，数控机床可实现一机多用，节省厂房面积和建厂投资。因此，使用数控机床仍可获得良好的经济效益。

(6)数字化生产，管理水平提高。在数控机床上加工，能准确地计算零件加工时间，加强了零件的计时性，便于实现生产计划调度，简化和减少了检验、工具与夹具准备、半成品调度等管理工作。数控机床具有的通信接口，可实现计算机之间的连接，组成工业局部网络(LAN)；采用制造自动化协议(MAP)规范，实现生产过程的计算机管理与控制。

1.2.3 数控机床的应用范围

数控机床与普通机床相比有许多优点，应用范围也在不断扩大。但是，数控机床的投资费用较大，对操作维修人员和管理人员的素质要求比较高，维修维护的费用高，技术难度大。在实际选用时，一定要充分考虑本单位的实际情况及其技术经济效益。数控加工的适用范围如图1.8所示。

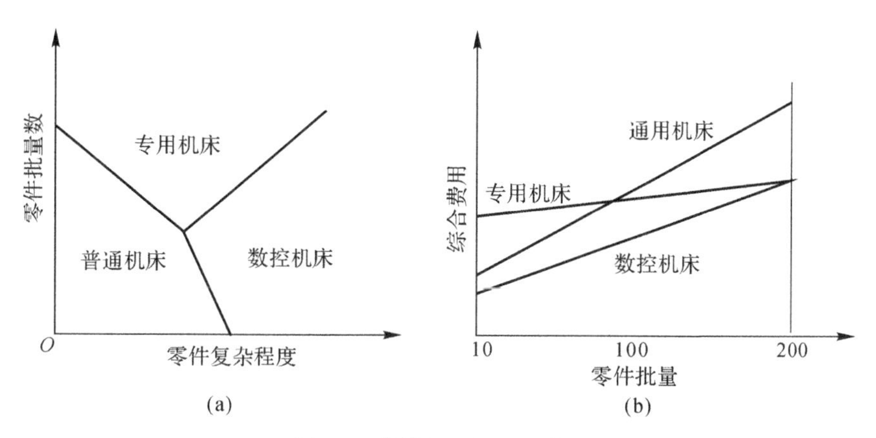

图1.8 数控加工的适用范围

由图1.8可知，当零件的复杂程度较高，生产批量不是很大时，适合于用数控机床加工；在多品种、中小批量生产的情况下，采用数控机床的加工费用更为合理。

注意：数控机床最适合加工的零件有：①多品种、小批量生产的零件；②形状、结构比较复杂的零件；③精度要求高的零件；④需要频繁改型的零件；⑤价格昂贵，不允许报废的关键零件；⑥需要生产周期短的急需零件；⑦批量较大、精度要求高的零件。

1.2.4 数控机床的分类

数控机床种类很多，规格不一，从不同的角度所分的类别也不同。根据数控机床功能、结构和组成的不同，可从控制方式、伺服系统类型、功能水平以及工艺方法几方面分类，见表1-1。

表1-1 数控机床的分类

分类方法	数控机床类型
按运动控制方式分类	点位控制数控机床、直线控制数控机床、轮廓控制数控机床
按伺服系统类型分类	开环控制数控机床、半闭环控制数控机床、闭环控制数控机床
按功能水平分类	经济型数控机床、中档数控机床、高档数控机床
按工艺方法分类	金属切削数控机床、金属成形类数控机床、特种加工数控机床

1.按运动控制方式分类

(1)点位控制数控机床。这类数控机床的特点是要求保证点与点之间的准确定位。它只能控制行程的终点坐标值，对于两点之间的运动轨迹不作严格要求。对于点位控制的孔加工机床只要求获得精确的孔系坐标，在刀具运动过程中，不进行切削加工。图1.9(a)所示为点位控制钻孔加工示意图。此类数控机床有数控钻床、数控镗床、数控冲床、三坐标测量机以及印制电路板钻床等。

(2)直线控制数控机床。这类数控机床在控制行程终点坐标值的同时，还要保证在两点之间刀具走的是一条直线，而且在走直线的过程中往往要进行切削。图1.9(b)所示为直线控制切削加工示意图。此类控制在过去采用得比较广泛，现代数控机床很少采用。

(3)轮廓控制数控机床。轮廓控制也称连续控制。这类数控机床除了具有直线控制数控机床的特点以外，还要保证两点之间的轨迹要按一定的曲线进行，即这种系统必须能够对两个或两个以上坐标方向的同时运动进行严格的连续控制。采用轮廓控制的数控机床有数控车床、数控铣床、数控加工中心等。图1.9(c)所示为轮廓控制铣削加工示意图。现代数控机床都采用计算机数控装置，其控制功能由软件实现，增加轮廓控制功能不会带来成本的增加。因此，除少数专用控制系统外，现代计算机数控装置都具有轮廓控制功能。

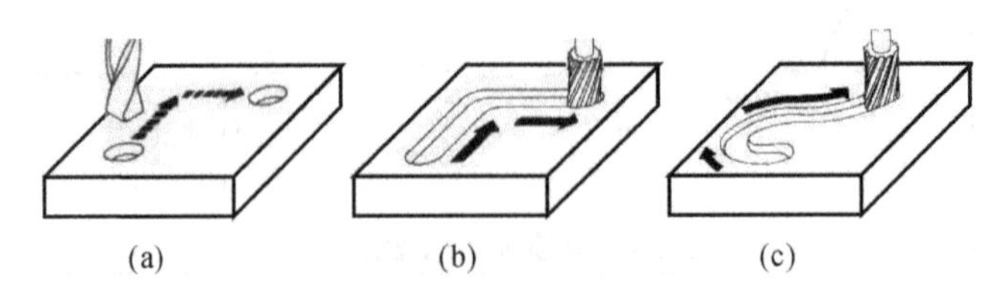

图1.9 数控机床运动轨迹分类

2. 按伺服系统类型分类

(1)开环控制数控机床。这类机床没有来自位置传感器的反馈信号,数控系统将零件程序处理后,输出数字指令信号给伺服系统,驱动机床运动。例如采用步进电动机的伺服系统就是一个开环伺服系统,如图 1.10 所示。

这类机床的优点是结构简单、较为经济、维护维修方便,但是速度及精度低,适用于对精度要求不高的中小型机床,多用于对旧机床的数控化改造。

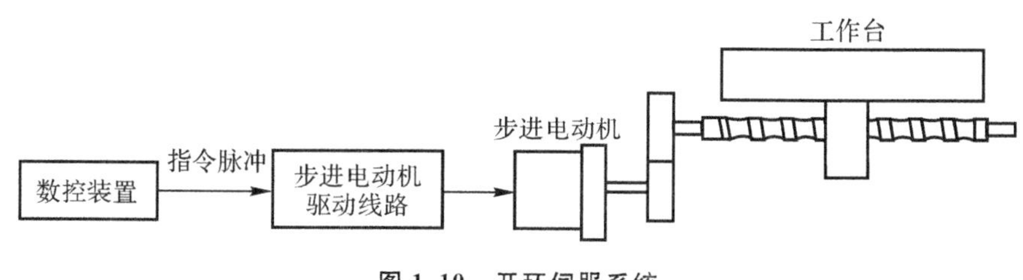

图 1.10 开环伺服系统

(2)闭环控制数控机床。这类机床上装有位置检测装置,直接对工作台的位移进行测量。数控装置发出进给信号后,经伺服驱动使工作台移动;位置检测装置检测出工作台的实际位移,并反馈到输入端,与指令信号进行比较,驱使工作台向其差值减小的方向运动,直到差值等于零为止。图 1.11 所示为闭环伺服系统。这类数控机床可以消除由传动部件制造中存在的精度误差给工件加工带来的影响,从而得到很高的精度。但是由于很多机械传动环节包括在闭环控制的环路内,各部件的摩擦特性、刚性以及间隙等都是非线性量,直接影响伺服系统的调节参数。闭环伺服系统的优点是精度高,但其系统设计和调整困难、结构复杂、成本高,主要用于一些对精度要求很高的镗铣床、超精密车床、超精密铣床和加工中心等。

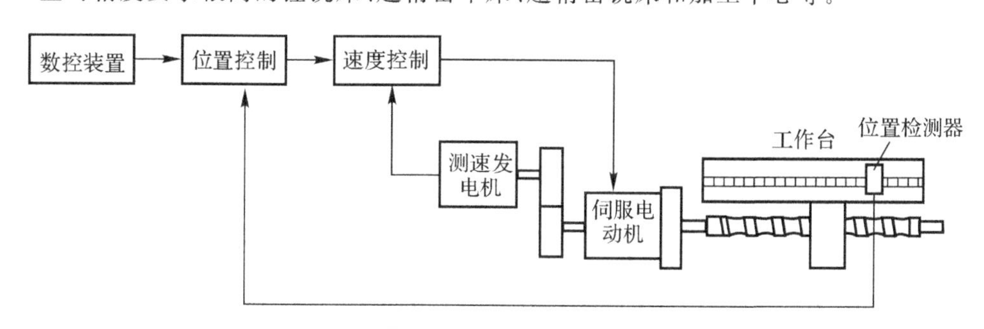

图 1.11 闭环伺服系统

(3)半闭环控制数控机床。这类数控机床采用安装在进给丝杠或电动机端头上的转角测量元件来测量丝杠旋转角度,从而间接获得位置反馈信息。图 1.12 所示为半闭环伺服系统。

这种系统的闭环环路内不包括丝杠、螺母副及工作台,因此可以获得稳定的控制特性。而且由于采用了高分辨率的测量元件,可以获得比较满意的精度及速度。大多数数控机床采用半闭环伺服系统,如数控车床、数控铣床、加工中心等。

3. 按功能水平分类

数控机床按功能水平分为高、中、低档 3 类。数控机床功能水平主要由它们的主要技术参

数、功能指标和关键部件的功能水平等决定,具体包括以下内容:

(1)中央处理单元(CPU)。低档数控机床一般采用 8 位 CPU;而中、高档数控机床已经由 16 位 CPU 发展到 32 位或 64 位 CPU,并采用具有精简指令集(RISC)的 CPU。

(2)分辨率和进给速度。低档数控机床的分辨率为 10 μm,进给速度为 6～15 m/min;中档数控机床的分辨率为 1 μm,进给速度为 12～24 m/min;高档数控机床的分辨率为 0.1 μm 或更小,进给速度为 24～100 m/min,或更高。

(3)多轴联动功能。低档数控机床多为 2～3 轴联动;中、高档数控机床则都是 3～5 轴联动,或更多。现代数控机床大多数都具有 3 轴以上联动控制功能。图 1.13(a)为 4 轴联动数控铣床结构简图,它同时控制 4 个坐标轴。图 1.13(b)为 5 轴联动数控铣床结构简图,它可同时控制 5 个坐标轴。

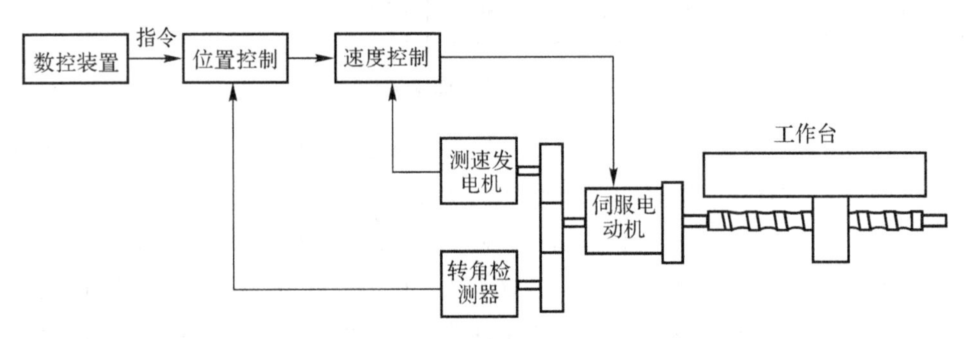

图 1.12　半闭环伺服系统

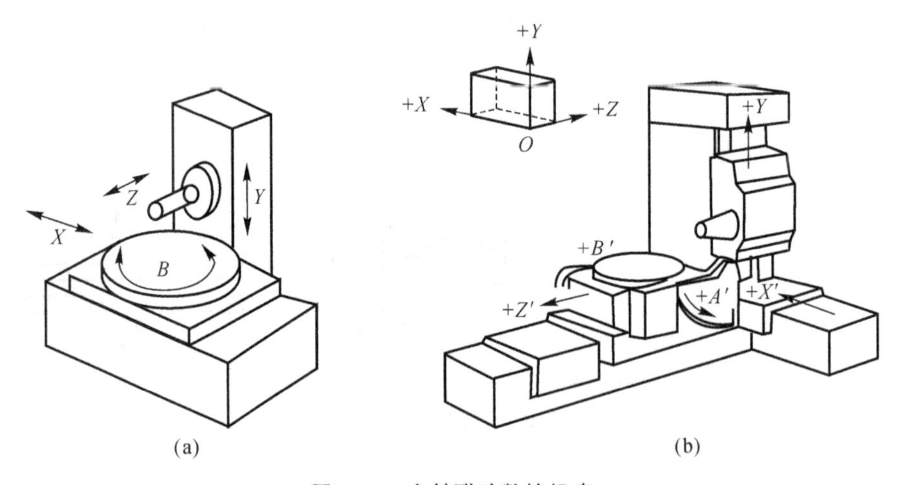

图 1.13　多轴联动数控机床

注意:数控机床可控轴数是指 CNC 能够控制的坐标轴数目,世界上最高级数控装置的可控轴数已达到 24 轴。联动轴数是指机床数控装置控制的坐标轴同时达到空间某一点的坐标数目。目前有 2 轴联动、3 轴联动、4 轴联动、5 轴联动等。

(4)显示功能。低档数控机床一般只有简单的数码显示或简单的阴极射线管(CRT)字符显示功能;中档数控机床有较齐全的CRT 显示功能,如显示字符、图形,人机对话,自诊断等;高档数控机床还有三维动态图形显示功能。

(5)通信功能。低档数控机床无通信功能;中档数控机床有RS232C或直接数控(DNC,也称群控)等接口;高档数控机床有制造自动化协议(MAP)等高性能通信接口,且具有联网功能。

注意:数控机床按功能水平的另一种分类是将数控机床分为经济(简易)型、普及(全功能)型和高档型。全功能型机床并不追求过多功能,以实用为准,也称为标准型。经济型数控机床是根据实际机床的使用要求制造的,并合理地简化了系统,降低了价格。在我国,经济型数控机床是指装备了功能简单、价格低、使用方便的低档数控系统的机床,主要用于车床、线切割机床及其他普通机床的数控化改造等。

4. 按工艺方法分类

(1)金属切削类数控机床,如数控车床、数控钻床、数控磨床、数控铣床、数控齿轮加工机床、加工中心、虚拟轴加工机床等。

(2)金属成型类数控机床,如数控折弯机、数控弯管机、数控冲床、数控回转头压力机等。

(3)特种加工数控机床,如数控线切割机床、数控电火花成型机、数控激光切割机、数控火焰切割机等。

1.2.5 数控机床的产生及发展趋势

随着电子技术的发展,1946年世界上第一台电子计算机问世,由此掀开了信息自动化的新篇章。1948年美国北密支安州的一个小型飞机工业承包商帕森斯公司(Parsons Co.)在制造飞机的框架及直升机的转动机翼时,提出了采用电子计算机对加工轨迹进行控制和数据处理的设想,后来得到美国空军的支持,并与美国麻省理工学院合作,于1952年研制出第一台三坐标数控铣床。

阅读材料

1955年,数控机床进入实用化阶段,在复杂曲面的加工中发挥了重要作用。这时数控机床的控制系统(专用电子计算机)采用了电子管,其体积庞大,功耗大。这是第一代数控系统。1959年晶体管出现,电子计算机应用了晶体管器件和印制电路板,从而使机床数控系统跨入第二代。1965年,数控装置开始采用小规模集成电路,使数控装置的体积减小、功耗降低及可靠性提高,但它仍然是硬件逻辑数控系统。数控系统发展到第三代。以上三代,都属于硬件逻辑数控系统,称为NC系统。1970年,美国芝加哥国际机床展览会首次展出用小型计算机控制的数控机床,这是世界上第一台计算机数字控制(CNC)的数控机床。数控系统进入第四代。20世纪70年代初,随着微处理机的出现,美、日、德等国都迅速推出了以微处理机为核心的数控系统,这样组成的数控系统,称为第五代数控系统,即微处理器数据(MNC)系统。从20世纪90年代开始,微电子技术和计算机技术的发展突飞猛进,个人计算机(PC)的发展尤为突出,无论是其软、硬件还是外围器件,都得到了迅速的发展,计算机采用的芯片集成化程度越来越高,功能越来越强,而成本却越来越低,原来在大、中型机上才能实现的功能现在在微型机上就可以实现。美国首先推出了基于个人计算机的数控系统,即PCNC系统,它被划入所谓的第六代数控系统。

目前数控机床正朝着高速度、高精度、高工序集中度、高复合化和高可靠性等方向发展。世界数控技术及其装备的发展趋势主要体现在以下几个方面。

1. 高速高效高精度

(1)高生产率。由于数控装置及伺服系统功能的改进，主轴转速和进给速度大大提高，缩短了切削时间和非切削时间。加工中心的进给速度已达到 80～120 m/min，进给加速度达 9.8～19.6 m/s^2，换刀时间小于 1 s。

(2)高加工精度。以前汽车零件精度的数量级通常为 10 μm，对精密零件要求为 1 μm，随着精密产品的出现，将精度要求提高到 0.1 μm，有些零件甚至已达到 0.01 μm，高精密零件要求提高机床加工精度，包括采用温度补偿等。微机电加工，其加工零件尺寸一般在 1 mm 以下，表面粗糙度为纳米数量级，要求数控系统能直接控制纳米机床。

2. 柔性化

柔性化包括两个方面的柔性：一是数控系统本身的柔性，数控系统采用模块化设计，功能覆盖面大，便于满足不同用户的需求；二是分布式数控(DNC)系统的柔性，DNC 系统能够依据不同生产流程的要求，使物料流和信息流自动进行动态调整，从而最大限度地发挥 DNC 系统的效能。

3. 工艺复合化和多轴化

数控机床的工艺复合化，是指工件在一台机床上装夹后，通过自动换刀、旋转主轴头或旋转工作台等各种措施，完成多工序、多表面的复合加工。已经出现了集钻、镗、铣功能于一身的数控机床，可完成钻、镗、铣、扩孔、铰孔、攻螺纹等多工序的复合数控加工中心，以及车削加工中心，钻削、磨削加工中心，电火花加工中心等。此外数控技术的进步也使数控车床具有了多轴控制和多轴联动控制功能。

4. 实时智能化

早期的实时系统通常针对相对简单的理想环境，其作用是调度任务，确保任务在规定期限内完成。而人工智能则试图用计算模型实现人类的各种智能行为。科学发展到今天，实时系统与人工智能已实现相互结合，人工智能正向着具有实时响应的更加复杂的应用领域发展，由此产生了实时智能控制这一新的领域。在数控技术领域，实时智能控制的研究和应用正沿着几个主要分支发展，如自适应控制、模糊控制、神经网络控制、专家控制、学习控制、前馈控制等。例如，在数控系统中配置编程专家系统、故障诊断专家系统、参数自动设定和刀具自动管理及补偿等自适应调节系统；在高速加工时的综合运动控制中引入提前预测和预算功能、动态前馈功能；在压力、温度、位置、速度控制等方面采用模糊控制，使数控系统的控制性能大大提升，从而达到最佳控制的目的。

5. 结构新型化

20 世纪 90 年代，一种完全不同于原来数控机床结构的新型数控机床被成功开发。这种新型数控机床被称为“6条腿”的加工中心或虚拟轴机床(有的还称为并联机床),它能在没有任何导轨和滑台的情况下,采用能够伸缩的“6条腿”(伺服轴)支撑并联,并与安装主轴头的上平台和安装工件的下平台相连。它可实现多坐标联动加工,其控制系统结构复杂,加工精度、加工效率较普通加工中心高2～10倍。这种数控机床的出现给数控机床技术带来了重大变革和创新。

6.编程技术自动化

随着数控加工技术的迅速发展,设备类型的增多,零件品种的增加以及零件形状的日益复杂,迫切需要速度快、精度高地编程,以便对加工过程进行直观检查。为弥补手工编程和NC语言编程的不足,近年来相关人员开发出多种自动编程系统,如图形交互式编程系统、数字化自动编程系统、会话式自动编程系统、语音数控编程系统等,其中图形交互式编程系统的应用越来越广泛。图形交互式编程系统以计算机辅助设计(CAD)软件为基础,首先形成零件的图形文件,然后再调用数控编程模块,自动编制加工程序,同时可动态显示刀具的加工轨迹。其特点是速度快、精度高、直观性好、使用简便,已成为国内外先进的CAD/CAM软件所采用的数控编程方法。目前常用的图形交互式软件有Master CAM、、Pro/E、UG、CAXA等。

7.集成化

数控系统采用高度集成化芯片,可提高数控系统的集成度和软、硬件运行速度,应用平板显示技术可提高显示器性能。平板显示器(FPD)具有科技含量高、质量小、体积小、功耗低、便于携带等优点,可实现超大规模显示,成为与CRT显示器抗衡的新兴显示器,是21世纪的主流显示器。它应用先进封装和互连技术,将半导体和表面安装技术融于一体,通过提高集成电路密度,减小互连长度和数量,以降低产品价格、改进性能、减小组件尺寸以及提高系统的可靠性。

8.开放式闭环控制模式

开放式闭环控制模式采用通用计算机组成的总线式、模块化、开放、嵌入式体系结构,便于裁减、扩展和升级,可组成不同档次、不同类型、不同集成程度的数控系统。闭环控制模式是针对传统数控系统仅有的专用型封闭式开环控制模式提出的。由于制造过程是一个由多变量控制和加工工艺综合作用的复杂过程,包括诸如加工尺寸、形状、振动、噪声、温度和热变形等各种变化因素,因此,要实现加工过程的多目标优化,必须采用多变量的闭环控制,在实时加工过程中动态调整加工过程变量。在加工过程中采用开放式通用型实时动态全闭环控制模式,易于将计算机实时智能技术、多媒体技术、网络技术、CAD/CAM、伺服控制、自适应控制、动态数据管理及动态刀具补偿、动态仿真等高新技术融于一体,构成严密的制造过程闭环控制体系,从而实现集成化、智能化以及网络化。

本节思考题

1.数控机床按运动轨迹的特点可分为几类?它们的特点是什么?

2.什么是开环、闭环、半闭环伺服系统数控机床?它们之间有什么区别?

3.数控技术的主要发展方向是什么?

4.请查阅资料了解数控技术最近有哪些进展。

1.3 章节小结

数控机床涉及的内容和知识比较多，本章仅对数控机床的基本概念、分类及其发展与作用进行概述。

(1)数控机床的基本概念。介绍了数控机床的概念、组成、特点、布局、参数、应用范围。

(2)数控机床的分类。从控制方式、伺服系统类型、功能水平及工艺方法 4 方面对数控机床进行了分类。

(3)数控机床的发展与作用。介绍了数控机床的产生与发展、发展趋势以及在先进制造技术中的作用。

1.4 章节自测题

1. **判断题**(每小题 1 分，共 10 分)

(1)数控机床只适用于零件的批量小、形状复杂、经常改型且精度高的场合。 (　　)

(2)数控机床与其他机床一样，当被加工的工件改变时，需要重新调整机床。 (　　)

(3)闭环数控系统比半闭环数控系统具有更高的系统稳定性。 (　　)

(4)闭环控制系统中，检测元件的精度决定了数控系统的精度和分辨率。 (　　)

(5)数控机床的柔性表现在它的自动化程度很高。 (　　)

(6)直线控制数控机床只控制运动部件从一点移动到另一点的准确定位，对两点间的移动速度和运动轨迹没有严格要求。 (　　)

(7)FMS 的基本核心是一个分布式数据库管理系统和控制系统。 (　　)

(8)数控钻床和数控冲床都属于轮廓控制数控机床。 (　　)

(9)对于点位控制机床，进给运动从某一位置到另一个给定位置的进程中需要进行加工。 (　　)

(10)数控机床的重复定位精度可以通过数控系统的功能进行补偿。 (　　)

2. **单项选择题**(每小题 1 分，共 20 分)

(1)对多品种、中小批量生产的又要求精度较高的零件，下列最适合加工的机床是(　　)。

A. 通用机床　　B. 专用机床　　C. 专门化机床　　D. 数控机床

(2)(　　)是指数控机床工作台等移动部件在确定的终点所达到的实际位置精度。

A. 定位精度　　B. 重复定位精度　　C. 加工精度　　D. 分度精度

(3)数控机床开环控制系统的伺服电动机多采用(　　)。

A. 直流伺服电机　　B. 交流伺服电机　　C. 交流变频调速电机　　D. 功率步进电动机

(4)若数控冲床的快速进给速度 $v=15$ m/min，快进时步进电动机的工作频率 $f=5\ 000$ Hz，则脉冲当量 δ 为(　　)。

A. 0.01 mm　　B. 0.02 mm　　C. 0.05 mm　　D. 0.1 mm

(5)全闭环进给伺服系统与半闭环进给伺服系统的主要区别在于(　　)。

A. 位置控制器　　B. 反馈单元的安装位置

C. 伺服控制单元　　D. 数控系统性能

(6)闭环控制系统的位置检测装置装在(　　)。

A. 传动丝杠上　　B. 伺服电动机轴上　　C. 机床移动部件上　　D. 数控装置中

(7)采用(　　)进给伺服系统的数控机床，其加工精度最低。

A. 闭环控制　　B. 开环控制　　C. 半闭环控制　　D. 点位控制

(8)程序校验与首件试切的作用是(　　)。

A. 检查机床工作是否正常

B. 验证刀具的运行轨迹

C. 验证切削参数是否合理

D. 检验程序是否合理及零件的加工精度是否满足图纸要求

(9)测量与反馈装置的作用是(　　)。

A. 提高机床的安全性　　B. 提高机床的使用寿命

C. 提高机床的定位精度、加工精度　　D. 提高机床的灵活性

(10)数控系统所规定的最小设定单位是(　　)。

A. 数控机床的运动精度　　B. 机床的加工精度

C. 脉冲当量　　D. 数控机床的传动精度

(11)世界上第一台数控机床是(　　)年研制出来的。

A. 1930　　B. 1947　　C. 1952　　D. 1958

(12)数控系统中 PLC 控制程序实现机床的(　　)。

A. 位置控制　　B. 各执行机构的逻辑顺序控制

C. 插补控制　　D. 各进给轴轨迹和速度控制

(13)数控机床的位置精度主要指标有(　　)。

A. 定位精度和重复定位精度　　B. 分辨率和脉冲当量

C. 主轴回转精度　　D. 几何精度

(14)数控机床的核心是(　　)。

A. 伺服系统　　B. 数控系统　　C. 反馈系统　　D. 传动系统

(15)下列因素中，影响开环伺服系统定位精度的主要因素是(　　)。

A. 插补精度　　B. 进给传动系统的精度

C. 检测系统的精度　　D. 机床热变形

(16)对于数控机床，最具机床精度特征的一项指标是(　　)。

A. 机床的运动精度　　B. 机床的传动精度

C. 机床的定位精度　　D. 机床的几何精度

(17)数控机床中把脉冲信号转换成机床移动部件运动的组成部分称为(　　)。

A. 程序介质　　B. 数控装置　　C. 伺服装置　　D. 机床主体

(18)全闭环控制伺服系统的数控机床，其定位精度主要取决于(　　)。

A. 伺服单元　　B. 检测装置的精度

C. 机床传动系统的精度　　D. 控制系统

(19)“FMS”的含义是(　　)。

A. 柔性制造线　　B. 柔性制造单元　　C. 柔性制造系统　　D. 柔性制造工厂

(20)计算机集成制造系统的英文缩写是(　　)。

A. CIMS　　B. CNC　　C. CAM　　D. FMS

3. **简答题**(70 分)

(1)解释下列名词术语(每小题 3 分,共 12 分)

1)数控机床。

2)脉冲当量。

3)数控系统。

4)联动轴数。

(2)试比较下述概念的区别(每小题 6 分,共 30 分)

1)CNC 与 DNC。

2)定位精度与重复定位精度。

3)数控机床的可控轴数与联动轴数。

4)数控机床的寿命与可靠性。

5)数控机床的多功能化与加工功能复合化。

(3)数控机床加工零件的一般步骤是什么?其加工零件有哪些特点?(9 分)

(4)开环、半闭环、全闭环 3 种控制系统控制数控机床各有何特点?(9 分)

(5)数控机床进给伺服系统的作用是什么?主要包括哪些部分?(10 分)

第2章 数控加工工艺与编程

教学提示:数控机床是严格按照从外部输入的程序来自动地对被加工工件进行加工的。为了与数控系统的内部程序(系统软件)相区别,把从外部输入的直接用于加工的程序称为数控加工程序,简称数控程序。理想的数控程序不仅应该保证能加工出符合图样要求的合格零件,还应该使数控机床的功能得到合理的应用与充分的发挥,以使数控机床能安全、可靠、高效地工作。数控加工工艺分析和零件图形的数学处理(又称数值计算)是数控编程前的主要准备工作,无论对于手工编程还是自动编程都是必不可少的。

教学要求:了解数控加工工艺分析与图形数学处理的基本概念和基本内容,以及数控编程的内容和步骤。掌握数控加工工艺分析的方法,数控加工工艺文件的制定以及数控车床、数控铣床和加工中心的手工编程知识。当在生产实际中遇到具体问题时,应根据数控机床的编程知识,合理而又灵活地去解决实际问题。

2.1 数控加工工艺

本节学习要求

1. 理解数控加工工艺分析的基本概念和内容。
3. 掌握数控加工工艺分析的方法并能熟练地制定数控加工工艺文件。

内容导入

在普通机床上加工零件时,一般是由工艺人员按照设计图样事先制定好零件的加工工艺规程。操作人员按工艺规程的各个步骤操作机床,加工出图样给定的零件。也就是说,零件的加工过程是由工人来完成的。例如开车、停车、改变主轴转速、改变进给速度和方向、切削液开、关等都是由工人手动操作的;数控加工采用了计算机控制系统,使得数控加工自动化程度高、精度高、质量稳定、生成效率高、周期短以及设备使用费用高,故数控加工工艺也与普通加工工艺具有一定的差异。

2.1.1 数控加工工艺的特点与内容

1. 数控加工工艺特点

数控加工工艺与常规加工工艺在工艺设计过程和设计原则上是基本相似的,但数控加工工艺也有不同于常规加工工艺的特点,主要表现在以下几个方面:

(1)数控加工工艺内容要求更加具体。普通机床上加工零件时,工序卡片的内容比较简单。工步的划分与安排、刀具的几何形状与尺寸、走刀路线、加工余量、切削用量等，可由操作人员根据实际经验和习惯自行考虑和决定，一般无须工艺人员在设计工艺规程时过多地规定，零件的尺寸精度也可由试切保证。而在数控机床上加工零件时，工序卡片中应包括详细的工步内容和工艺参数等信息，在编制数控加工程序时，每个动作、每个参数都应体现其中，以控制数控机床自动完成数控加工。

知识回顾：工序是指一个(或一组)工人在一个工作地(机床设备)上，对同一个(或同时对几个)工件所连续完成的那一部分工艺过程。工步可以简单理解为一个工序的若干步骤；在被加工的表面，切削用量、切削速度、背吃刀量和进给量以及切削刀具均保持不变的情况下所完成的那部分工序称一个工步。为减少工序中的装夹次数，常采用回转工作台或回转夹具，使工件在一次安装中可先后在机床上占有不同的位置进行连续加工，每一个位置所完成的那部分工序称一个工位。

(2)工序内容复杂。由于数控机床的运行成本和对操作人员的要求相对较高，在安排加工零件时，一般优先考虑使用普通机床加工困难、使用数控加工能提高效率和质量的复杂零件，如整体叶轮、叶片、模具型腔的加工等，还应考虑在一次装夹后需加工多个面上的多个加工特征的零件。由于零件复杂、加工特征多，零件的工艺也相应复杂。

(3)工序集中。高档数控机床具有刚性好、精度高、刀库容量大、切削参数范围宽、多轴联动、多工位加工、多面加工等特点，可以在一次性或多次装夹中对零件进行多种加工，并完成由粗加工到精加工的过程，因此工序非常集中，需要统筹考虑、合理安排。

2. 数控加工内容

根据数控加工的实践，数控加工工艺内容主要包括以下几个方面：

(1)数控加工零件或加工内容的选择。

(2)数控加工工艺性分析。

(3)数控加工路线的设计。

(4)数控加工工序的详细设计，包括工步内容、走刀点、走刀路径、切削用量确定等。

(5)编制工艺文件，包括工艺过程卡、工序卡、刀具卡、加工路线图等。

2.1.2 数控加工零件或加工内容的选择

考虑到企业拥有的数控机床数量、型号，零件加工成本和生产效率等因素，对一个具体零件来说，有可能仅是其中的一部分工序安排在数控机床上加工，其他工序则安排在普通机床上加工(如定位基准面的加工)，因此拿到零件后必须对图纸进行细致的工艺分析，选择最适合、最需要进行数控加工的工序内容，在保证质量、降低成本的同时，充分发挥数控机床加工的优势。选择数控加工零件或加工内容时，一般可按下列顺序：

(1)用普通机床无法加工的零件，应优先考虑采用数控加工，如曲面类零件。

(2)用普通机床难加工、质量难以保证的零件或加工内容，应重点考虑采用数控加工。

(3)用普通机床加工效率低、工人手动操作劳动强度大的零件或加工内容，考虑采用数控加工。

一般来说，上述加工零件或加工内容采用数控加工后，在产品质量、生产率和综合经济效益等方面都会得到明显提升。相比之下，在数控机床数量有限的情况下，下列加工内容一般不宜采用数控加工：

(1)要占用机床较长时间来调整的加工内容。

(2)装夹困难或完全靠找正定位来保证加工精度的加工内容。

(3)材质不均、加工余量极不稳定的加工内容。

(4)需要专用工装协调的孔或其他加工内容。

(5)在一次性安装中尚未完成的其他零星部位,若采用数控加工很麻烦,且效果不明显,则可采用普通机床进行补偿加工。

此外,在选择和决定数控加工零件或加工内容时,还要考虑生产批量、生产周期、工序间周转情况。总之,要尽量做到合理,达到多、快、好、省的目的。

2.1.3 数控加工工艺性分析

数控加工工艺性分析是指设计的零件在满足使用要求的前提下,数控加工的可行性和经济性,以及编程的可能性与方便性。

1.零件图的尺寸标注应符合编程方便的原则

(1)零件图样上尺寸标注方法应符合编程方便的原则。在数控加工零件图上,应该同一基准标注尺寸或直接给尺寸,如图2.1(a)所示,这种标注方法既便于编程,又有利于设计基准、工艺基准、测量基准和编程原点的统一。由于零件设计人员一般在尺寸标注中较多地考虑装配等方便特性,而不得不采用局部分散的标注方法,如图2.1(b)所示,这样给工序安排和数控加工带来了诸多不便。可将局部的分散标注法改为同一基准标注或直接给出坐标尺寸的标注方法。

(2)构成零件轮廓几何元素的条件应该充分。在手工编程时,要计算每个基点坐标。在自动编程时,要对构成零件轮廓的所有元素进行定义。因此在分析零件图时,要分析几何元素的给定条件是否充分。

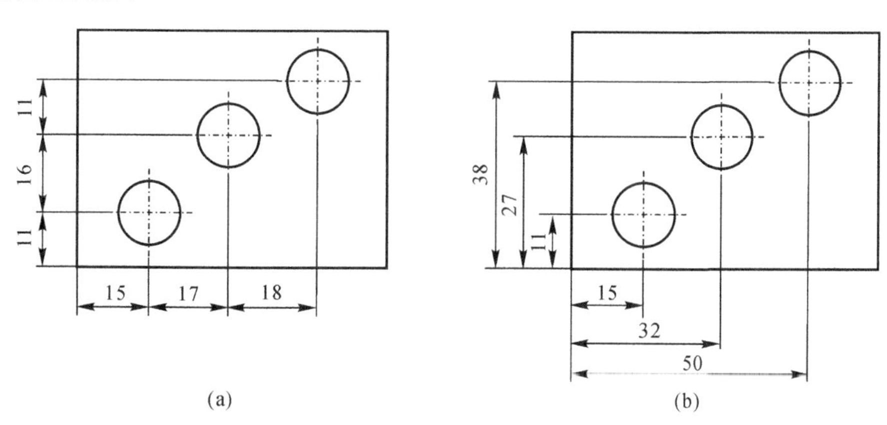

图2.1　零件尺寸标注方法示例

(a)局部分散基准标注尺寸;(b)统一基准标注尺寸

2.零件的结构工艺性应符合数控加工的特点

(1)零件的内腔和外形最好采用统一的几何类型和尺寸。这样可以减少刀具规格和换刀次数,使编程方便,提高生产效率。

(2)零件内腔和外形转接圆弧半径R不应过小。图2.2(a)与图2.2(b)相比,转接圆弧半径大，可以采用直径较大的刀具来加工，这样刀具刚度充足，加工表面加工质量也会好一些，所以工艺性较好。

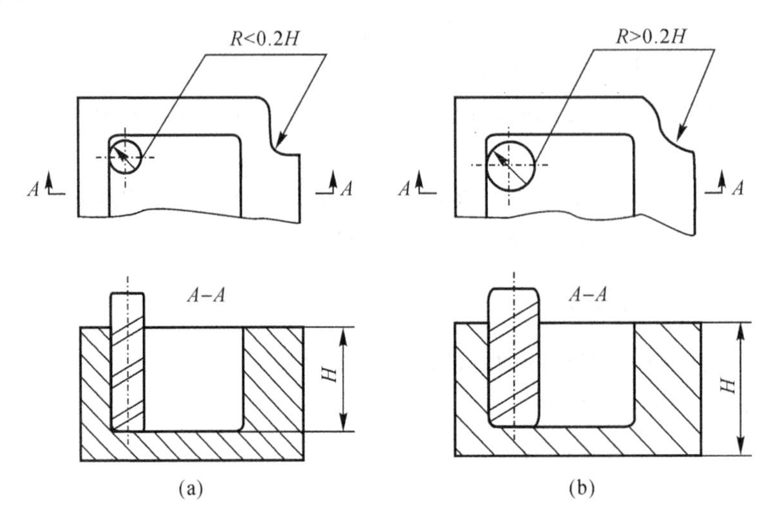

图 2.2　数控加工工艺性分析

(3)铣削零件底面时，槽底圆角半径 r 不应过大。如图 2.3 所示，圆角半径 r 越大，则 d 越小($d=D-2r$，D 为铣刀直径)，即铣刀端刃铣削平面的面积越小，铣刀端刃铣削平面的能力越差，效率越低。当 r 大到一定程度时，必须用球头刀加工，此时切削能力差，应该尽量避免。

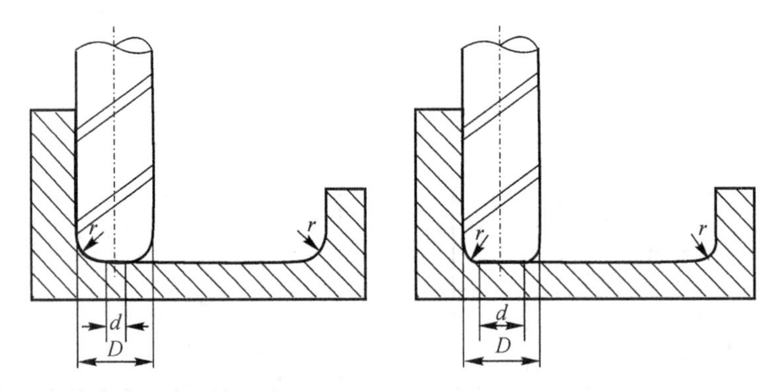

图 2.3　槽底圆角半径 r 对加工工艺的影响

(4)零件的可装夹性。零件的结构应便于定位和夹紧，且装夹次数要少。例如，对正反两面都需要数控加工的零件，应保证加工精度，常采用统一的定位基准。如果零件本身没有合适的定位基准，则可设置工艺孔、工艺凸台作为基准，完成工件定位和零件加工后再去除。

2.1.4　数控加工工艺路线的设计

数控加工工艺路线的设计是数控加工工艺的重要内容之一，主要包括数控机床的选择、加工方法的确定、工序的安排等内容。

1. 数控机床的选择

选择数控机床时要考虑毛坯的材料和类型，零件轮廓形状复杂程度、尺寸大小、加工精度

要求,加工批量以及热处理工艺等因素。要满足以下要求:

(1)保证加工零件的技术要求,能够加工出合格产品。

(2)有利于提高生产率。

(3)有利于降低生产成本。

2.加工方法与加工方案的确定

确定加工方法时要保证加工精度和表面粗糙度的要求。由于获得同一级精度及表面粗糙度的加工方法有许多,因而在实际选择时,要结合零件的形状、尺寸、位置和热处理要求,生产率和经济性要求,以及工厂的生产设备等实际情况综合考虑。常用加工方法的加工精度及表面粗糙度可查阅有关工艺手册。例如,对于IT7级精度的孔采用镗削、铰削、磨削等加工方法均可达到精度要求,但箱体上的孔一般采用镗削或铰削,而不宜采用磨削。一般小尺寸的箱体孔选择铰孔,当孔径较大时则应选择镗孔。

零件上比较精确表面的加工,常常是通过粗加工、半精加工和精加工逐步实现的。对这些表面仅仅根据质量要求选择相应的最终加工方法是不够的,还应确定从毛坯到最终成形的加工方案。

如图2.4所示,加工一个有固定斜角的斜面可以采用不同的刀具,有不同的加工方法。在实际加工中,应根据零件的尺寸精度、倾斜角的大小、刀具的形状、零件的安装方法以及编程的难易程度等因素,选择一个较好的加工方案。

如图2.5所示,具有变斜角的外形轮廓面,若单纯从技术上考虑,最好的加工方案是采用多坐标轴联动的数控机床,这样不但生产效率高,而且加工质量好。但是这种机床设备投资大,生产费用高,一般中小企业几乎无力购买,因此应考虑其他可能的加工方案。比如可在两轴半坐标控制铣床上用锥形铣刀或鼓形铣刀,采用多次行切的方法进行加工。

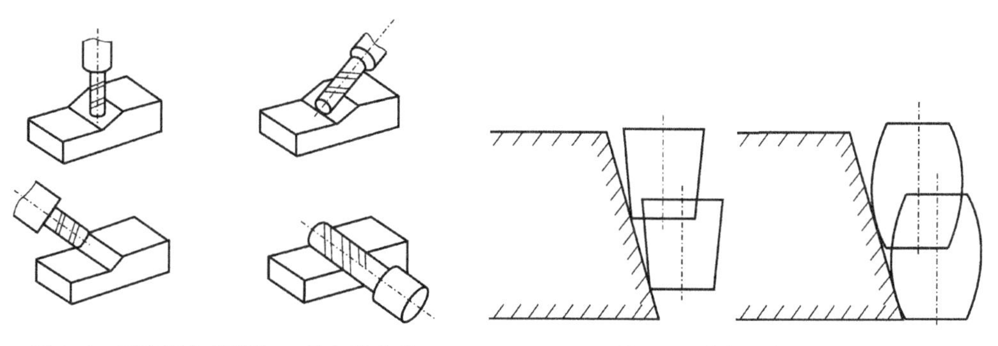

图2.4 固定斜角斜面加工的多种方法

图2.5 变斜角斜面加工

3.工序的安排

工序的安排应综合考虑零件结构、毛坯特点、装夹特征等因素,在遵循基准先行、先粗后精、先面后孔、先主后次的一般原则的基础上,还应遵循以下原则:

(1)先进行内形内腔加工,后进行外形加工工序。

(2)有相同装夹方式或用同一把刀具加工的工序最好一起进行,以减少重复定位,节省换刀时间。

(3)同一次装夹中的许多道工序,应安排对工件刚性破坏小的工序。

在熟悉整个零件加工工艺内容的同时，要清楚数控加工工序与常规加工工序的衔接，如果衔接不好就容易产生问题，因此在熟悉整个零件加工工艺内容的同时，要清楚数控加工工序与常规加工工序各自的技术要求、加工目的、加工特点。例如，要不要留加工余量？留多少？定位面与定位孔的精度要求及形位公差取多少？毛坯的热处理状态如何？等等。只要这样才能满足各工序间的加工需求，且质量目标及技术要求明确，交接验收有依据。除了必要的基准面加工、校正和热处理工序外，还要尽量减少数控加工工序与常规工序的交接次数。随着数控机床向功能复合化方向发展和加工中心的普及应用，工序间的交接次数将越来越少。

2.1.5 数控加工工序设计

1. 零件的装夹

数控机床是通过数字指令控制刀具自动进行加工的机床，因此数控夹具结构与传统夹具结构相比有所差别。数控机床上使用的夹具不需导向和对刀功能，只需具备定位和夹紧功能就能满足要求。

通常定位基准应尽可能与设计基准重合，以减少定位误差，并可简化尺寸换算。另外，在零件加工过程中应尽量采用统一基准，以减少重复定位次数，降低重复定位误差。零件在数控机床上的夹紧要可靠，尽量避免被加工零件产生振动，导致加工精度和表面质量降低。夹紧点分布要合理，夹紧力大小要适中且稳定，减少夹紧变形。夹具夹紧机构力求简单，通用性强，采用易于实现夹紧过程自动化的结构，以便于零件的装卸，提高加工效率等。总之，数控加工的零件在夹具上定位要可靠、准确，夹紧要迅速、稳定。数控夹具的选用原则主要有以下几点：

(1)夹具结构力求简单。由于零件在数控机床或加工中心上加工大都采用工序集中的原则，加工的部位较多，同时批量较小，零件更换周期短，因此夹具的标准化、通用化和自动化对加工效率的提高及加工费用的降低有很大影响。对批量小的零件，应优先选用组合夹具。对形状简单的单件小批量生产的零件，可选用通用夹具，如三爪卡盘、台钳等。只有对批量较大，且周期性投产、加工精度要求较高的关键工序才考虑设计专用夹具，以保证加工精度和提高装夹效率。

(2)加工部位要敞开。数控夹具在加工时，夹紧机构或其他元件不得影响进给，即夹具元件不能与刀具运动轨迹发生干涉。如图 2.6 所示，用立铣刀铣削零件的六边形，若采用压板机构压住工件的 A 面，则压板易与铣刀发生干涉，若压 B 面，就不影响刀具进给。又如对有些箱体零件加工，可以利用内部空间来安排夹紧机构，将其加工表面敞开或部分敞开，尽可能地通过一次性装夹完成多个面的加工，如图 2.7 所示。

(3)数控夹具必须保证最小的夹紧变形。工件在数控加工尤其在铣削加工时，切削力大，需要的夹紧力也大，同时还要减少工件夹紧变形。因此，必须慎重选择夹具的支撑点、定位点和夹紧点。如果采用了相应措施仍不能控制零件变形，则将粗、精加工分开处理，或者在粗、精加工时采用不同的夹紧力。

(4)数控夹具装卸应方便。由于数控机床的加工效率高，装夹工件的辅助时间对加工效率影响较大，所以要求数控夹具在使用中装卸要快捷且方便，以缩短辅助时间。可尽量采用气动、液压夹具。

(5)多件装夹。一次装夹应尽可能装夹多个工件，或让工件的多个面在一次性装夹中完成加工，以提高数控加工效率。在数控铣床或立式加工中心的工作台上，可安装一块与工作台大小一样的平板，如图2.8所示，它既可作为大工件的基础板，也可作为多个中小工件的公共基础板，依次并排加工装夹的多个中小工件。

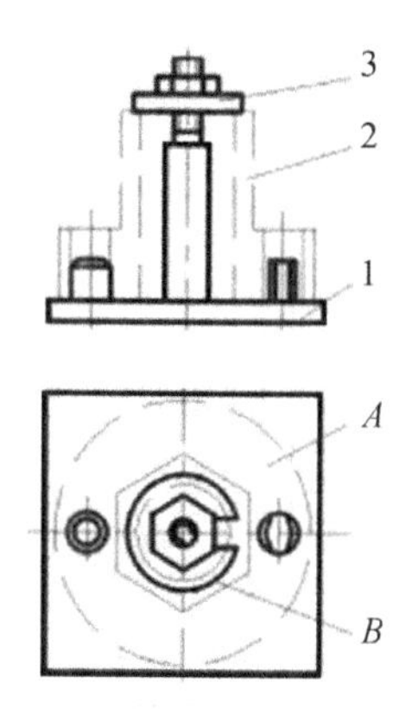

图2.6　不影响进给的装夹示意图

1—定位装置；2—工件；3—夹紧装置

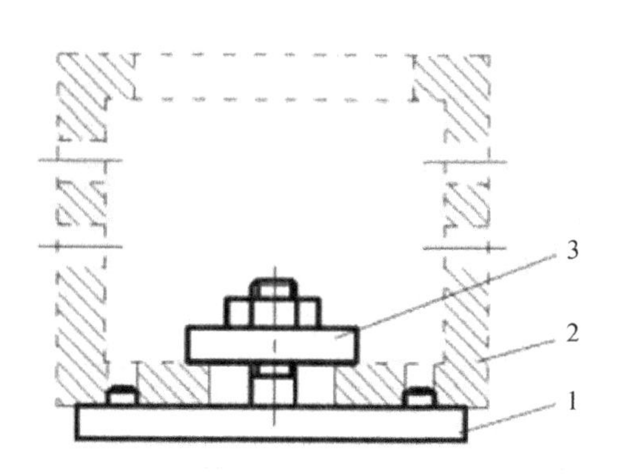

图2.7　加工面敞开的装夹示意图

1—定位装置；2—工件；3—夹紧装置

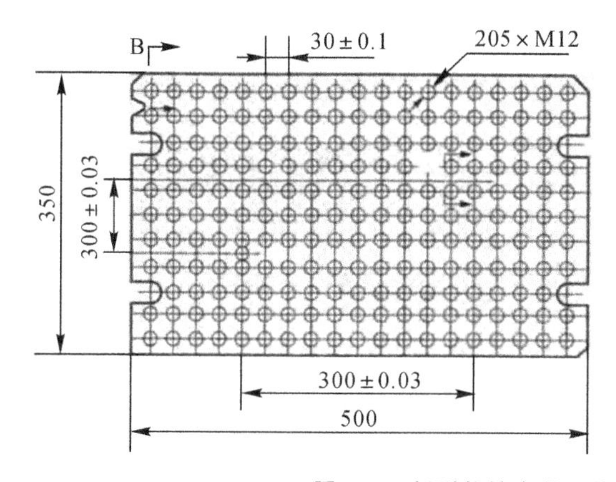

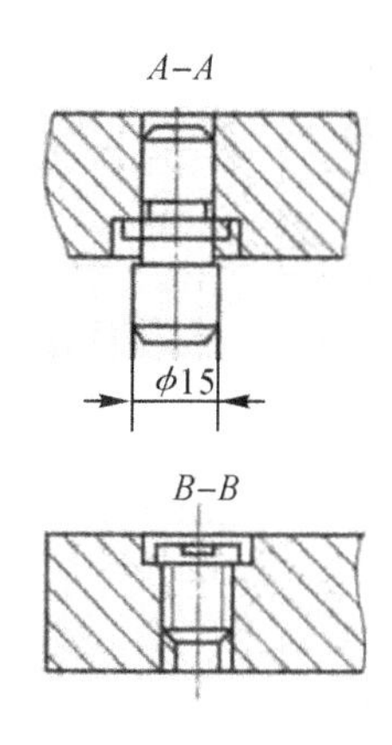

图2.8　新型数控夹具元件

2. 刀具的选择

刀具的选择是数控加工工艺的重要内容之一，不仅影响机床加工效率，而且直接影响加工质量。数控刀具应满足精度高、刚度好、耐用度高、安装调整方便等要求。数控刀具的分类如图2.10所示。数控刀具种类繁多，以下介绍几种在数控机床上常用的刀具。

(1)车削加工刀具。目前已广泛使用机夹式可转位车刀，其结构如图2.9所示。它由刀杆1、刀片2、刀垫3以及夹紧元件4组成。刀片每边都有切削刃，当某切削刃磨损钝化后，只需松开夹紧元件，将刀片转一个位置便可继续使用。刀片是机夹可转位车刀的一个最重要组成元件。按照国家标准《切削刀具用可转位刀片 型号表示规则》(GB/T 2076—2021)，切削刀具大致可

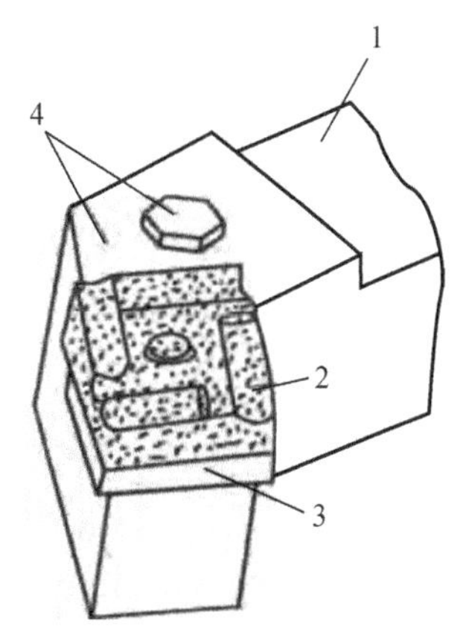

图2.9　机夹式可转位车刀

1—刀杆；2—刀片；3—刀垫；4—夹紧元件

分为带圆孔、带沉孔以及无孔的 3 大类。形状有三角形、正方形、五边形、六边形、圆形以及菱形等共 17 种。图 2.10 所示为几种常见的可转位车刀刀片形状及角度。

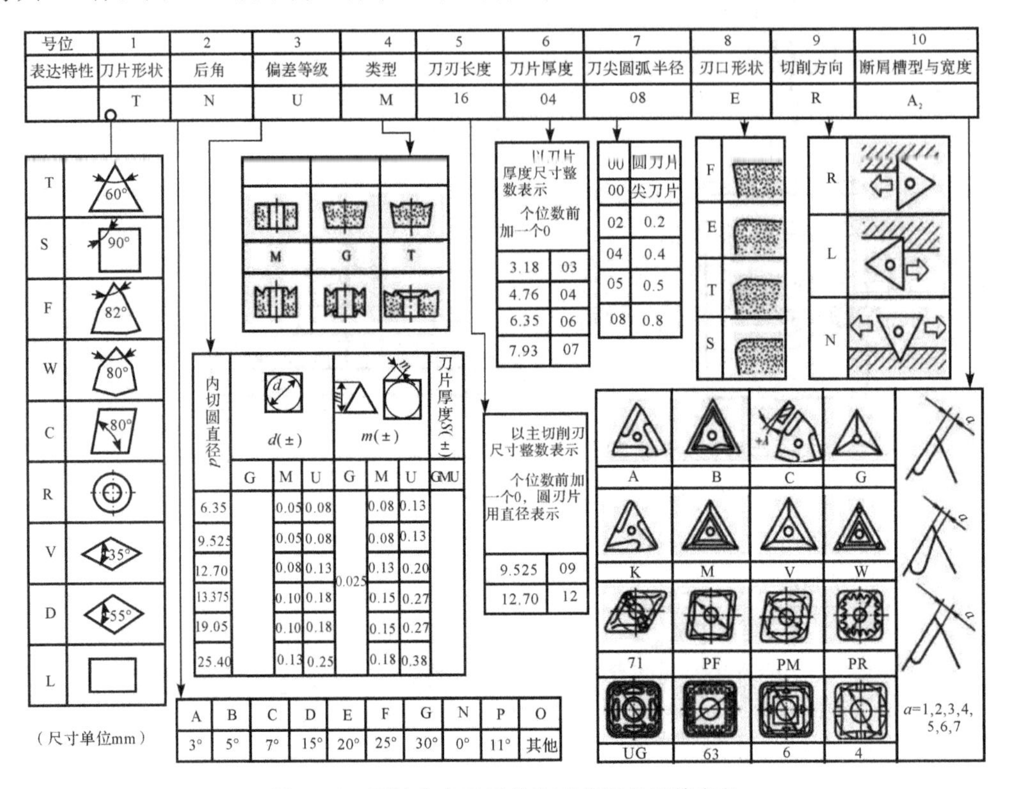

图 2.10　可转位车刀刀片的形状和角度等参数

(2)铣削加工刀具。选择铣刀时,要使刀具的尺寸与被加工工件的表面尺寸和形状相适应。生产中:平面零件周边轮廓的加工,常采用立铣刀;铣平面时,应选硬质合金刀片铣刀;加工凸台、凹槽时,选高速钢立铣刀;加工毛坯表面或粗加工孔时,可选镶硬质合金的玉米铣刀。选择立铣刀加工时。铣削刀具的种类如图 2.11 所示。

刀具半径 r 应小于零件内轮廓面的最小曲率半径 ρ,一般取 $r=(0.8\sim0.9)\rho$。零件的加工高度 $H\leqslant(1/4\sim1/6)r$,以保证刀具有足够的刚度。对不通孔(深槽),选取 $l=[H+(5\sim10)]$ mm (l 为刀具切削部分长度,H 为零件高度,见图 2.12)。加工外形及通槽时,选取 $l=[H+r_e+(5\sim10)]$ mm (r_e 为刀尖圆角半径)。粗加工内轮廓面时,铣刀最大直径(见图 2.13)D 可按下式计算:

$$D_{粗}=\frac{2\left(\delta\sin\dfrac{\varphi}{2}-\delta_1\right)}{1-\sin\dfrac{\varphi}{2}}+D$$

式中:D——轮廓的最小凹圆角直径;

δ——圆角邻边夹角等分线上的精加工余量;

δ_1——精加工余量;

φ——圆角两邻边的最小夹角。

加工肋时，刀具直径为 $D=(5\sim10)\,b$（b 为肋的厚度）。

- 数控刀具
  - 机夹可转位刀
    - 铣刀（粗、精）
      - 面铣刀（刀片立装、平装）
      - 立铣刀（球头立铣刀、键槽立铣刀、立铣刀）
      - 角度铣刀（30°，45°，60°，…）
      - 成型铣刀（曲面、组合面、螺纹）
      - 三面刃铣刀
    - 孔加工刀具
      - 镗刀（单刃、双刃）
      - 钻头（深、浅孔，内、外冷却，深、浅孔）
      - 铰孔（单刃、多刃，内、外冷却）
      - 扩（锪）孔刃具
      - 复合（组合）孔加工刀具
    - 车刀（粗、精，外圆，球面，螺纹，成型，仿型）
    - 拉刀（内、外表面，平面，组合式成型）
    - 滚（挤）压刀具
    - 工具连接模块、接（HSK，TMG28，BTS，…）
  - 整体刀具
    - 硬质合金（含焊接）
      - 镗刀，丝锥
      - 钻头（深、浅孔，外冷却，阶梯）
      - 立铣刀（球面立铣刀、键槽铣刀、立铣刀）
      - 三面刃铣刀（整体、焊接）
      - 铰刀（单刃、多刃，内、外冷却，深、浅孔）
    - 高速钢
      - 钻头（深、浅孔，内、外冷却，阶梯）
      - 立铣刀（球面立铣刀、键槽铣刀、立铣刀）
      - 三面刃铣刀（整体、焊接）
      - 铰刀（单刃、多刃，内、外冷却，深、浅孔）
      - 复合（组合）孔加工刀具，挤压刀具单刃
  - 超硬材料刀具
    - 单晶金刚石车刀（天然、人造）
    - 聚晶金刚石车刀，镗刀，铰刀，铣刀（成型，平面、三面刃）
    - 聚晶金立方氮化硼车刀，镗刀，铰刀，铣刀（成型；平面）
    - 陶瓷（氧化铝，氮化硅）车刀，铣刀（机夹可转位）
    - 金属陶瓷（钛基）车刀，铣刀（机夹式，整体式）
    - CVD①、PCVD② 刀具（机夹硬质合金、金属陶瓷片，整体硬质合金、高速钢刀具，复合孔加工刀具）

图 2.11　数控刀具的分类

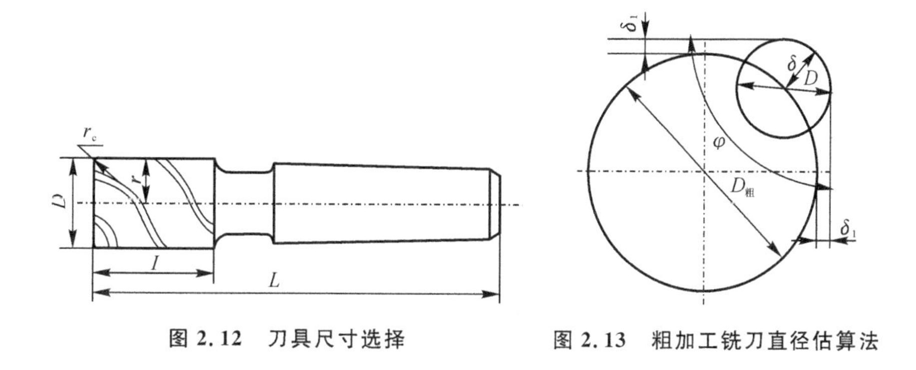

图 2.12　刀具尺寸选择　　**图 2.13　粗加工铣刀直径估算法**

① CVD：化学气相沉积，Chemical Vapor Deposition。

② PCVD：等离子化学气相沉积，Plasma Chemical Vapor Deposition。

对一些立体型面和变斜角轮廓外形的加工，常采用球头铣刀、环形铣刀、鼓形铣刀、锥形铣刀和盘形铣刀等，如图 2.14 所示。

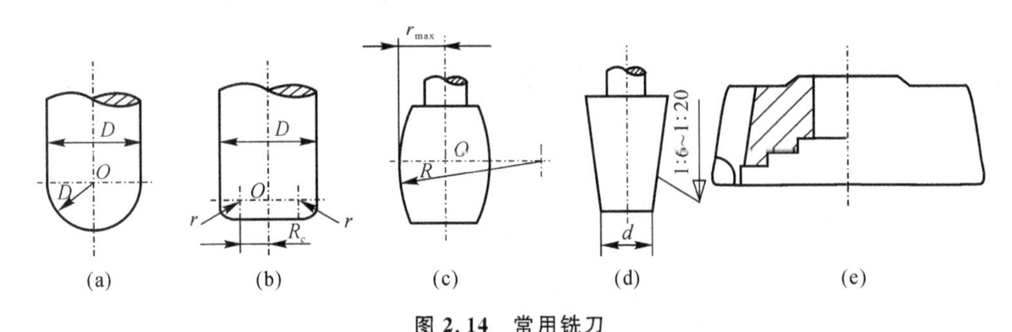

图 2.14　常用铣刀

(a)球头铣刀；(b)环形铣刀；(c)鼓形铣刀；(d)锥形铣刀；(e)盘形铣刀

曲面加工常采用球头铣刀，但加工曲面较平坦的部位时，刀具以球头顶端刃切削，切削条件较差，因而应采用环形铣刀。在单件或小批量生产中，为取代多坐标轴联动机床，常采用鼓形铣刀或锥形铣刀来加工变斜角零件。加镶齿盘铣刀，适用于在五坐标轴联动的数控机床上加工一些球面，其效率比用球头铣刀高近 10 倍，并可获得好的加工精度。

航空航天领域，有许多薄壁件的加工，如整体框、肋类零件，这些零件在加工时由于振动引起被动再切削，造成严重超差，为了防止加工薄壁零件时的再切削，应选用短切削刃的立铣刀。

3. 切削用量的选择

在数控加工中，切削用量的合理选择是一个很重要的问题，它与生产率、加工成本、加工质量等有密切的关系。对于编程人员来说，合理选择切削用量的原则是：粗加工时，一般以提高生产率为主，但也应考虑经济性和加工成本；半精加工和精加工时，应在保证加工质量的前提下，兼顾切削效率、经济性和加工成本。切削用量具体数值根据机床说明书、切削用量手册，并结合经验而定。

切削用量包括主轴转速（或切削速度）、背吃刀量以及进给量。对于不同的加工方法，需要选择不同的切削用量，并应编入数控加工程序中。

(1)背吃刀量。背吃刀量主要根据机床、夹具、刀具和工件的刚度来决定。在刚度允许的情况下，应以最少的进给次数切除加工余量，最好一次切净余量，以便提高生产效率。

(2)主轴转速。主轴转速 n 主要根据允许的切削速度 v(m/min)选取：

$$n=1\ 000v/\pi D$$

式中：v——切削速度(m/min)，由刀具寿命决定，可查有关手册或刀具说明书，常用几种刀具的切削速度见附表 2；

D——工件或刀具直径(mm)。

主轴转速 n 要根据计算值在机床说明中选取标准值(无级变速除外)，并填入程序单中。

(3)进给量 f(mm/min 或 mm/r)。进给量(进给速度)f 是数控机床切削用量中的重要参数，主要根据零件的加工精度和表面粗糙度要求以及刀具、工件的材料性质选取。当加工精度、表面粗糙度要求高时，进给量数值应小些，一般在 20～50 mm/min 范围内选取。最大进给量则受机床刚度和进给系统的性能限制，并与脉冲当量有关。

4.数控加工路线的确定

加工路线是刀具刀位点相对于工件的运动轨迹,不但包含了工步的内容,而且也反映了工步的顺序。加工路线一旦确定,编程中各个程序段的先后次序也基本确定了。加工路线的确定总体要遵循以下几条原则:①加工路线应保证被加工零件的精度和表面粗糙度,且效率较高。②应使数值计算简单,以减少编程工作量。③应使加工路线最短,这样既可减少程序段,又可减少空刀时间。此外,确定加工路线时,还要考虑工件的加工余量和机床、刀具的刚度等情况,确定是一次走刀还是多次走刀来完成加工,以及在铣削加工中是采用顺铣还是逆铣等。

知识回顾:刀位点是指刀具对刀时的理论刀尖点,如车刀、镗刀的刀尖,钻头的钻尖,立铣刀、端铣刀刀头底面的中心,球头铣刀的球头中心等。铣刀对工件的作用力在进给方向上的分力与工件进给方向相同,称为顺铣;铣刀对工件的作用力在进给方向上的分力与工件进给方向相反,称为逆铣。当工件表面无硬皮,机床进给机构无间隙时,应选用顺铣。因为采用顺铣加工后,零件已加工表面质量好,刀齿磨损小。精铣时,尤其是零件材料为铝镁合金、钛合金或耐热合金时,应尽量采用顺铣。当工件表面有硬皮,机床的进给机构有间隙时,应采用逆铣。因为逆铣时,刀齿是从已加工表面切入,不会崩刃;机床进给机构的间隙不会引起振动和爬行。

(1)车削加工路线的确定。在大余量毛坯的阶梯车削时,应遵循由远到近的加工路线。图2.15所示为车削大余量工件的两种加工路线,图2.15(a)是错的阶梯车削路线,图2.15(b)按1~5的顺序车削,每次车削所留余量相等,是正确的阶梯车削路线。因为在同样背吃刀量的条件下,按图2.15(a)的方式加工所剩的余量过多。

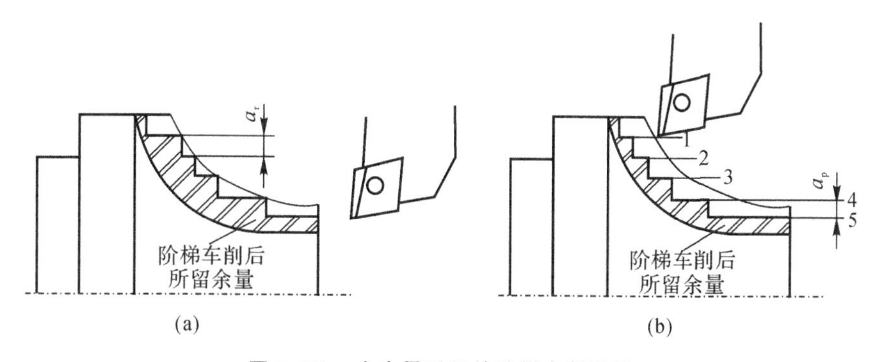

图2.15 大余量毛坯的阶梯车削路线

现在介绍完整轮廓的连续车削进给路线。在安排可以一刀或多刀进行的精加工工序时,其零件的完整轮廓应由最后一刀连续加工而成,这时,加工刀具的进、退刀位置要考虑妥当,尽量不要在连续的轮廓中安排切入和切出或换刀及停顿,以免因切削力突然变化而造成弹性变性,致使光滑连接轮廓上产生表面划伤、形状突变或滞留刀痕等缺陷。

在数控机床上车螺纹时,沿螺距方向的纵向进给应和机床主轴的旋转保持严格的速比关系,应避免进给机构加速或减速过程中的车削,为此要有引入距离 δ_2 和超越距离 δ_1。如图2.16所示,δ_1 和 δ_2 的数值不仅与机床拖动系统的动态特性有关,还与螺纹的导程和螺纹的精度有关，其数值可由主轴转速和螺纹螺距来确定：

$$\begin{cases}\delta_1=0.001\,5nP\\ \delta_2=0.000\,42nP\end{cases}$$

式中：n——主轴转速(r/min)；

P——螺纹的螺距(mm)。

一般地，d_1 取 2～5 mm，对于大螺距螺纹和高精度螺纹取值越大；δ_2 取 1/4 δ_1，若螺纹收尾处没有退刀槽，则收尾处的形状与数控系统有关，一般按 45°退刀收尾。

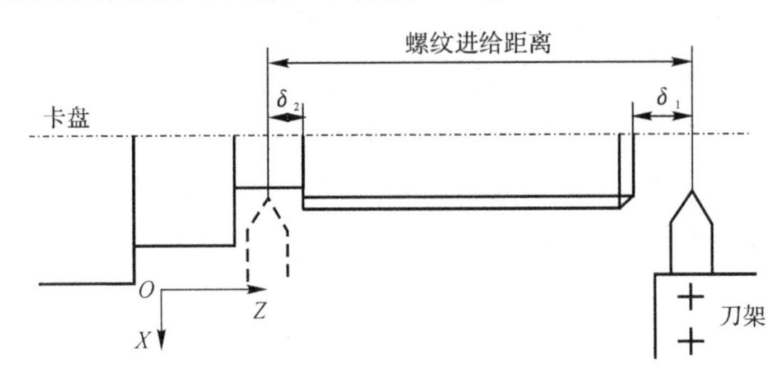

图 2.16　车削螺纹时的引入距离 δ_1 和超越距离 δ_2

(2)铣削加工路线的确定。铣削平面零件外轮廓时，一般是采用立铣刀侧刃切削。刀具切入和切出零件时，应避免沿零件外轮廓的法向切入和切出，以免在切入和切出处产生刀具的刻痕，而应沿切削起点或终点延伸线或切线方向逐渐切入和切出零件，如图 2.17 所示。这样可减少加工面上的接刀痕，提高轮廓表面质量。铣削封闭内轮廓表面时，刀具可沿过渡圆弧切入和切出工件轮廓，如图 2.18 所示，图中 R_1 为零件圆弧轮廓半径，R_2 为过渡圆弧半径。

1)铣削凹槽的加工路线。图 2.19 所示为凹槽的 3 种加工路线。这种凹槽在飞机零件上较常见，都采用平底立铣刀加工，刀具圆角半径应符合内槽的图样要求。图 2.19(a)和图 2.19(b)分别为用行切法和环切法加工内槽。行切法会在每两次进给的起点与终点间留下残留面积，达不到所要求的表面粗糙度；环切法刀位点计算稍微复杂。所以生产中，常采用先用行切法切去中间部分余量，最后用环切法切一刀光整轮廓表面的方法，能获得较好效果，如图 2.19(c)所示。

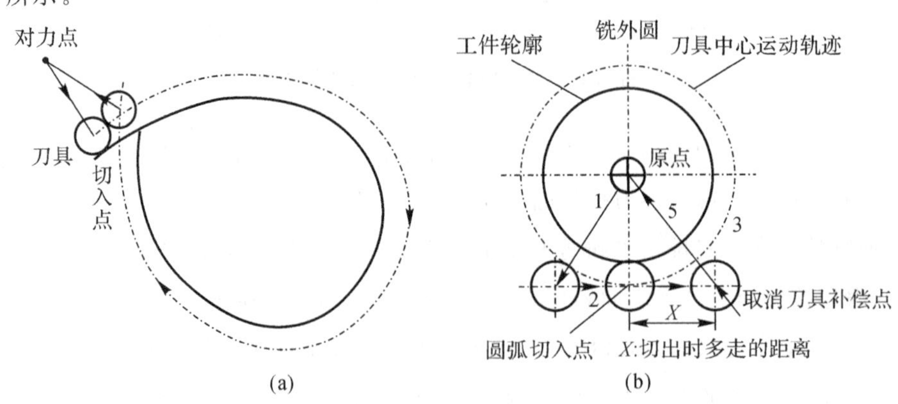

图 2.17　刀具切入和切出外轮廓的加工路线

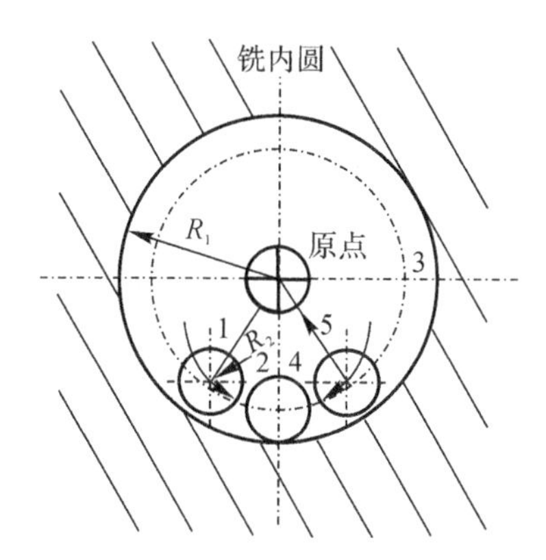

图 2.18　刀具切入和切出内轮廓的加工路线

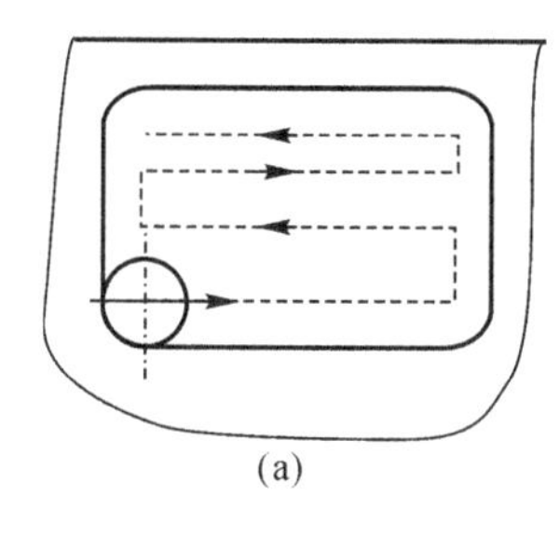
(a)

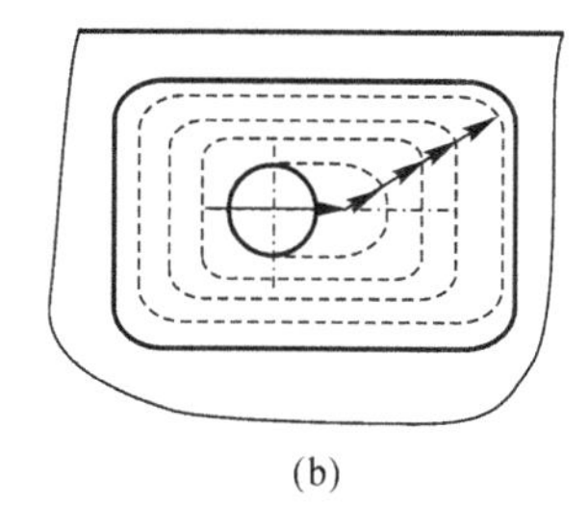
(b)

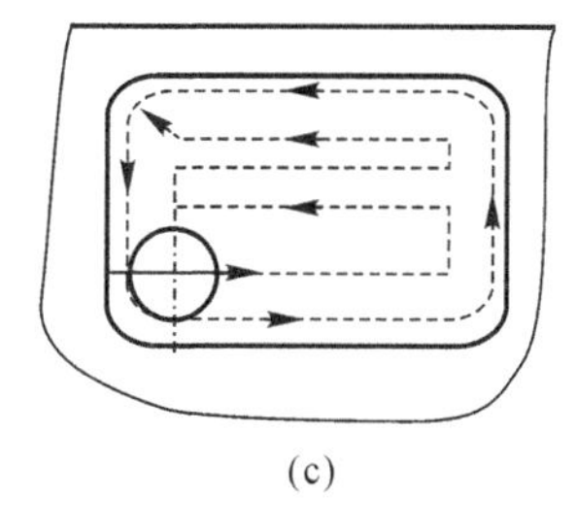
(c)

图 2.19　凹加工的三种加工路线

2)铣削曲面的加工路线。对于边界敞开的曲面加工,可采用图 2.20 所示的两种加工路线。当采用图 2.20(a)所示的加工路线时,每次沿直线加工,刀位点计算简单,程序少,加工过程符合直纹面的形成,可以保证母线的直线度。当采用图 2.20(b)所示的加工路线时,符合这类零件数据给出情况,便于加工区检验,叶型的准确度高,但程序较多。

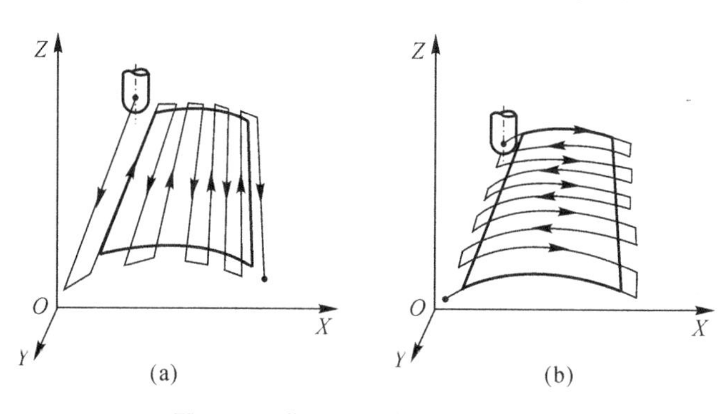

图 2.20　曲面加工的两种走刀路线

(3)孔加工路线的确定。对于位置精度要求较高的孔系加工,孔加工顺序不当,就有可能使沿坐标轴的反向间隙产生对孔位置精度的影响。例如:镗削图 2.21(a)所示零件上的 4 个孔,按图 2.21(b)所示加工路线加工,由于孔 4 与孔 1、孔 2、孔 3 定位方向相反,Y 向反向间隙会使定位误差增大,从而影响孔 4 与其他孔的位置精度。按图 2.21(c)所示加工路线,加工完孔 3 后往上多移动一段距离至 P 点,然后再折回来在孔 4 处进行定位加工,这样方向一致,就可避免反向间隙的引入，提高了孔 4 的定位精度。

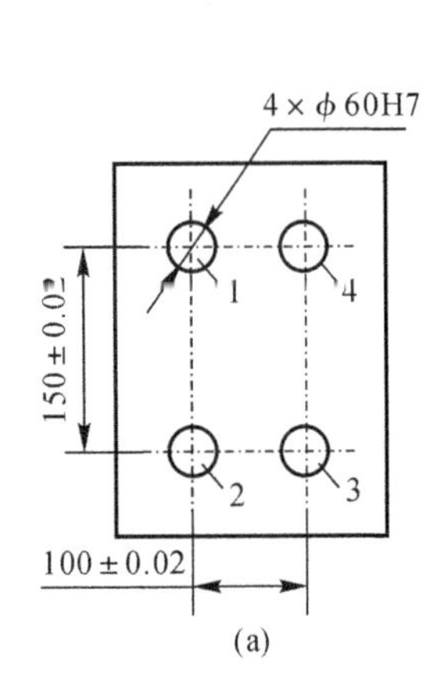

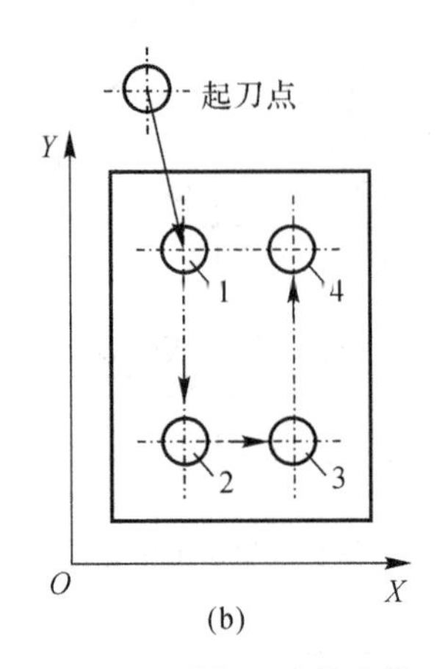

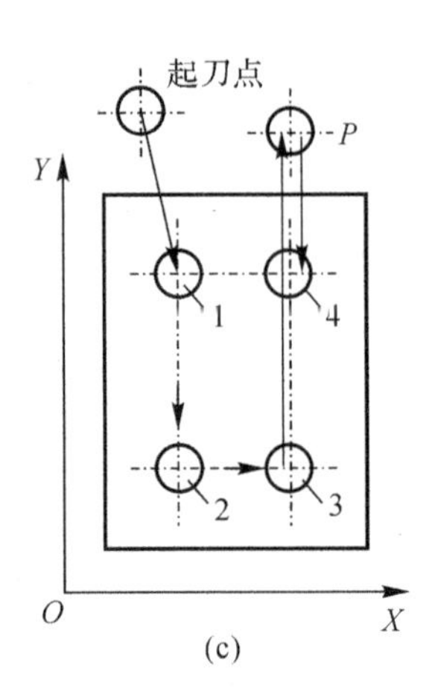

图 2.21　孔加工路线安排

注意：对于多框复杂薄壁零件的加工，在确定不同框之间的走刀路线时，应采用层优先，而不能采用深度优先的方法，以减少薄壁件加工变形。

零件的加工工艺设计完成后，就应该将有关内容填入各种相应的表格（或卡片）中，以便贯彻执行并将其作为编程和生产前技术准备的依据。这些表格（或卡片）被称为工艺文件。数控加工工艺文件除包括机械加工工艺过程卡、机械加工工艺卡、数控加工工序卡 3 种以外，还包括数控加工刀具卡。另外，为方便编程也可以将各工步的加工路线绘成文件形式的加工路线图。不同的数控机床，其数控加工工艺文件的内容有所不同，为了加强技术文件管理，数控加工工艺文件也应向标准化、规范化的方向发展。但目前尚未有统一的标准，因此各企业应根据本单位的特点制定上述必要的工艺文件。

本节思考题

1. 选择加工路线时应注意哪些问题？

2. 说出用于数控加工的夹具与用于普通机床的夹具结构上的区别。

3. 数控机床最适合加工哪几种类型的零件？

4. 数控加工工序的划分有几种方式？各适合什么场合？

5. 数控加工对刀具有何要求？常用数控刀具材料有哪些？各有什么特点？

本节练习题

图 2.22 所示为某盖板零件图，在立式加工中心生产 200 件（四周侧面在其他机床上已经加工过了，φ60H7mm 孔已铸出毛坯孔），该立式加工中心工作台工作面尺寸为 11 500 mm×5 200 mm，x 轴行程为 1 000 mm，y 轴行程为 520 mm，z 轴行程为 505 mm，定位精度和重复定位精度分别为±0.005 mm（全程）和±0.002 mm，刀库容量为 24 把，工件在一次装夹后可自动完成铣、钻、镗、铰及攻螺纹等工步的加工。试进行数控加工工艺性分析并制定数控加工工序卡和数控加工刀具卡。

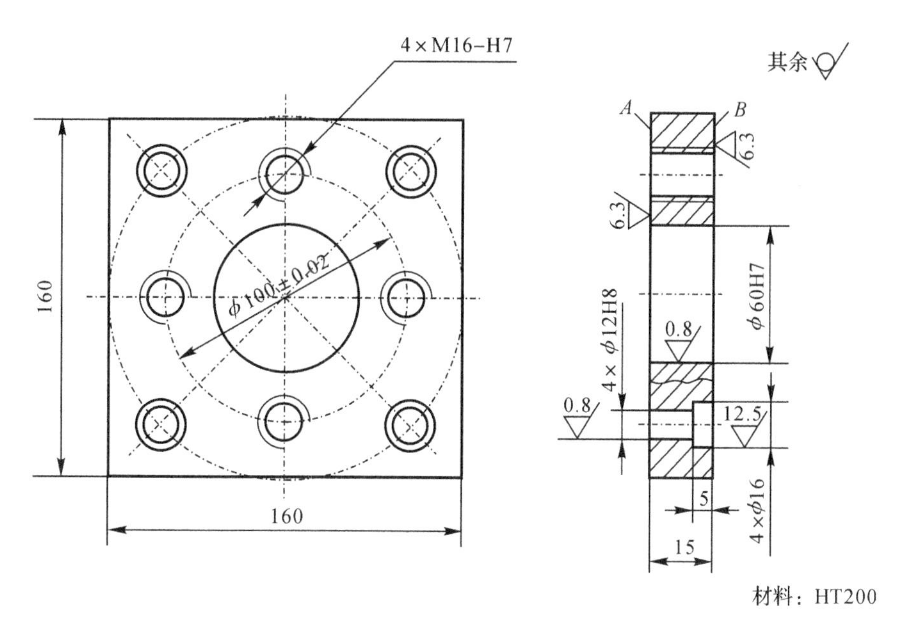

图 2.22　盖板零件

2.2　图形数学处理与编程基础

本节学习要求

1. 熟悉图形数学处理的基本概念和内容。

2. 了解数控机床编程的基础知识，数控机床编程的方法、内容、步骤和编程规范。

3. 掌握数控机床坐标系的基本用法。

内容导入

由于数控机床是按照预先编制好的程序自动加工零件，编制的程序将直接影响到数控机床的使用和数控加工特点的发挥，因此，编程人员除了要熟悉数控机床、刀夹具以及数控系统的性能以外，还必须学习哪些知识？企业的编程人员必须要熟悉数控机床编程的方法、内容与步骤，以及编程标准与规范等知识。

2.2.1　数控编程的内容与步骤

数控编程是数控加工准备阶段的主要内容之一，通常包括：分析零件图样，确定加工工艺过程；数值计算，得出刀位数据；编写数控加工程序；将程序输入数控系统；校对程序及首件试切。数控机床编程的步骤如图 2.23 所示。

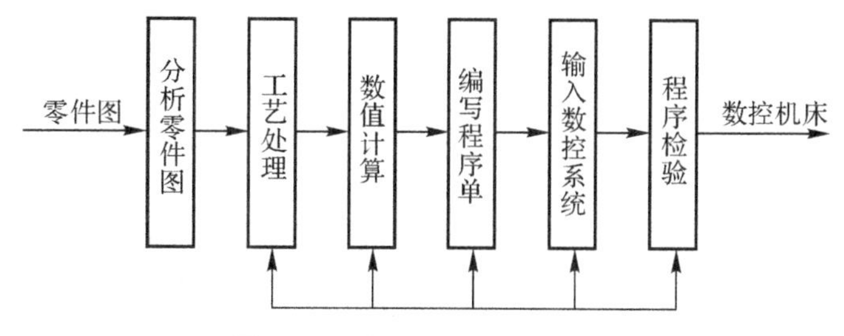

图 2.23　数控机床编程的步骤

1. 零件图纸分析

通过对工件材料、形状、尺寸精度及毛坯形状和热处理的分析，确定工件在数控机床上进行加工的可行性。

2. 工艺处理

选择适合数控加工的加工工艺，这是提高数控加工技术经济效果的首要因素。制定数控加工工艺除需考虑通常的一般工艺原则外，还应考虑充分发挥所有数控机床的指令功能；正确选择对刀点；尽量缩短加工路线，减少空行程时间和换刀次数；尽量使数值计算方便，程序段要少；等等。

3. 数学处理

数学处理也叫数值计算，它是指根据加工路线计算刀具中心的运动轨迹。对于带有刀补功能的数控系统，只需计算出零件轮廓相邻几何元素的交点（或切点）的坐标值，得出各几何元素的起点、终点和圆弧的圆心坐标。如果数控系统无刀补功能，还应计算刀具中心运动的轨迹。对于形状比较复杂的零件（如非圆曲线、曲面组成的零件），需要用直线段或圆弧段逼近，计算出逼近线段的交点坐标值，并限制在允许的误差范围内。这种情况一般要用计算机来完成数值计算的工作。

4. 编写程序单

在完成工艺处理和数值计算工作后，编程人员根据所使用数控系统的指令、程序段格式，逐段编写零件加工程序。编程人员应对数控机床的性能、程序指令代码以及数控机床加工零件的过程等非常熟悉，才能编写出正确的零件加工程序。

5. 程序校验和首件试切

将编写好的加工程序输入数控系统，就可控制数控机床的加工工作。一般在正式加工之前，要对程序进行检验。通常可采用机床空运转的方式，来检查机床动作和运动轨迹的正确性，以检验程序。在具有图形模拟显示功能的数控机床上，可通过显示走刀轨迹或模拟刀具对工件的切削过程，对程序进行检查。对于形状复杂和要求高的零件，也可采用铝件、塑料或石蜡等易切材料进行试切，来检验程序。通过试切，不仅可确认程序是否正确，还可知道加工精度是否符合要求。若能采用与被加工零件材料相同的材料进行试切，则更能反映实际加工效果，当发现加工的零件不符合加工技术要求时，可修改程序或采取尺寸补偿等措施。

2.2.2 图形的数值处理

对零件图形进行数学处理（又称"数值计算"）是数控编程前的主要准备工作。图形的数学处理就是根据零件图样的要求，按照已确定的加工路线和允许的编程误差，计算出数控系统所需输入的数据。一些复杂曲线的数学处理可以用CAD绘图来完成，在此只作简单的介绍。

1. 基点计算

一个零件的轮廓曲线常常由不同的几何元素组成，如直线、圆弧、二次曲线等。各几何元素间的连接点称为基点。平面零件轮廓大多由直线和圆弧组成，而现代数控机床的数控系统都具有直线插补和圆弧插补功能，所以平面零件轮廓曲线的基点计算比较简单。一般基点的计算可根据图样给定条件，用几何法、解析几何法、三角函数法或用CAD画图求得，计算比较方便，如图 2.24(a)所示。

2. 节点计算

如果零件的轮廓曲线不是由直线或圆弧构成(如可能是椭圆、双曲线、抛物线、阿基米德螺旋线等曲线)，而数控装置又不具备其他曲线的插补功能时，要采取用直线或圆弧逼近的数学处理方法，即在满足允许编程误差的条件下，用若干直线段或圆弧段分割逼近给定的曲线。相邻直线段或圆弧段的交点或切点称为节点，如图 2.24(b)中的 A、B、C、D、E、F 点为节点。对于立体型面零件，应根据允许误差将曲线分割成不同的加工截面，各截面上的轮廓曲线也要进行基点和节点计算。节点的计算方法比较多，现在大多数都采用 CAD 画图求得。

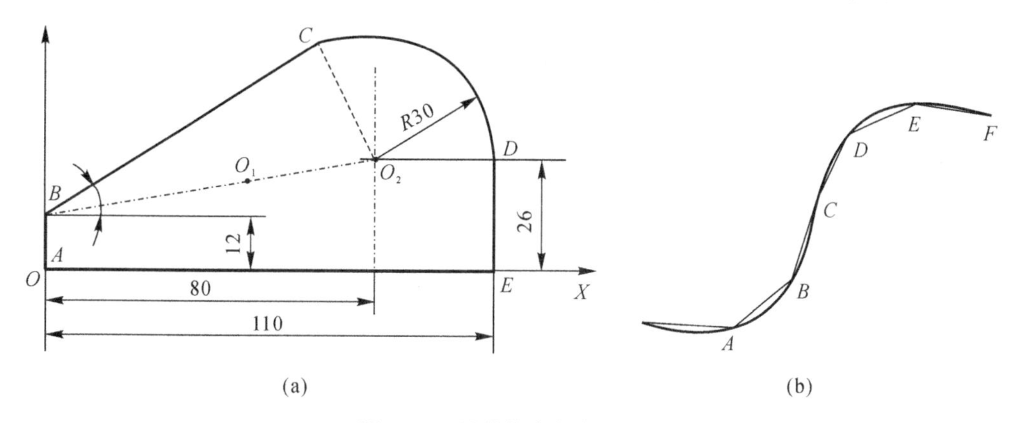

图 2.24　零件轮廓基点和节点

3. 刀位点轨迹计算

刀位点轨迹计算又称刀具中心轨迹计算，实际就是被加工零件轮廓的等距线计算。刀位点是表征刀具特征的点，不同类型刀具的刀位点不同，如图 2.25 所示。数控系统是从对刀点开始控制刀位点运动，并由刀具的切削刃加工出不同要求的零件轮廓。在很多情况下，刀位点轨迹并不与零件轮廓完全重合。例如，铣削外轮廓或槽时，刀位点在立铣刀的底面中心，与加工轮廓不重合，刀位点轨迹偏离轮廓曲线。由于现代数控系统都具有刀具补偿功能，会根据偏置量按一定规则自动计算刀位点轨迹，达到正确加工的目的，因此编程时可直接按零件轮廓形状计算各基点和节点坐标。

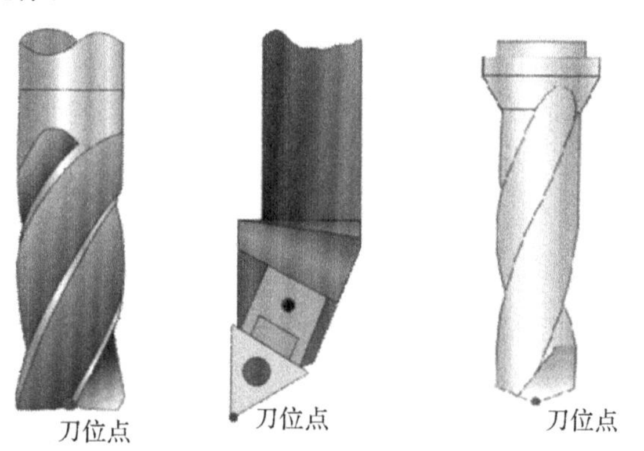

图 2.25　不同类型刀具的刀位点

4. 辅助计算

辅助计算包括增量值计算，辅助程序段的计算，螺纹大径、小径计算等。

(1)增量值计算。增量值计算是仅就增量坐标的数控系统或绝对坐标中某些数据仍要求以增量方式输入时，所进行的由绝对坐标数据到增量坐标数据的转换。如在数值计算过程中，已按绝对坐标值计算出某运动段的起点坐标及终点坐标，以增量方式表示时，其换算式为

增量坐标值＝终点坐标值－起点坐标值

(2)辅助程序段计算。辅助程序段是指开始加工时，刀具从起始点到切入点，或加工完毕时，刀具从切出点返回到起始点而特意安排的程序段。切入点位置的选择应依据零件加工余量的情况，适当离开零件一段距离。切出点位置的选择，应避免刀具在快速返回时发生撞刀，也应留出适当的距离。使用刀具补偿功能时，建立刀补的程序段应在加工零件之前写入，加工完成后应取消刀补。某些零件的加工，要求刀具“切向”切入和“切向”切出。以上程序段的安排，在绘制进给路线时应明确表示出来。进行数值计算时，应按照进给路线的安排，计算出各相关点的坐标，其数值计算一般比较简单。

(3)螺纹大径、小径计算。螺纹牙型高度是指在螺纹牙型上，牙顶到牙底之间垂直于螺纹轴线的距离，如图 2.26 所示，它是车削时车刀的总切入深度。

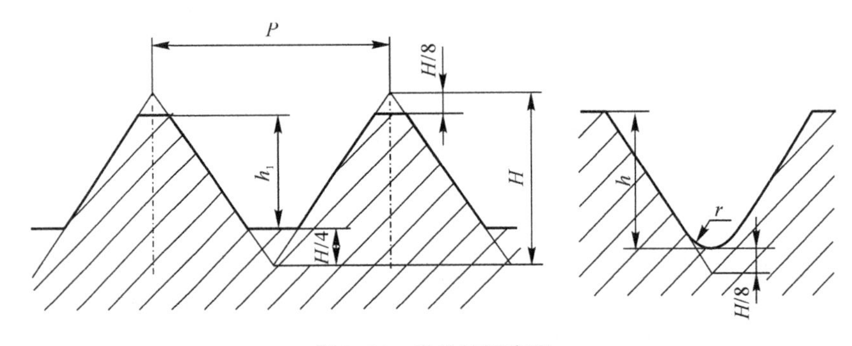

图 2.26　螺纹牙型高度

《普通螺纹公差》(GB/T 197—2003)规定，螺纹车刀可在牙底最小削平高度 $H/8$ 处削平或倒圆。则螺纹实际牙型高度可按下式计算：

$$h = H - 2\ (H/8) = 0.649\ 5$$

式中：H——螺纹原始三角形高度，$H = 0.866P$(mm)；

P——螺距(mm)。

螺纹大径 d_1 和小径 d_2 可用下式计算：

$$\begin{cases} d_1 = d - 0.2165\ P \\ d_2 = d_1 - 1.299\ P \end{cases}$$

式中：d——螺纹公称尺寸(mm)；

d_1——螺纹大径(mm)；

d_2——螺纹小径(mm)。

如果螺纹牙型较深、螺距较大，可分几次进给。用螺纹深度减去每次进给的背吃刀量，精加工背吃刀量所得的差按递减规律分配，如图 2.27 所示。常用螺纹切削的进给次数与背吃刀量可参考表 2－1 选取。在实际加工中，当用牙型高度控制螺纹直径时，一般通过试切来满足

加工要求。

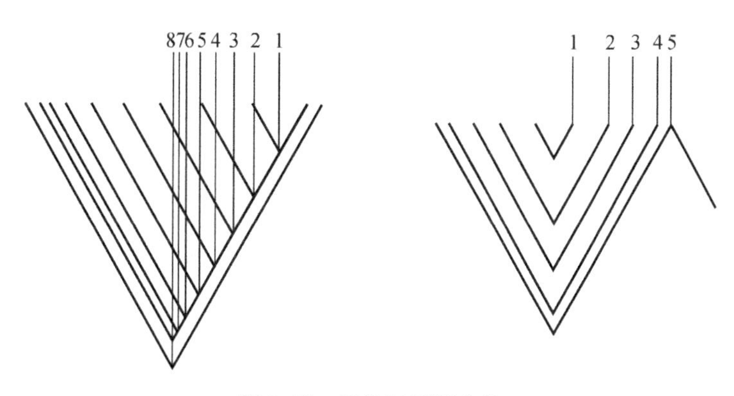

图 2.27　螺纹刀切削方法

表 2-1　常用螺纹切削的进给次数与背吃力量　（单位：mm）

米制螺纹								
螺距		1.0	1.5	2	2.5	3	3.5	4
牙深（半径量）		0.649	0.974	1.299	1.624	1.949	2.273	2.598
切削次数及背吃刀量（直径量）	1次	0.7	0.8	0.9	1.0	12	1.5	1.5
	2次	0.4	0.6	0.6	0.7	0.7	0.7	0.8
	3次	0.2	0.4	0.6	06	0.6	0.6	0.6
	4次		0.16	0.4	0.4	04	0.6	0.6
				0.1	0.4	04	0.4	0.4
					0.15	0.4	0.4	0.4
						0.2	0.2	0.4
							0.15	0.3
								0.2

2.2.3　数控机床程序编制方法

数控机床程序编制方法可分为手工编程和自动编程两种。

1. 手工编程

手工编程是指各个步骤均由手工编制，即从零件图分析、工艺处理、数据计算、编写程序单、输入程序到程序检验等各步骤主要由人工完成的编程过程。对形状简单的工件，计算比较简单，程序不多，采用手工编程较容易完成，而且经济、及时，因此在简单的点定位加工及由直线与圆弧组成的轮廓加工中，手工编程仍广泛应用。但对于几何形状复杂的零件，特别是具有列表曲线、非圆曲线及曲面的零件（如叶片、复杂模具），或者表面的几何元素并不复杂而程序量很大的零件（如复杂的箱体），手工编程就有一定的困难，出错的概率增大，有的甚至无法编出程序，因此必须采用自动编程的方法编制程序。

2. 自动编程

自动编程也称为计算机辅助编程，是利用计算机专用软件编制数控加工程序的过程。它包括数控语言式自动编程和图形交互式自动编程。关于自动编程的有关概念将在2.8节中进行介绍。

注意1。 PLC编程与数控编程不同点：①PLC主要用于非标自动化设备，而数控针对标准机台(如车床、铣床，磨床等)。②PLC编程是开放的平台，可以根据自己的想法随意编写程序。加装功能模块后基本上见到的机器都可以控制。③数控编程从本质上和PLC是一样的，但它是一套嵌入式的系统，有底层程序。就像电脑的操作系统，它的底层程序不开放，是专门的控制系统。

注意2。 数控编程和计算机编程的不同点：①数控编程是用数字、文字和符号组成的数字指令来实现一台或多台机械设备动作控制的技术，而计算机语言编程是机器语言，是用二进制代码表示的计算机能直接识别和执行的一种机器指令的集合。②数控编程只能用来控制机械设备动作，而计算机编程可以设计程序，做网站、游戏、软件等。

2.2.4 数控机床的坐标系

统一规定数控机床坐标轴及其运动方向，是为了准确地描述机床的运动、简化程序的编制方法，使所编程序具有互换性。目前，ISO已经统一了标准坐标系。我国已制定了《工业自动化系统与集成 机床数值控制坐标系和运动命名》(GB/T 19660—2005)。

1. 坐标系及运动方向的规定

标准的坐标系采用右手笛卡儿直角坐标系，如图2.28所示。这个坐标系的各个坐标轴与机床的主要导轨相平行。直角坐标系 X、Y、Z 三者的关系及其方向用右手定则判定；围绕 X、Y、Z 各轴回转的运动及其正方向 $+A$、$+B$、$+C$ 分别用右手螺旋定则确定。如果在 X、Y、Z 主要坐标以外，还有平行于它们的坐标，可分别指定为 P、Q 和 R。按照标准规定，在编程中，坐标轴的方向总是刀具相对工件的运动方向，用 X、Y、Z 等表示。实际中，对数控机床的坐标轴进行标注时，根据坐标轴的实际运动情况，用工件相对刀具的运动方向进行标注，此时需用 X'、Y'、Z' 等表示，以示区别。显然有：$+X'=-X$，$+Y'=-Y$，$+Z'=-Z$。

通常在坐标轴命名或编程时，不论机床在加工中是刀具移动，还是被加工工件移动，都一律假定被加工工件相对静止不动，而刀具在移动，即刀具相对运动的原则，并同时规定刀具远离工件的方向为坐标的正方向。

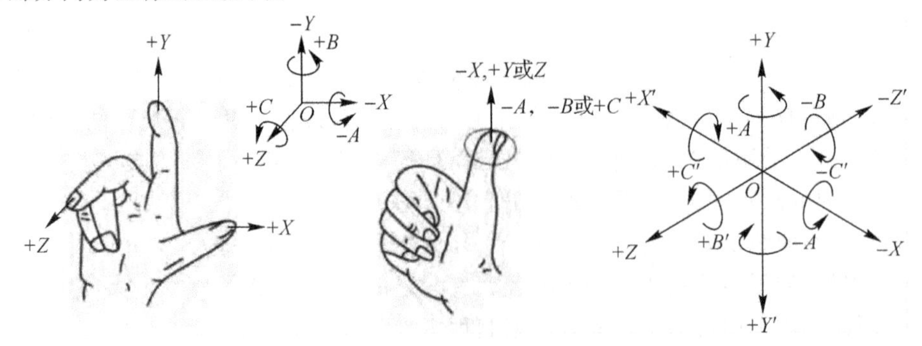

图2.28 右手笛卡儿直角坐标系

2. 机床坐标轴的确定方法

确定数控机床坐标轴时，一般先确定 Z 轴，再确定 X 轴，最后确定 Y 轴。

(1)Z 轴的确定。Z 轴的方向是由传递切削力的主轴确定的，标准规定：与主轴轴线平行的坐标轴为 Z 轴，并且刀具远离工件的方向为 Z 轴的正方向，如图 2.29 和图 2.30 所示。对于没有主轴的机床，如牛头刨床等，则以与装夹工件的工作台面相垂直的直线作为 Z 轴方向。如果机床有几根主轴，则选择其中一个与工作台面相垂直的主轴，并以它来确定 Z 轴方向。

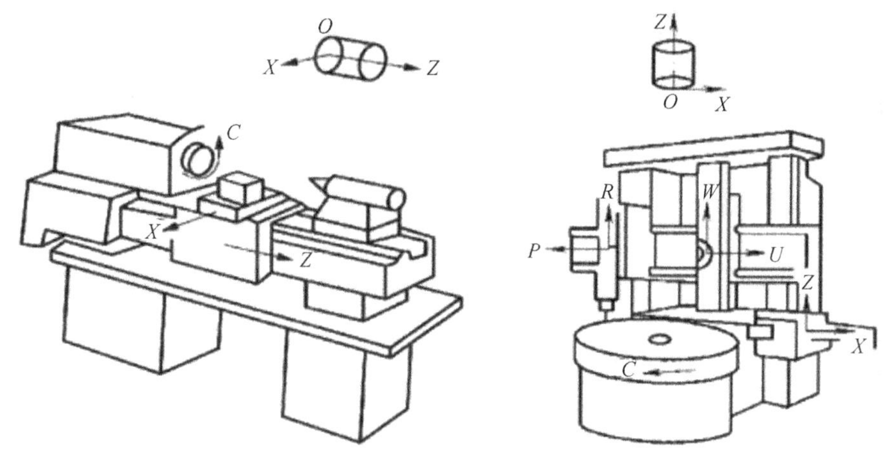

图 2.29　卧式车床 Z 轴　　图 2.30　立式车床 Z 轴

(2)X 轴的确定。平行于导轨面，且垂直于 Z 轴的坐标轴为 X 轴。X 坐标是在刀具或工件定位平面内运动的主要坐标轴。对于工件旋转的机床(如车床、磨床等)，X 轴的方向在工件的径向上，且平行于横滑座导轨面。刀具远离工件旋转中心的方向为 X 轴正方向(见图 2.29)。注意：对于刀具旋转的机床(如铣床、镗床、钻床等)，如果 Z 轴是垂直的，则面对主轴看立柱时，X 轴的正方向朝右，如图 2.31 所示。如果 Z 轴是水平的，则面对主轴看立柱时，X 轴的正方向朝左，如图 2.32 所示。

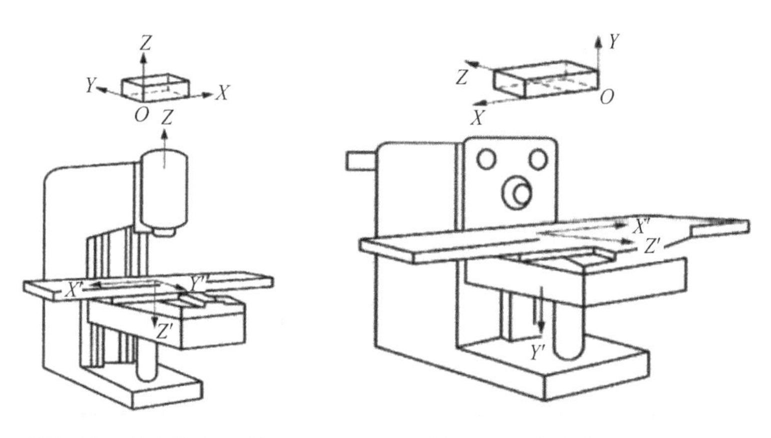

图 2.31　立式铣床 X 轴　　图 2.32　卧式铣床 X 轴

(3)Y 轴的确定。Y 轴以及其他轴根据右手笛卡儿直角坐标系就可确定了。

3. 数控机床机械原点及参考点

数控机床坐标系是机床的基本坐标系，机床坐标系的原点也称机械原点或机械零点(M)，这个原点是机床固有的点，由生产厂家确定，不能随意改变，它是其他坐标系和机床内部参考点的出发点。不同数控机床坐标系的原点也不同，数控车床的机床原点在主轴前端面的中心上，如图 2.33 所示 M 点。数控铣床的机床原点因生产厂家而异，例如有的数控铣床的机床原点位于机床的左前上方，见图 2.34 所示的 M 点。

数控机床参考点 R 也称基准点，是大多数具有增量位置测量系统的数控机床所必须具有的。它是数控机床工作区确定的一个点，与机床原点有确定的尺寸联系。参考点在各轴以硬件方式用固定的凸块和限位开关实现。机床每次通电后，移动件(刀架或工作台)都要进行返回参考点的操作，数控装置通过移动件(刀架或工作台)返回参考点后确认出机床原点的位置，从而使数控机床建立机床坐标系。数控车床的参考点 R 在 M 点的右上方(在图 2.33 中未标出)，立式加工中心的参考点 R 如图 2.35 所示。

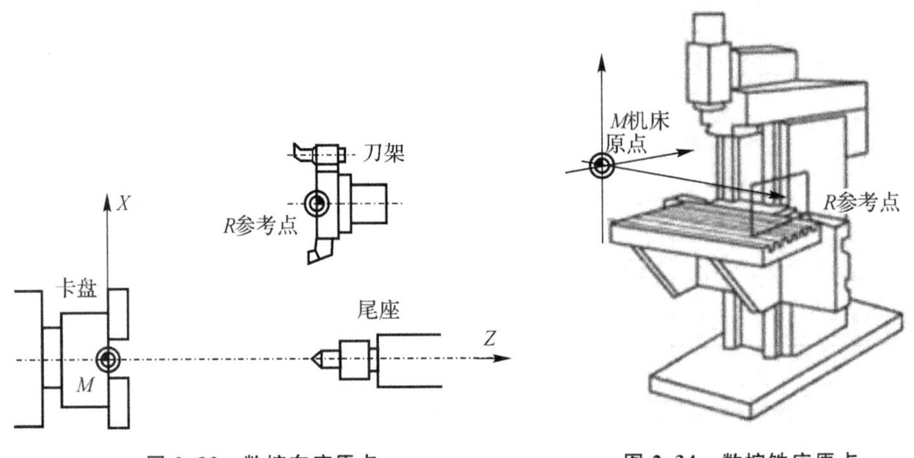

图 2.33　数控车床原点　　　　图 2.34　数控铣床原点

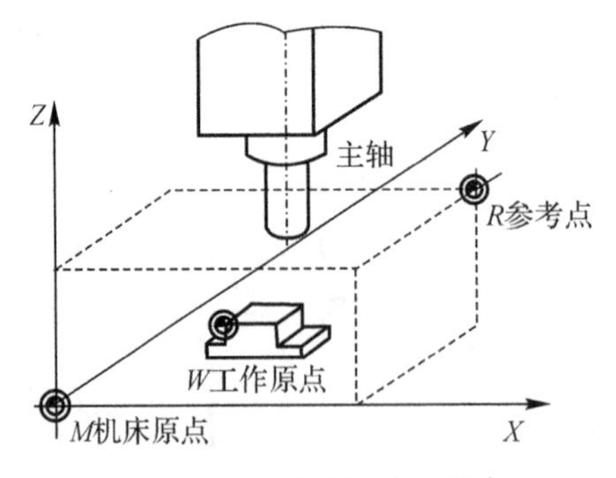

图 2.35　立式加工中心原点

用机床原点计算被加工零件上各点的坐标并进行编程是很不方便的，在编写零件的加工程序时，常常还要选择一个工件坐标系(又称编程坐标系)。关于工件坐标系将在以后几章内容中进行详细介绍。

2.2.5　数控加工程序的结构与格式

1. 零件加工程序结构

一个零件程序是由遵循一定结构、句法和格式规则的若干个程序段组成的，而每个程序段是由若干个指令组成的，例如：

```
O0001; ··········································· 程序名或程序号
N01 G50 X280 Z150;  ┐
N02 G04 S500 T0100; │
N03 G00 X45 Z0;     │
N04 G01 X0 F0.08;   ├ 程序内容
N05 G00 X40 Z2;     │
N06 G01 Z-50 F0.15; │
N07 G28 U2 W2;      │
N08 M30;            ┘
│       │ ············程序结束
│       └ 程序段结束符，如CR或LF或“;”
└────────────────────────────── 顺序号或程序段号
```

其中，第一个程序段“O0001”是整个程序的程序号，也叫程序名；程序号必须位于程序的开头，由地址码 O 和四位数字组成。每个独立的程序都应该有程序号，它可作为识别、调用该程序的标志。根据采用的标准和数控系统的不同，有时也可以由字符%或字母 P 后缀若干位数字组成，有时还可以直接用多字符程序名(如 TEST1 等)代替程序号。程序号是零件加工程序的代号，它是加工程序的识别标记，不同程序号对应着不同的零件加工程序。

在数控机床上，把程序中出现的英文字母及其字符称为“地址”，如 X、Y、Z、A、B、C、%等；数字 0～9(包含小数点、“＋”“－”号)称为“数字”。通常来说，每一个不同的地址都代表着一类指令代码，而同类指令则通过后缀的数字加以区别。“地址”和“数字”的组合称为“程序字”(亦称代码指令)，程序字是组成数控加工程序的最基本单位。程序段由若干程序字和程序段结束指令构成，如“N010 G01 X－100 Z200 F0.1”；在书写和打印程序段时，每个程序段一般占一行，在屏幕显示程序时也是如此。程序段格式是指一个程序段中程序字、字符、数据的书写规则。一个程序段的字符数也有一定的限制，如某些数控系统规定一个程序的字符数不大于 90 个，一旦大于限定的字符，则把它分成两个或多个程序。

2. 程序段格式

程序段格式是指一个程序段中功能字的排列顺序和表达方式，在标准《点位、直线运动和轮廓轨径控制系统的数据格式》(ISO 6983－1—2009 和《自动化系统与集成　机床数值控制　程序格式和地址字定义　第 1 部分：点位、直线运动和轮廓控制系统的数据格式》(GB/T 8870.1—2012)中都作了具体规定。下面列举几种程序段格式，目前广泛采用的是地址程序段格式。

(1)固定程序段格式。以这种格式编制的程序，各字均无地址码，字的顺序即为地址的顺序，各字的顺序及字符行数是固定的(不管某一字需要与否)，即使与上一段相比某些字没有改变，也要重写而不能略去。一个字的有效位数较少时，要在前面用“0”补足规定的位数，因此各程序段所占穿孔带的长度为一定值。固定程序段格式如图 2.36 所示。

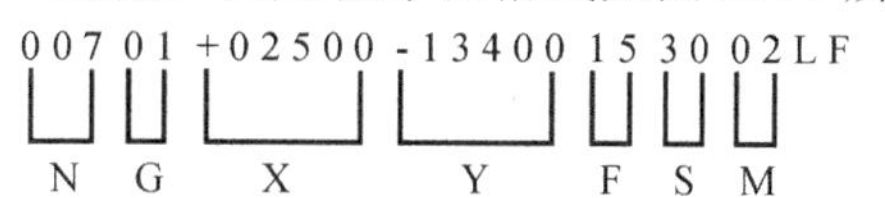

图 2.36　固定程序段格式

(2)用分隔符的程序段格式。由于有分隔符号,不需要的字或与上程序段相同的字可以省略,但必须保留相应的分隔符号(即各程序段的分隔符号数目相等),用分隔符的程序段格式如图 2.37 所示。

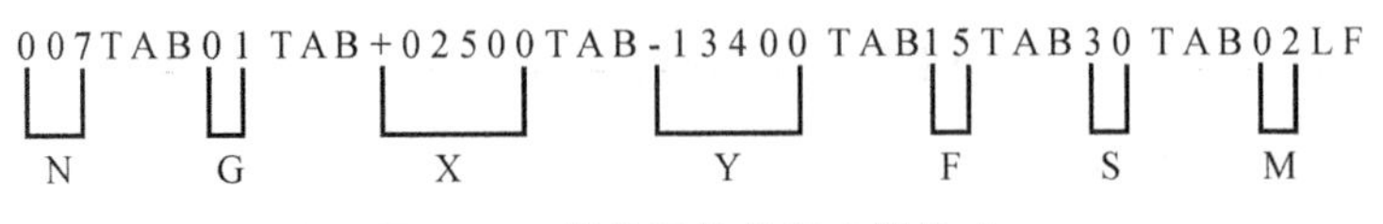

图 2.37 带分隔符的程序段格式

(3)字地址程序段格式。以这种格式表示的程序段,每一个字之前都标有地址码用以识别地址,因此对不需要的字或与上一程序段相同的字都可省略。程序段内的各字也可以不按顺序(但为了编程方便,通常按一定的顺序排列)。字地址程序段格式,如图 2.38 所示。

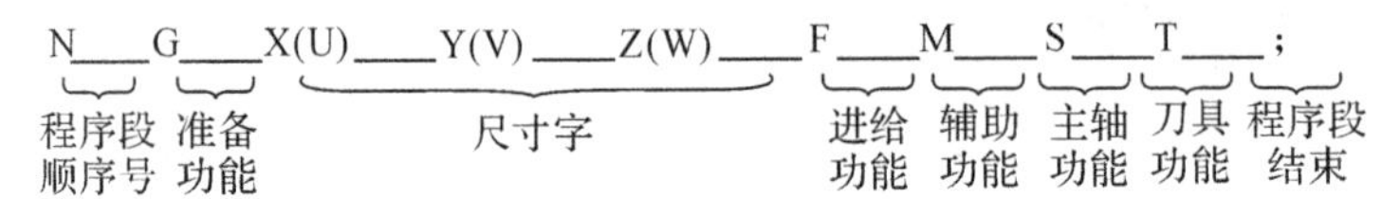

图 2.38 字地址程序段格式

本节思考题

1. 简述数控编程的内容和步骤。
2. 试说明基点和节点的含义,利用 Auto CAD 如何确定基点坐标?
3. 简述机床坐标系及运动方向的规定。
4. 数控机床坐标系的原点与参考点是如何确定的?
5. 什么是右手笛卡儿直角坐标系? Z 轴、X 轴在机床上分布的原则是什么?
6. 机床坐标系和工件坐标系有什么不同? 如何建立?

2.3 数控编程中的常用指令

本节学习要求

1. 了解编程指令的格式及基本编程思路。
2. 掌握数控编程基本指令的使用方法。

内容导入

前面讲述了数控加工程序的结构,一个完整的零件加工程序由哪几部分构成? 在程序内容中有 G01、G02、M04 等程序字,这些程序字具体表示什么功能?

数控机床在加工过程中的动作,都是事先由编程人员在程序中用指令的方式予以规定的。例如机床的启停、正反转、刀具的走刀路线的方向,粗、精切削走刀次数的划分,加工过程中测量位置的安排,必要的停留等。这种控制机床动作的指令称为工艺指令,工艺指令可分为两类:一类是准备功能代码(G 代码);另一类是辅助功能代码(M 代码)。G 代码和 M 代码是数控加工程序中描述零件加工过程的各种操作和运行特征的基本单元,是程序的基础。

注意:数控编程同计算机编程一样也有自己的"语言",但有一点不同的是,当前,微软以 Windows 为绝对优势占领全球市场。数控机床就不同了,它还没发展到那种相互通用的程度,也就是说,它们在硬件上的差距造就了它们的数控系统一时还不能达到相互兼容。因此,当要对一个毛坯进行加工时，首先要看已经拥有的数控机床采用的是什么型号的系统，不同的数控系统其编程指令有所不同，但基本指令是相同的。

行业中广泛应用的国际标准规定了G代码(见表2-2)和M代码。我国根据ISO标准制定了《数控机床穿孔带程序段格式中的准备功能G和辅助功能M的代码》(JB/T 3208—1999)，需要注意的是，即使国内生产的数控系统也没有完全遵照这个标准来规定G、M指令，更不用说从国外进口的数控机床，用户在编程时必须遵照机床编程系统说明书。

表2-2 准备功能G代码

G指令	模态	功能	G指令	模态	功能
G00	a	点定位	G50	#(d)	刀具偏置0/—
G01	a	直线插补	G51	#(d)	刀具偏置+/0
G02	a	顺圆弧插补	G52	#(d)	刀具偏置—/0
G03	a	逆圆弧插补	G53	f	直线偏移注销
G04	—	暂停	G54	f	直线偏移 *X*
G05	#	不指定	G55	f	直线偏移 *Y*
G06	a	抛物线插补	G56	f	直线偏移 *Z*
G07	#	不指定	G57	f	直线偏移 *XY*
G08	—	加速	G58	f	直线偏移 *XZ*
G09	—	减速	G59	f	直线偏移 *YZ*
G10～G16	#	不指定	G60	h	准确定位1(精)
G17	c	*XY*平面选择	G61	h	准确定位2(中)
G18	c	*ZX*平面选择	G62	h	快速定位(粗)
G19	c	*YZ*平面选择	G63	—	攻螺纹
G20～G32	#	不指定	G64～G67	#	不指定

注意：①表2.2中凡有小写字母a,b,c,d,…指示的G代码为同一组代码，为模态指令。②表2-2中“不指定”代码分别表示将来修订标准时，可以被指定新功能和永不指定功能。③表-中“#”的代码表示如果选择特殊用途，必须在程序格式说明中说明。④系统中没有G53～G59、G63功能时，可以指定作其他用途。

2.3.1 准备功能代码

G代码是在数控系统插补运算之前需要预先规定，为插补运算作好准备的功能指令，如刀具运动的坐标平面的选择、插补方式的指定、孔加工等固定循环功能的指定等。G代码以地址G后跟两位数字组成，常用的有G00～G99。高档数控系统有的已扩展到3位数字(如G107、G112)，有的则带有小数点(如G02.2、G02.3)。

G代码按照功能类型分为模态代码和非模态代码。表2-2中的a组对应的G代码称模态代码，它表示组内某个G代码一旦被指定，功能一直保持到出现同组其他任一代码时才失效，否则继续保持有效。因此在编下一个程序段时，若需要使用同样的G代码，则可省略不写，这样可以简化加工程序编制。而非模态代码只在本程序段中有效。下面对一些G代码做进一步说明。

1. 快速定位指令 G00 和直线插补指令 G01

(1) 快速定位指令 G00。

格式:G00 X_ Y_ Z_;

说明:

1)G00 指令刀具从所在点以最快的速度(系统设定的最高速度)移动到目标点。

2)当用绝对指令时,X、Y、Z 为目标点在工件坐标系中的坐标;当用增量坐标时,X、Y、Z 为目标点相对于起点的增量坐标。

3)当 Z 轴按指令远离工作台时,Z 轴先运动,X、Y 轴再运动。当 Z 轴按指令接近工作台时,X、Y 先轴运动,Z 轴再运动。

4)不运动的坐标可以不写。

如图 2.39 所示,程序如下:

N10 G00 X90 Y70;刀具由起点 A 快速移动到目标点 B;

注意:在执行 G00 指令时,由于各轴以各自速度移动,不能保证各轴同时到达终点,因而联动直线轴的合成轨迹不一定是一条直线;操作者必须格外小心,以免刀具与工件发生碰撞。常见的做法是,将 X 轴移动到安全位置,再放心地执行 G00 指令。

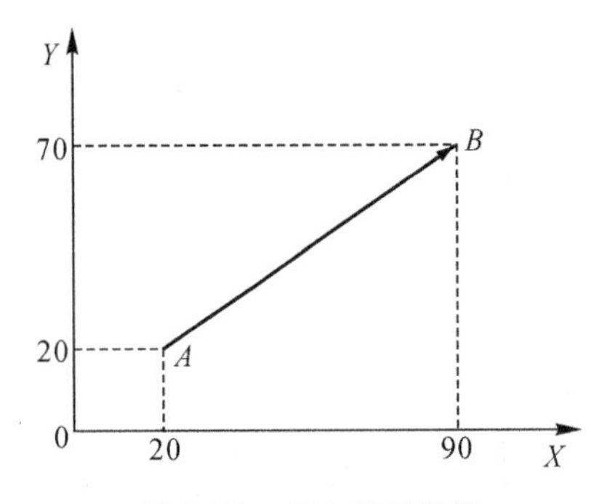

图 2.39 G00 编程举例

(2)直线插补指令 G01。

格式:G01 X_ Y_ Z F_ ;

说明:

1)G01 指令刀具从所在点以直线移动到目标点。

2)当用绝对指令时,X、Y、Z 为目标点在工件坐标系中的坐标;当用增量坐标时,X、Y、Z 为目标点相对于起点的增量坐标,F 为刀具进给速度。

3)不运动的坐标可以不写。

4)系统通电时,处于 G01 状态。如图 2.40 所示,程序如下:

N10 G01 X15 Y30 F100;刀具由起点 A 直线运动到目标点 B,进给速度为 100 mm/min。

5)G01 倒角、倒圆功能。G01 倒角控制功能可以在两相邻轨迹的程序段之间插入直线倒角或圆弧倒角。其指令格式为:

G01X(U)_Z(W)_ C_ (直线倒角)

G01X(U)_Z(W)_ R_ (圆弧倒角)

X、Z 值为在绝对指令时，两相邻直线的交点，如图 2.41 所示，即假想拐角交点（G 点）的坐标值；U、W 值为增量指令时，假想拐角点 H 相对于起始直线轨迹的始点 F 的移动位移。C 值是假想拐角交点（G 点）相对于倒角始点（F 点）的距离；R 值是倒圆弧的半径值。

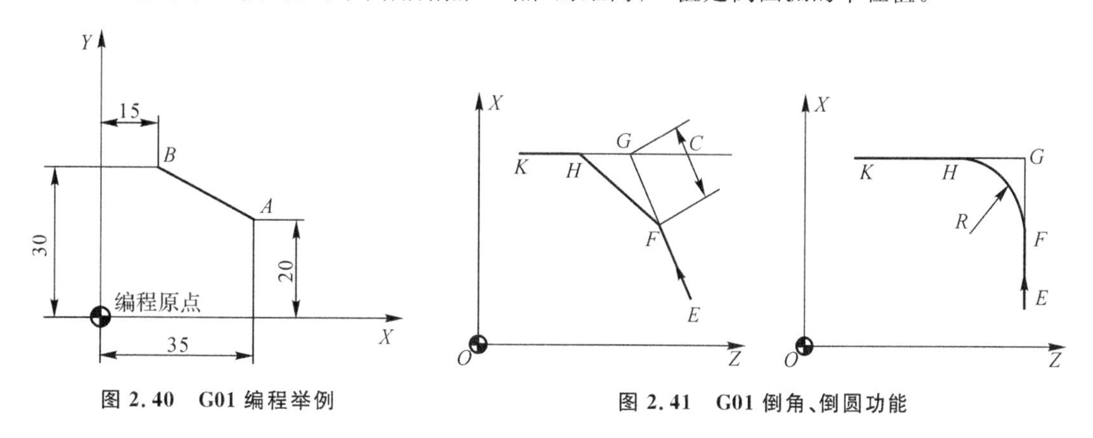

图 2.40　G01 编程举例　　图 2.41　G01 倒角、倒圆功能

【例 2.1】如图 2.42 所示，刀具沿 $P_0 \to P_1 \to P_2 \to P_3 \to P_0$ 运动（图中虚线为 G00 方式；实线为 G01 方式）编写加工程序如下：

N030 G00 X50 Z2；（$P_0 \to P_1$）

N040 G01 Z－40 F100；（$P_1 \to P_2$）

N050 X80 Z－60；（$P_2 \to P_3$）

N060 G00 X200 Z100；（$P_3 \to P_0$）

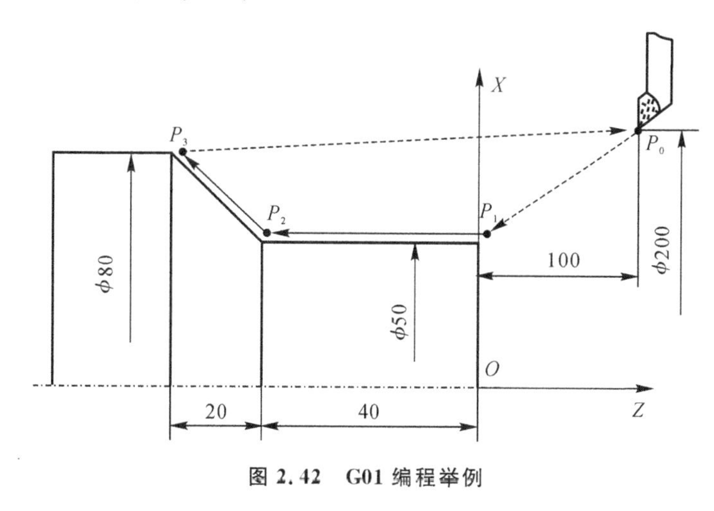

图 2.42　G01 编程举例

2. 绝对坐标与增量坐标编程指令 G90、G91

G90 指令规定在编程时按绝对值方式输入坐标，即移动指令终点的坐标值 X、Y、Z 都是以工件坐标系坐标原点（程序零点）为基准来计算的。G91 指令规定在编程时按增量值方式输入坐标，即移动指令终点的坐标值 X、Y、Z 都是以起始点为基准来计算的，再根据终点相对于始点的方向判断正负（与坐标轴同向取正，反向取负）。例如，要求刀具由 A 点直线插补到 B 点（见图 2.40），用 G90、G91 编程时，程序段分别为：

N100 G90 G01 X15 Y30 F100;

N100 G91 G01 X－20 Y10 F100;

数控系统通电后，机床一般处于 G90 状态。此时所有输入的坐标值是以工件原点为基准的绝对坐标值，并且一直有效，直到在后面的程序段中出现 G91 指令为止。在有的数控系统中，用 U、V、W 分别表示 X、Y、Z 三个方向的增量坐标。图 2.40 也可以编写成以下 3 种程序段：

N100　G01 X15 Y30 F100;(绝对编程)

N100　G01 U-20 V10 F100;(增量编程)

N100　G01 X15 V10 F100;(混合编程)

3. 插补平面选择指令 G17、G18、G19

格式：G17(G18 /G19)

说明：

1)G17 指令为选择 XY 插补平面；G18 指令为选择 XZ 插补平面；G19 指令为选择 YZ 插补平面，如图 2.43 所示。

2)当存在刀具补偿时，不能变换定义平面。系统通电时处于 G17 状态。

3)考虑加工方便，Z 坐标可单独编程，而不考虑平面的定义。但编入二坐标联动时，必须考虑平面选择问题。

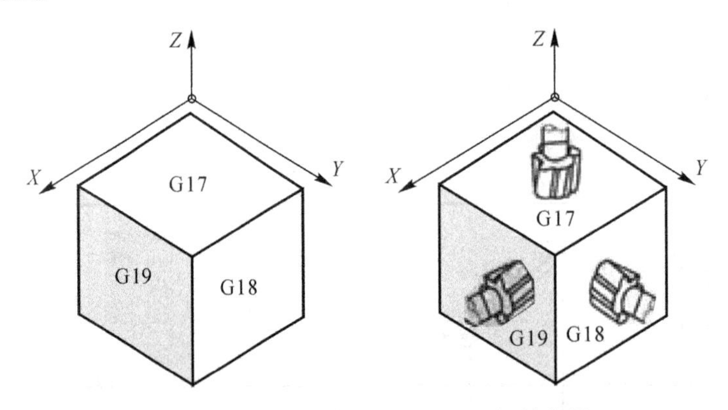

图 2.43　钻削/铣削时的平面和坐标轴布置

4. 圆弧插补指令 G02,G03

格式：

G17 { G02(G03) X_Y_R_ F_ ;
　　　G02(G03)X_Y_ I_ J_ F_;_;

G18 { G02(G03) X_Z_R_ F_ ;
　　　G02(G03)X_Z_ I_ K_ F_;_;

G19 { G02(G03) Z_Y_R_ F_ ;
　　　G02(G03)Z_Y_ K_ J_ F_;_;

说明：

1)G02 为顺时针圆弧插补，G03 为逆时针圆弧插补；平面指定指令与圆弧插补指令的关系如图 2.44 所示。

2)绝对编程时,X、Y、Z 为圆弧终点在工件坐标系中的坐标;增量编程时,X、Y、Z 为圆弧终点相对于圆弧起点的位移量坐标;I、J、K 为圆心相对于圆弧起点的坐标增量(等于圆心的坐标减去圆弧起点的坐标),在绝对、增量编程时都是以增量方式指定,在直径、半径编程时,I 都是半径值。

3)R 表示圆弧半径,因为在相同的起点、终点、半径和相同的方向时,可以有两种圆弧(如图 2.45 所示)。如果圆心角小于 180°(劣弧)则 R 为正数;如果圆心角大于 180°(优弧)则 R 为负数。

4)整圆编程时不能使用 R,只能使用 I、J、K。R 为圆弧半径;F 为被编程的两个轴的合成进给速度。

如图 2.45 所示,加工劣弧的程序如下。

绝对值方式编程:

G90G02X40Y－30I40J－30 F100 或 G90G02X40 Y－30R50F100。

增量方式编程:

G91 G02 X80 Y0 I40 J—30 F100 或 G91 G02 X80 Y0 R50 F100。

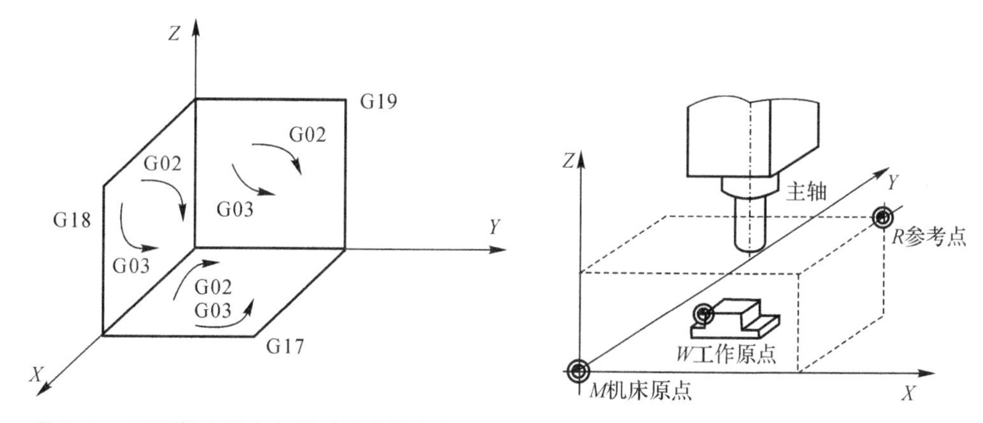

图 2.44　平面指定指令与圆弧插补指令的关系　　图 2.45　R 编程时的优弧和劣弧

注意:①顺时针或逆时针是从垂直于圆弧所在平面的坐标轴的正方向看到的回转方向。如图 2.46 车床 G02/G03 方向的规定:前刀架,右偏刀,凸圆弧 G03,凹圆弧 G02;后刀架,右偏刀,凸圆弧 G02,凹圆弧 G03。②编程时同时编入 R 与 I、K 时,R 有效。

5.暂停(延时)指令 G04

格式:G04　X_;或 G04　P_;

说明:G04 指令可使刀具进行短暂的无进给光整加工,一般用于镗平面、锪孔等场合,X 或 P 为暂停时间,其中 X 后面可用带小数点的数,单位为秒(s),如 G04 X5.表示在前一程序执行完后,要经过 5 s 以后,后一程序段才执行。地址 P 后面不允许用小数点,单位为毫秒(ms)。如 G04 P1 000 表示暂停 1 000 ms,即 1 s。G04 的程序段里不允许有其他指令。

图 2.47 所示为锪孔加工,孔底有表面粗糙度要求。

程序如下:

N40 G91 G01 Z-7. F60;

N50 G04 X5.;(刀具在孔底停留 5 s)

N60 G00 Z7.;

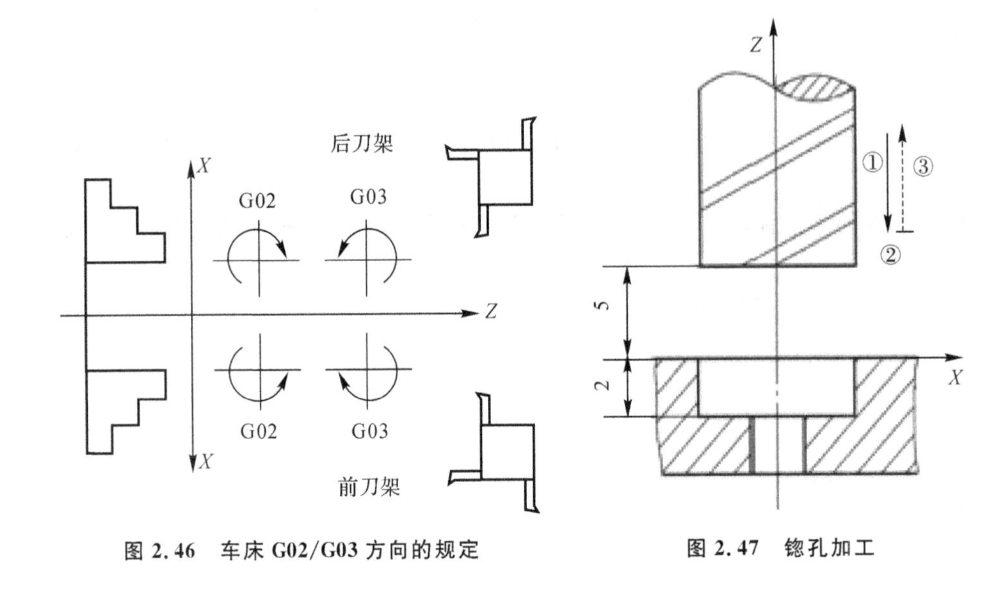

图 2.46 车床 G02/G03 方向的规定

图 2.47 锪孔加工

2.3.2 辅助功能代码

M 代码(见表 2-3)是控制机床辅助动作的指令,如主轴正转、反转与停止,冷却液的开与关,工作台的夹紧与松开,换刀,计划停止,程序结束,等等。由于 M 代码与插补运算无直接的关系,所以一般写在程序段的后面。在加工程序中正确使用 M 代码是非常重要的,否则数控机床不能进行正常的加工,编程时必须清楚了解所使用数控系统的 M 代码和应用特点,才能正确使用。

下面介绍一些常用的 M 代码。

(1)M00(程序停)中断程序执行的功能。程序段内的动作完成后,主轴停转,冷却停止。这以前的状态信息被保护,按循环启动按钮时可重新启动程序运行。

(2)M01 (程序选择停)。只要操作者接通车床操作面板上的"选择停"按钮,就可进行与程序停相同的动作。"选择停"按钮断开时,此指令被忽略。该指令常用于一些关键尺寸的抽样检测以及交接班时的停止情况。

(3)M02(程序结束)加工程序结束指令。在完成该程序段的动作后,主轴停转,冷却停止,控制装置和车床复位。

(4)M30(程序结束)加工程序结束指令。在完成该程序段的动作后,主轴停转,冷却停止,控制装置和车床复位。程序自动回到程序的开头。

(5)M03、M04、M05 分别是主轴正转、主轴反转及主轴停止指令。

(6)M07、M08、M09 分别是冷却液 1、2 打开及冷却液关指令。

(7)M30(程序结束)。该指令与M02功能相似，但M30可使程序返回到开始状态。

表2-3　辅助功能M代码

M指令	模态	功能	M指令	模态	功能
M00	—	程序停止	M36	#	进给范围1
M01	—	程序计划停止	M37	#	进给范围2
M02	—	程序结束	M38	#	主轴速度范围1
M03	—	主轴正转	M39	#	主轴速度范围2
M04	—	主轴反转	M40～M45	#	不指定
M05	—	主轴停止	M46～M47	#	不指定
M06	—	换刀	M48	*	注销M49
M07	*	1号切削液开	M49	#	进给率修正旁路
M08	*	2号切削液	M50	#	3号切削液开
M09	*	切削液关	M51	#	4号切削液开
M10	*	夹紧	M52～M54	#	不指定
M11	*	松开	M55	#	刀具直线位移，位置1
M12	#	不指定	M56	#	刀具直线位移，位置2

注：①“*”指示的代码为非模态指令。②“#”的代码如果选择特殊用途，必须在程序格式说明中说明。

2.3.3　F、S、T代码

1.F代码

F代码用于指定刀具相对于工件的进给速度，是模态代码。F代码有代码法和直接给定法两种指定方式，两种方法都由F加上数字组成，但代码法中的数字不直接表示进给速度的大小，而是表示与某一进给速度对应的编号。直接法给定的数字直接表示进给速度的大小，是现代CNC机床普遍采用的方法。当进给速度与主轴速度无关时，单位一般为mm/min；当进给速度与主轴速度有关时(如车螺纹、攻螺纹等)，单位为mm/r。

(1)设定每转进给量(mm/r)指令格式：G99 F___。

指令说明：F后面的数字表示的是主轴每转进给量，单位为mm/r。如G99 F0.2表示进给量为0.2 mm/r。

(2)设定每分钟进给速度(mm/min)指令格式：G98 F___。

指令说明：F后面的数字表示的是每分钟进给量，单位为mm/min。如G98 F100表示进给量为100 mm/min。工作在G01、G02或G03方式下，编程的F一直有效，直到被新的F值所取代，而工作在G00方式下，快速定位的速度是各轴的最高速度，与所编F无关。借助于机床控制面板上的倍率按键，F可在一定范围内进行修调，当执行螺纹切削循环时，倍率开关失效，进给倍率固定在100%。

2. S 代码

S 代码主要用于控制主轴转速，其后跟的数值在不同场合有不同含义，具体如下。

(1)恒切削速度控制，指令格式：G96 S____。

指令说明：S 后面的数字表示的是恒定的线速度：m/min。如 G96 S150 表示切削点线速度控制在 150 m/min。对图 2.48 所示的零件，为保持 A、B、C 各点的线速度在 150 m/min，则各点在加工时的主轴转速分别为：

A：$n=1\ 000\times150\div(\pi\times40)=1\ 193$(r/min)

B：$n=1\ 000\times150\div(\pi\times60)=795$(r/min)

C：$n=1\ 000\times150\div(\pi\times70)=682$(r/min)

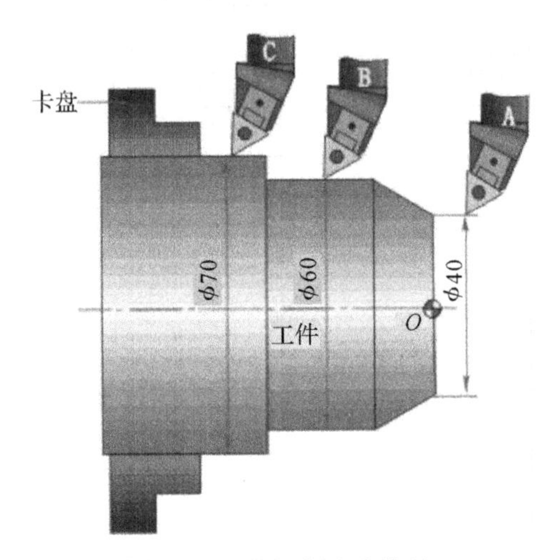

图 2.48　恒切削速度控制

(2)最高转速控制(G50)，指令格式：G50 S____。

指令说明：S 后面的数字表示的是最高转速：r/min。如 G50 S3000 表示最高转速限制为 3 000r/min。采用恒线速度控制加工端面、锥面和圆弧时，由于 X 坐标(工件直径)的不断变化，故当刀具逐渐移近工件旋转中心时，主轴的转速就会越来越高，离心力过大，工件有可能从卡盘中飞出。为了防止事故，必须将主轴的最高转速限定在一个固定值。这时可用 G50 指令来限制主轴最高转速。

(3)直接转速控制(G97)，指令格式：G97 S____。

指令说明：S 后面的数字表示恒线速度控制取消后的主轴转速，如 S 未指定，将保留 G96 的最终值。如 G97 S3000 表示恒线速控制取消后主轴转速为 3 000 r/min。

3. T 代码

T 代码用于选刀，其后的数字前一组表示刀具序号，后一组表示刀具补偿号。不同的数控系统后面数字位数不同。例如，T12 M06 表示将当前刀具换成 12 号刀具；T0102 表示 01 号刀具选用 02 号刀具补偿号。当一个程序段同时包含 T 代码与刀具移动指令时，执行 T 代码指令，之后执行刀具移动指令。

本节练习题

如图2.49和图2.50所示，编程原点为O，编写零件轮廓加工程序。

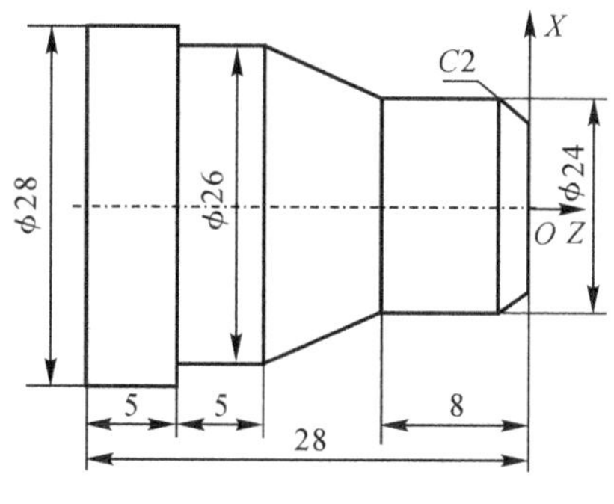

图2.49 练习题图(1)

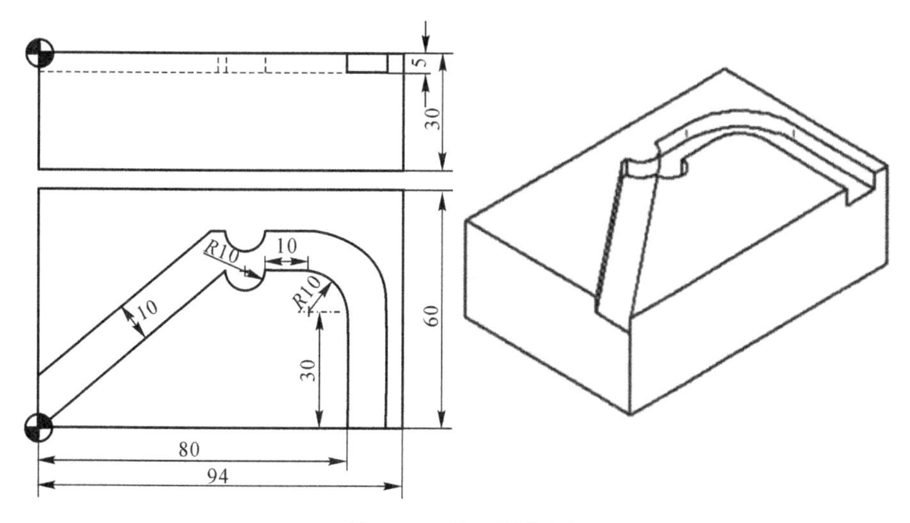

图2.50 练习题图(2)

2.4 数控车床编程

本节学习要求

1. 熟悉数控车床编程特点。

2. 掌握数控车床常用编程指令的使用方法及基本编程技巧。

内容导入

大家都知道车床主要加工轴类零件和法兰类零件，其使用四爪卡盘和专用夹具也能加工出复杂的零件;装在车床上的工件随同主轴一起做回转运动，车床的刀架在横向和纵向组成的平面内运动，主要加工回转零件的端面、内孔、外圆、螺纹和沟槽等。那么数控车床能实现零件的哪些加工？实现这些加工其加工程序是怎样编写的?

数控车床配置的数控系统不同，使用的指令在定义和功能上有一定的差异，本节基于FANUC 0i系统和后置型刀架介绍卧式数控车床的编程。

2.4.1 数控车床的编程特点

(1)在一个程序段中,根据图样上标注的尺寸,可以采用绝对坐标编程、增量坐标编程或二者混合编程。

(2)由于被加工零件的径向尺寸在图样上和在测量时都以直径值表示,所以直径方向用绝对坐标编程时 X 以直径值表示,用增量坐标编程时以径向实际位移量的 2 倍表示,并附上方向符号。

(3)由于车削加工常用棒料或锻料作为毛坯,加工余量较大,所以为简化编程,数控装置常具备不同形式的固定循环,可进行多次重复循环切削。

(4)不同组 G 功能代码可编写在同一程序段内,且均有效;相同组 G 功能代码若编写在同一程序段内,后面的 G 功能代码有效。FANUC 0i 系统常用的 G 功能代码见表 2-4,常用的 M 功能代码见表 2-5。

表 2-4 常用 G 功能(准备功能)代码

G 代码	组	功 能	G 代码	组	功 能
* G00	01	快速定位	G70	00	精加工循环
G01		直线插补	G71		外径/内径粗车复合循环
G02		顺圆插补	G72		端面粗车复合循环
G03		逆圆插补	G73		闭合车削复合循环
G04	00	暂停	G74		端面车槽复合循环
G20	06	英制输入	G75		外径/内径车槽复合循环
* G21		公制输入	G76		复合螺纹切削循环
G27	00	返回参考点检查	G80	10	固定钻削循环取消
G28		返回参考位置	G83		钻孔循环
G32	01	螺纹切削	G84		攻丝循环
G34		变螺距螺纹切削	G85		正面镗循环
G36	00	自动刀具补偿 X	G87		侧钻循环
G37		自动刀具补偿 Z	G88		侧攻丝循环
* G40	07	取消刀尖半径补偿	G89		侧镗循环
G41		刀尖半径左补偿	G90	01	外径/内径车削循环
G42		刀尖半径右补偿	G92		螺纹车削循环
G50	00	坐标系或主轴最大速度设定	G94		端面车削循环
G52		局部坐标系设定	G96	02	恒表面切削速度控制
G53		机床坐标系设定	* G97		恒表面切削速度控制取消

(5)编程时一般认为车刀刀尖是一个点,而实际上为了延长刀具寿命和工件表面质量,车刀刀尖常磨成一个半径不大的圆弧。因此为提高工件的加工精度,当编制圆头刀程序时需要对刀具半径进行补偿。大多数数控车床都具有刀具半径自动补偿功能(G41,G42),这类数控车床可直接按工件轮廓尺寸编程。对不具有此功能的数控车床,编程时需先计算补偿量。

表2-5　常用M功能代码

M指令	模态	功能	M指令	模态	功能
M00	非模态	程序停止	M03	模态	主轴正转起动
M01	非模态	选择停止	M04	模态	主轴反转起动
M02	非模态	程序结束	M05	模态	主轴停止转动
M30	非模态	程序结束并返回	M07	模态	1号切削液开
M98	非模态	调用子程序	M08	模态	2号切削液打
M99	非模态	子程序结束	M09	模态	切削液关闭

2.4.2　数控车床编程坐标系的设定

在编写工件的加工程序时，首先应在建立机床坐标系后设定编程坐标系。

1.机床坐标系的建立

数控车床欲对工件的车削进行程序控制，必须首先建立机床坐标系。在数控车床通电之后，当完成了返回机床参考点的操作后，CRT屏幕上立即显示刀架中心在机床坐标系中的坐标值，即建立起了机床坐标系。在以下3种情况下，数控系统失去了对机床参考点的记忆，因此必须使刀架重新返回机床参考点。

(1)数控车床关机以后重新接通电源开关时。

(2)数控车床解除急停状态后。

(3)机床报警信号解除之后。

编程坐标系是用于确定工件几何图形上各几何要素(如点、直线、圆弧等)的位置而建立的坐标系(也称工件坐标系)，是编程人员在编程时使用的。编程坐标系的原点就是编程原点(也称工件原点或工作原点)，编程原点是人为设定的，数控车机床建立编程原点前通常要回到机床参考点，其目的是提高数控车床定位精度。数控车床工件原点一般设在主轴中心线与工件左端面或右端面的交点处。图2.51所示为数控车床3点的位置关系。

2.建立编程坐标系指令G50

格式：G50 X_ Z_ ;

说明：

1)格式中G50表示工件坐标系的设定，X、Z表示工件原点的位置。

2)程序如设该指令，则应设定在刀具运动指令之前。

3)当系统执行该指令后，刀具并不运动，系统根据G50指令中的X、Z值从刀具起始点反向推出工件原点。

4)在G50程序段中，不允许有其他功能指令，但S指令除外，因为G50还有另一种功能——设定恒切削速度。

例如，如图2.52所示，O为工件原点，P_0为刀具起始点，设定工件坐标系指令为：

G50 X300 Z480;

车床刀架的换刀点是指刀架转位换刀时所在的位置。换刀点是任意一点，可以和刀具起始点重合，它的设定原则是刀架转位时不碰撞工件和车床上其他部件。

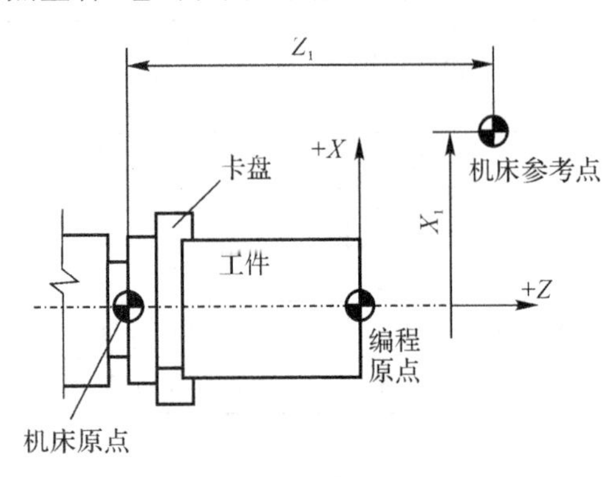

图 2.51　数控车床 3 点的位置关系

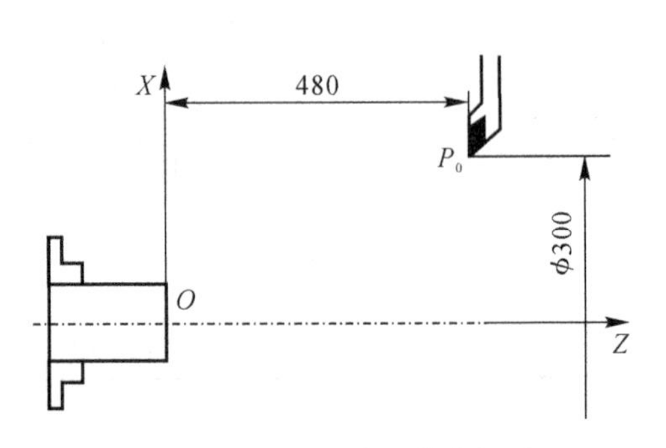

图 2.52　G50 设定工件坐标系

2.4.2　基本编程指令

G00、G01、G02、G03、G04 及相关辅助功能代码前面已经讲述过了，在此不赘述。

1. 英制和公制输入指令 G20、G21

格式：G20(G21)；

说明：

1)G20 表示英制输入，G21 表示公制输入。G20 和 G21 是两个可以相互取代的代码，但不能在一个程序中同时使用 G20 和 G21。

2)机床通电后的状态为 G21 状态。

2. 参考点返回检测指令 G27

格式：G27X(U)_；(X 向参考点检查)；

G27Z(W)_；(Z 向参考点检查)；

G27X(U)_ Z(W)_；(X、Z 向参考点检查)。

说明：

1)G27 指令用于参考点位置检测。执行该指令时刀具以快速运动方式在被指定的位置上定位，到达的位置如果是参考点，则返回参考点灯亮。仅一个轴返回参考点时，对应轴的灯亮。若定位结束后被指定的轴没有返回参考点则出现报警。执行该指令前应取消刀具位置偏置。

2)X、Z 表示参考点的坐标值，U、W 表示到参考点所移动的距离。

3)执行 G27 指令的前提是机床在通电后必须返回过一次参考点。

3. 自动返回参考点指令 G28

格式：G28X(U)_；(X 向返回参考点)。

G28Z(W)_；(Z 向返回参考点)。

G28X(U)_ Z(W)_；(X、Z 向同时返回参考点)。

说明：

1)G28 指令可使被指令的轴自动地返回参考点。X(U)、Z(W)是返回参考点过程中的中间点位置，用绝对坐标或增量坐标指令。如图 2.53 所示，在执行“G28 X40 Z50;”程序后，刀具以快速移动的方式从 B 点开始移动，经过中间点 A(40,50)，移动到参考点 R；或编程“G28 U2 W2;”后，则刀具沿 X、Z 向快速离开 B 点，经过中间点（相对于 B 点 U=2，W=2)，移动到参考点 R。

2)X(U)、Z(W)是刀架出发点与参考点之间的任一中间点，但此中间点不能超过参考点。有时为保证返回参考点的安全，应先 X 向返回参考点，然后 Z 向再返回参考点。

4.螺纹车削指令 G32

格式:G32X(U)_ Z(W)_ F_;

说明：

1)使用 G32 指令可进行等螺距的直螺纹、圆锥螺纹以及端面螺纹的切削。

2)X(U)、Z(W)为螺纹终点坐标，F 为长轴螺距，若锥角 $\alpha \leqslant 45°$，F 表示 Z 轴螺距，否则 F 表示 X 轴螺距。F=0.001 mm～500 mm。

3)δ_1、δ_2 为车削螺纹时的切入量与切出量（见图 2.54)。一般 $\delta_1=2\sim5$ mm，$\delta_2=(1/4\sim1/2)\delta_1$。

4)背吃刀量及进给次数可参考表 2-7，否则难以保证螺纹精度，或会发生崩刀现象。

5)车削螺纹时，主轴转速应在保证生产效率和正常切削的情况下，选择较低转速。一般按机床或数控系统说明书中规定的计算式进行确定，可参考下式：

$$n_{螺} \leqslant n_{允} / P$$

式中：$n_{允}$——编码器允许的最高工作转速(r/min)；

P——工件螺纹的螺距或导程(mm)。

6)在螺纹粗加工和精加工的全过程中，不能使用进给速度倍率开关调节速度，进给速度保持开关也无效。

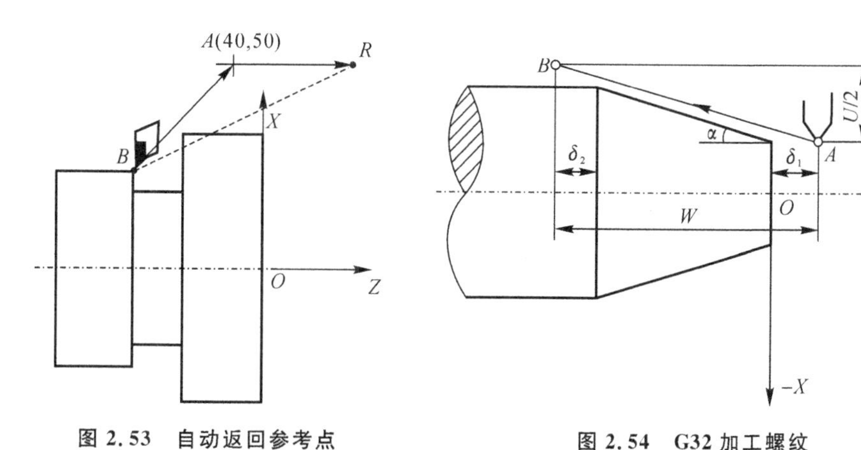

图 2.53　自动返回参考点　　　　图 2.54　G32 加工螺纹

【例 2.2】图 2.55 所示为直螺纹车削。已知车削 M30×2 的直螺纹引入量 $\delta_1=3$ mm，超越量 $\delta_2=1.5$ mm，分 5 次车削；编写加工程序。这里只给出螺纹车削程序，其余省略。

……

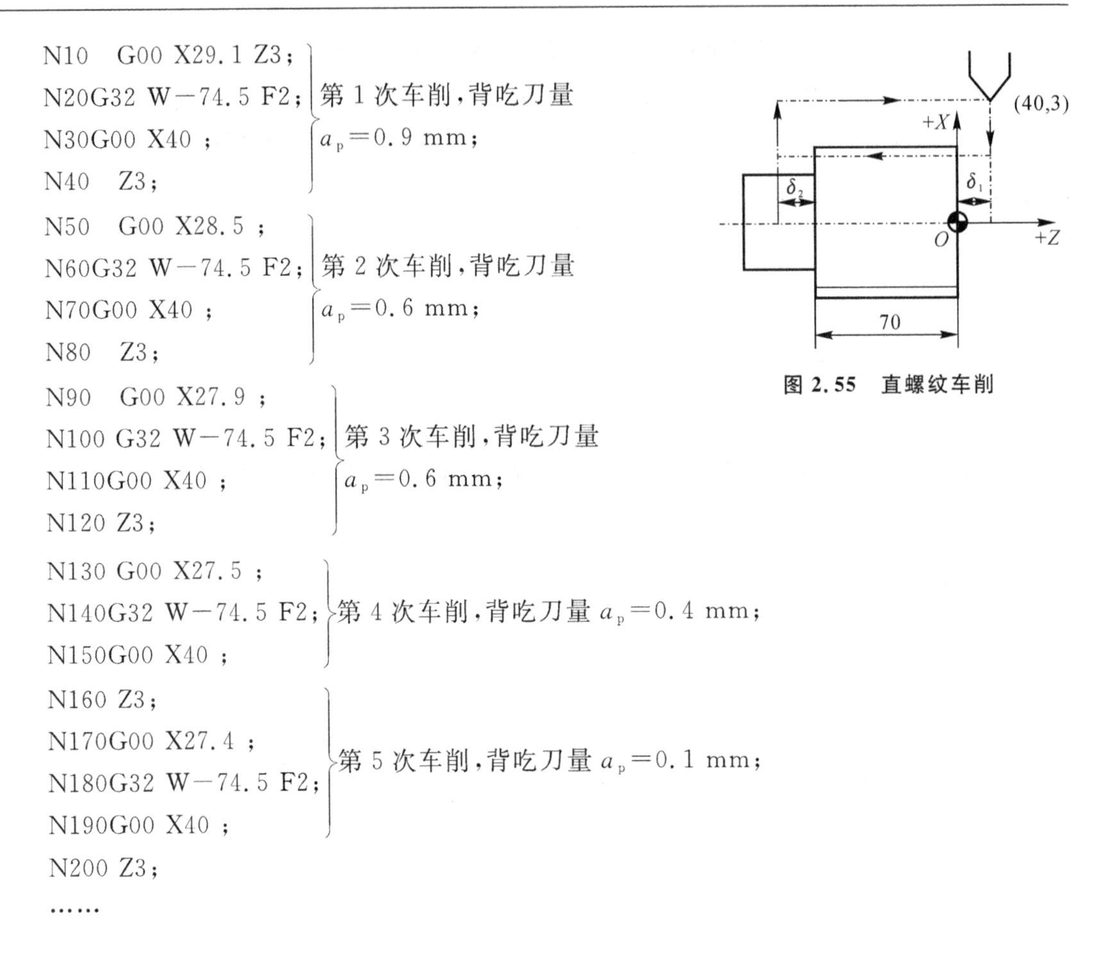


```
N10  G00 X29.1 Z3;        第1次车削，背吃刀量
N20G32 W-74.5 F2;         ap=0.9 mm;
N30G00 X40 ;
N40  Z3;
N50  G00 X28.5 ;          第2次车削，背吃刀量
N60G32 W-74.5 F2;         ap=0.6 mm;
N70G00 X40 ;
N80  Z3;
N90  G00 X27.9 ;          第3次车削，背吃刀量
N100 G32 W-74.5 F2;       ap=0.6 mm;
N110G00 X40 ;
N120 Z3;
N130 G00 X27.5 ;
N140G32 W-74.5 F2;        第4次车削，背吃刀量 ap=0.4 mm;
N150G00 X40 ;
N160 Z3;
N170G00 X27.4 ;
N180G32 W-74.5 F2;        第5次车削，背吃刀量 ap=0.1 mm;
N190G00 X40 ;
N200 Z3;
……
```

图 2.55　直螺纹车削

2.4.3　单一固定循环指令

车削加工余量较大的表面时需多次进刀切除，此时采取固定循环程序可以缩短程序段的长度，节省编程时间。单一外形固定循环指令有 G90、G92、G94。

1. 外径、内径车削循环指令 G90

圆柱面车削循环的编程格式：G90 X(U)_ Z(W)_ F_；

圆锥面车削循环的编程格式：G90 X(U)_ Z(W)_ R_F_；

说明：

1)X、Z 为终点坐标，U、W 为终点相对于起点坐标值的增量。图 2.56 所示为圆柱面车削循环，图中 R 表示快速进给，F 为按指定速度进给。用增量坐标编程时地址 U、W 的符号由轨迹 1、2 的方向决定，沿负方向移动为负号，否则为正号。单程序段加工时，按一次循环启动键，可进行 1、2、3、4 的轨迹操作。图 2.57 所示为圆锥面车削循环，图中 R 表示圆锥体大小端的差值，X(U)、Z(W)的意义同 G90 指令。用增量坐标编程时要注意 R 的符号，确定方法是锥面起点坐标大于终点坐标时为正，反之为负。G90 指令可用来车削外径，也可用来车削内径。

2)G90、G92、G94 都是模态量，当这些代码在没有被同组的其他代码(G00、G01)取代以前，程序中又出现 M 功能代码时，则先将 G90、G92、G94 代码重新执行一遍，然后才执行 M 功能代码，这一点在编程时要特别注意。

3)例如:N100 G90 U－50 W－20 F0.2;

N110 M00;

当执行完 N110 段时,先重复执行 N100 段的动作,然后再执行 N110 段。为避免这种情况,应将程序段改为:

N100 G90 U－50 W－20 F0.2;

N110 G00 M00;

此处 G00 仅取消 G90 状态,并不执行任何动作。

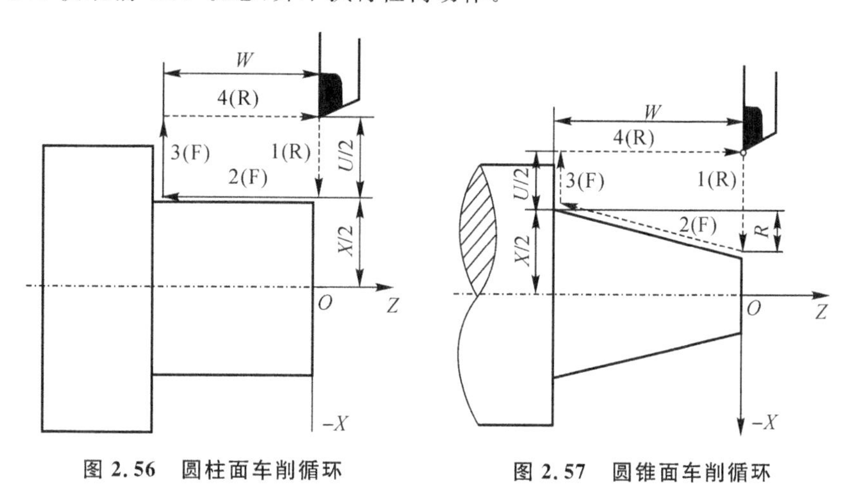

图 2.56　圆柱面车削循环　　图 2.57　圆锥面车削循环

2. 螺纹车削循环指令 G92

直螺纹车削循环的编程格式[见图 2.58(b)]:G92X(U)_ Z(W)_ F_;

圆锥螺纹车削循环的编程格式[见图 2.58(a)]:G92X(U)_ Z(W)_ R_ F_;

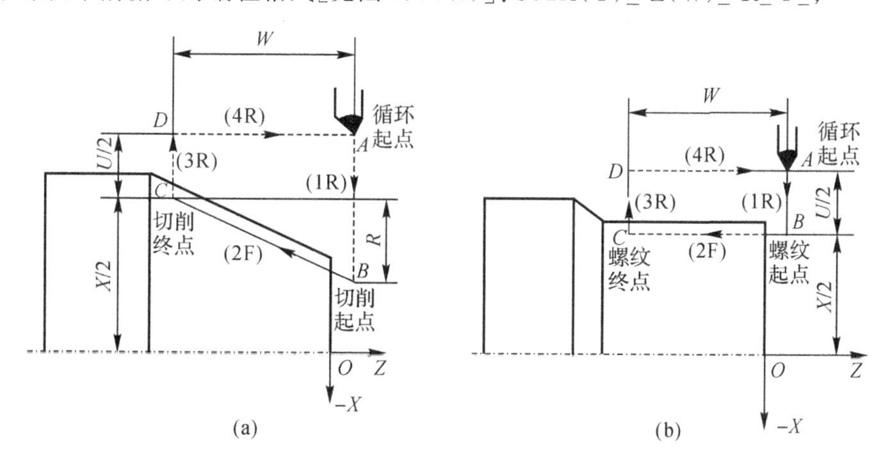

图 2.58　螺纹车削循环

说明:

1)G92 指令可使螺纹加工用车削循环完成,其中 X(U)、Z(W)为终点坐标,F 为螺纹的导程,R 为圆锥螺纹大小端的差值。地址 U、W 的符号判别同 G90 指令。

2)螺纹的导程范围及主轴速度的限制等与 G32 指令相同。

3. 端面车削循环指令 G94

直端面车削循环编程格式(见图 2.59):G94 X(U)_ Z(W)_ F_;

圆锥端面车削循环编程格式(见图 2.60):G94 X(U)_ Z(W)_ R_ F_;

各地址代码的用法同 G90 指令。

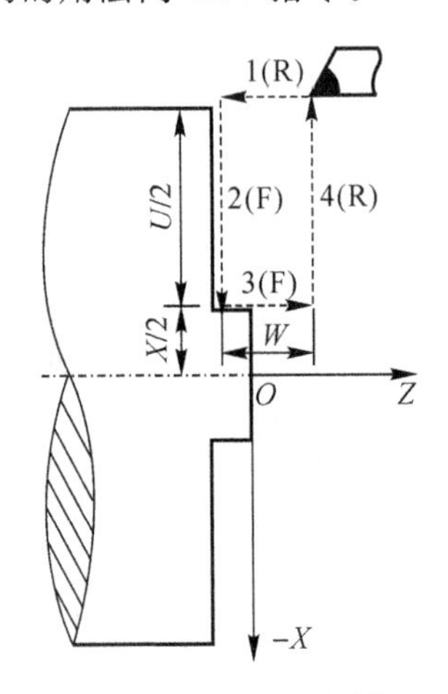

图 2.59 直端面车削循环

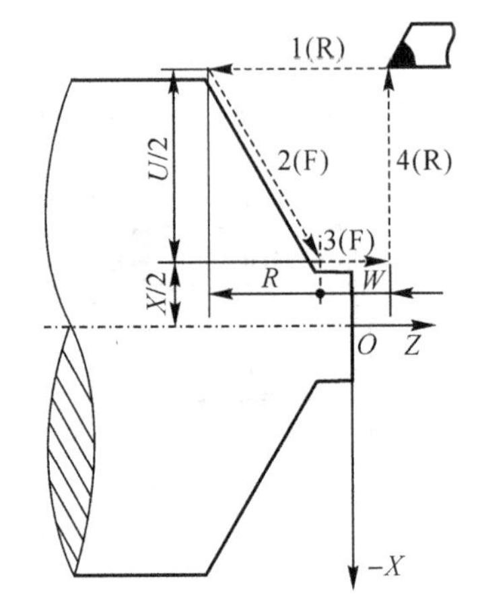

图 2.60 圆锥端面车削循环

2.4.4 复合循环指令

运用复合循环指令,只需指定精加工路线和粗加工的吃刀量,系统会自动计算粗加工路线和走刀次数。

1. 外径/内径粗车复合循环指令 G71

该指令可将工件切削到精加工之前的尺寸,精加工前工件形状及粗加工的刀具路径由系统根据精加工尺寸自动设定。

格式:G71 U(△d) R(e)

G71 P(NS) Q(NF) U(△u) W(△w) F(f) S(s) T(t)

说明:△d 为背吃刀量;e 为退刀量;NS 为精加工轮廓程序段中开始程序段的段号;NF 为精加工轮廓程序段中结束程序段的段号;△u 为 *X* 轴精加工余量;△w 为 *Z* 轴精加工余量;f、s、t 为分别指定粗加工的走刀速度、主轴转速和所用刀具。其循环过程如图 2.61 所示。

2. 闭合车削复合循环指令 G73

它适用于毛坯轮廓形状与零件轮廓形状基本接近时的粗车。例如,一些锻件、铸件的粗车,此时采用 G73 指令进行粗加工将大大节省工时,提高切削效率。其功能与 G71、G72 基本相同,所不同的是刀具路径按工件精加工轮廓进行循环。

格式:G73 U(△i)W(△k)R(d)

G73 P(NS)Q(NF)U(△u)W(△w) F(f)S(s)T(t)

说明:△i 为 *X* 轴方向总退刀量,也就是 *X* 轴方向的粗车余量;△k 为 *Z* 轴向总退刀量(半径值),也就是 *Z* 轴方向的粗车余量;d 为重复加工次数;其他参数同 G71。其循环过程如图 2.62 所示。

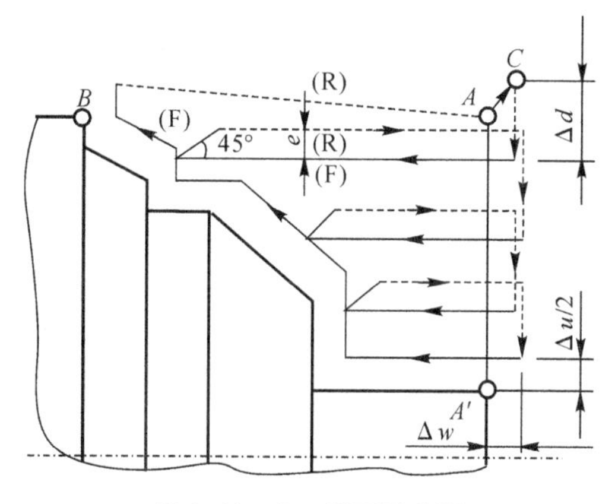

图 2.61　G71 循环示意图

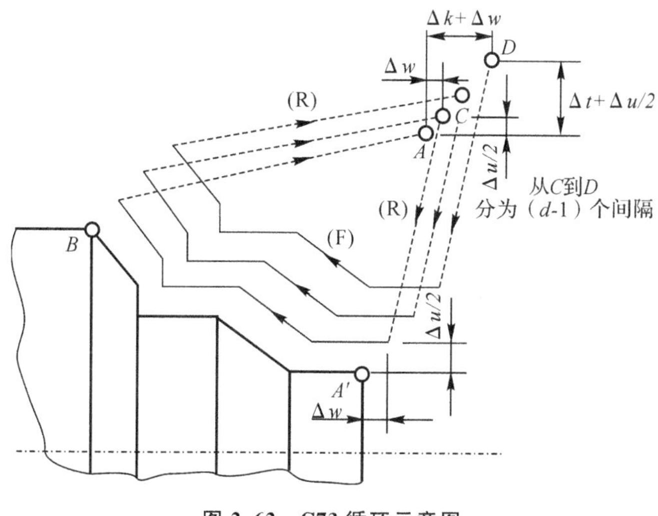

图 2.62　G73 循环示意图

3. 精加工循环指令 G70

由 G71、G72、G73 完成粗加工后，可以用 G70 进行精加工，切除粗加工中留下的余量。

格式：G70 P(NS) Q(NF)；

说明：指令中的 NS、NF 与前几个指令的含义相同。在 G70 状态下，NS 至 NF 程序中指定的 F、S、T 有效；当 NS 至 NF 程序中不指定 F、S、T 时，则粗车循环中指定的 F、S、T 有效。

【例 2.3】对图 2.63 所示工件，试用 G70，G71 指令编程。编程如下：

O1000；

N010　G50　X200　Z20；

N020　M04　S800　T0100；

N030　G00　X160　Z4　M08；

N035　G71　U7　R2；

N040　G71　P050　Q110　U0.5　W0.5　F100；

```
N050  G00  X40;
N060  G01Z-30  F80;
N070  X60  W-30;
N080  W-20;
N090  X100  W-10;
N100  W-20;
N110  X140  W-20;
N120  G70  P050  Q110;
N130  G00  X100  Z100  M09;
N140  M30;
```

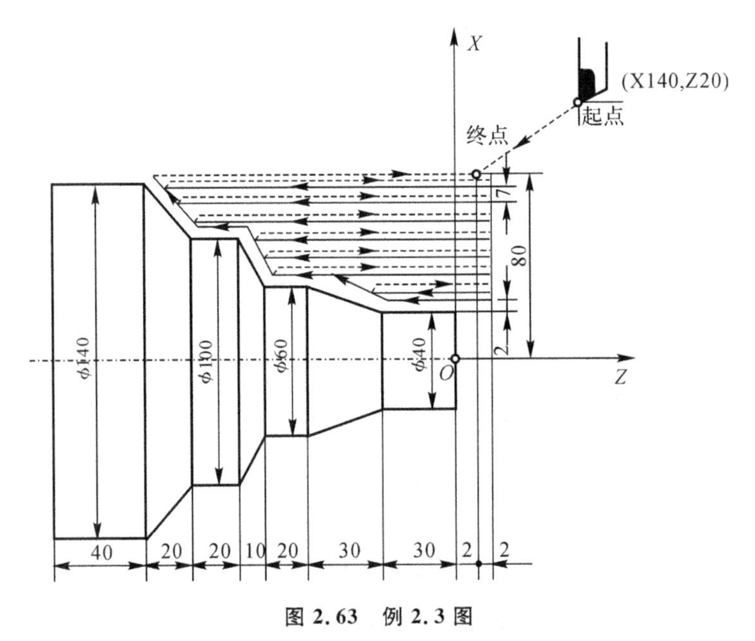

图 2.63　例 2.3 图

【例 2.4】对图 2.64 所示尺寸，编写闭合粗切循环加工程序。编程如下：

```
O1133;
N10 G50 X200 Z200;
N20 M04 S600 T0202;
N30 G00 X140 Z40 M08;
N40 G73 U9.5 W9.5 R3;
N50 G73 P70 Q130 U0.5 W0.5 F100;
N60 G00 X20;
N70 G01 Z-20 F80;
N80 X40 Z-30;
N90 Z-50;
N100 G02 X80 Z-70 R20;
N110 G01 X100 Z-80 ;
```

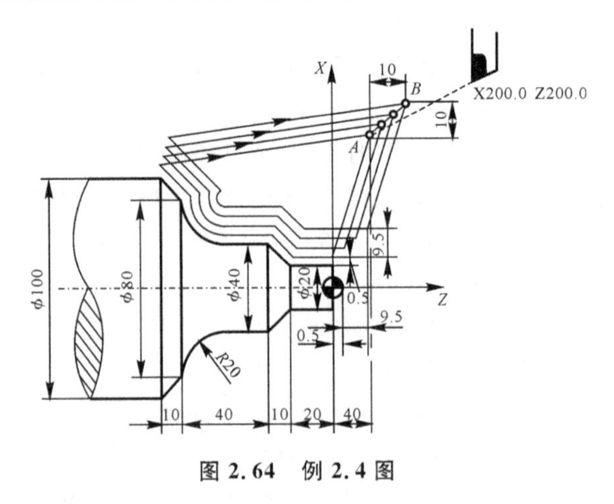

图 2.64　例 2.4 图

N120 X105；

N130 G00 X200 Z200 ；

N140 M05；

N150 M30；

4.端面车槽复合循环指令G74

端面车槽循环指令可以实现轴向深槽的加工，循环动作如图2.65所示。如果忽略了X(U)和P，只有Z轴运动，则可作为Z轴深孔钻削循环。

格式：G74 R(e)

G74 X(或 U)Z(或 W)P(△i)Q(△k)R(△d)F(f)

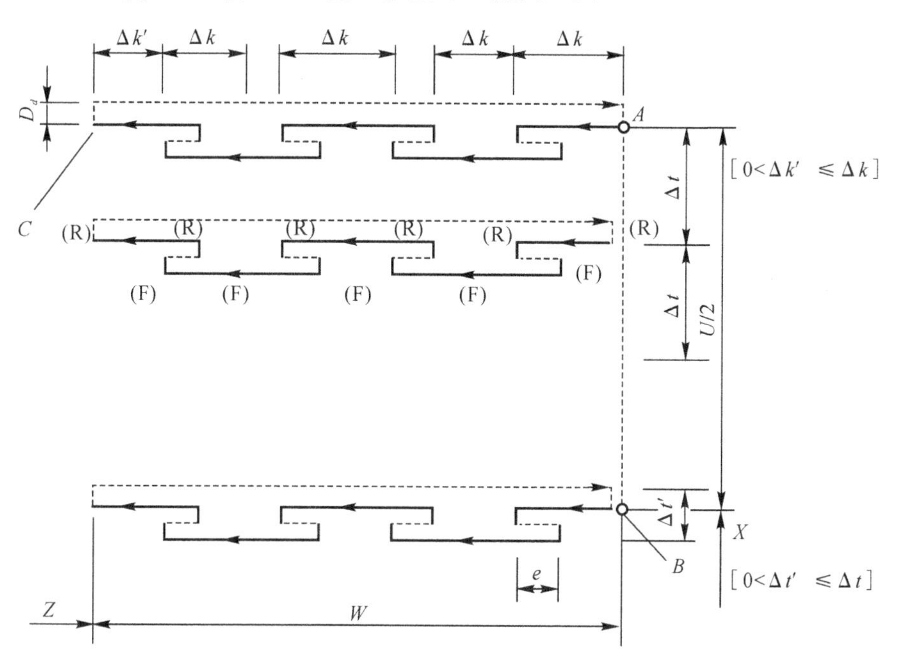

图2.65 G74循环过程(一)

说明：e为每次沿Z向切入△k后的退刀量(正值)；X为径向(槽宽方向)切入终点B的绝对坐标，U为径向终点B与起点A的增量；Z为轴向(槽深方向)切削终点C的绝对坐标，W为轴向终点C与起点A的增量。△i为X向每次循环移动量(正值、半径表示)；△k为Z向每次切深(正值)；△d为切削到终点时X向退刀量(正值)，通常不指定，如果省略X(U)和△i时，要指定退刀方向的符号。f为进给速度。式中e和△d都用地址R指定，其意义由X(U)决定，如果指定了X(U)，就为△d。

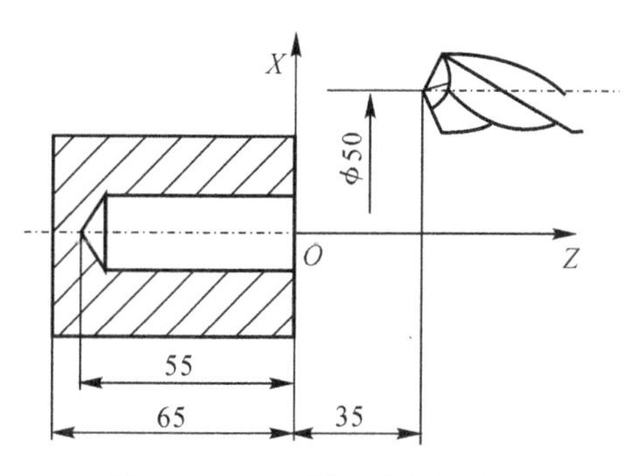

图2.66 G74循环过程(二)

图2.66所示是用深孔钻削循环G74指令加工孔，加工程序如下：

……

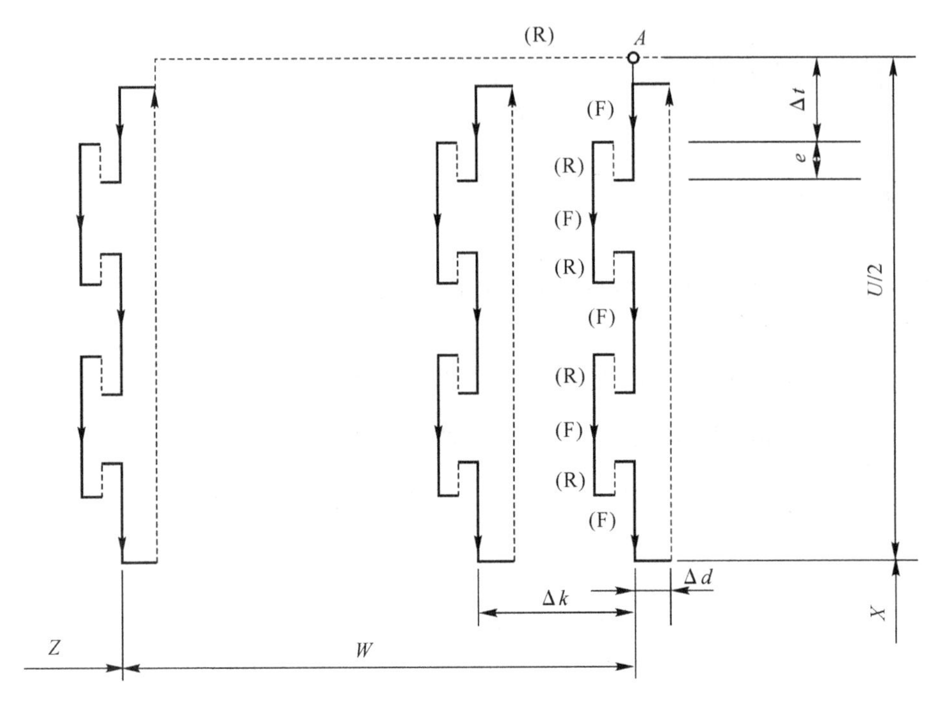

图 2.67　G75 循环过程(一)

```
N020  G00  X0  Z5  M08;
N030  G74  R3;
N040  G74  Z-55  Q10  F20;
N050  G00  X50  Z35;
……
```

5.外径/内径车槽复合循环指令 G75

端面车槽循环指令可以实现径向深槽的加工,循环动作如图 2.67 所示。

格式:G75 R(e)

G75 X(或 U)Z(或 W)P(△i)Q(△k)R(△d)F(f)

说明:e 为每次沿 X 向切入△i 后的退刀量(正值);X 为径向(槽深方向)切削终点 C 的绝对坐标,U 为径向终点 C 与起点 A 的增量;Z 为轴向(槽宽方向)切入终点 B 的绝对坐标,W 为轴向终点 B 与起点 A 的增量;△i 为 X 向每次切深(正值、半径表示);△k 为 Z 向每次循环移动量(正值);△ d 为切削到终点时 Z 向退刀量(正值),通常不指定,如果省略 Z(W)和△k 时,要指定退刀方向的符号;f 为进给速度。

图 2.68 所示是用外圆车槽循环指令 G75 加工槽,车槽刀的刃宽 4mm。加工程序为

```
……
N020  G00  X42  Z-29  M08;
N030  G75  R3;
N040  G75  X20  Z-45  P10  Q3.9  F50;
N050  G00  X90  Z54
……
```

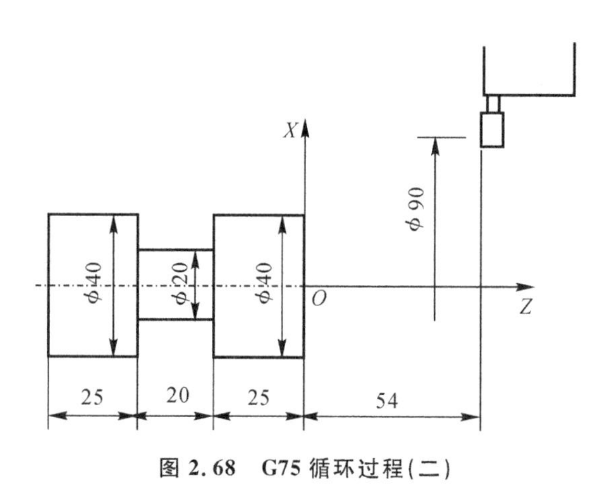

图 2.68　G75 循环过程(二)

6.复合螺纹切削循环指令 G76

复合螺纹切削循环指令可以完成一个螺纹段的全部加工任务。它的进刀方法有利于改善刀具的切削条件,在编程中应优先考虑应用该指令,其循环过程及进刀方法如图 2.69 所示。

格式:G76　P(m r α) Q△d min　R d;

G76　X(U)_ Z(W)_ R i Pk　Q△d F_;

说明:格式中 m 为精加工重复次数(1～99);r 为螺纹末端倒角量,用 00～99 两位数指定;α 为刀尖角(螺纹牙型角),可以选择 80°、60°、55°、30°、29°和 0°这 6 种中的 1 种,由两位数指定,如图 2.70 所示。m、r、α 都是模态量,可用程序指令改变,这 3 个量用地址 P1 次指定,如 m=2,r=3,α=60°时,指定为 P020360。△d　min 为最小背吃刀量(半径值),当第 n 次背吃刀量小于△d　min 时,△d　min 为第 n 次背吃刀量;d 为精加工余量。X(U)为螺纹终点小径处的坐标值或增量值;Z(W)为螺纹终点的坐标值或增量值;i 为螺纹起点与终点在 X 方向的半径差,若 i=0,可以进行普通圆柱螺纹加工;若螺纹起点坐标小于终点坐标,则 i 为负值;k 为牙型高度(X 方向上的半径值);△d 为第一刀背吃刀量(半径值);F 为螺距。

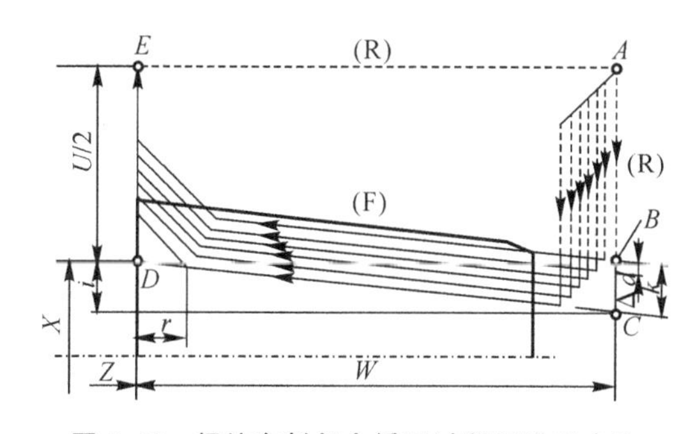

图 2.69　螺纹车削复合循环过程及进刀方法

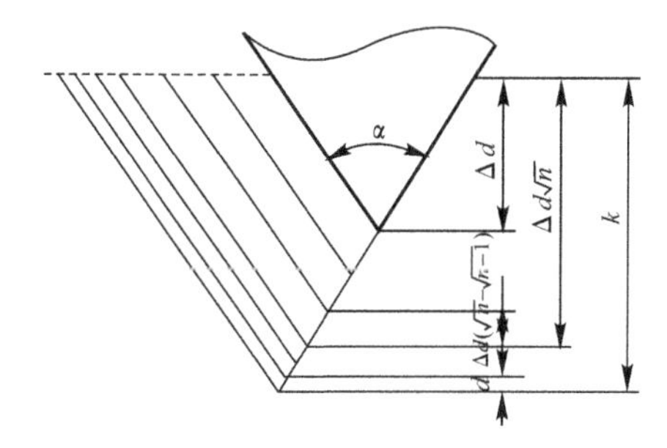

图 2.70　程序指令

2.4.5　刀具补偿功能

大部分数控系统具有刀具长度补偿和半径补偿功能,刀具的有关参数被单独输入专门的数据区，包括刀具长度及半径的基本尺寸和磨损尺寸、刀具类型、刀尖位置等参数。在程序中只要调用所需的刀具号及其补偿参数，控制器就会利用这些参数执行所要求的轨迹补偿，加工出满足要求的工件。本节仅以 FANUC 0i 系统为例讲述数控车床刀具位置补偿和刀尖圆弧半径补偿功能，后续数控铣床编程相关章节中将叙述刀具半径补偿功能，加工中心编程相关章节中叙述刀具长度补偿功能。

数控车床也有刀具补偿功能，刀架在换刀时前刀尖位置和更换新刀具的刀尖位置之间会产生差异，以及由于刀具的安装误差、刀具磨损和刀具刀尖圆弧半径的存在等，在数控加工中必须利用刀具补偿功能予以补偿，才能加工出符合图样形状要求的零件。此外合理地利用刀具补偿功能还可以简化编程。

刀具功能又称为 T 功能，它是进行刀具选择和刀具补偿的功能。

格式：T ×× ××

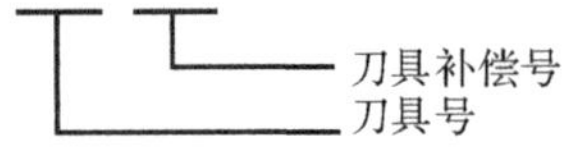

刀具补偿号（后两位 ××）

刀具号（前两位 ××）

说明：

1)刀具号为 01～12，刀具补偿号为 00～16，其中 00 表示取消某号刀的刀具补偿。

2)通常以同一编号指令刀具号和刀具补偿号，以减少编程时的错误。如 T0101 表示 01 号刀调用 01 补偿号设定的补偿值，其补偿值存储在刀具补偿存储器内。又如，T0700 表示调用 07 号刀，并取消 07 号刀的补偿值。数控车床的刀具补偿功能包括刀具位置补偿和刀尖圆弧半径补偿。

1. 刀具位置补偿

刀具位置补偿又称为刀具偏置补偿或刀具偏移补偿，亦称为刀具几何位置及磨损补偿。在下面 3 种情况下，均需进行刀具位置的补偿。

(1)在实际加工中，通常是用不同尺寸的若干把刀具加工同一轮廓尺寸的零件，而编程时是以其中一把刀为基准设定工件坐标系的，因此必须将所有刀具的刀尖都移到此基准点。利用刀具位置补偿功能，即可完成。

(2)对同一把刀来说，当刀具重磨后再把它准确地安装到程序所设定的位置是非常困难的，总是存在着位置误差。这种位置误差在实际加工时便成为加工误差。因此在加工前，必须用刀具位置补偿功能来修正安装位置误差。

(3)每把刀具在其加工过程中，都会有不同程度的磨损，而磨损后刀具的刀尖位置与编程位置存在差值，这势必造成加工误差，这一问题也可以用刀具位置补偿的方法来解决，只要修改每把刀具在相应存储器中的数值即可。例如某工件加工后外圆直径比要求的尺寸大(或小)了 0.1 mm，则可以用 U－0.1(或 U0.1)修改相应刀具的补偿值。当几何位置尺寸有偏差时，修改方法类同。

2. 刀尖圆弧半径补偿

编制数控车床加工程序时，将车刀刀尖看作一个点。但是为了提高刀具寿命和降低加工表面的粗糙度 Ra 的值，通常是将车刀刀尖磨成半径不大的圆弧，一般圆弧半径 R 为 0.4～

1.6 mm。如图2.71所示，编程时以理论刀尖点P(又称刀位点或假想刀尖点：沿刀片圆角切削刃作X、Z两方向切线相交于P点)来编程，数控系统控制P点的运动轨迹。而切削时，实际起作用的切削刃是圆弧的各切点，这势必会产生加工表面的形状误差。而刀尖圆弧半径补偿功能就是用来补偿由刀尖圆弧半径引起的工件形状误差。

如图2.72所示，切削工件的右端面时，车刀圆弧的切点A与理论刀尖点P的Z坐标值相同；车外圆时车刀圆弧的切点B与点P的X坐标值相同。切削出的工件没有形状误差和尺寸误差，因此可以不考虑刀尖圆弧半径补偿。如果车削外圆柱面后继续车削圆锥面，则必存在加工误差BCD(误差值为刀尖圆弧半径)，这一加工误差必须靠刀尖圆弧半径补偿的方法来修正。

车削圆锥面和圆弧面部分时，仍然以理论刀尖点P来编程，刀具运动过程中与工件接触的各切点轨迹为图2.72中无刀尖圆弧半径补偿时的轨迹。该轨迹与工件加工要求的轨迹之间存在着图中斜线部分的误差，直接影响工件的加工精度，而且刀尖圆弧半径越大，加工误差越大。可见，对刀尖圆弧半径进行补偿是十分必要的。当采用刀尖圆弧半径补偿时，车削出的工件轮廓就是图2.72中工件加工要求的轨迹。

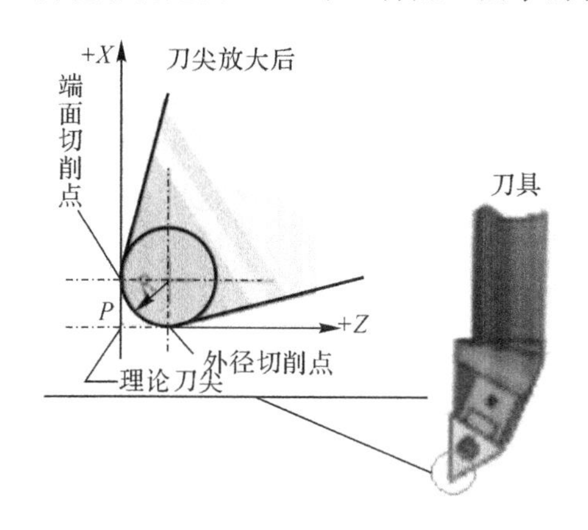

图2.71　刀具刀尖圆弧半径

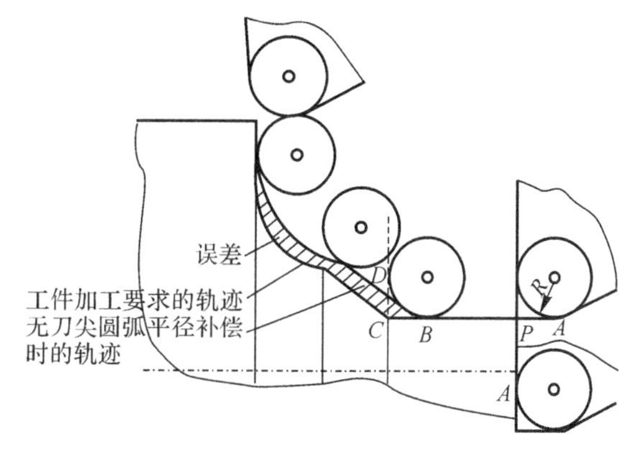

图2.72　刀尖圆弧半径对加工精度的影响

(1)实现刀尖圆弧半径补偿功能的准备工作。在加工工件之前，要把刀尖圆弧半径补偿的有关数据输入存储器中，以便使数控系统对刀尖的圆弧半径所引起的误差进行自动补偿。

1)刀尖半径。工件的形状与刀尖半径有直接关系，必须将刀尖圆弧半径R输入存储器中。

2)车刀的形状和位置参数。车刀的形状有很多，它能决定刀尖圆弧所处的位置，因此也要把代表车刀形状和位置的参数输入存储器中。将车刀的形状和位置参数称为刀尖方位T。车刀的形状和位置如图2.73所示，分别用参数0～9表示，P点为理论刀尖点。

3)参数的输入。与每个刀具补偿号相对应，有一组X和Z的刀具位置补偿值、刀尖圆弧半径R以及刀尖方位T值，输入刀尖圆弧半径补偿值时，就是要将参数R和T输入存储器中。例如某程序中编入下面的程序段：

N100 G00 G42 X100 Z3 T0101;

若此时输入刀具补偿号为01的参数，CRT屏幕上显示图2.74所示的内容。在自动加工工件的过程中，数控系统将按照 01 刀具补偿栏内的 X、Z、R、T 的数值，自动修正刀具的位置误差和自动进行刀尖圆弧半径的补偿。

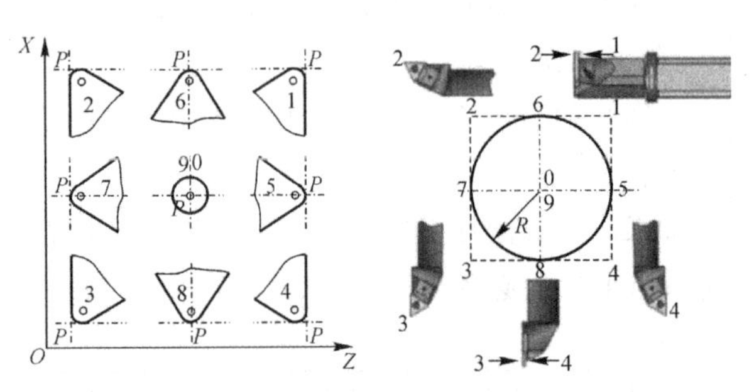

图 2.73　车刀形状和位置

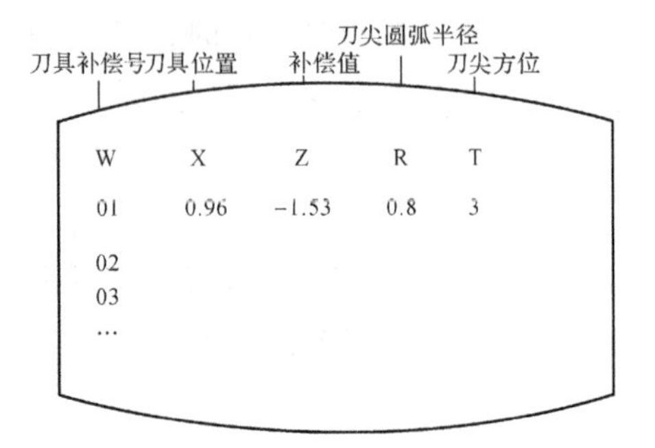

图 2.74　CRT 显示屏幕显示刀具补偿参数

(2)刀尖圆弧半径补偿的方向。在进行刀尖圆弧半径补偿时，刀具和工件的相对位置不同，刀尖圆弧半径补偿的指令也不同。图 2.75 表示刀尖圆弧半径补偿的两种不同方向。

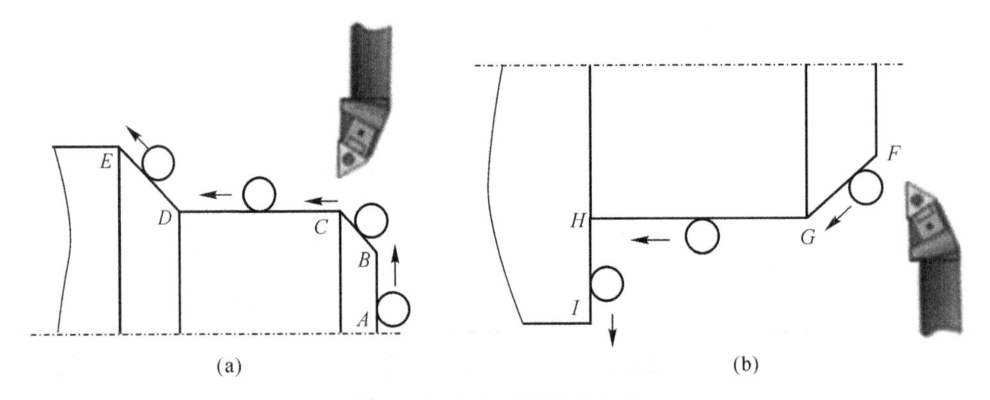

图 2.75　刀尖圆弧半径补偿

如果刀尖沿 *ABCDE* 运动[见图 2.75(a)]，顺着刀尖运动方向看，刀具在工件的右侧，即为刀尖圆弧半径右补偿，用 G42 指令。如果刀尖沿 *FGHI* 运动[见图 2.75(b)]，顺着刀尖运动方向看，刀具在工件的左侧，即为刀尖圆弧半径左补偿，用 G41 指令。如果取消刀尖圆弧半径补偿，可用 G40 指令编程，则车刀按理论刀尖点轨迹运动。

(3)刀尖圆弧半径补偿的建立或取消。

格式：$\left.\begin{matrix}\text{G41}\\ \text{G42}\\ \text{G40}\end{matrix}\right\}$ G00/G01 X(U)_ Z(W)_ T_ F;

说明：

1)刀尖圆弧半径补偿的建立或取消必须在位移移动指令(G00、G01)中进行。X(U)、Z(W)为建立或取消刀具补偿程序段中刀具移动的终点坐标；T 代表刀具功能，如 T0707 表示用 07 号刀并调用 07 号补偿值建立刀具补偿；F 表示进给速度，用 G00 编程时，F 值可省略。G41、G42、G40 均为模态指令。

2)刀尖圆弧半径补偿和刀具位置补偿一样，其实现过程分为刀具补偿的建立、刀具补偿的执行和刀具补偿的取消三个阶段。

3)如果指令刀具在刀尖半径大于圆弧半径的圆弧内侧移动,程序将出错。

4)由于系统内部只有两个程序段的缓冲存储器,所以在刀具补偿的执行过程中,不允许在程序里连续编制两个以上没有移动的指令,以及单独编写的 M、S、T 程序段等。

【例 2.5】例图 2.76 所示零件,采用刀尖圆弧半径补偿指令编程。编程如下:

……

N040 G00 X60 Z2;	快进接近工件;
N050 G42 G01 Z0 F100;	刀尖圆弧半径右补偿的建立;
N060 X120 W - 150;	车削圆锥面;
N070 X200 W - 30;	车削圆锥台阶;
N080 Z - 210;	车削 f 200 外圆;
N090 G40 G00 X100 Z100;	退刀并取消刀具补偿;

……

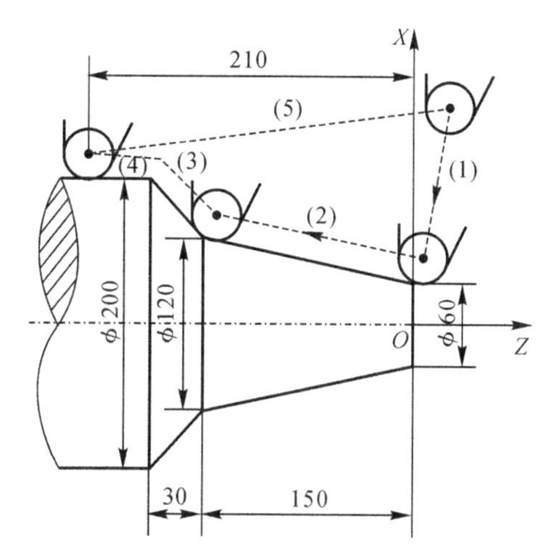

图 2.76　例 2.5 的图(单位:mm)

2.4.6　子程序调用功能

1. 子程序调用指令 M98

调子程序格式:M98 P× × × × × × ×;

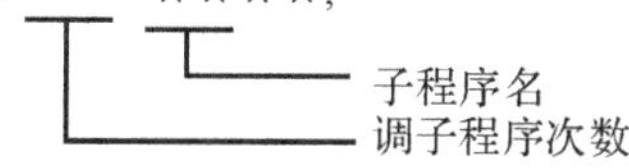

2. 子程序返回指令 M99

(1)如果在一个加工程序的执行过程中又调用了另一个加工程序,并且被调用的程序执行完后又返回到原来的程序,则称前一个程序为主程序,后一个程序为子程序。用调用子程序指令可以对同一子程序反复调用 FANUC 0i 系统(最多允许连续调用子程序 999 次),当在主程序中调用了一个子程序时,称之为 1 重嵌套。如果在子程序中又调用了另一个子程序,则称为 2 重嵌套,其程序结构如图 2.77 所示。该系统只允许 2 重嵌套。

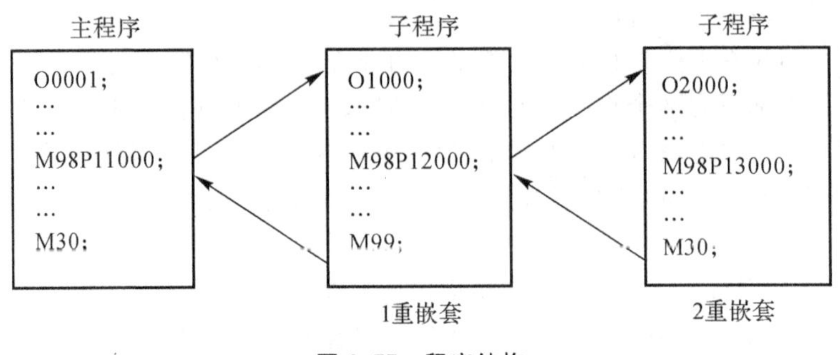

图 2.77　程序结构

(2)M98 指令编写在主程序中,表示调用子程序,P×××××××最后面的四位数字表示子程序名,前面其余几位数字为调用子程序的次数(0～999),如“M98P1011001”表示连续调用 O1001 子程序 101 次;“M98P52003”表示连续调用 O2003 子程序 5 次。“M98 P3000”和“M98 P13000”一样,表示只调用 O3000 子程序 1 次。

(3)M99 指令编写在子程序的最后一句,表示子程序返回,并返回到主程序中。子程序为单独编写的一个程序,编写方法同主程序。

(4)子程序中的内容应视具体情况用增量值编写,见【例 2.3】【例 2.4】。

(5)子程序调用主要用在重复加工的场合,如多刀车削的粗加工、形状尺寸相同部位的加工等。

【例 2.6】多刀粗加工的子程序调用如图 2.78 所示,锥面分三刀粗加工,程序如下:

O1000;(主程序)
N010 G50 X280 Z250.8;
N020 M04 S700 T0100;
N030 G00 X85 Z5 M08;
N040 M98 P31001;
N050 G28 U2 W2;
N060 M30;
O1001;(子程序)
N010 G00 U-35;
N020 G01 U10 W-85 F0.15;
N030 G00 U25;
N040 G00 Z5;
N050 G00 U-5;
N060 M99;

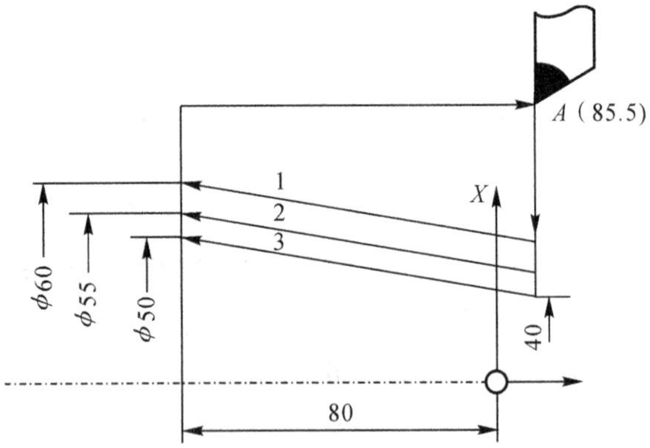

图 2.78　例 2.6 的图(单位:mm)

【例 2.7】形状相同部位加工的子程序调用如图 2.79 所示,已知毛坯直径为 32 mm,长度 L=80 mm,材料为 45#钢,01 号刀(T0101)为外圆车刀,02 号刀(T0202)为刀尖宽 2 mm 的切断刀。工件坐标原点设定在零件右端中心,此点与 01 号刀刀位点(基准刀)的位置为 X=280 mm(直径量),Z=265 mm。

程序如下:

O2000;(主程序)

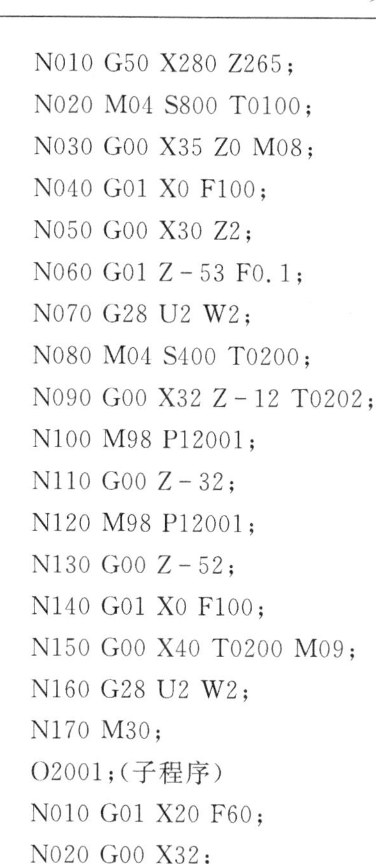

```
N010 G50 X280 Z265;
N020 M04 S800 T0100;
N030 G00 X35 Z0 M08;
N040 G01 X0 F100;
N050 G00 X30 Z2;
N060 G01 Z-53 F0.1;
N070 G28 U2 W2;
N080 M04 S400 T0200;
N090 G00 X32 Z-12 T0202;
N100 M98 P12001;
N110 G00 Z-32;
N120 M98 P12001;
N130 G00 Z-52;
N140 G01 X0 F100;
N150 G00 X40 T0200 M09;
N160 G28 U2 W2;
N170 M30;
O2001;(子程序)
N010 G01 X20 F60;
N020 G00 X32;
N030 G00 W-8;
N040 G01 X20 F60;
N050 G00 X32;
N060 M99;
```

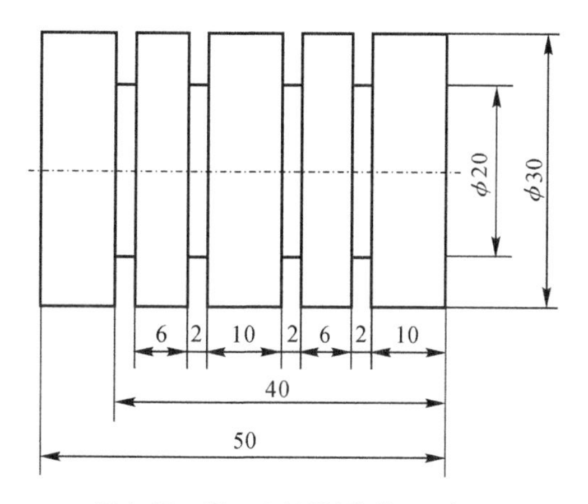

图 2.79　例 2.7 的图(单位:mm)

2.4.7　车削加工工艺分析与编程实例

【例 2.8】对图 2.80 所示的螺纹轴零件,进行数控车削工艺分析并编写加工程序(通过试切对刀,确定工件右端中心 O 点为工件坐标原点)。

1. 零件图工艺分析

该零件表面由圆柱、圆锥、顺圆弧、逆圆弧及螺纹等表面组成。其中多个直径尺寸有较严格的尺寸精度和表面粗糙度等要求;球面 S 有 50 mm 的尺寸公差还兼有控制该球面形状(线轮廓)误差的作用。图 2.80 所示螺纹轴零件尺寸标注完整,轮廓描述清楚。零件材料为 45#钢,无热处理和硬度要求。通过上述分析,采取以下几点工艺措施。

(1)对图样上给定的几个公差等级(IT7～IT8)要求较高的尺寸,因其公差数值较小,故编程时不必取平均值,而全部取其基本尺寸即可。

(2)在轮廓曲线上,有 3 处为过象限圆弧,其中两处为既过象限又改变进给方向的轮廓曲线,因此在加工时应进行机械间隙补偿,以保证轮廓曲线的准确性。

(3)为便于装夹,毛坯件左端应预先车出夹持部分(点画线部分),右端面也应先车出并钻好中心孔。毛坯直径为 ϕ60 mm 的棒料。

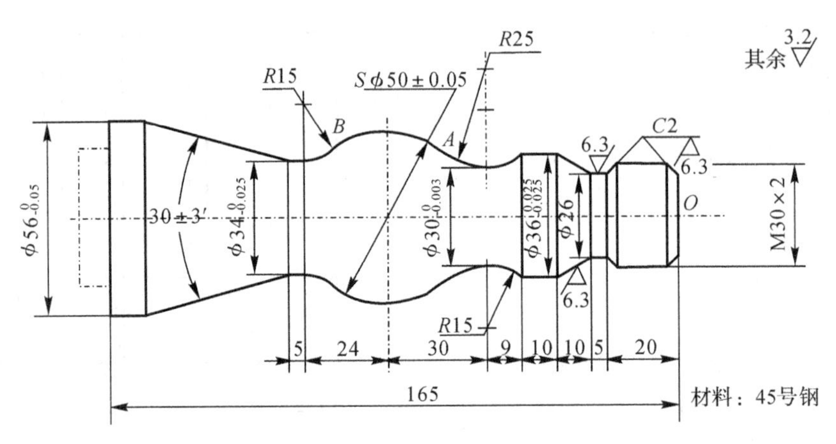

图 2.80 螺纹轴零件(单位:mm)

2. 确定装夹方案

确定毛坯件轴线和左端大端面(设计基准)为定位基准。左端采用三爪自定心卡盘定心夹紧,右端采用活动顶尖支承的装夹方式。

3. 确定加工顺序

加工顺序按由粗到精的原则确定,即先从右到左进行粗车(留 0.20 mm 精车余量),然后从右到左进行精车,最后车削螺纹。

4. 数值计算

为方便编程,可利用 AutoCAD 画出零件图形,然后取出必要的基点坐标值;利用公式对螺纹大径、小径进行计算。

(1)基点计算。以图 2.80 上 O 点为工件坐标原点,则 A、B、C 三点坐标分别为:$X_A=40$ mm、$Z_A=-69$ mm;$X_B=38.76$ mm、$Z_B=-99$ mm;$X_C=56$ mm、$Z_C=-154.09$ mm。

(2)螺纹大径 d_1、小径 d_2 计算。$d_1=d-0.2165P=30-0.2165\times2=29.567$(mm);$d_2=d_1-1.299P=29.567-1.299\times2=26.969$(mm)。

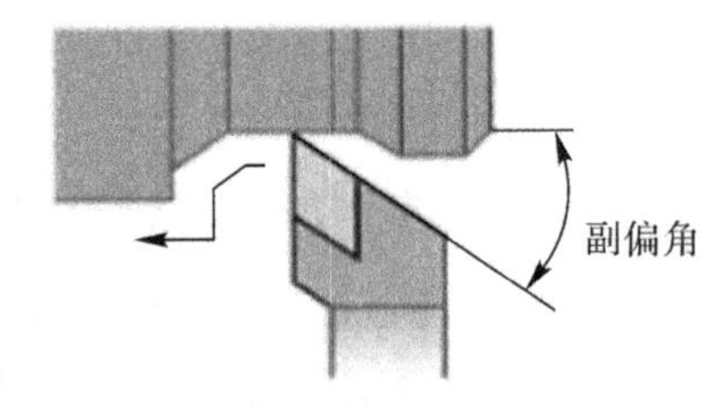

图 2.81 副偏角对工件轮廓的干涉

5. 选择刀具

(1)粗车、精车均选用 35°菱形涂层硬质合金外圆车刀,副偏角为 48°,刀尖半径为 0.4 mm,为防止刀具副偏角与工件轮廓发生干涉,必要时应用 Auto CAD 作图检验,如图 2.81 所示。

(2)车螺纹选用硬质合金 60°外螺纹车刀,取刀尖圆弧半径为 0.2 mm。

6. 选择切削用量

(1)背吃刀量。粗车循环时,确定其背吃刀量 $a_p=2$ mm;精车时,确定其背吃刀量 $a_p=0.2$ mm。

主轴转速和进给量。车直线和圆弧轮廓时的主轴转速:查表并取粗车时的切削速度 $v=90$ m/min,精车时的切削速度 $v=120$ m/min,根据坯件直径(精车时取平均直径),利用式

$n=1\ 000\ v/\pi D$ 计算，并结合机床说明书选取。粗车时主轴转速 $n=500$ r/min，精车时主轴转速 $n=1200$ r/min。车螺纹时的主轴转速：按公式 $a_P \leqslant 1\ 200$（n 为主轴转速，P 为螺距），取主轴转速 $n=320$r/min。进给速度：粗车时选取进给量 $f=0.3$ mm/r，精车时选取 $f=0.05$ mm/r。车螺纹的进给量等于螺纹导程，即 $f=2$mm/r。

7.数控加工工艺文件的制定

(1)按加工顺序将各工步的加工内容、所用刀具及其切削用量等填入表 2-6 中。

(2)将选定的各工步所用刀具的型号、刀片型号、刀片牌号及刀尖圆弧半径等填入表 2-7 中。

表 2-6　数控加工工序卡

(单位)	数控加工工序卡	产品名称	产品代号	零件名称	零件图号
(工序图号)		工序号	工序名称		设备名称
		夹具编号	夹具名称		设备型号
		材料名称	材料牌号		切削液
		程序编号	工时		车间

工步	工步内容	刀具号	刀具名称	主轴转速 /(r·min^{-1})	切削速度 /(m·min^{-1})	进给速度 /(mm·r^{-1})	背吃刀量 /mm	备注
1	粗车轴表面，留精车余量 0.2 mm	T0101	35°菱形刀片	500	90	0.3	2	
2	精车轴表面至尺寸	T0202	35°菱形刀片	1 200	120	0.05	0.2	
3	车螺纹 M30×2	T0303	60°菱形刀片	320	30	2		

				设计	日期	校对	日期	审核	日期	共　页
标记	处数	更改文件号	签字							第　页

表 2-7　数控加工刀具卡

(单位)	数控加工刀具卡			产品名称		产品代号	零件名称	零件图号
设备名称		设备型号		工序号		工序名称		程序编号
工步名称	刀具号	刀具名称	刀具规格	刀尖半径	刀尖位置	刀片		备注
						牌号	型号	
1	T0101	35°菱形刀片	20×20	0.4	3	YB415	VBMT 160404	
2	T0202	35°菱形刀片	20×20	0.4	3	YB415	VBMT 160404	
3	T0303	60°菱形刀片	20×20	0.2	8	YB415	RT 1601W	

				设计	日期	校对	日期	审核	日期	共 页
标记	处数	更改文件号	签字							第 页

8. 加工程序

综上分析，编程如下：

O3000；程序名；

N002　M04　S1000　T0100；	启动主轴，换1号刀；
N003　G00　X60 Z2　M08；	快速定位，并打开冷却液；
N004　G73　U18　W2 R8；	建立粗车循环；
N005　G73　P006　Q021　U0.4　W0.3　F100；	
N006　G42　G01 X26 T0202　F80；	2号刀具定位并建立刀具右补偿；
N007　X29.567　Z-2；	倒角；
N008　Z-18；	车螺纹外表面 ϕ29.567 mm；
N009　X26　Z-20；	倒角；
N010　W-5；	车 ϕ26 mm 槽；
N011　U10　W-10；	车锥面；
N012　W-10；	车 ϕ36 mm 外圆柱面；
N013　G02　U-6　W-9　R15；	车 R15 圆弧；
N014　G02　X40　Z-69　R25；	车 R25 圆弧；
N015　G03　X38.76　Z-99　R25；	车 ϕ50 mm 球面；
N016　G02　X34　W-9　R15；	车 R15 圆弧；
N017　G01　W-5；	车 ϕ34 mm 圆柱面；
N018　X56　Z-154.05；	车锥面；

```
N019  Z-165;                        车 φ56 mm 圆柱面;
N020  G40 G00 U10 T0200;            取消 2 号刀补;
N021  Z2;
N022  G00 X100 Z100;                退刀;
N023  S1500 T0200;                  换 2 号车刀;
N024  G00 X60 Z2;                   2 号车刀定位;
N182  G70 P040 Q180 ;               建立精车循环;
N183  M09                           并关闭冷却液;
N190  G28  U2  W2 ;                 返回参考点;
N200  M04  S320  T0303;             主轴换速,换 3 号螺纹刀并建立位置补偿;
N210  G00 X40 Z3 M08;               刀具定位;
N220  G92  X28.667  Z-22  F2;       螺纹循环第一刀;
N230  X28.067;                      螺纹循环第二刀;
N240  X27.467;                      螺纹循环第三刀;
N250  X27.067;                      螺纹循环第四刀;
N260  X26.969;                      螺纹循环第五刀;
N270  G00 X45 T0300 M09;            取消刀具位置补偿并关冷却液;
N280  G28  U2  W2;                  返回参考点;
N290  M30;                          程序结束;
```

【例 2.9】加工图 2.82 所示的套筒零件,毛坯直径为 55 mm,长为 50 mm,材料为 45#钢,未注倒角 1×45°,其余 $Ra=12.5\ \mu m$。

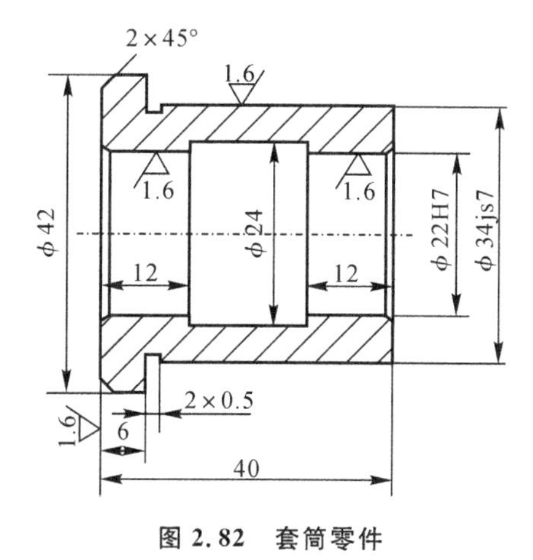

图 2.82　套筒零件

(1)零件工艺分析。

1)装夹 φ50 mm 的外圆,找正。钻 φ20 mm 的通孔,粗加工 φ34 mm 的外圆、加工 φ42 mm 的外圆、切 2×0.5 mm 的槽。所用刀具有外圆加工正偏刀(T01)、刀宽为 2 mm 的切槽刀(T02),左刀尖为刀位点。加工工艺路线为:钻 φ20 mm 的孔→粗加工 φ42 mm 的外圆(留余量)→粗加工 φ34 mm 的外圆(余留量)→精加工 φ42 mm 的外圆→切槽→切断。加工程序 O0001。

2)用软爪装夹 ϕ34 mm 外圆,加工内孔。所用刀具有 45°端面刀(T01)、内孔车刀(T02)、刀宽为 4 mm 的切槽刀(T03),左刀尖为刀位点。加工工艺路线为:加工端面→粗加工 ϕ22 mm 的内孔→精加工 ϕ22 mm 的内孔→切槽(ϕ24 mm×16)。加工程序 O0002。

(3)工件套心轴,两顶尖装夹,精车 ϕ34 mm 的外圆。所用刀具为精加工正偏刀(T01)。加工工艺路线为:精加工 ϕ34 mm 的外圆。加工程序 O0003。

(2)零件加工程序(通过试切对刀,工件坐标原点始终在工件前端面处如下:

```
O0001;                          程序名;
N20 M04 S1000 ;                 主轴反转,转速 1 000 r/min;
N30 T0101;                      换刀补号为 01 的 0 号刀(粗车刀);
N40 G00 X50 Z2 M08;             快速定位到 φ50 mm 外圆,距端面 2 mm 处;
N50 G90 X42.5 Z-40.5 F100;      粗车 φ42 mm 外圆,留径向余量 0.5 mm;
N60 X34.5 Z-34;                 粗车 φ34 mm 外圆,留径向余量 0.5 mm;
N70 G01 X31 Z1 F100;            刀尖移到 φ31 mm 直径,距端面 1 mm 处;
N80 X35 Z-1;                    倒角 1×45°;
N90 X42;                        刀尖移到 φ42 mm 直径处;
N100 Z-34;                      刀尖移到距端面 34 mm 处;
N110 Z-40.5;                    精车 φ42 mm 外圆;
N120 X45;                       退刀至 φ45 mm 处;
N130 G00 X100 Z100;             刀尖定位到 ϕ100 mm 直径,距端面 100 mm 处;
N135 T0100;                     清除刀偏;
N140 T0202;                     换宽 2 mm 的切槽刀;
N150 G00 X45 Z-34;              刀尖快速定位到 φ45 mm 直径,距端面 34 mm 处;
N160 G01 X33 F50;               切 2×0.5 mm 的槽;
N170 X48;                       刀尖移到 φ48 mm 直径处;
N180 G00 Z-42.5;                刀尖移到距端面 42.5 mm 处;
N190 G01 X0 F50;                切断工件,保持工件长 40.5 mm;
N200 G00 X100 Z100;             刀尖定位到 φ100 mm 直径,距端面 100 mm 处;
N210 T0200M09;                  清除刀偏;
N215 M05;                       主轴停;
N220 M02;                       程序结束;
O0002;                          程序名;
N20 M04 S500;                   主轴返转,转速 500 r/min;
N30 T0101;                      换刀补号为 01 的 01 号刀(端面车刀);
N40 G00 X44 Z0 M08;             快速定位到 φ44 mm 直径处;
N50 G01 X20 F100;               车端面,保证总长;
N60 G00 Z100;                   刀尖快速定位到距端面 100 mm 处;
N70 X100;                       刀尖快速定位到 φ100 mm 直径处;
N75 T0100;                      清除刀偏;
N80 T0202;                      换刀补号为 02 的 02 号刀(内孔刀);
```

N90 G00 X18 Z2;	刀尖快速定位;
N100 G90 X21.6 Z-41 F100;	粗车 φ22 mm 外圆,留径向余量 0.4 mm;
N110 G01 X26 Z1 F50;	
N120 X22 Z-1;	倒角 1×45°;
N130 Z-40.5;	精车 φ22 mm 的内孔;
N140 G01 X18;	刀尖退至 φ18 mm 直径处;
N150 Z100;	
N160 X100;	
N165 T0100;	清除刀偏;
N170 T0303;	换刀,使用 4 mm 的内孔切槽刀;
N180 G00 X18 Z2;	
N190 Z-16.5;	刀尖快速定位;
N200 G01 X23.5 F50;	切退刀槽;
N210 X20;	退刀至 φ20 mm 直径处;
N220 G94 X23.5 Z-20.5 F50;	切槽;
N230 X23.5 Z-24.5;	
N240 X23.5 Z-28;	
N250 G01 Z-28;	刀尖移动定位;
N260 X24;	精加工槽;
N270 Z-16;	
N280 X18;	退刀至 φ8 mm 直径处;
N290 G00 Z100;	刀尖快速退到至距端面 100 mm 处;
N300 X100;	刀尖快速退刀至 φ100 mm 直径处;
N310 T0000 M09;	清除刀偏;
N315 M05;	主轴停;
N320 M02;	程序结束;
00003;	程序名;
N20 M04 S1300;	主轴正转,转速 1 300 r/min;
N30 T0101;	外圆精车刀;
N50 X36;	
N60 G01 X30 Z1 F50;	
N70 X34 Z-1;	倒角 1×45°;
N80 Z-34;	精车 φ34 mm 的外圆;
N90 G01 X45;	
N100 G00 X100 Z100;	刀尖定位到 φ100 mm 直径,距端面 100 mm 处;
N110 T0000;	清除刀偏;
N115 M05;	主轴停;
N120 M02;	程序结束;

本节思考题

1. 在恒线速度控制车削过程中，为什么要限制主轴的最高转速？
2. 螺纹车削有哪些指令？为什么螺纹车削时要留有引入量和超越量？
3. 为什么要进行刀具轨迹的补偿？刀具补偿的实现分为哪三大步骤？

本节练习题

1. 图 2.83 所示零件的材料为 45＃钢，完成外轮廓车削编程。

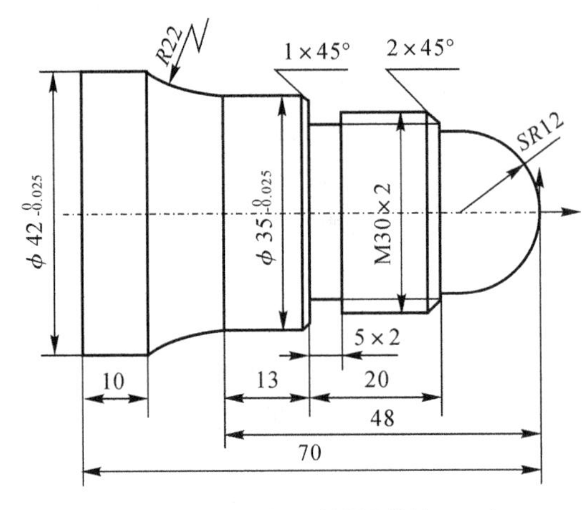

图 2.83　练习题 1 的图(单位:mm)

2. 图 2.84 所示零件的材料为 45＃钢，完成内轮廓车削编程。

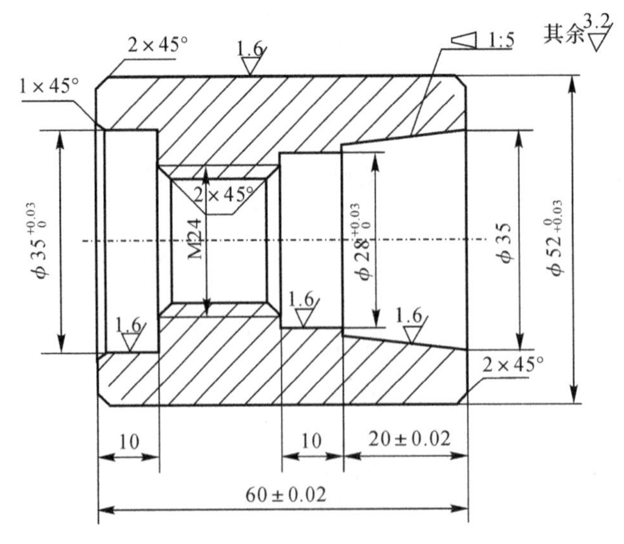

图 2.84　练习题 2 的图(单位:mm)

2.5　数控铣床编程

本节学习要求

1. 熟悉 SIEMENS 802D 数控系统铣床编程特点。

2. 掌握数控铣床常用编程指令的使用方法及基本编程技巧。

内容导入

前面我们学习了 FANUC 系统数控车床的编程，德国 SIEMENS 数控系统是当今世界上档次相对较高的一种数控系统，本节将以 SIEMENS 数控系统为例介绍数控铣床的编程方法。

数控铣床是一种用途十分广泛的机床，主要用于各种较复杂的平面、曲面、壳体类零件的加工，如各类凸轮、模具、连杆、叶片、螺旋桨和箱体等零件的铣削加工，同时还可以进行钻、扩、锪、铰、攻螺纹、镗孔等加工。

2.5.1　数控铣床编程特点

(1)铣削是机械加工中最常用的方法之一，它包括平面铣削和轮廓铣削。数控铣床可以加工复杂的和手工难加工的工件，用数控机床加工工件，可以提高加工效率。由于数控铣床功能各异，规格繁多，编程时要考虑如何最大限度地发挥数控机床的特点。二坐标联动用于加工平面零件轮廓；三坐标以上的数控铣床用于加工难度较大的复杂工件的立体轮廓。

(2)数控铣床的数控装置具有多种插补功能。一般都具有直线插补和圆弧插补功能，有的还具有极坐标插补、抛物线插补、螺旋线插补等多种插补功能。编程时要充分、合理地选择这些功能，提高编程和加工的效率。

(3)编程时要充分熟悉机床的所有性能和功能，如刀具长度补偿、刀具半径补偿、固定循环、镜像、旋转等功能。

(4)由直线、圆弧组成的平面轮廓铣削的数学处理比较简单。非圆曲线、空间曲线和曲面的轮廓铣削加工的数学处理比较复杂，一般要采用计算机辅助计算和自动编程。

(5)数控铣床与数控车床的编程功能相似，数控铣床的编程功能指令也分 G 功能和 M 功能两大类，本节以 SIEMENS 802D 数控系统为例介绍数控铣床的基本编程功能指令。编程指令见表 2-8。

表 2-8　SIEMENS 系统编程指令表

序　号	代　码	功　能	序　号	代　码	功　能
1	G0	快速移动	9	AR	圆弧插补的张角
2	G1*	直线插补	10	G74	回参考点
3	G2	顺时针圆弧插补	11	G75	回固定点
4	G3	逆时针圆弧插补	12	TRANS	可编程零点偏置
5	CIP	中间点圆弧插补	13	ROT	可编程旋转
6	G33	恒螺距的螺纹切削	14	SCALE	可编程比例系数
7	CT	带切线过渡的圆弧插补	15	MIRROR	可编程镜像功能
8	G4	暂停时间	16	ATRANS	附加的可编程零点偏置

续表

序　号	代　码	功　能	序　号	代　码	功　能
17	AROT	附加的可编程旋转	39	G91	相对尺寸
18	ASCALE	附加的可编程比例系数	40	G94	进给率 F,单位 mm/min
19	AMIRROR	附加的可编程镜像功能	41	G95*	主轴进给率 F,单位 mm/r
20	G17*	XY 平面	42	G110	相对当前位置的极点定义
21	G18	ZX 平面	43	G111	相对工件坐标原点的极点定义
22	G19	YZ 平面	44	G112	相对上一个极点的极点定义
23	G40*	刀具半径补偿取消	45	RET	子程序结束
24	G41	刀具半径左补偿	46	CHF	倒角
25	G42	刀具半径右补偿	47	RND	倒圆
26	G500*	取消可设定零点偏置	48	CR	圆弧插补半径
27	G54	第一可设定零点偏置	49	CYCLE81	浅孔钻或打中心孔
28	G55	第二可设定零点偏置	50	CYCLE82	打中心孔或端面锪孔
29	G56	第三可设定零点偏置	51	CYCLE83	深孔钻削
30	G57	第四可设定零点偏置	52	CYCLE85	铰孔
31	G58	第五可设定零点偏置	53	CYCLE86	镗孔 1
32	G59	第六可设定零点偏置	54	CYCLE87	镗孔 2
33	G53	取消零点偏置	55	HOLES1	线性排列孔加工
34	AP	极角(单位是°)	56	HOLES2	圆性排列孔加工
35	RP	极径	57	G450	圆弧过渡
36	G70	英制尺寸	58	G451	等距线的交点
37	G71*	公制尺寸	59	MCALL	模态子程序调用
38	G90*	绝对尺寸	60		

注:带 * 功能在程序启动时生效。

2.5.2　数控铣床坐标系指令

1. 选择工件坐标系指令 G54～G59

在数控铣床中,工件原点是根据工件几何形状和工艺参数由工艺或编程人员设定的,它在工件装夹完毕后,通过对刀来确定。可设定的零点偏移给出工件零点在机床坐标系中的位移(工件零点以机床零点为基准偏移)。在工件装夹到机床上后求出偏移量,并通过操作面板输入规定的数据区。程序可以通过选择相应的 G 功能,即 G54～G59 激活此值,如图 2.85 所示。下面以图 2.86 为例说明零点偏移的使用,编程如下:

N10 G54…　　　　　　调用第一可设定零点偏移;

N20 L47　　　　　　　加工工件 1,此处作 L47 调用;

N30 G55…	调用第二可设定零点偏移；
N40 L47	加工工件 2，此处作 L47 调用；
N50 G56…	调用第三可设定零点偏移；
N60 L47	加工工件 3，此处作 L47 调用；
N70 G57…	调用第四可设定零点偏移；
N80 L47	加工工件 4，此处作 L47 调用；
N90 G53 G0 X…	取消可设定零点偏移；

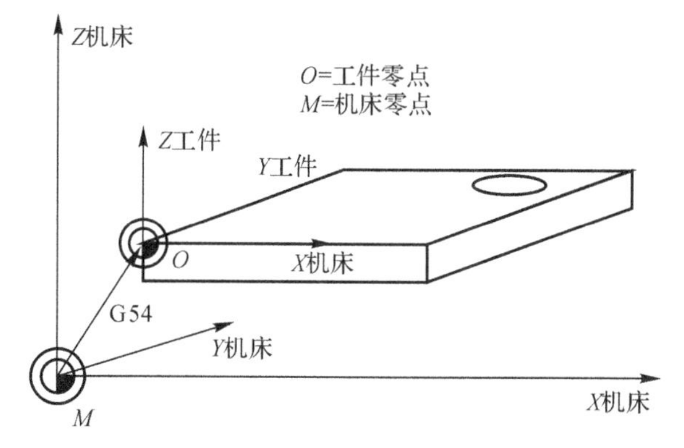

图 2.85　可设定的零点偏移

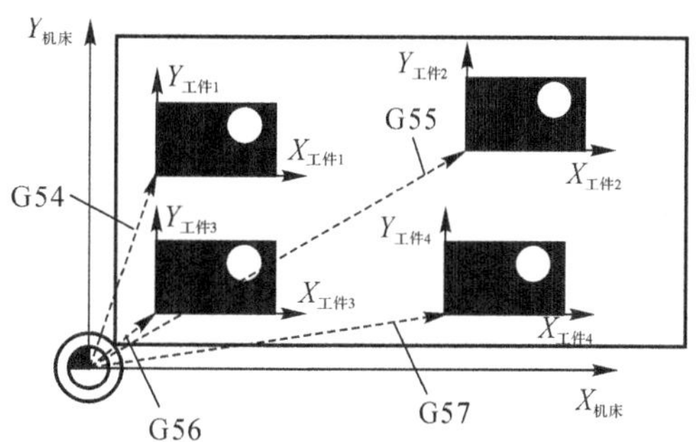

图 2.86　在钻削/铣削时装夹多个工件

2. 绝对值和增量值指令 G90、G91

G90 和 G91 指令分别对应着绝对位置数据输入和增量位置数据输入。若坐标不同于 G90、G91 的设定时，可以在程序段中通过 AC、IC 以绝对值或增量值进行设定，AC、IC 不受 G90、G91 的影响。

X＝AC(　　)；*X* 轴以绝对值坐标输入，坐标写在括弧中；

X＝IC(　　)；*X* 轴以增量值坐标输入，坐标写在括弧中；

3. 英制尺寸和公制尺寸 G70、G71

G70 或 G71 指令分别代表程序中输入的数据是英制或公制尺寸，模态有效。它们是两个互相取代的 G 指令，系统一般设定为公制尺寸 G71 状态。

4. 极坐标系指令 G110、G111、G112

通常情况下工件上的点一般使用直角坐标系（*X*、*Y*、*Z*）定义，但也可以用极坐标定义。

格式：G110 或 G111 X__Y__Z__；

　　G110、G111 或 G112 AP＝__RP＝__；

说明：

1）以上格式中，G110 定义的极点是在相对于当前位置（上次编程终点）的设定位置；G111 定义的极点是在相对于当前工件坐标系零点的设定位置；G112 定义的极点是在相对于最后有效极点的设定位置。X、Y、Z 为直角坐标尺寸。AP、RP 为极坐标尺寸。其中，AP 为极径，是该点到极点的距离；RP 为极角，是指与所在平面中的第一坐标轴（G17 平面中 X 轴、G18 平面中 Z 轴、G19 平面中 Y 轴）之间的夹角，该角度从所在平面中的第一坐标轴开始逆时针为正、顺时针为负。极径和极角均为模态量。

2）如果没有定义极点，则当前工件坐标系的零点就作为极点使用。

3）G110、G111 或 G112 编程指令均要求一个独立的程序段。

图 2.87 为制作的一个钻孔图样，钻孔的位置用极坐标来说明，编程如下：

```
N10 G17 G54 T1D1 M03 S500；
N20 G111 X43 Y38；                极坐标系的确定；
N30 G0 RP=30 AP=18 Z5；           回到起始点；
N40 L10；                         子程序调入加工孔；
N50 G91 AP=72；                   快速到下一个位置；
N60 L10；                         子程序调入加工孔；
N70 AP=IC(72)；                   快速到下一个位置；
N80 L10；
N90 AP=IC(72)；
N100 L10；
N110 AP=IC(72)；
N120 L10；
N130 G0 X300 Y200 Z100；          刀具回到安全位置；
N140 M30；                        程序结束；
```

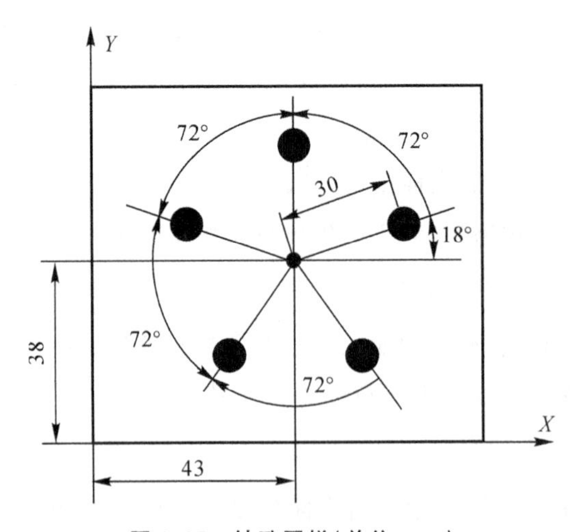

图 2.87 钻孔图样（单位：mm）

5. 可编程零点偏置和坐标轴旋转指令 TRANS、ATRANS、ROT、AROT

如果工件上不同的位置有重复出现的形状或结构，或者选用了一个新的参考点，在这种情况下就需要使用可编程零点偏移，如图 2.88 和图 2.89 所示。由此就产生了一个当前工件坐标系，新输入的尺寸均为该坐标系中的尺寸。

格式：TRANS　X_ Y_ Z_；　　　　可编程零点偏置，取消以前的偏置、旋转和镜像；

ATRANS　X_ Y_ Z_；	附加于当前指令的可编程零点偏置；
TRANS；	不带数值，取消当前的偏置、旋转、比例和镜像；
ROT　RPL=_；	可编程旋转，取消以前的偏置、旋转、比例和镜像；
AROT RPL=_；	附加于当前指令的可编程旋转；
ROT；	不带数值，取消当前的偏置、旋转、比例和镜像；

说明：

1)用 TRANS 指令可以对所有的坐标轴编程零点偏移。后面的 TRANS 指令取代所有以前的可编程零点偏移指令、坐标轴旋转和镜像指令。ATRANS 为附加于当前指令的可编程零点偏置。X、Y、Z 为零点偏移坐标。

2)用 ROT 指令可以在当前平面(G17～G19)中编程一个坐标轴旋转，新的 ROT 指令取代所有以前的可编程零点偏移指令、坐标轴旋转和镜像指令。RPL 为第一坐标轴旋转角度[单位：(°)]，逆时针为正，顺时针为负，如图 2.90 所示。如果已经有一个 TRANS、ATRANS 或 ROT 指令生效，则在 AROT 指令下编程的旋转附加到当前编程的偏置或坐标旋转上。

3)程序段 TRANS 指令后无坐标轴名，或者在 ROT 指令下没有写 RPL=…语句，表示取消当前的可编程零点偏置、坐标轴旋转、比例系数和镜像。TRANS、ATRANS、ROT、AROT 均要求一个独立的程序段。程序如下：

N10 G17…；	XY 平面；
N20 TRANS X20 Y10；	可编程零点偏移；
N30 L10；	子程序调用，其中包含待偏移的几何量；
N40 TRANS X30 Y26；	新的零点偏置；
N50 AROT RPL=45；	附加坐标旋转 45°；
N60 L10；	子程序调用；
N70 TRANS；	取消偏移和旋转；

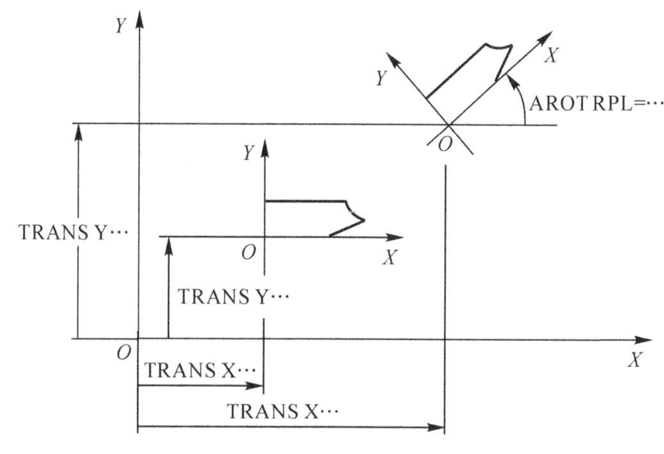

图 2.88　可编程零点偏移和坐标轴旋转

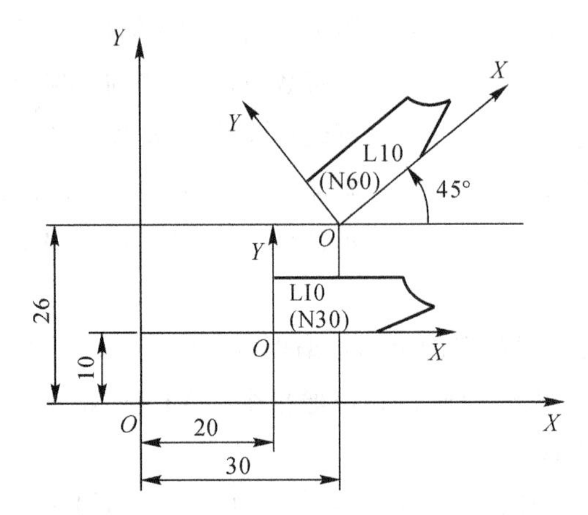

图 2.89　可编程零点偏移和坐标轴旋转编程实例

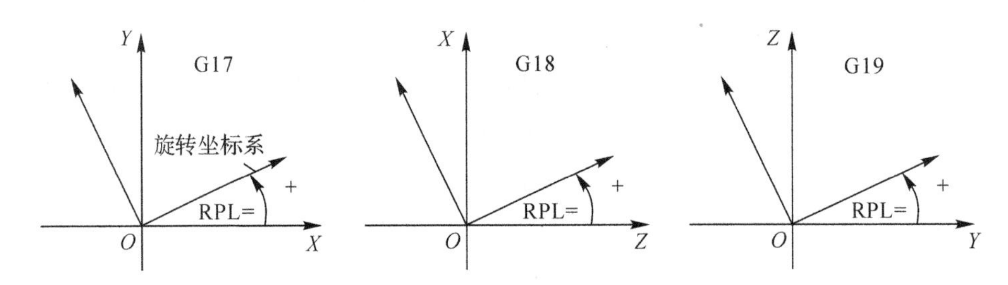

图 2.90　在不同的坐标平面中旋转角正方向的规定

6. 可编程的镜像 MIRROR、AMIRROR

格式：MIRROR X0 Y0 Z0；	可编程镜像，取消以前的偏置、旋转、比例和镜像；
AMIRROR X0 Y0 Z0；	附加于当前指令的可编程镜像；
MIRROR；	不带数值，取消当前的偏置、旋转、比例和镜像；

说明：

1）以上格式中 X、Y、Z 为各轴镜像方向，坐标轴的数值没有影响，但必须要定义一个数值。图 2.91 为镜像编程实例。编程了镜像功能的坐标轴，其所有运动都以反向运行，如刀具半径补偿（G41、G42）和圆弧（G02、G03）等都自动反向。

2）在连续形状加工中不使用镜像指令，以免走刀中有接刀现象，使轮廓表面不光滑。

3）MIRROR、AMIRROR 编程指令均要求一个独立的程序段。

例　如图 2.91 所示，程序如下：

N10 G17…；	*XY* 平面；
N20 L10；	子程序调用；
N30 MIRROR X0；	*X* 轴镜像（在 *X* 方向上镜像）；
N40 L10；	子程序调用；
N50 MIRROR Y0；	取消以前镜像，然后 *X* 轴（在 *Y* 方向上）镜像；
N60 L10；	子程序调用；

N70 AMIRROR X0;　　　　　在 Y 方向上镜像后再在 X 方向上镜像;
N80 L10;　　　　　　　　　子程序调用;
N90 MIRROR;　　　　　　　取消镜像;

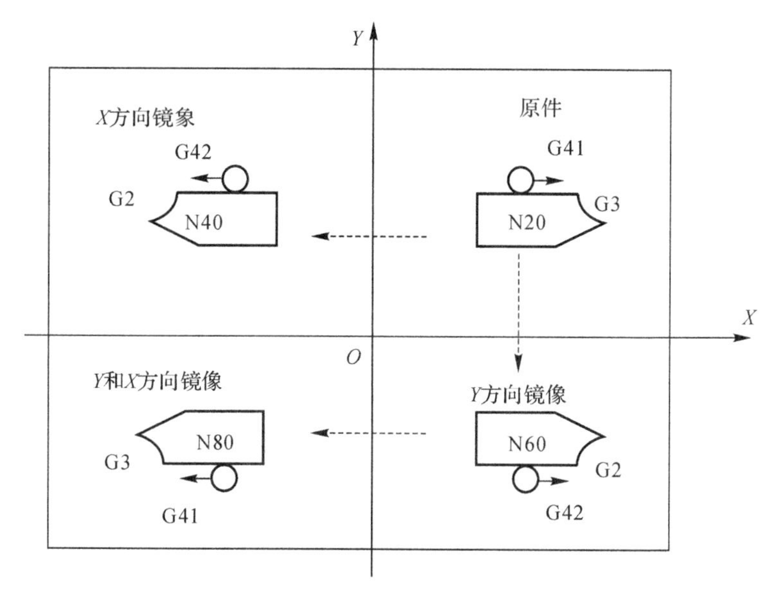

图 2.91　镜像编程实例

2.5.3　数控铣床基本编程指令

G00、G01、G02、G03、G04、G17、G18、G19 及相关辅助功能代码前面已经讲述过了,不赘述,仅叙述 SIEMENS 802D 系统特有代码格式及用法。

1. 几种不同格式的插补

格式:

G02/G03/G01 RP=_ AP_ F_;　　　　圆弧/直线插补(在极坐标系中编程);
CIP　X_ Y_ X1=_ Y1=_ F_ ;　　　　终点坐标和中间点坐标圆弧插补;
G02/G03 X_ Y_ AR=_ F_ ;　　　　终点坐标和圆心角圆弧插补;
G02/G03 I_ J_ AR=_ F_ ;　　　　圆心坐标和圆心角圆弧插补;

说明:

X、Y 为圆弧终点坐标;X1、Y1 表示中间点坐标;RP、AP 为目标点的极坐标(RP 为极径,AP 为极角);I、J 为圆心相对圆弧起点的增量坐标;AR 为圆弧圆心角(单位为°);F 为切削进给速度。

例　图 2.84 所示为从起点到终的圆弧,半径为 11.546 mm,有以下 4 种编写方法:

极坐标系中的圆弧插补编程为

N05 G0 G90 X30 Y40;
N10 G111 X40 Y34.227;

N20 G2 RP=11.546 AP=30 F100;

终点坐标和中间点坐标圆弧插补编程为

N05 G0 G90 X30 Y40;

N10 CIP X50 Y40 I1=40 J1=57.32 F100;

圆心坐标和圆心角圆弧插补编程为

N05 G0 G90 X30 Y40;

N10G2 X50 Y40 AR=120 F100;

圆心坐标和圆心角圆弧插补编程为

N05 G0 G90 X30 Y40;

N10 G2 I10 J-5.773 AR=120 F100;

注意:在 SIEMENS 系统中,圆弧插补的格式:G02/G03　X_ Y_ CR=　F_ ;CR 表示圆弧半径。其用法和前面讲述的相同。

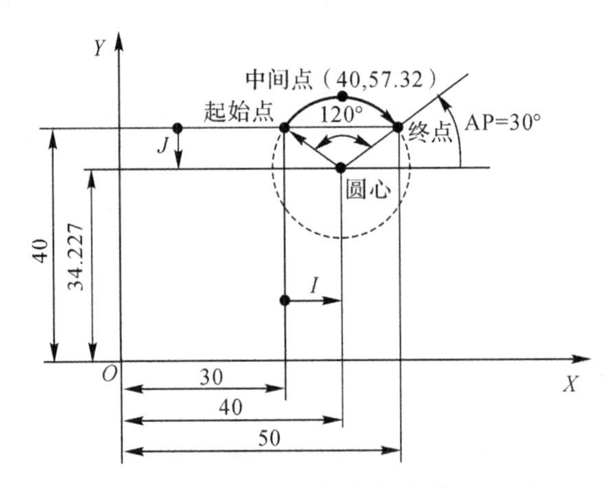

图 2.84　从起点到终点的圆弧(单位:mm)

2. 返回固定点指令 G75

用 G75 可以返回机床中某个固定点,比如换刀点。固定点位置固定地存储在机床数据中,它不会产生偏移。每个轴的返回速度都是其快速移动速度。G75 需要一独立程序段,并按程序段方式有效。在 G75 之后程序段中原来“插补方式”组中的 G 指令(G00,G01,G02,…)将再次生效。例如:

N10G75X0Y0Z0;程序段中 X、Y 和 Z 的编程数值不识别。

3. 回参考点指令 G74

用 G74 指令实现数控程序中回参考点功能,每个轴的方向和速度均存储在机床数据中。G74 需要一独立程序段,并按程序段方式有效。在 G74 之后的程序段中原来“插补方式”组中的 G 指令(G00,G01,G02,…)将再次生效。例如:

N10G74X0Y0Z0;程序段中 X、Y 和 Z 的编程数值不识别。

4. 倒圆和倒角

在一个轮廓拐角处可以插入倒角或倒圆,指令 CHF=…或者 RND=…与加工拐角的轴运动指令一起写入程序段中,只在当前平面中执行该功能。

格式:CHF=______;插入倒角,数值是倒角长度;

　　RND=______;插入倒圆,数值是倒圆半径;

说明:

1)倒角 CHF=…,为直线轮廓之间、圆弧轮廓之间以及直线轮廓和圆弧轮廓之间切入一直线并倒去棱角。

例　如图 2.85 所示,程序如下:

N10 G01 X… CHF=5; 倒角 5 mm;

N20 X …Y…;

2)倒圆 RND=…,直线轮廓之间、圆弧轮廓之间以及直线轮廓和圆弧轮廓之间切入一圆弧,圆弧与轮廓进行切线过渡。

例:如图 2.86 所示,程序如下。

N10 G01 X… RND=8;倒圆,半径 8 mm;

N20 X… Y…

…

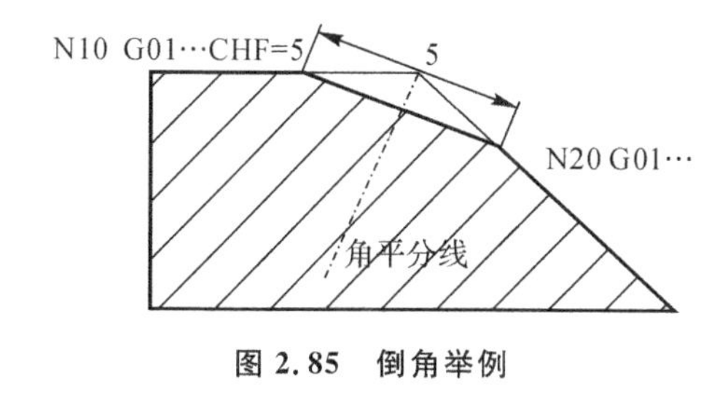

图 2.85　倒角举例　　图 2.86　倒圆举例

2.5.4　数控铣床刀具补偿功能

当铣削工件轮廓时,对于有刀具半径补偿功能的数控系统,可不必求刀具中心的运动轨迹,只按被加工工件轮廓曲线编程,同时在程序中给出刀具半径的补偿指令,刀具按照补偿后的轨迹相对于工件移动(见图 2.87),这样可以使编程工作大大简化。

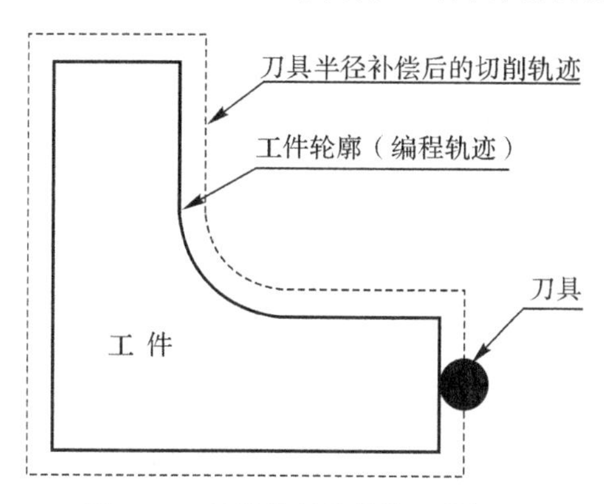

图 2.87　刀具半径补偿的刀具轨迹

相关标准规定,当刀具中心轨迹在编程轨迹前进方向的左侧时,称为左刀补。反之,当刀具处于轮廓前进方向的右侧时称为右刀补。G41为刀具半径左补偿指令(见图2.88),G42为刀具半径右补偿指令,G40指令为取消刀具半径补偿指令。

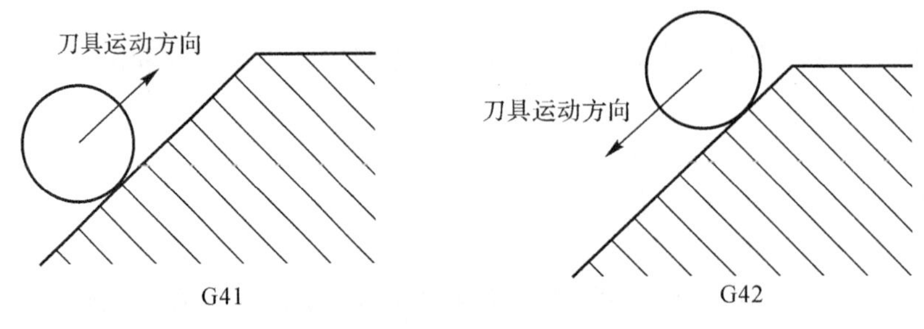

图2.88 G41/G42指令

注意:如果偏移量使用正、负号,则G41和G42可以互相取代,即G41的负补偿=G42的正补偿,G42的负补偿=G41的正补偿。

1.刀具半径补偿指令G41、G42

格式:G17 G41/G42 G00/G01 X_ Y_ D_ ;

G18 G41/G42 G00/G01 X_ Z_ D_ ;

G19 G41/G42 G00/G01 Y_ Z_ D_ ;

说明:

1)系统在所选择的平面G17~G19中以刀具半径补偿的方式进行加工,其中G17为系统默认值,可省略不写,一般的刀具半径补偿都是在XY平面上进行的。

2)刀具必须有相应的刀具补偿号D才有效。SIEMENS 802S系统一个刀具可以匹配1~9个不同补偿的数据组,用D指令及其相应的序号可以编程一个专门的切削刃。如果没有编写D指令,则D1自动生效。若编程D0,则刀具补偿值无效。

3)只有在线性插补时(G00、G01)才可以进行G41/G42的选择,如果在两个或两个以上连续程序段内无指定补偿平面内的坐标移动,则将会导致过切。

2.取消刀具半径补偿指令G40

在所有的平面上,取消刀具半径补偿指令均为G40。最后一段刀具半径补偿轨迹加工完成后,与建立刀具半径类似,也应有一直线程序段G00或G01指令可取消刀具半径补偿,以保证刀具从刀具半径补偿终点(刀补终点)运动到取消刀具半径补偿点(取消刀补点)。G40、G41、G42是模态代码,它们可以互相注销。

3.刀具半径补偿时的过切现象及防止

在程序中使用刀具半径补偿功能时,有可能会产生加工过切现象,下面分析产生过切现象的原因及具体防止措施:

(1)加工半径小于刀具半径的内圆弧。当程序给定的圆弧半径小于刀具半径时,向圆弧圆心方向的半径补偿将会导致过切,如图2.89所示。这时机床的数控系统报警,并且程序停止在将要过切语句的起点上。因此补偿时就应注意,只有在“过渡圆角半径$R \geqslant$刀具半径+精加工余量”的情况下,才可正常切削,图2.90所示为正常切削情况。

(2)对于图2.91所示的内轮廓,只能选用半径为10 mm或更小的刀具加工。

(3)被铣削槽底宽小于刀具直径。如图 2.92 所示,如果刀具半径补偿使刀具中心向编程路径反方向运动,将会导致过切。在这种情况下,机床的数控系统报警并且程序停止在该程序段的起点上。

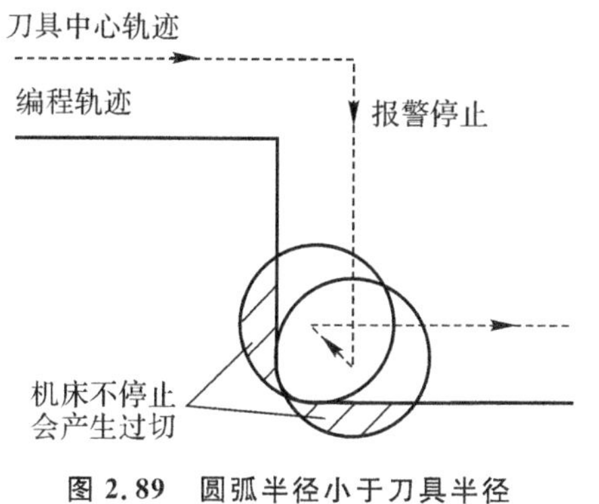

图 2.89　圆弧半径小于刀具半径

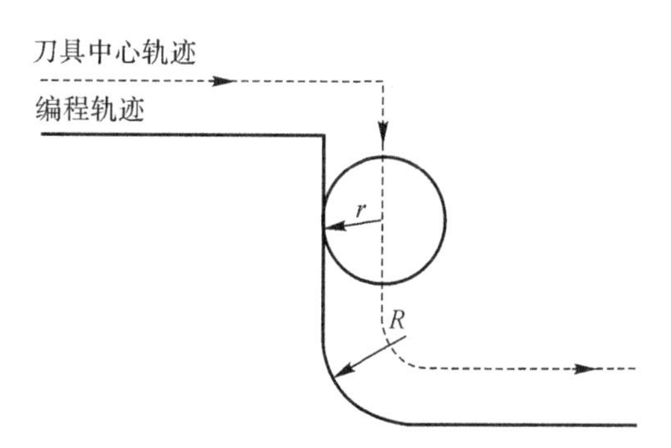

图 2.90　正常切削情况

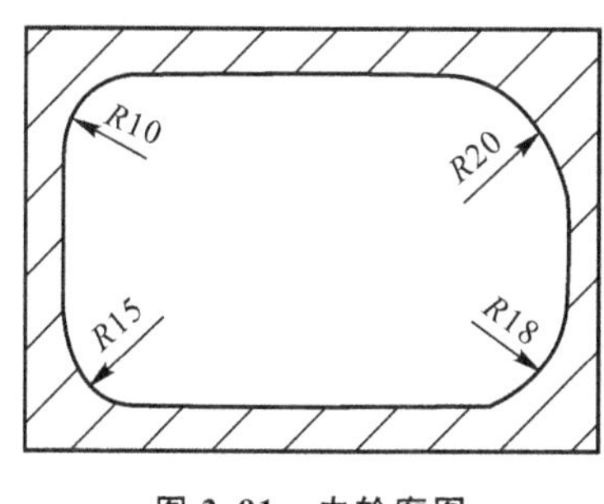

图 2.91　内轮廓图

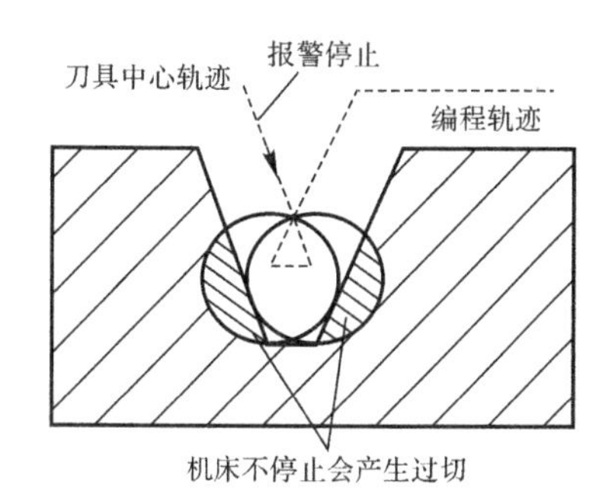

图 2.92　被铣削槽底宽小于刀具直径

4.拐角特性 G450、G451

在 G41、G42 有效的情况下,一段轮廓到另一段轮廓以不平滑的拐角过渡时可以通过 G450 和 G451 功能调节拐角特性,如图 2.93 所示。

采用圆弧过渡 G450 指令时,刀具中心轨迹为一个圆弧,其起点为前一曲线的终点,终点为后一曲线的起点,半径等于刀具半径。

采用交点过渡 G451 指令时,刀具中心点轨迹是以刀具半径为距离的等距线交点;在中心点轨迹交点构成锐角时,根据刀具半径的不同,交点的位置有时可能在很远处;此锐角如果达到机床系统数据中所设定的角度值时,系统会自动转换到圆弧过渡。

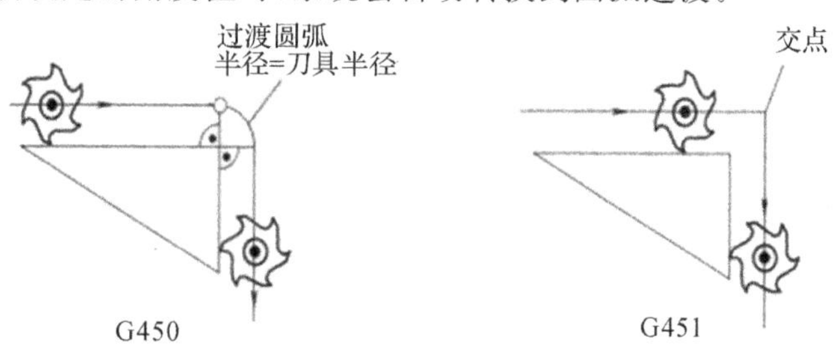

图 2.93　调节外角拐角特性

【例 2.10】已知样板零件各边加工余量均为 1 mm，用 $\varphi16$ mm 刀具加工；编程坐标系和样板零件如图 2.94 所示，O 点为坐标原点和对刀点，刀具起始点和终止点均为 P_0(−65，−95)；刀具从 P_1 点切入工件，然后沿点划画上箭头方向进行进给加工，最后回到 P_0 点；主轴转速为 1000 r/min，进给速度为 100 mm/min；通过 CAD 软件求得点 P_3、P_4、P_5、P_6 的坐标为：P_3(−25，−40)、P_4(−20，−15)、P_5(20，−15)、P_6(25，−40)。利用刀具半径补偿功能编制其数控铣削加工程序。

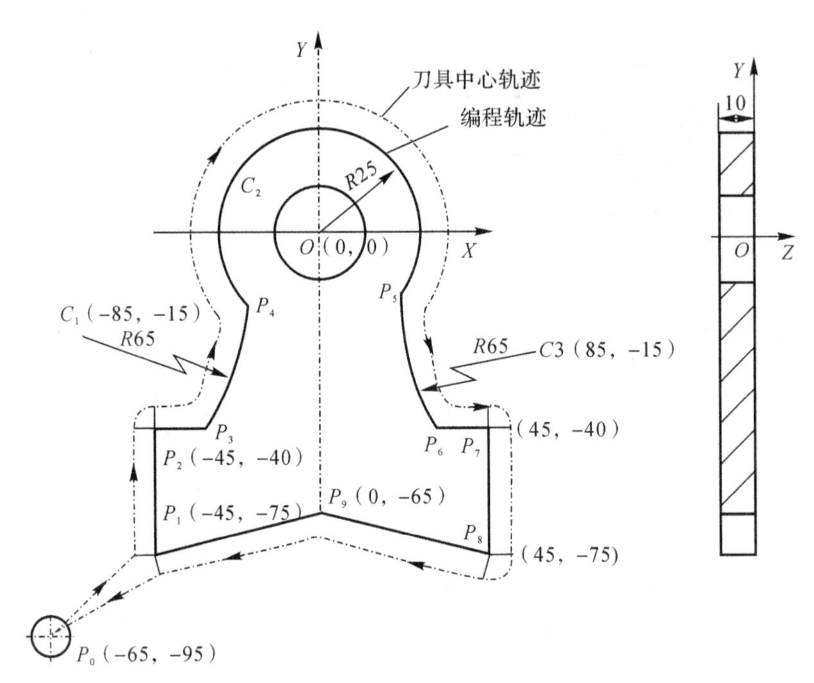

图 2.94　编程坐标系和样板零件

样板零件铣削加工程序如下：

YB123；	程序名（SIEMENS 系统程序名可以是任意的数字和字母组合）；
N10　G54 T1 D1；	建立坐标系，调用 1 号刀，1 号刀补生效；
N20　G0 G17 G90 X－65 Y－95 Z20；	刀具运动到起始点 P_0；
N30　M03 S1000；	刀具按 n＝1 000 r/min 顺时针旋转；
N40　G1 Z－12 F300；	刀具进给到铣削深度；
N50　G41 G450 X－45 Y－75 D1 F100；	进给到 P_1 点并建立刀补；
N60　Y－40；	P_1～P_2 直线插补；
N70　X－25；	P_2～P_3 直线插补；
N80　G3 X－20 Y－15 CR＝65；	P_3～P_4 圆弧插补；
N90　G2 X20 CR＝25；	P_4～P_5 圆弧插补；

N100　G3 X25 Y-40 CR=65；	$P_5 \sim P_6$ 圆弧插补；
N110　G1 X45；	$P_6 \sim P_7$ 直线插补；
N120　Y-75；	$P_7 \sim P_8$ 直线插补；
N130　X0 Y-65；	$P_8 \sim P_9$ 直线插补；
N140　X-45 Y-75；	$P_9 \sim P_1$ 直线插补；
N150　G0 G40 X-65 Y-95 D1；	刀具回到起始点并取消刀补；
N160　Z50；	刀具上升到安全高度；
N170　M30；	程序结束；

2.5.5　子程序调用

用子程序编写经常重复进行的加工，比如某一确定的轮廓形状。子程序应位于主程序中适当的位置，在需要时进行调用、运行。

子程序的结构与主程序相同，但在子程序中最后一个程序段用 M02 指令结束程序运行。还可以用 RET 指令结束子程序，但 RET 指令要求占用一个独立的程序段。

为方便地选择某一个子程序，必须给子程序取一个程序名。子程序名可以自由选择，其方法与主程序名的选取方法一样，但扩展名不同，主程序的扩展名为.mpf，在输入程序名时系统能自动生成扩展名，而子程序的扩展名.spf 必须与子程序名一起输入，例如：CZQY0110.spf。另外，在子程序中，还可以使用地址字符 L，其后面的值可以有 7 位（只能为整数），地址字符 L 之后的 0 均有意义，不能省略。例如：L128、L0128、L00128 分别代表 3 个不同的子程序。

在一个程序中（主程序或子程序）可以直接利用程序名调用子程序。子程序调用要求占用一个独立的程序段。如果要求多次连续地执行某一子程序，则在编程时必须在所调用子程序的程序名后的地址 P 下写入调用次数，调用次数为 1～9 999 次。

例如：

N10 L785；　　调用 L785 号子程序

N20 LABC；　　调用 LABC 号子程序

N30 L785 P3；　调用 L785 号子程序，运行 3 次

在子程序中可以改变模态有效的 G 功能，比如 G90 到 G91 的变换。在返回调用程序时应注意检查所有模态有效的功能指令，并按照要求进行调整。

子程序不仅可以从主程序中调用，也可以从其他子程序中调用，这个过程称为子程序的嵌套。子程序的嵌套深度可以为 3 层，也就是四级程序界面（包括主程序界面）。

2.5.6　孔加工循环指令

孔加工循环是指用于特定加工过程的工艺子程序，比如用于钻孔、镗孔、铰孔、攻丝等，只要改变参数就可以使这些循环应用于各种具体加工过程，可大大减少编程工作量。

1. 固定循环指令的动作

孔加工固定循环通常由以下6个动作组成，如图2.95所示。

动作1——X轴和Y轴定位。使刀具快速定位到孔加工的位置。

动作2——快进到R点。刀具自起点快速进给到R点。

动作3——孔加工。以切削进给的方式执行孔加工的动作。

动作4——在孔底的动作。包括暂停、主轴准停、刀具移位等动作。

动作5——返回到R点。继续孔的加工而又可以安全移动刀具时选择R点。

动作6——快速返回到起点。孔加工完后一般应选择起点。

图2.95中用虚线表示的是快速进给，用实线表示的是切削进给。

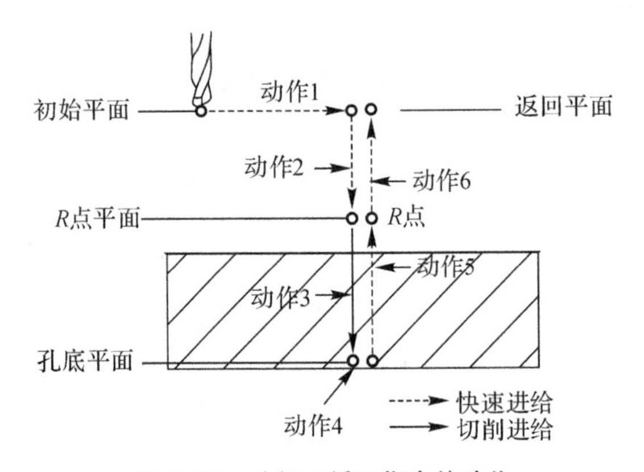

图2.95 孔加工循环指令的动作

(1)初始平面。初始平面是为安全下刀而规定的一个平面，初始平面到零件表面的距离可以任意设定在一个安全的高度上，当使用同一把刀具加工若干孔时，只有孔间存在障碍需要跳跃或全部孔加工完毕，刀具返回时需返回到初始平面。

(2)R点平面(R参考平面)。R点平面是刀具下刀时自快进转为工进的高度平面，距工件表面的距离(又称刀具切入距离)主要考虑工件表面尺寸的变化，一般可取2～5 mm。

(3)孔底平面。孔底平面是刀具孔加工切削的终点，加工盲孔时孔底平面位置由孔的深度决定，加工通孔时一般刀具还要伸出工件底平面一段距离(又称刀具切出距离)，主要是保证全部孔深都加工至需要的尺寸，钻削加工时还应考虑钻头钻尖对孔深的影响。

(4)定位平面由平面选择指令G17、G18或G19决定；定位轴是除了钻孔轴以外的坐标轴。

(5)返回点平面。返回点平面是刀具在返回时到达的平面，返回点平面也可以和初始平面重合或和R点平面重合(由具体加工条件而定)。

孔加工循环通常由以下几个动作组成：快速定位到初始平面并确定孔的位置；刀具快进到R点平面；以切削进给的方式执行孔加工的动作，刀具到达孔底平面；在孔底的动作(包括暂停、主轴准停、刀具移位等动作)；返回到返回点平面。

2. SIEMENS 802D 系统孔加工循环指令

(1)浅孔钻或打中心孔 CYCLE81。

CYCLE81 指令使刀具以编程的主轴转速和进给速度钻孔，直至到达给定的最终钻削深度，退刀以快速移动速度进行。CYCLE81 为模态量，见表 2-9。

格式：CYCLE81(RTP,RFP,SDIS,DP,DPR)；

表 2-9　CYCLE 循环参数

参数	含义及其数值范围
RTP	返回平面：循环结束之后刀具返回的位置，绝对坐标值输入
RFP	参考平面：确定其他参数的面，一般为工件上表面，绝对坐标值输入
SDIS	安全间隙：与参考平面之间的距离，是切削进给的引入距离，无符号输入，此位置又称安全平面
DP	最后钻孔深度：相对于工件零点的最后钻孔深度
DPR	最后钻孔深度：相对于参考平面的最后钻孔深度

1)刀具循环运动时序：用 G0 运动到被提前了一个安全距离的安全平面处，按照已编程的进给率用 G1 进行钻削，直到最终钻削深度，然后用 G0 快速退刀回到返回平面，如图 2.96 所示。

2)钻孔深度最好只输入一个值，如果同时输入了 DP 和 DPR，最终钻孔深度来自 DPR。如果 DPR 和 DP 值矛盾，系统会产生报警且不执行循环。若返回平面与参考平面处在相同平面，或者返回平面低于参考平面，系统也会产生报警且不执行循环。

3)循环参数值要按顺序排列，并用“，”隔开，如果某参数被省略，其位置不能省略，要使用“…，，…”来占用空间，但最后一位参数被省略时可全部省略。

图 2.96 为 CYCLE81 循环时序过程及参数举例。

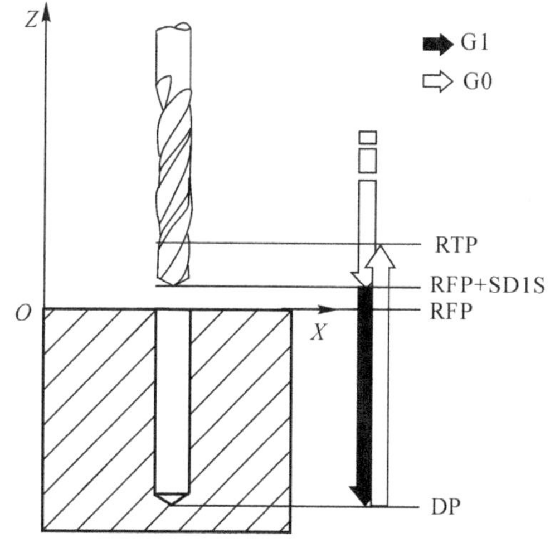

图 2.96　CYCLE81 循环时序过程及参数

图 2.97 加工程序如下：

……

N10 G17 G90 F100 M3 S300；

N20 T3D3 Z150；

N30 G0 X40 Y30；

N40 CYCLE81(55,50,2,35)；使用绝对值 $Z=35$ mm 表示最后钻孔深度；

N50 X90；

N60 CYCLE81(60,50,2,35)；

N70 X40 Y120；

N80 CYCLE81(55,50,2, ,15)；使用无符号增量值 15 mm 表示最后钻孔深度；

N90 G0 Z150；

N100 M05；

N110 M30；

……

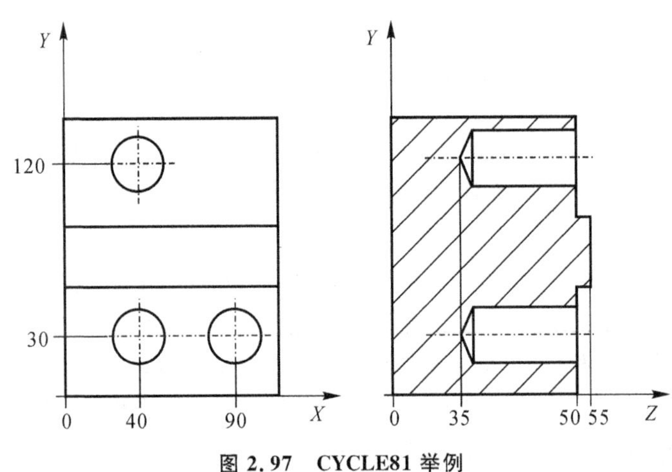

图 2.97 CYCLE81 举例

注意：学生在学习 SIEMENS 时没必要记忆系统编程循环指令格式，关键要理解各循环指令参数的含义。

(2)打中心孔、端面锪孔 CYCLE82。

CYCLE82 指令使刀具以编程的主轴转速和进给速度钻孔，直至到达给定的最终钻削深度。在到达最终钻削深度时可以编程一个停顿时间，退刀以快速移动速度进行。CYCLE82 为模态量。

格式：CYCLE82(RTP,RFP,SDIS,DP,DPR,DTB)；

说明：

1)CYCLE82 格式中 DTB 为到达钻孔深度时进给停顿时间(s)，但主轴旋转不停止，用于断屑和光整加工。其他循环参数 RTP、RFP、SDIS、DP、DPR 说明同 CYCLE81。

2)刀具循环运动时序：用 G0 运动到被提前了一个安全距离的安全平面处，按照已编程的进给率，用 G1 进行钻削，直到最终钻削深度，在最终钻削深度停顿时间 DTB (s)，然后用 G0 快速退刀回到返回平面。

(3)深孔钻削 CYCLE83。

CYCLE83 指令控制刀具通过分步钻入达到最后的钻孔深度。钻削既可以在每步钻削后使钻头到达安全平面以达到排屑的目的,也可以在每步钻削后后退 1 mm 以达到排屑的目的。

格式:CYCLE83(RTP,RFP,SDIS,DP,DPR,FDEP, FDPR,DAM,DTB,DTS,FRF,VARI);

说明:

1)CYCLE83 格式中的循环参数说明见表 2-10 以及图 2.98 和图 2.99。

表 2-10　CYCLE83 循环参数

参　数	含义及其数值范围
RTP-DPR	参数说明同 CYCLE81
FDEP	起始钻孔深度,绝对坐标值输入
FDPR	相对于参考平面的起始钻孔深度,无符号输入的增量值
DAM	递减量,前、后两次钻削深度的差值,无符号输入
DTB	刀具每次钻削一个深度后停顿时间(s),用于断屑
DTS	刀具每次钻削返回到安全平面后停顿时间(s),用于排屑。仅在 VARI=1 时有效
FRF	钻孔进给速度系数,FRF=0.001~1。钻孔进给速度=编程进给速度×FRF,无符号输入
VARI	加工类型 VARI=1:每次钻削一个深度后刀具都要以 G0 返回到安全平面,如图 2.98 所示 VARI=0:每次钻削一个深度后刀具以 G1 后退 1 mm,以便排屑,如图 2.99 所示

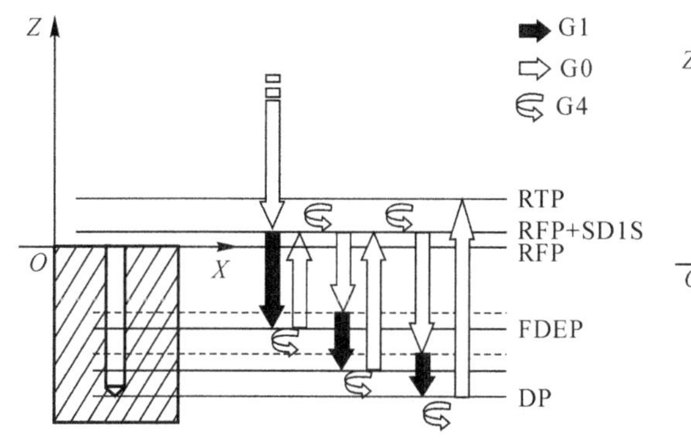

图 2.98　深孔钻削(VARI=1)循环时序过程

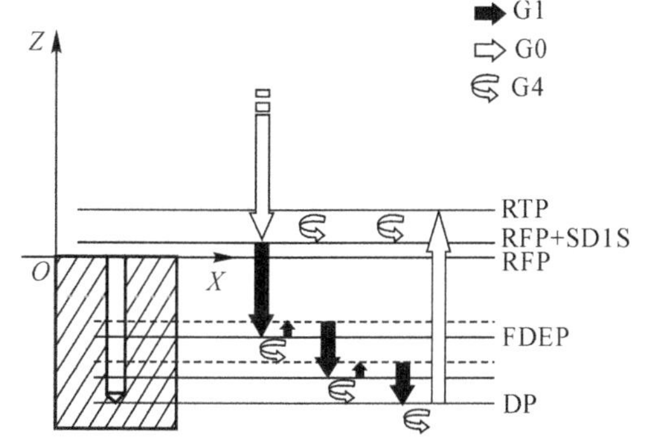

图 2.99　深孔钻削(VARI=0)循环时序过程

2)刀具按 G0 运动到被提前了一个安全距离的安全平面上;使用 G1 钻孔至起始钻孔深度,钻孔进给速度=编程进给速度×FRF,在起始钻孔深度处停顿时间 DTB;当 VARI =1 时,刀具以 G0 返回到安全平面,停顿时间 DTS,以便排屑;然后刀具以 G0 回到起始钻孔深度处，并保持预留量距离；当 VARI =0 时，刀具仅以 G1 后退 1 mm，以便排屑；刀具以 G1 钻削到下一个钻孔深度，此钻孔深度为起始钻孔深度减去递减量。持续以上动作直至最后钻孔深度，使用 G0 退回到返回平面。

(4)铰孔 CYCLE 85。

CYCLE 85 指令控制刀具按编程进给速度进行铰孔，并直至最后铰孔深度，然后按照返回进给速度退到安全平面。此指令也可用于钻孔、镗孔。CYCLE 85 为模态量。

格式：CYCLE85 (RTP,RFP,SDIS,DP,DPR,DTB,FFR,RFF)；

说明：CYCLE85 格式中的循环参数 FFR 为铰孔进给速度；RFF 为铰孔返回进给速度；其余循环参数说明见表 2-11 和图 2.100。

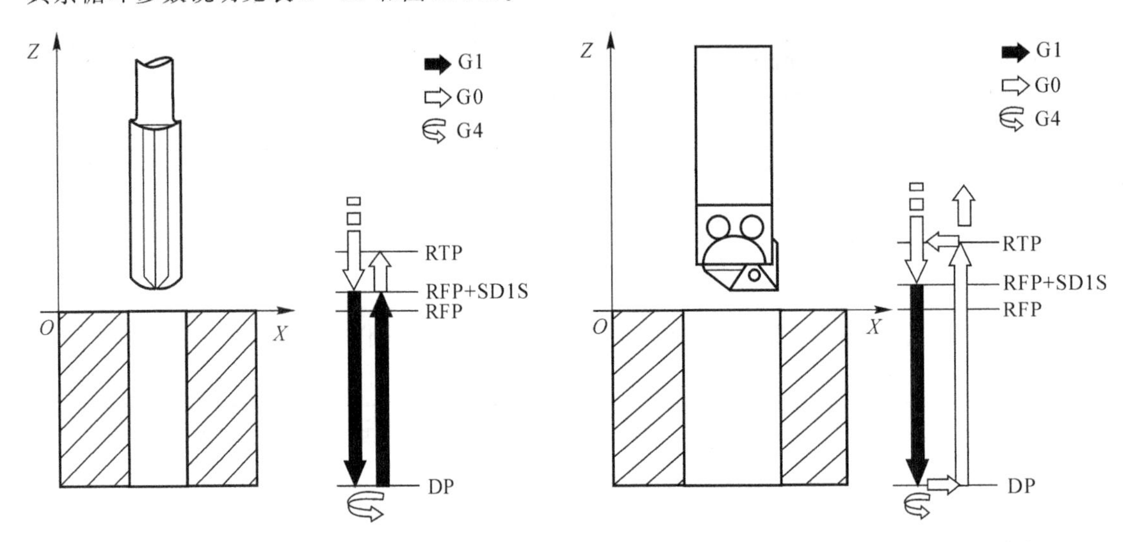

图 2.100 CYCLE85 循环时序过程及参数图　　**图 2.101 CYCLE86 循环时序过程及参数图**

表 2-11 CYCLE86 循环参数

参数	含义及其数值范围
RTP-DTB	参数说明同 CYCLE83
SDIR	镗孔时的旋转方向。SDIR=3 相当于 M3；SDIR=4 相当于 M4
RPA	第一轴(X 轴)上的返回量及路径，增量值输入，如 RPA=−1，刀具将沿 −X 方向移动 1 mm
RPO	第二轴(Y 轴)上的返回量及路径，增量值输入，如 RPO=−1，刀具将沿 −Y 方向移动 1 mm
RPAP	第三轴镗轴(Z 轴)上的返回量及路径，增量值输入，如 RPAP=1，刀具将沿 +Z 方向移动 1 mm
POSS	循环中定位主轴停止的位置[单位：(°)]，如 POSS=45，则刀具沿 X 轴逆时针转 45°后停止

(5)镗孔1——CYCLE86。

CYCLE86指令控制刀具按编程进给速度进行镗孔，直至最终镗削深度。如果到达最终深度，可以编程一个停留时间，激活主轴定位停止功能，使用G0让主轴在XY方向退出加工面，然后主轴使用G0返回到安全平面，最后退回到返回平面上的初始位置。其适用于主轴可控制操作镗孔。CYCLE86为模态量。

格式：CYCLE86(RTP，RFP，SDIS，DP，DPR，DTB，SDIR，RPA，RPO，RPAP，POSS)；

说明：

1)CYCLE86格式中的循环参数说明见表2-11和图2.101。

2)刀具循环运动时序：刀具按G0运动到被提前了一个安全距离的安全平面上；使用G1及所编程的进给速度镗孔到最终深度；在最终镗孔深度处停顿时间DTB；定位主轴停止在POSS下编程的位置；使用G0在3个轴方向上返回；使用G0返回到安全平面。

(6)镗孔2——CYCLE87。

格式：CYCLE86(RTP，RFP，SDIS，DP，DPR，DTB，SDIR)；

说明：CYCLE87格式中的循环参数说明见表2-11和图2.101。

CYCLE87指令控制刀具按编程进给速度进行镗孔，直至最终镗削深度。如果到达最终深度，可以编程一个停留时间，然后激活主轴不定位停止和进给停止功能，当按下NC START键后主轴方可按G0退回到返回平面。CYCLE87为模态量。

(7)线性排列孔加工HOLES1。

HOLES1指令使刀具加工线性排列孔，孔的类型由已被调用的孔加工循环决定。

格式：HOLES1(SPCA，SPCO，STA1，FDIS，DBH，NUM)；

说明：

1)HOLES1格式中的循环参数说明见表2-12和图2.102。

2)循环执行时首先回到第一个钻孔位，并按照所确定的循环加工孔，然后依次快速回到其他孔的钻削位，按照所设定的参数进行加工循环，所有孔加工完后刀具回到初始位。

表2-12　HOLES1　循环参数

参数	含义及其数值范围
SPCA	线性孔参考点的第一轴坐标，如G17平面X轴、G18平面Z轴、G19平面Y轴，绝对值输入
SPCO	线性孔参考点的第二轴坐标，如G17平面Y轴、G18平面X轴、G19平面Z轴，绝对值输入
STA1	第一轴(如G17平面的X轴)到线性孔中心点连线的角度，逆时针为正。$-180° < STA1 \leq 180°$
FDIS	线性孔中第一个孔到线性孔参考点的距离，无符号输入
DBH	线性孔中任意两孔间的距离，无符号输入
NUM	孔的数量

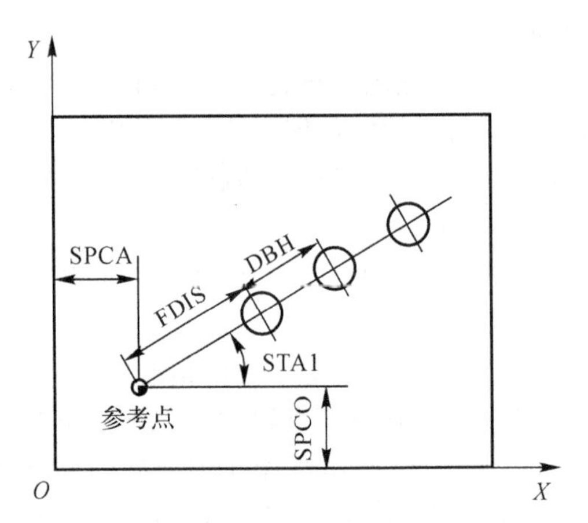

图 2.102　HOLES1 循环参数示意图

(8)圆弧孔排列加工 HOLES2。

格式：HOLES2(CPA,CPO,RAD,STA1,INDA,NUM)；

说明：HOLES2 指令使刀具加工圆周排列孔，孔的类型由已被调用的孔加工循环决定。格式中的循环参数说明见表 2-13 和图 2.103。

表 2-13　HOLES2 循环参数

参 数	含义及其数值范围
CPA	圆周孔中心点的第一轴(如 G17 平面 *X* 轴)坐标，绝对值输入
CPO	圆周孔中心点的第二轴(如 G17 平面 *Y* 轴)坐标，绝对值输入
RAD	圆周孔的半径，无符号输入
STA1	第一坐标轴(如 G17 平面 *X* 轴)到第一个加工孔的角度。$-180° < STA1 \leqslant 180°$
INDA	圆周孔中任意两孔间的夹角，无符号输入。INDA=0，系统按均布孔自动计算夹角
NUM	孔的数量

【例 2.11】用 HOLES1 循环加工 *XY* 平面上 5 行 5 列排列的孔(见图 2.103)，孔间距为10 mm，孔深 20 mm。参考点坐标为 $X=30$ mm，$Y=20$ mm，使用 CYCLE82 循环钻削和 MCALL 模态子程序调用(当后面的程序段带轨迹运行时，则在有 MCALL 指令的程序段自动调用子程序，该调用一直有效，直到 MCALL 取消，要求单独程序段，MCALL 使用格式见例题。

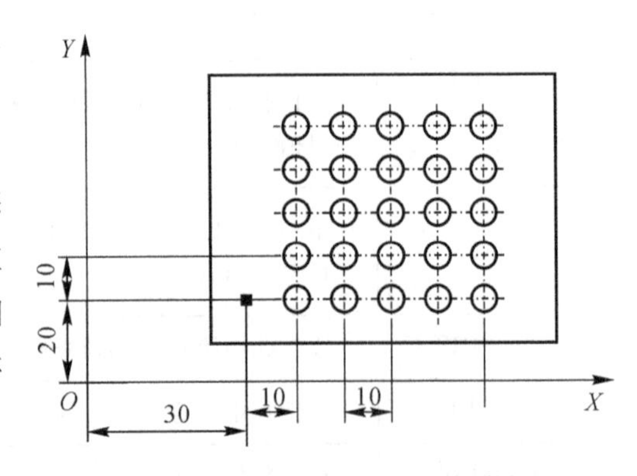

图 2.103　矩形排列孔加工实例举例

编写程序如下：

```
N10 R10=0;                                     定义参考平面
N20 R11=5;                                     定义返回平面
N30 R12=2;                                     定义安全间隙
N40 R13=-20;                                   定义钻孔深度
N50 R14=30;                                    定义参考点 X 轴坐标
N60 R15=20;                                    定义参考点 Y 轴坐标
N70 R16=0;                                     X 轴和线性孔中心连线的角度
N80 R17=10;                                    定义第一孔到参考点距离
N90 R18=10;                                    定义孔间距
N100 R19=5;                                    定义每行孔数量
N110 R20=5;                                    定义孔行数
N120 R21=0;                                    行计数
N130 R22=10;                                   定义行间距
N140 G54 G17 G90 M3 S500 T2 D1;                确定工艺参数
N150 G0 X10 Y10 Z50;                           回到出发点
N160 MCALL CYCLE82(R11,R10,R12,R13,,1);        调用线性孔排列加工
MCALL                                          模态调用钻孔循环
N170 AB1:HOLES1(R14,R15,R16,R17,R18,R19);      调用线性孔排列加工
N180 R15=R15+R22 R21=R21+1;                    确定新的参考点,行计数
N190 IF R21<R20 GOTO B AB1;                    当满足条件时返回到 AB1
N200 MCALL;                                    取消调用钻孔循环
N210 G0G90 X10 Y10 Z50;                        回到出发点位置
N220 M30;                                      程序结束
```

【例 2.12】某连杆零件如图 2.104 所示，要求对该连杆的轮廓进行精铣数控加工。选择 ϕ16 mm 立铣刀，安全面高度为 10 mm，采用刀具半径补偿功能，由 A 点进刀，再由 B 点退刀加工 ϕ40 mm 的圆；由 C 点进刀，再由 D 点退刀加工 ϕ24 mm 的圆；然后由 A 点进刀，再由 B 点退刀加工整个轮廓。(连杆轮廓的特征点计算结果如下。点 1：$X=-82$，$Y=0$。点 2：$X=0$，$Y=0$。点 3：$X=-94$，$Y=0$。点 4：$X=-83.165$，$Y=-11.943$。点 5：$X=-1.951$，$Y=-19.905$。点 6：$X=-1.951$，$Y=19.905$。点 7：$X=-83.165$，$Y=11.943$。点 8：$X=20$，$Y=0$。)试编写加工程序。

编写程序如下：

```
N10   G54 G90 T2D2;                   建立工件坐标系、刀具长度补偿
N20   G0 X20 Y25 Z3;                  快速移动到 A 点
N30   S1000 M3;                       启动主轴旋转
N40   G1 Z-8 F200;                    刀具进给至-8 mm 处
```

N50　G41 Y0 D2 F100;　　刀具半径左补偿,切向进刀至点 8

N60　G2 X20 Y0 I-20 J0;　　圆弧插补铣 ϕ40 mm 的圆柱

N70　G40 G1 X25 Y-20 D2;　　取消刀补,切向退刀至点 B

N80　G0 Z3;　　向退刀至安全高度

N90　X-102 Y-20;　　快速移动到点 C

N100　G1 Z-8 F200　　刀具进给至－8 mm 处

N110　G41 X-94 Y0 D2 F100;　　刀具半径左补偿,切向进刀至点 3

N120　G2 X-94 Y0 I12 J0;　　圆弧插补铣 ϕ24 mm 的圆

N130　G40 G1 X-102 Y20 D2;　　取消刀补,切向退刀至点 D

N140　G0 Z3;　　Z 向退刀至安全高度

N150　G0 X20 Y25;　　快速移动到点 A

N160　G1 Z-21 F200;　　刀具进给至－21 mm 处

N170　G41 Y0 D2 F100;　　刀具半径左补偿,切向进刀至点 8

N180　G2 X-1.951 Y-19.905 I-20 J0;　　圆弧插补至点 5

N190　G1 X-83.165 Y-11.943;　　直线插补至点 4

N200　G2 Y11.943 CR=12;　　圆弧插补至点 7

N210　G1 X-1.951 Y19.905;　　直线插补至点 6

N220　G2 X20 Y0 CR=20;　　圆弧插补至点 8

N230　G40 G1 X25 Y-20 D2;　　取消刀补,切向退刀至点 B

N240　G0 Z50 M5;　　Z 向退刀至安全高度,主轴停止

N250　M30;　　程序结束

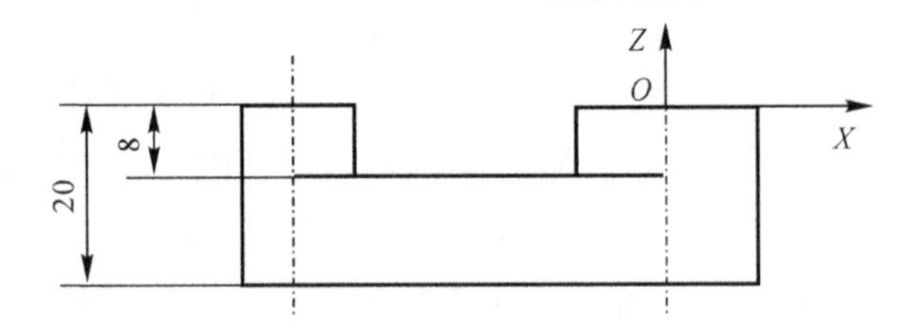

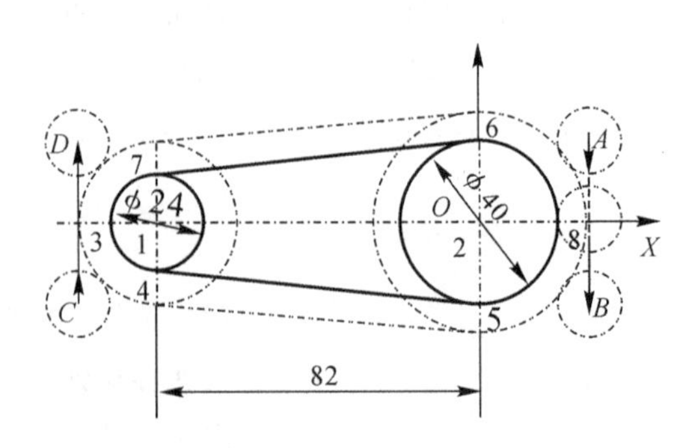

图 2.104　连杆零件(单位:mm)

本节练习题

1. 加工图 2.105(a)(b)所示模具的内、外表面，刀具直径为 10 mm，试采用数控铣床的刀具半径补偿指令编程。

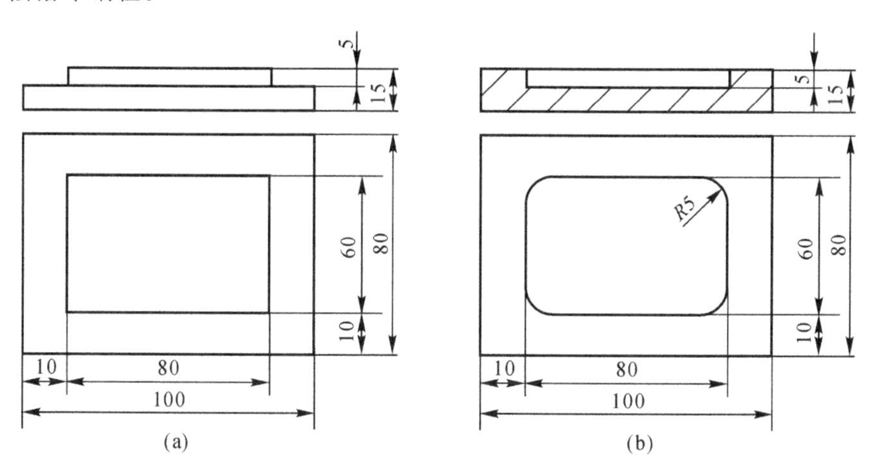

图 2.105　模具件(单位:mm)

2. 使用参数编程编写加工圆周上均匀分布孔的程序，图样尺寸如图 2.106 所示，钻孔深度为 10 mm。要求：定义分布圆周孔半径、孔的数目、孔的起始角、两孔间隔角度增量等参数。

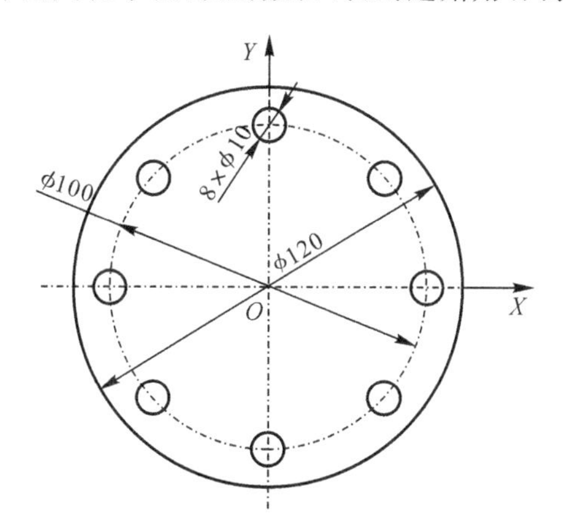

图 2.106　圆周孔图样(单位:mm)

2.6　数控加工中心编程

本节学习要求

掌握数控加工中心的编程特点及各编程指令的使用方法，并能熟练地编制加工中心程序。

内容导入

在 2.5 节我们学习了数控铣床的编程。加工中心是在数控铣床机床上演变而来的，它的编程与数控铣床编程有什么不同？

加工中心(Machining Center，MC)，是从数控铣床发展而来的。与数控铣床相同的是，加工中心同样是由计算机数控系统、伺服系统、机械本体、液压系统等各部分组成的，但它又不等同于数控铣床，二者的最大区别在于加工中心具有自动交换加工刀具的能力，通过在刀库上安装不同用途的刀具，可在一次装夹中通过自动换刀装置改变主轴上的加工刀具，实现钻、铣、镗、扩、铰、攻螺纹、切槽等多种加工功能，故适合于小型板类、盘类、壳体类、模具等零件的多品种小批量加工。

经济型加工中心在数控铣床基础上增加了一套自动换刀装置和刀库，所以在编程上除了在每次换刀时编写换刀程序外，其余编程与铣床很相似。本节以配置 FANUC 21i－MB 系统的加工中心为例介绍其基本编程功能指令。

2.6.1 基本编程指令

1.设定工件坐标系指令 G92

格式：G92 X_ Y_Z_；

说明：

1)G92 指令是规定工件坐标系坐标原点的指令，工件坐标系原点又称为程序原点，坐标值 X、Y、Z 为刀具刀位点在工件坐标系中(相对于程序原点)的初始位置。执行 G92 指令时，机床不动作，即 X、Y、Z 轴均不移动。

2)坐标值 X、Y、Z 均不得省略，否则对未被设定的坐标轴将按以前的记忆执行，这样刀具在运动时，可能达不到预期的位置，甚至会造成事故。

3)以图 2.52 为例说明建立工件坐标系的方法。在加工工件前，用手动或自动的方式使机床返回机床零点，此时，刀具中心对准机床零点 M[见图 2.107(a)]，当机床执行 G92 X－10.0 Y－10.0 Z0.0 后，就建立工件坐标系 X 工件 OY 工件[见图 2.107(b)]，O 为工件坐标系的原点。

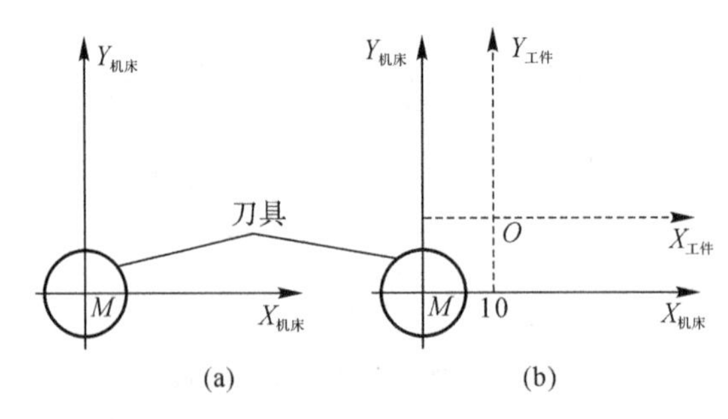

图 2.107 设定工件坐标系指令 G92

2.选择工件坐标系指令 G54～G59

格式：G54 / … / G59

说明：

1)若在工作台上同时加工多个零件，可以设定不同的程序零点，可建立 G54～G59 共 6 个加工工件坐标系。与 G54～G59 相对应的工件坐标系为第 1～6 工件坐标系，其中 G54 坐标系是机床一开机并返回参考点后就有效的坐标系。

2)G54～G59 不像 G92 那样需要在程序段中给出预置寄存的坐标数据。那么机床在加工时，是如何知道所用工件坐标系与机床坐标系之间的关系呢？原来这是由操作者在加工零件之前，通过“工件零点附加偏置”的操作实现的。操作者在安装工件后，测量工件坐标系原点相对于机床坐标系原点的偏移量，并把工件坐标系在各轴方向上相对于机床坐标系的位置偏移量写入工件坐标偏置存储器中，其后系统在执行程序时，就可以按照工件坐标系中的坐标值来移动了。

3)注意 G54～G59 工件坐标系指令与 G92 坐标系设定指令的差别：G92 指令需后续坐标值指定刀具起点在当前工件坐标系中的坐标值，用单独的一个程序段指定；在使用 G92 指令前，必须保证刀具回到加工起点。G54～G59 建立工件坐标系时，可单独使用，也可与其他指令同段使用；使用该指令前，先用手动数据输入（MDI）方式输入该坐标系的坐标原点在机床坐标系中的坐标值。

由 G54～G59 设定的工件坐标系，可以通过 G92 指令来移动。例如，图 2.108 所示编程为：

N10 G54 G90 G00 X200. Y150. ;

N20 G92 X100. Y100. ;

N30 G54 G00 X0 Y0;

执行上述程序后，刀具不是运动到旧工件坐标系的原点 O，而是运动到 O' 点。

注意：G54～G59 工件坐标系指令与 G92 坐标系设定指令的差别是，G92 指令需后续坐标值指定刀具起点在当前工件坐标系中的坐标值，用单独一个程序段指定；在使用 G92 指令前，必须保证刀具回到程序中指定的加工起点。G54～G59 建立工件坐标系时，可单独使用，也可与其他指令同段使用；使用该指令前，先在机床零点偏置参数中手动输入该新建坐标系原点在机床坐标系中的矢量值。

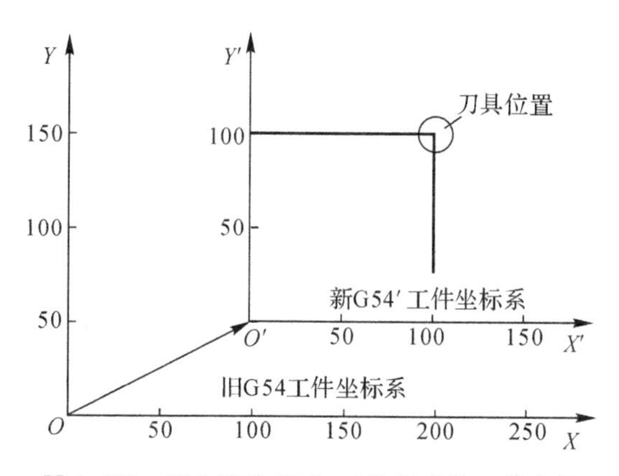

图 2.108　G92 移动 G54～G59 设定的工件坐标

3. 设定局部坐标系指令 G52

当在工件坐标系中编制程序时，为容易编程，可以设定工件坐标系的子坐标系。子坐标系称为局部坐标系。

格式：G52 X_ Y_ Z _;

说明：

1)用 G52 指令可以在工件坐标系 G54～G59 中设定局部坐标系。局部坐标系的原点设定在工件坐标系中以 X_ Y_ Z_指定的位置。

2)当设定局部坐标系时,G90 指令移动的是在局部坐标系中的坐标值。

3)用“G52 X0 Y0 Z0”可取消局部坐标系。

4)局部坐标系的设定不改变工件坐标系和机床坐标系。

4. 极坐标指令 G15、G16

格式:G17/G18/G19　　G90/G91　G16;开始极坐标指令

G00X_ Y_
G15;取消
} 极坐标指令

说明:

1)坐标值可以用极坐标半径和角度输入,角度的正向是所选平面的第一轴正向的逆时针转向,而负向是顺时针转向。

2)半径和角度两者可以用绝对值指令或增量值指令 G90/ G91 来移动。

3)G90 指定工件坐标系的原点作为极坐标系的原点,从该点测量半径;G91 指定当前位置作为极坐标系的原点,从该点测量半径。

4)G00 后第一轴是极坐标半径,第二轴是极角,如图 2.109 所示。

用绝对值指令指定角度和半径,程序如下:

N1 G17 G90 G16;选择 XY 平面,绝对编程,设定工件坐标系的原点作为极坐标系的原点;

N2 G81 X100.0 Y30.0 Z－20.0 R－5.0 F200.0;指定 100 mm 的距离和 30°的角度;

N3 Y150.0;　　指定 100 mm 的距离和 150°的角度;

N4 Y270.0;　　指定 100 mm 的距离和 270°的角;

N5 G15 G80;　　取消极坐标指令;

用增量值指令指定角度,用绝对值指令指定极径,程序如下:

N1 G17 G90 G16;选择 XY 平面,绝对编程,设定工件坐标系的原点作为极坐的原点;

N2 G81 X100.0 Y30.0 Z－20.0 R－5.0 F200.0;指定 100 mm 的距离和 30°的角度;

N3 G91 Y120.0;　　指定 100 mm 的距离和＋120°的角度增量;

N4 Y120.0;　　指定 100 mm 的距离和＋120°的角度增量 ;

N5 G15 G80;　　取消极坐标指令;

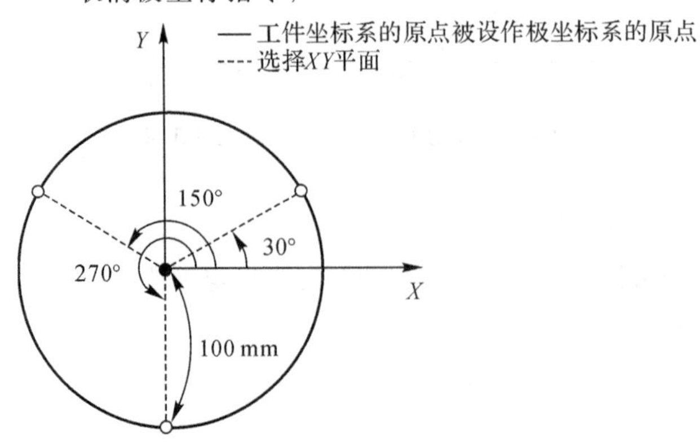

图 2.109　G15、G16 指令编程举例

5. 刀具长度补偿指令 G43、G44、G49

格式：G43Z_ H_；刀具长度补偿(+)；

G44Z_ H_；刀具长度补偿(−)；

G49 或 H00；取消刀具长度补偿；

说明：

1)刀具长度补偿指令一般用于刀具轴向(*Z* 向)的补偿，它使刀具在 *Z* 方向上的实际位移量比程序给定值增加或减少一个偏置量。G43 为刀具长度正补偿“+”；G44 为刀具长度负补偿“−”；Z 为目标点坐标；H 为刀具长度补偿代号，补偿量存入由 H 代码指定的存储器中。若输入指令“G00 G43 Z100. H01；”，并于 H01 中存入“−200”，则执行该指令时，将用 *Z* 坐标值“100”与 H01 中所存“−200”进行“+”运算，即“100+（−200）= −100”，并将所求结果作为 *Z* 轴移动值。取消刀具长度补偿用 G49 或 H00。若指令中忽略了坐标轴，则默认为 *Z* 轴且为 Z_0。

2)当刀具在长度方向的尺寸发生变化时，可以在不改变程序的情况下，通过改变偏置量加工出所要求的零件尺寸。

3)以图 2.110 所示钻孔为例，图 2.110(a)表示钻头开始运动位置，图 2.110(b)表示钻头正常工作进给的起始位置和钻孔深度，这些参数都在程序中加以规定，图 2.110(c)所示钻头经刃磨后长度方向上尺寸减少(1.2 mm)，如按原程序运行，钻头工作进给的起始位置将成为图 2.110(c)所示位置，而钻进深度也随之减少(1.2 mm)。图 2.110(d)表示使用长度补偿后，钻头工作进给的起始位置和钻孔深度。在程序运行中，让刀具实际的位移量比程序给定值多一个偏置量(1.2 mm)，而不用修改程序即可以加工出程序中规定的孔深。

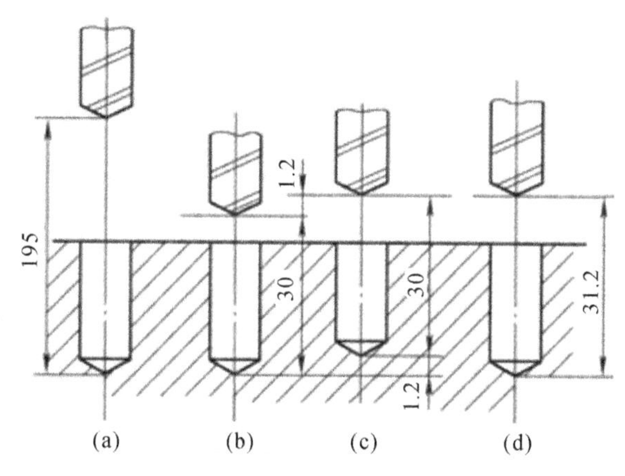

图 2.110　刀具长度补偿实例

注意：无论是绝对坐标还是增量坐标编程，G43 指令都是将偏移量 *H* 值加到位移值上，G44 指令则是从位移值减去偏移量 *H* 值。

【例 2.13】图 2.111 中 *A* 为程序起点，加工路线为①→②→③→④→⑤→⑥→⑦→⑧→⑨。由于某种原因，刀具实际起始位置为 *B* 点，与编程的起点偏离了 3 mm，现按相对坐标编程，偏置量 3 mm，存入地址为 H01 的存储器中。程序如下：

O0001；

N010 G91 G00 X70. Y45. S800 M03;

N020 G43 Z－22. H01;

N030 G01 Z－18. F100 M08;

N040 G04 X5.;

N050 G00 Z18.;

N060 X30. Y－20.;

N070 G01 Z—33. F100;

N080 G00 G49 Z55. M09;

N090 X—100. Y－25.;

N100 M30;

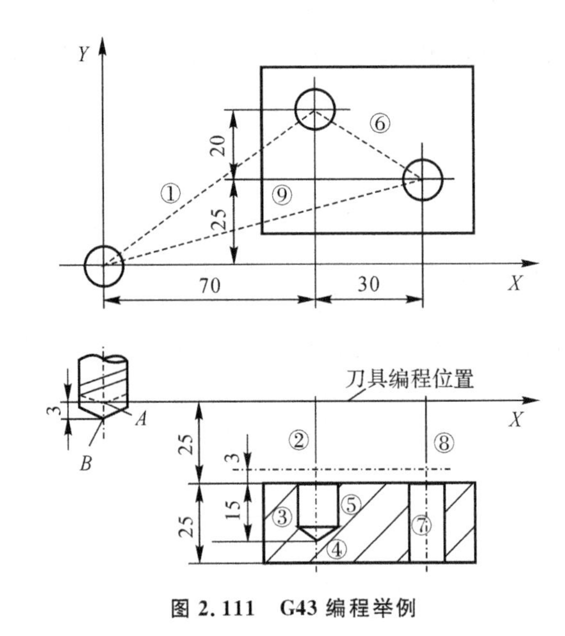

图 2.111 G43 编程举例

6. 比例缩放指令 G50、G51

格式:G51 X_Y_Z_P_; /G51 X_Y_Z_I_J_K_;缩放开始;

……

G50;缩放取消;

说明:

1)X、Y、Z 为比例缩放中心坐标;P 为缩放比例;I、J、K 分别为 X、Y、Z 轴对应的缩放比例。

2)编程的形状被放大和缩小(比例缩放)。

3)用 X、Y 和 Z 指定的尺寸可以放大和缩小相同或不同的比例。

7. 坐标系旋转指令 G68、G69

格式:G68X_ Y_ R_;坐标系开始旋转;

……

G69;坐标系旋转取消指令;

说明：

1)G68 指令以给定 X、Y 为旋转中心，将坐标系旋转 R 角，如果 X、Y 值省略，以工件坐标系原点为旋转中心。例如："G68 R60；"表示以工件坐标系原点为旋转中心，将坐标系逆时针旋转 60°。"G68 X15. Y15. R60.；"表示以坐标(15,15)为旋转中心，将坐标系逆时针旋转 60°。

2)G69 为坐标系旋转取消指令，它与 G68 成对出现。

2.6.2　固定循环功能指令

数控加工中，某些加工动作循环已经典型化。例如，钻孔、镗孔的动作是孔位平面定位、快速引进、工作进给、快速退回等，这样一系列典型的加工动作已经预先编好程序，存储在内存中，可用包含 G 代码的一个程序段调用，从而简化编程工作。这种典型动作过程如图 2.112 所示，在第 2.5 节中叙述过了，不赘述。

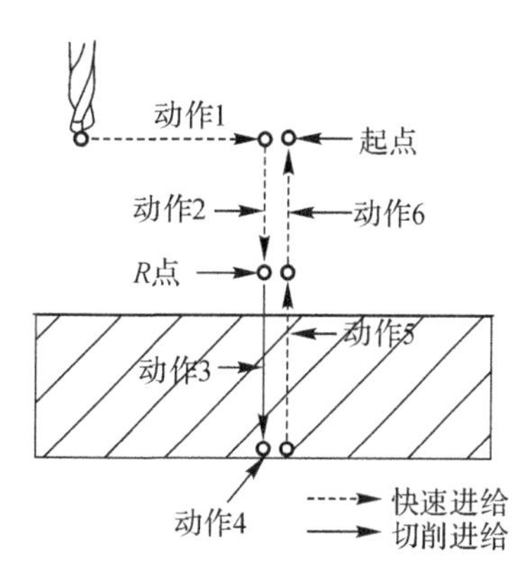

图 2.112　固定循环功能指令的动作

加工中心配备的固定循环功能，主要用于孔加工，包括钻孔、镗孔、攻螺纹等。本节以 FANUC 系统加工中心为例介绍数控加工中心固定循环功能，其指令见表 2-14。

表 2-14　固定循环功能指令

G 代码	孔加工动作	孔底的动作	刀具返回方式(+Z 方向)	用途
G73	间隙进给	—	快速	高速深孔往复排屑钻
G74	切削进给	暂停—主轴正转	切削进给	攻左旋螺纹
G76	切削进给	主轴定向停止——刀具移动	快速	精镗孔
G80	—	—	—	取消固定循环
G81	切削进给	—	快速	钻孔
G82	切削进给	暂停	快速	锪孔、镗阶梯孔
G83	间隙进给	—	快速	深孔往复排屑钻
G84	切削进给	暂停—主轴反转	切削进给	攻右旋螺纹
G85	切削进给	—	切削进给	精镗孔
G86	切削进给	主轴停止	快速	镗孔
G87	切削进给	主轴停止	快速返回	反镗孔
G88	切削进给	暂停——主轴停止	手动操作	镗孔
G89	切削进给	暂停	切削进给	精镗阶梯孔

1. 编程格式

固定循环的程序格式包括数据形式、返回点位置、孔加工方式、孔位置数据、孔加工数据；数据形式(G90 或 G91)在程序开始时就已指定，如图 2.113 所示。

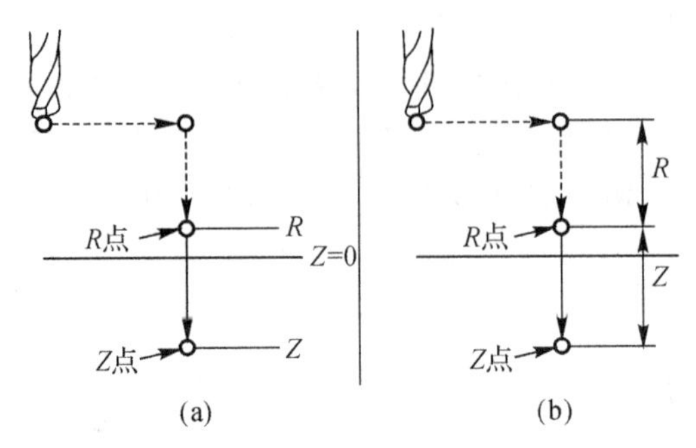

图 2.113　G90 和 G91 的坐标计算

(a)G90 方式;(b)G91 方式

格式:G90(G91)G98(G99)(G73～G89)X_Y_Z_R_Q_P_F_;

说明:

1)G98 和 G99 决定加工结束后的返回位置,G98 为返回初始平面,G99 为返回 *R* 点平面;

2)X、Y 为孔定位数据,指被加工孔的位置;

3)Z 为孔底平面相对于 *R* 点平面的 *Z* 向增量值(G91 时)或孔底坐标(G90 时);

4)*R* 为 *R* 点平面相对于初始点平面的 *Z* 向增量值(G91 时)或 *R* 点的坐标值(G90 时);

5)Q 在 G73 和 G83 中为每次切削的深度;

6)P 指定刀具在孔底的暂停时间用整数表示,单位为 ms;

7)F 为切削进给速度。

2. 固定循环指令

(1)高速深孔钻削循环 G73 与深孔往复排屑钻削循环 G83。

格式:G98(G99)G73/G83 X_ Y_ Z_ R_ Q_ F_;

说明:

1)这两个指令用于高速深孔钻,它执行间歇切削进给直到孔的底部,同时从孔中排除切屑。

2)X、Y 为孔的位置,Z 为孔的深度,F 为进给速度(mm/min),R 为参考平面的高度,Q 为每次切削进给的背吃刀量。G 可以是 G98 和 G99,这两个模态指令控制孔加工循环结束后刀具是返回初始平面还是参考平面:G98 以返回初始平面为默认方式,G99 为返回参考平面,如图 2.114 所示。

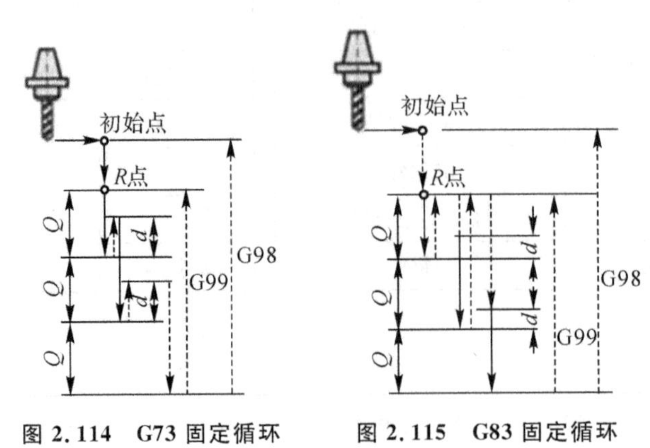

图 2.114　G73 固定循环　　**图 2.115　G83 固定循环**

3)G83 指令与 G73 指令略有不同的是每次刀具间歇进给后回退至 R 点平面。在第二次及以后的切削进给中执行快速移动到上次钻孔结束之前的一点，距离由系统参数来设定。当要加工的孔较深时可采用此方式。其参数意义同 G73 指令，如图 2.115 所示。

(2)钻孔循环指令 G81 与锪孔循环指令 G82。

格式:G98(G99) G81X_ Y_ Z_ R_ F_;

　　G98(G99) G82X_ Y_ Z_ R_ P_ F_ ;

说明:

1)G81 指令用于正常钻孔，切削进给执行到孔底，然后刀具从孔底快速移动退回。参数意义同前。

2)G82 指令用于正常钻孔切削，P 为刀具进给执行到孔底后暂停的时间，单位为 ms，暂停是起修光孔底的作用，其余参数意义和 G84 相同。

【例 2.14】图 2.116 所示零件要求用 G81 加工所有的孔。选用 T01 号刀具(ϕ10 钻头)。

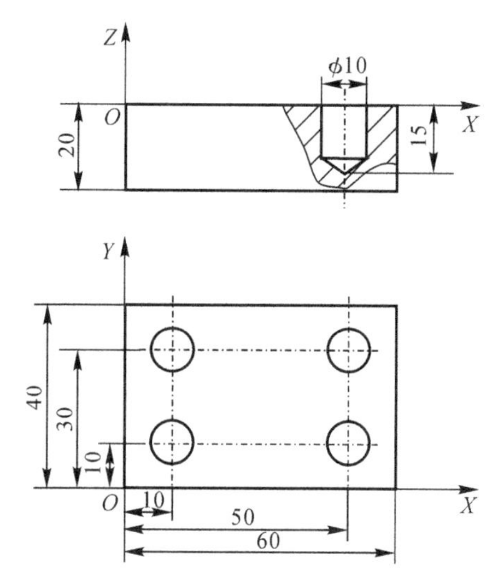

图 2.116　G81 加工实例(单位:mm)

00010;	
N010 G00 G90 G54 X10. Y10. S1000;	刀具移到第一个孔的位置;
N020 G43 Z50. H01 M03;	建立刀具长度补偿;
N030 G81 G99 X10. Y10. R5. Z-15. F20;	钻孔，循环结束后返回参考平面;
N040 X50.;	在(50,10)处钻孔;
N050 Y30.;	在(50,30)处钻孔;
N060 X10.;	在(10,30)处钻孔;
N070 G80;	取消钻孔循环;
N080 G00 Z30.;	
N90 M30;	

(3)攻丝循环指令 G74(左旋)和 G84(右旋)。

格式:G98(G99)G74/G84 X_ Y_ Z_ R_ F_;

说明:

1)G74 指令用于攻左旋螺纹，当到达孔底时主轴顺时针旋转，如图 2.117 所示。

2)G84 指令用于攻右旋螺纹，当到达孔底时主轴以反方向旋转。其参数意义与 G74 指令相同，如图 2.118 所示。

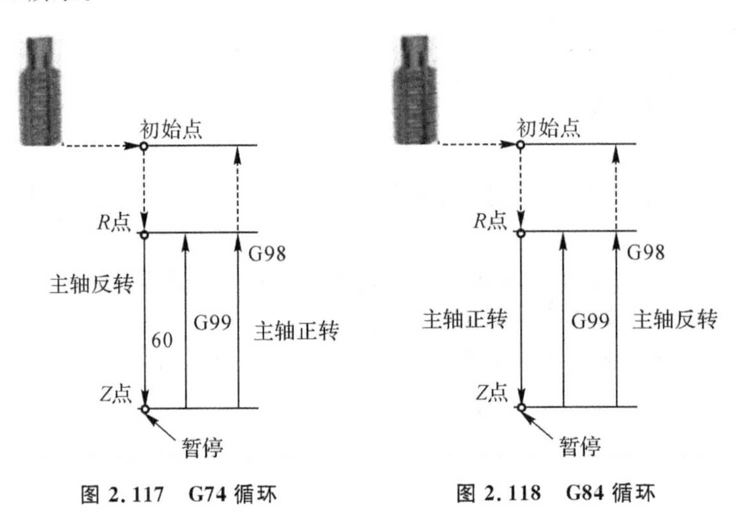

图 2.117　G74 循环　　**图 2.118　G84 循环**

(4)镗孔循环指令。

格式：G98(G99) G85/G86X_ Y_ Z_ R_ F_；　镗孔循环；

G98(G99) G89/G88　X_ Y_ Z_ R_ P_F_；精镗阶梯孔/主轴准停镗孔循环；

G98(G99) G76　X_ Y_ Z_ R_ P_Q_F_；精密镗孔循环；

G98(G99) G87　X_ Y_ Z_ R_ Q_ F_；　反镗孔循环；

说明：

1)G85 各参数的意义同 G81。G85 指令主要适用于精镗孔等情况。其动作过程为镗刀快速定位到镗孔加工循环起始点(X,Y)、镗刀沿 Z 方向快速运动到参考平面 R、沿 Z 轴镗孔加工到孔底、镗刀以进给速度退回到参考平面 R 或初始平面，如图 2.119(c)所示。

2)G86 指令与 G85 指令的区别是：在到达孔底位置后，主轴停止，并快速退出。各参数意义同 G85，其动作过程区别是镗刀镗削加工到孔底后，主轴准停后镗刀再以进给速度退回到参考平面 R 或初始平面。如图 2.119(b)所示。

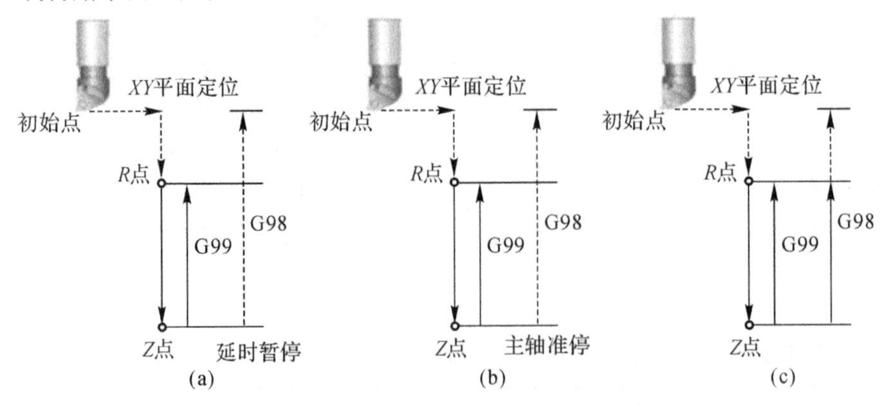

图 2.119　镗孔循环指令(1)

3)G89 各参数的意义同 G85,其动作过程为镗刀快速定位到镗孔加工循环起始点(X,Y)、镗刀沿 Z 方向快速运动到参考平面 R、沿 Z 轴镗孔加工到孔底、进给暂停、镗刀以进给速度退回到参考平面 R 或初始平面,如图 2.119(a)所示。

4)G88 指令与 G89 指令的区别是刀具到达孔底后延时,主轴停止且系统进入进给保持状态,在此情况下可以执行手动操作,但为了安全起见,应当先把刀具从孔中退出,为了再启动加工,手动操作后应再转换到存储器方式,按“循环启动”按钮,刀具快速返回到参考平面 R 或初始平面,然后主轴正转;其余参数与 G85 相同。

5)G76 指令用于镗削精密孔,当刀具到达孔底时进给暂停(单位为 ms)、主轴准停(定向停止)、切削并停留、刀具沿刀尖的反方向偏移 Q 值(这样保证刀具不划伤孔表面)、最后镗刀以进给速度退回到参考平面 R 或初始平面。如图 2.120(b)所示。

6)G87 参数意义同 G76。其动作过程为镗刀快速定位到镗孔加工循环起始点(X,Y)、主轴准停、刀具沿刀尖的反方向偏移 Q、刀具快速移动到孔底、刀尖的正方向偏移 Q 到加工位置、主轴正转、刀具向上进给加工倒参考平面 R(Z 点)、主轴准停、刀具沿刀尖的反方向偏移 Q 值、镗刀快速退回到初始平面,如图 2.120(a)所示。

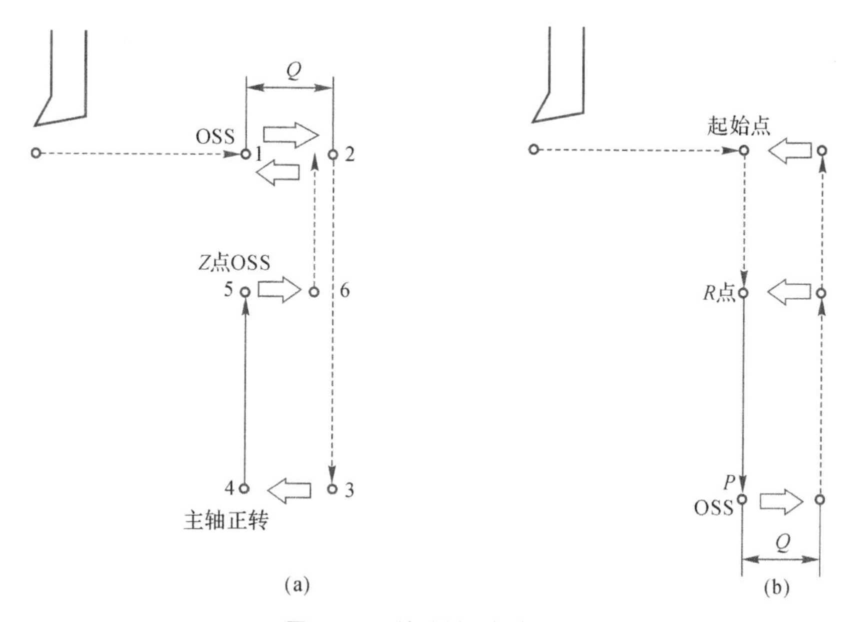

图 2.120　镗孔循环指令(2)

(a)G87 固定循环;(b)G76 固定循环

(5)取消孔加工循环指令 G80。

格式:G80;

说明:G80 为取消孔加工循环指令,它与其他孔加工循环指令成对使用。

注意:①在固定循环中,定位速度由前面的指令决定。②各固定循环指令均为非模态值,因此每句指令的各项参数应写全。③固定循环中定位方式取决于上次是 G00 还是 G01,因此如果希望 快速定位,则在上一行或本语句开头加 G00。

【例 2.15】试采用固定循环方式加工图 2.121 所示零件的各孔。工件材料为 HT300,刀具 T01 为镗孔刀，T02 为 φ13mm 的钻头，T03 为锪钻。

程序如下：

```
O1001;
N010 T01;
N020 M06;
N030 G90 G00 G54 X0 Y0 T02;
N040 G43 H01 Z20.0 M03 S500 F30;
N050 G98 G85 X0 Y0 R3.0 Z—45.0;
N060 G80 G28 G49 Z0 M06;
N070 G00 X-60.0 Y50.0 T03;
N080 G43 H02 Z10.0 M03 S600;
N090 G98 G73 X-60.0 Y0 R—15.0 Z—48.0 Q4.0 F40;
N100 X60.0;
N110 G80 G28 G49 Z0 M06;
N120 G00 X-60.0 Y00.;
N130 G43 H03 Z10.0 M03 S350;
N140 G98 G82 X-60.0 Y0 R-15.0 Z-32.0 P100 F25;
N150 X60.0;
N160 G80 G28 G49 Z0 M05;
N170 G91 G28 X0 Y0 M30;
```

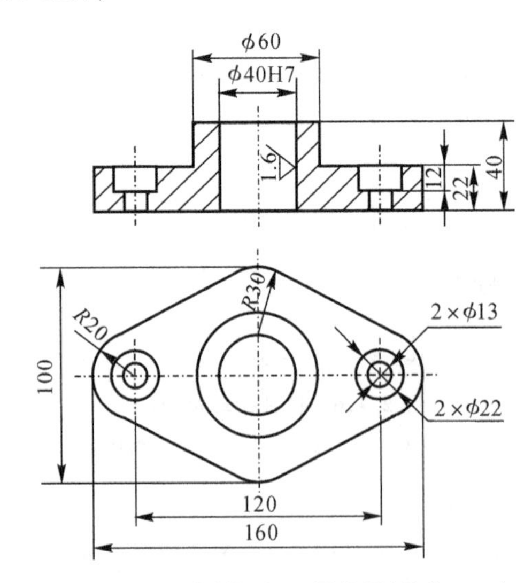

图 2.121　固定循环加工零件图(单位:mm)

2.6.3　加工中心的换刀指令 M06

M06 指令用于加工中心换刀，即从刀库调用一把新刀安装在主轴上，并把主轴上原来的旧刀还回刀库。执行 M06 指令后，刀具将被自动地安装在主轴上。

注意:在执行 M06 指令前,一定要用 G28 指令让机床返回参考点,这是为了保证换刀时主轴准停功能的可靠性。否则,换刀动作可能无法完成。

另外,各把刀的长度可能不一样,换刀时一定要考虑刀具的长度补偿,以免发生撞刀或危及人身安全的事故。下面是3把刀换刀的编程实例。

```
……
N10 G91 G28 Z0 M05;          Z 轴回到参考点(换刀位置);
N20 T01 M06;                 换 1 号刀到主轴,假定其为标准刀,不需加补偿;
……                           1 号刀的加工程序;
N50 G91 G28 Z0 M05;          Z 轴回到参考点(换刀位置);
N60 T02 M06;                 换 2 号刀到主轴,假设其比标准刀长 10 mm;
N70 M03 S600;                启动主轴正转,转速为 600 r/min;
N80 G90G43G00Z50 H02;        刀具移动到工件表面以上 50 mm 处(假定 Z 轴编程;
                             原点在工件上表面),加长度正补偿(补偿值为正);
……                           2 号刀的加工程序;
N100 G49G91 G28 Z0 M05;      Z 轴回到参考点(换刀位置),取消 2 号刀的刀补;
N110 T03 M06;                换 3 号刀到主轴,假设其比标准刀短 10 mm;
N130 M03 S600;               启动主轴正转,转速为 600 r/min;
N140 G90G44G00Z50 H03;       刀具快速移动到工件表面以上 50 mm 处,加长度;
                             负补偿(补偿值为正);
……                           3 号刀的加工程序;
```

【例2.16】在加工中心加工图2.122所示的孔。所用刀具如图2.123所示,T01为ϕ6钻头、T02为ϕ10钻头、T03为镗刀。T01、T02和T03的刀具长度补偿号分别为H01、H02和H03。以主轴端面对刀,则H01=150 mm,H02=140 mm,H03=100 mm。

程序编制如下:

```
N10 G54 G90 G00 X0 Y0 Z200;
N15 G91 G28 Z0;
N20 T01 M06;
N30 G90 G43 G00 Z100 H01;
N35 Z5;
N40 M03 S600;
N50 G99 G83 X20 Y120 Z-63 Q3 R3 F120;
N60 Y80;
N70 G98 Y40;
N80 G99 X280;
N90 Y80;
N100 G98 Y120;
N110 G49 G00 Z200 M05;
N115 G91 G28 Z0;
```

```
N120 T02 M06;
N130 G90 G43 Z100 H02;
N140 Z5;
N150 M03 S600;
N160 G99 G82 X50 Y100 Z-53 R3 P2000 F120;
N170 G98 Y60;
N180 G99 X250;
N190 G98 Y100;
N200 G49 G00 Z200 M05;
N210 T03 M06;
N215 G91 G28 Z0;
N220 G90 G43 Z100 H03;
N230 Z5;
N240 M03 S300;
N250 G99 G76 X150 Y120 Z-65 R3 F50;
N260 G98 Y40;
N270 G49 G00 Z200;
N280 M05;
```

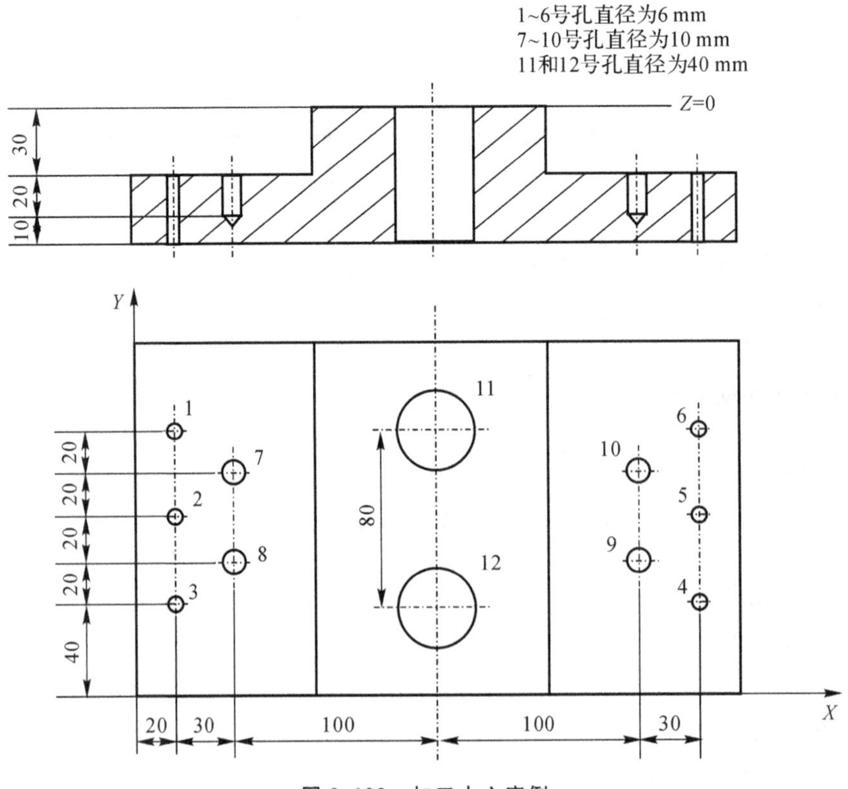

图 2.122 加工中心实例

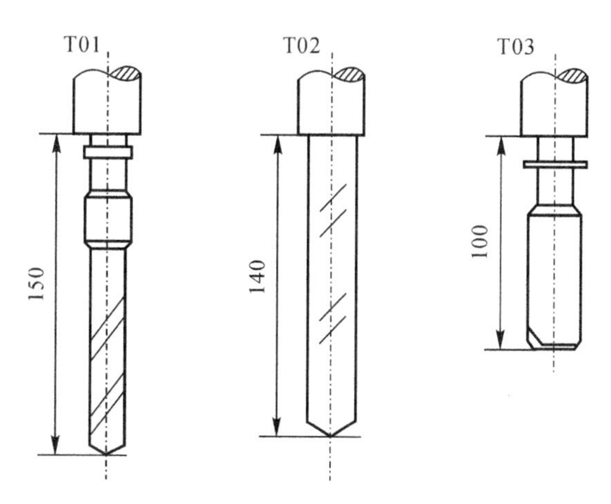

图 2.123　加工所用刀具

本节思考题

1. 加工中心与数控铣床相比在结构和功能上有何不同？

2. 刀具长度补偿有什么作用？何谓正补偿？何谓负补偿？

本节练习题

1. 在加工中心加工图 2.125 所示的壳体零件，材料为 HT200。零件底面、圆孔及孔止口面已加工完成，现要求：铣顶面保证 $60_{0}^{+0.2}$ mm 尺寸，$Ra3.2\mu m$。铣槽 $10_{0}^{+0.1}$ mm，$Ra6.3\mu m$，一次加工完成。钻攻 4×M10 螺纹孔及孔口倒角。工件坐标系设在工件中心，且离工件底面上方 70.1 mm 处。槽中心线各基点的坐标为：*a*(60,87)、*b*(102.77,20.52)、*c*(63.67,−65.34)、*d*(30,−87)、*e*(−30,−87)、*f*(−63.67,−65.34)、*g*(−102.77,20.52)、*h*(−60,87)。编写加工程序。

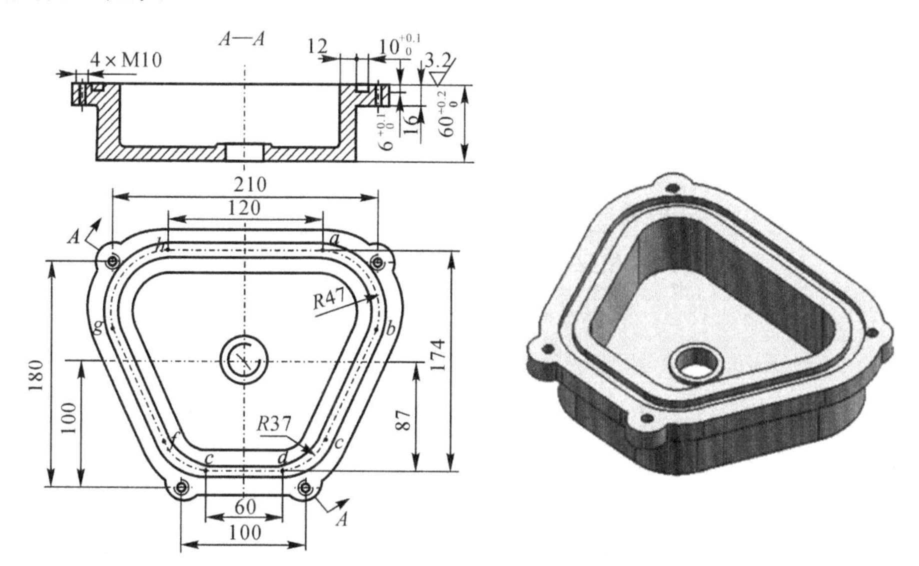

图 2.125　壳体零件

2. 图 2.126 所示图形，轮廓深度为 2 mm，*Z* 轴编程零点在工件上表面，试用子程序编写轮廓铣削加工程序。

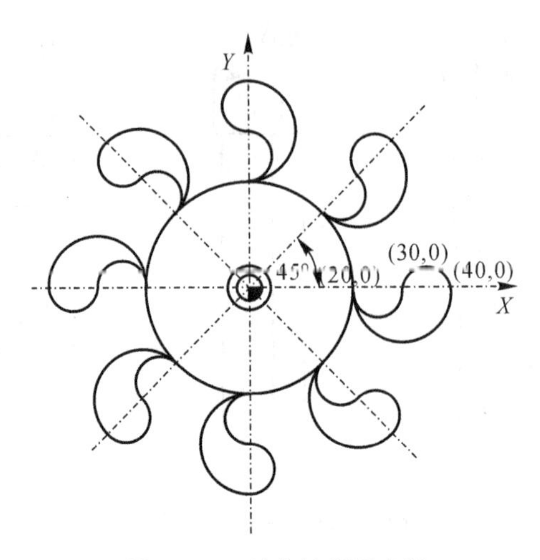

图 2.126　轮廓铣削示意图

3. 如图 2.127 所示，毛坯为 95 mm×70 mm×15 mm 的硬铝板，试完成零件拱形凸台轮廓侧面的加工编程，要求表面粗糙度为 $Ra1.6\mu m$。

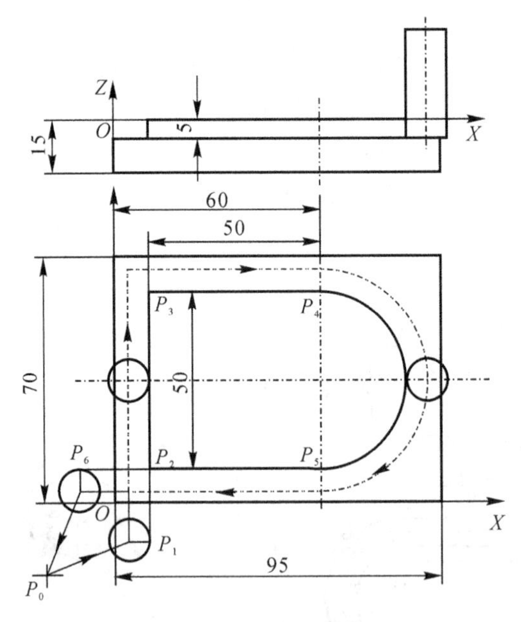

图 2.127　加工零件

2.7　宏程序编程方法

本节学习要求

1. 了解宏程序的编程特点及编程方法。

2. 熟悉 FANUC 系统宏程序编程的基本指令。

内容导入

编制普通加工程序时，直接在地址字后面使用数字，如 G00 X100.0 等。宏程序编程是使用宏变量进行算术运算、逻辑运算和函数混合运算的程序编写形式。宏程序功能允许使用变量、算术和逻辑运算以及条件分支控制，形成打包好的自定义的固定循环。采用宏指令编程可编制各种较复杂的零件加工程序，提高机床的加工能力，同时可精简程序量。

在程序中使用变量，通过对变量进行赋值及处理，实现程序功能，这种有变量的程序被称为宏程序。宏程序是手工编程的高级形式。宏程序指令适合抛物线、椭圆、双曲线等没有插补指令的曲线编程；它作为手工编程的补充，较大地简化了数控加工程序。

宏程序的特点：①将有规律的形状或尺寸用最简短的程序表达出来。②具有极好的易读性和易修改性，编写出来的程序非常简洁，逻辑严密。③宏程序的运用是手工编程中的亮点。④宏程序具有灵活性、智能性、通用性。

宏程序与普通程序相比较：宏程序可以使用变量，并且给变量赋值、变量之间可以运算、程序运行可以跳转；普通编程只能使用常量，常量之间不能运算，程序只能顺序执行，不能跳转；FANUC 数控系统宏程序分为宏 A 和宏 B 两类。

2.7.1　A 类宏程序

1. 指令

格式：G65 Hm P＃i Q＃j R＃k；

说明：

1）格式中 m 表示宏指令的功能，用 01～99 表示；＃i 表示运算结果存放处的变量名；＃j 表示被运算的变量 1，也可以是一个常数；＃k 表示被运算的变量 2，也可以是一个常数。

2）变量的值不带小数点，单位为 0.001 mm，如＃ 100＝10，则 X ＃100＝0.01 mm；用度（°）表示角度的量纲时，其单位为 0.001°。

3）在运算中，若不指定 Q、R 时其值按 0 计算；运算结果中小于 1 的数将舍去。

4）在条件转移指令中，如果序号 n 为正值，则检索过程是先向大程序段号查找；如果 n 为负值，则检索过程是先向小程序段号查找；转移段号可以是变量，如 G65 H81 P＃100 Q＃101 R＃102（当＃101 ＝ ＃102 时，转移到由＃100 指定的段号中）。

5）宏指令中的 H、P、Q、R 必须在 G65 之后指定，只有 O、N 可在 G65 之前指定，具体见表 2－18。

表 2－15　宏指令功能定义

类　别	G 代码	H 代码	功　能	定　义
算数运算指令	G65	H01	定义和置换	＃i＝＃j
	G65	H02	加	＃i＝＃j＋＃k
	G65	H03	减	＃i＝＃j－＃k
	G65	H04	乘	＃i＝＃j×＃k
	G65	H05	除	＃i＝＃j/＃k
	G65	H21	二次方根	$\#i=\sqrt{\#j}$
	G65	H22	绝对值	＃i＝|＃j|
	G65	H24	BCD 码转为二进制码	＃i＝BIN(＃j)
	G65	H25	二进制码转 BCD 码	＃i＝BCD(＃j)
	G65	H27	混合二次方根 1	$\#i=\sqrt{\#j^2+\#k^2}$
	G65	H28	混合二次方根 2	$\#i=\sqrt{\#j^2-\#k^2}$

续表

类别	G 代码	H 代码	功能	定义
逻辑运算指令	G65	H11	逻辑“或”	#i=#jOR#k
	G65	H12	逻辑“与”	#i=#jAND#k
	G65	H13	异或	#i=#jXOR#k
三角函数指令	G65	H31	正弦	#i=#j*SIN(#k)
	G65	H32	余弦	#i=#j*COS(#k)
	G65	H33	正切	#i=#j*TAN(#k)
控制类指令	G65	H80	无条件转移	GO TO n(n 为程序号)
	G65	H81	条件转移 1	If#i=#j,GO TO n
	G65	H82	条件转移 2	If#i≠#j,GO TO n
	G65	H83	条件转移 3	If#i＞#j,GO TO n
	G65	H84	条件转移 4	If#i＜#j,GO TO n
	G65	H85	条件转移 5	If#i≥#j,GO TO n
	G65	H86	条件转移 6	If#i≤#j,GO TO n

2.典型宏指令介绍

(1)变量的定义和置换。# i = #j

格式:G65 H01 P#i Q#j;

例:G65 H01 P#101 Q1005;(#101=1005)

G65 H01 P#101 Q-#112;(#101=-#112)

(2)加法。#i = #j+#k

格式:G65 H02 P#i Q#j R#k;

例:G65 H02 P#101 Q#102 R#103;(#101=#102+#103)

(3)减法。#i = #j-#k

格式:G65 H03 P#i Q#j R#k;

例:G65 H03 P#101 Q#102 R#103;(#101=#102-#103)

(4)乘法。#i = #j×#k

格式:G65 H04 P#i Q#j R#k;

例:G65 H04 P#101 Q#102 R#103;(#101=#102×#103)

(5)除法。#i = #j/#k

格式:G65 H05 P#i Q#j R#k;

例:G65 H05 P#101 Q#102 R#103;(#101=#102/#103)

(6)逻辑或。#i = #j OR #k

格式:G65 H11 P#i Q#j R#k;

例:G65 H11 P#101 Q#102 R#103;(#101=#102 OR #103)

(7)逻辑与。#i = #j AND #k

格式:G65 H12 P#i Q#j R#k;

例:G65 H12 P#101 Q#102 R#103;(#101=#102 AND #103)

(8)余弦函数。# i=# j · COS(# k)

格式:G65 H32 P#i Q#j R#k[单位:(°)];

例:G65 H32 P#101 Q#102 R#103;(#101=#102 × COS(#103))

(9)正切函数。# i=# j · TAN(# k)

格式:G65 H33 P#i Q#j R#k[单位:(°)];

例:G65 H33 P#101 Q#102 R#103;(#101=#102 × TAN(#103))

(10)二次方根 。$\#i=\sqrt{\#j}$

格式:G65 H21 P#i Q#j;

例:G65 H21 P#101 Q#102;($\#101=\sqrt{\#102}$)

(11)绝对值。$\#i=|\#j|$

格式:G65 H22 P#i Q#j;

例:G65 H22 P#101 Q#102;($\#101=|\#102|$)

(12)混合二次方根。$\#i=\sqrt{\#j^2+\#k^2}$

格式:G65 H27 P#i Q#j R#k;

例:G65 H27 P#101 Q#102 R#103;($\#101=\sqrt{\#102^2+\#103^2}$)

(13)正弦函数。# i=# j · SIN(# k)

格式:G65 H31 P#i Q#j R#k[角度用(°)表示,其单位为1/1 000°];

例:G65 H31 P#101 Q#102 R#103;(#101=#102 × SIN(#103))

(14)反正切。# i=ATAN(# j/# k)

格式:G65 H34 P#i Q#j R#k[单位:(°)];

例:G65 H34 P#101 Q#102 R#103;(#101= ATAN(#102/# 103))

(15)无条件转移。

格式:G65 H80 Pn(n为程序段号);

例:G65 H80 P120;(转移到N120程序段)

(16)条件转移1。# j EQ # k(=)

格式:G65 H81 Pn Q#j R#k(n为程序段号);

例:G65 H81 P120 Q#101 R#102;(当#101=#102,转移到N120程序段;若#101 ≠ #102,则执行下一程序段)

(17)条件转移2。# j NE # k(≠)

格式:G65 H82 Pn Q#j R#k(n为程序段号);

例:G65 H82 P120 Q#101 R#102;(当#101≠#102,转移到N120程序段;若#101= #102,则执行下一程序段)

(18)条件转移3。# j GT # k(>)

格式:G65 H83 Pn Q#j R#k(n为程序段号);

例:G65 H83 P120 Q#101 R#102;(当#101>#102,转移到N120程序段;若#101≤# 102,则执行下一程序段)

(19)条件转移4。# j LT # k(<)

格式：G65 H84 Pn Q#j R#k(n为程序段号)；

例：G65 H84 P120 Q#101 R#102；(当#101＜#102，转移到N120程序段；若#101≥#102，则执行下一程序段)

(20)条件转移5。# j GE # k(≥)

格式：G65 H85 Pn Q#j R#k(n为程序段号)；

例：G65 H85 P120 Q#101 R#102；(当#101≥#102，转移到N120程序段；若#101＜#102，则执行下一程序段)

(21)条件转移6。# j LE # k(≤)

格式：G65 H86 Pn Q#j R#k(n为程序段号)；

例：G65 H86 P120 Q#101 R#102；(当#101≤#102，转移到N120程序段；若#101＞#102，则执行下一程序段)

【例2.18】加工图2.128所示零件，零件曲面为抛物线，方程 $z=-\frac{1}{20}x^2$，其他尺寸和工件坐标系见图2.128。刀尖起始点与工件原点的距离为：$X=200$ mm，$Z=400$ mm。用A宏A类指令编写加工程序。

程序：

```
O1000;
N010  G50  X200  Z400;
N020  G00  Z2  M04  S700  T1000;
N030  X0  M08;
N040  G42  G01  Z0  F0.05  T1010;
N050  G65  H01  P#102  Q0;
N060  G65  H02  P#101  Q#102  R10;
N070  G65  H04  P#103  Q#101  R#101;
N080  G65  H05  P#104  Q#103  R20000;
N090  G65  H01  P#105  Q#104;
N100  G01  X#101  Z#105;
N110  G65  H01  P#102  Q#101;
N120  G65  H82 P60 Q#105 R-80000;
N130  G01  Z-110  M09;
N140  G40  G00  U5  T1000;
N150  G28  U2  W2;
N160  M30;
```

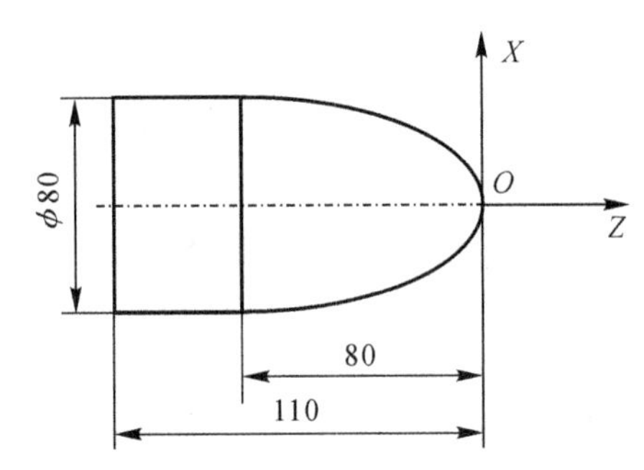

图2.128　宏A类程序编程举例(单位：mm)

2.7.2　B类宏程序

1. 变量功能

(1)变量的形式：变量符号+变量号FANUC系统，变量符号用#，变量号为1、2、3等。

(2)变量的种类：空变量、局部变量、公共变量和系统变量4类。空变量：#0。该变量永远是空的，没有值能被赋予。局部变量：#1～#33。只在当下宏程序中有效，断电后数值清除，调用宏程序时赋值。公共变量：#100～#199、#500～#999。在不同的宏程序中意义相同，

＃100～＃199 断电后清除，＃500～＃999 断电后不被清除。系统变量：＃1000 以上。系统变量用于读写 CNC 运行时的各种数据，比如刀具补偿等。局部变量和公共变量称为用户变量。

(3)赋值：赋值是指将一个数赋予一个变量。例如＃1＝2，＃1 表示变量；＃是变量符号，数控系统不同，变量符号也不同；＝为赋值符号，起语句定义作用；数值 2 就是给变量＃1 赋的值。

(4)赋值的规律。

1)赋值号＝两边内容不能随意互换，左边只能是变量，右边可以是表达式、数值或者变量。

2)一个赋值语句只能给一个变量赋值。

3)可以多次给一个变量赋值，新的变量将取代旧的变量，即最后一个有效。

4)赋值语句具有运算功能，形式：变量＝表达式，在运算中，表达式可以是变量自身与其他数据的运算结果。如＃1＝＃1＋2，表示新的＃1 等于原来的＃1＋2，这点与数学等式是不同的。

5)赋值表达式的运算顺序与数学运算的顺序相同。

(5)变量的引用。

1)当用表达式指定变量时。必须把表达式放在括号中，如 G01 X[＃1＋＃2] F＃3。

2)引用变量的值的符号，要把负号放在＃的前面，如 G01 X－＃6 F100。

2. 运算功能

(1)运算符号：加(＋)、减(－)、乘(×)、除(/)、正切(TAN)、反正切(ATAN)、正弦(SIN)、余弦(COS)、开二次方(SQRT)、绝对值(ABS)、增量值(INC)、四舍五入(ROUND)、舍位去整(FIX)、进位取整(FUP)。

(2)混合运算

1)运算顺序：函数→乘除→加减。

2)运算嵌套：最多 5 重，最里面的“[ ]”运算优先。

3. 转移功能

(1)无条件转移格式：GOTO＋目标段号(不带 N)。例如：GOTO50，当执行该程序段时，将无 条件转移到 N50 程序段执行。

(2)有条件转移格式：IF＋[条件表达式]＋GOTO＋目标段号(不带 N)。例如：IF[＃1GT＃100]GOTO50，如果条件成立，则转移到 N50 程序段执行；如果条件不成立，则执行下一程序段。

(3)转移条件：转移条件的种类及编程格式见表 2－16。

表 2－16　转移条件的种类及编程格式

条　件	符　号	宏指令	编程格式
等于	＝	EQ	IF[＃1EQ＃2]GOTO10
不等于	≠	NE	IF[＃1NE＃2]GOTO10
大于	>	GT	IF[＃1GT＃2]GOTO10
小于	<	LT	IF[＃1LT＃2]GOTO10

4. 循环功能

循环指令格式为：WHILE[条件表达式]DO m(m＝1、2、3…)

…… END m

当条件满足时，就循环执行 WHILE 与 END 之间的程序；当条件不满足时，就执行 ENDm 的下一个程序段。例如：#1=5

WHILE[#1LE30]DO1

#1=#1+5

G00 X#1Y#1 END1

当#1 小于等于 30 时，执行循环程序，当#1 大于 30 时执行 END1 之后的程序。

【例 2.19】计算数值 1～10 的总和。

(1)采用条件转移程序如下：

O9500；

#1=0； 存储和的变量初值；

#2=1； 被加数变量的初值；

N1 IF [#2 GT 10] GO TO 2； 当被加数大于 10 时转移到 N2；

#1=#1+#2； 计算和；

#2=#2+#1； 下一个被加数；

GOTO 1； 转到 N1；

N2 M30； 程序结束；

(2)采用循环程序如下：

O0001；

#1=0； 和变量初值；

#2=1； 被加数变量初值；

WHILE [#2 LE 10] DO 1；

当被加数不大于 10 时执行 DO1 到 END1 之间的程序段

#1=#1+#2； 计算和；

#2=#2+#1； 下一个被加数；

END1；

5.宏程序的格式及简单调用

(1)宏程序的编写格式。

宏程序的编写格式与子程序相同，其格式为：

O～(0001～8999 为宏程序号) //宏程序名

N10 …… //宏程序内容

……

N～ M99 //宏程序结束

上述宏程序内容中，除通常使用的编程指令外，还可使用变量、算术运算指令及其他控制指令。变量值在宏程序调用指令中赋予。

(2)宏程序的简单调用。

宏程序的简单调用是指在主程序中，宏程序可以被单个程序段单次调用。调用指令格式：G65 P(宏程序号)L(重复次数)(变量分配)其中：G65 为宏程序调用指令；P(宏程序号)为被调用的宏程序代号；L(重复次数)为宏程序重复运行的次数，重复次数为 1 时，可省略不写；变量分配即为宏程序中使用的变量赋值。宏程序与子程序相同的是，一个宏程序可被另一个宏程序调用，最多可调用 4 重。

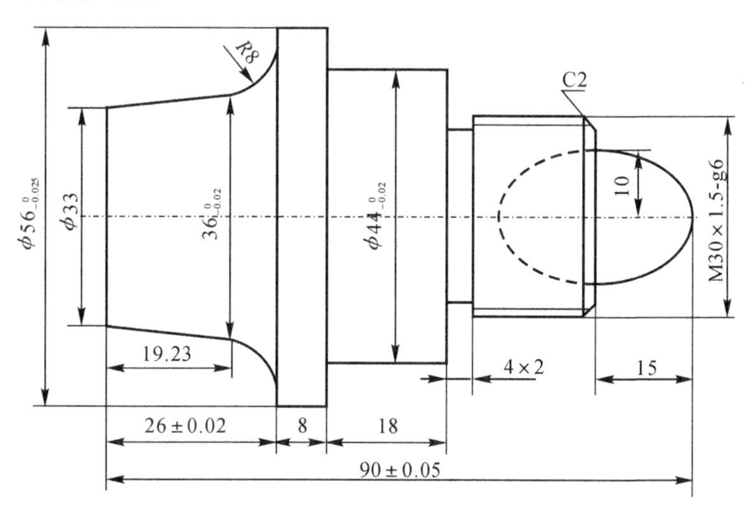

图 2.129　复合循环使用宏程序编程实例

【例 2.20】完成图 2.129 所示零件的编程，毛坯为 ϕ60 mm×100 mm，椭圆部分用宏程序编写，并使用 G73(FANUC 系统宏程序必须编入 G73)指令完成粗车加工。切槽刀刀宽为 4 mm，以左刀尖为刀位点。

编程如下：

```
O1122;
N10 G40G98;
N20 T0101;
N30 M03 S600;
N40 G00X62Z2;
N50 G71U1.5R1;
N60 G71P70Q160U0.6W0F100;
N70 G00X21;
N80 G01Z-15F50;
N90 X26;
N100 X29.8W-2;
N110 Z-38;
N120 X43.99;
N130 W-18;
N140 X55.99;
N150 W-8;
N160 X62;
N170 G00X100;
N310 #1=15;
N320 #2=10*SQRT[15*15-#1*#1]/15;
N330 G01X[2*#2]Z[#1-15];
N340 #1=#1-0.5;
N350 IF[#1GE0]GOTO320;
N360 G01X20Z-15;
N370 X26;
N380 G00X100;
N390 Z100;
N400 M05;
N410 M00;
N420 T0101;
N430 M03S1000;
N440 G00X23Z2;
N450 G70P290Q370;
N460 G00X100Z100;
N470 T0202;
N480 G00X46Z-38S300;
```

```
N180 Z100;
N190 M05;
N200 M00;
N210 T0101;
N220 M03S1000;
N230 G00X62Z2;
N240 G70P70Q160;
N250 G00X100Z100;
N260 G00 X23 Z2 S600;
N270 G73 U10.5 R7;
N280 G73P290Q370U0.6W0F100;
N290 G00X0;
N300 G01Z0F50;
N490 G01X26F20;
N500 G04X2;
N510 G00X46;
N520 X100Z100;
N530 T0303;
N540 G00X32Z-13S400;
N550 G92X29.2Z-32F1.5;
N560 X28.6;
N570 X28.2;
N580 X28.04;
N590 G00X100Z100;
N600 M05;
N610 M30;
```

【例 2.21】用球刀加工凸半球。已知凸半球的半径 R、刀具半径 r，建立图 2.130 所示几何模型，设定变量表达式。

#1= θ= 0 (0°~90 °,设定初始值#1=0)

#2= X=[R+r] * SIN[#1](刀具中心坐标)

#3= Z= R-[R+r] * COS[#1]+r=[R+r] * [1-COS[#1]]

编程时以圆球顶面为 Z 向，程序如下：

```
O0001;
N10 M03 S1000;
N20 G90 G54 GOO Z100;
N30 G00 X0 Y0;
N40 Z3;
N50 #1=0;
N60 WHILE[#1LE90]DO1;
N70 #2=[R+r] * SIN[#1];
N80 #3=[R+r] * [1-COS[#1]];
N90 G01 X#2 Y0 F100 ;
N100 G01 Z-#3 F100;
N110 G02 X#2 Y0 I-#2 J0 F100;
N120 #1=#1+1;
N130 END1;
N140 G00 Z100;
N150  M30;
```

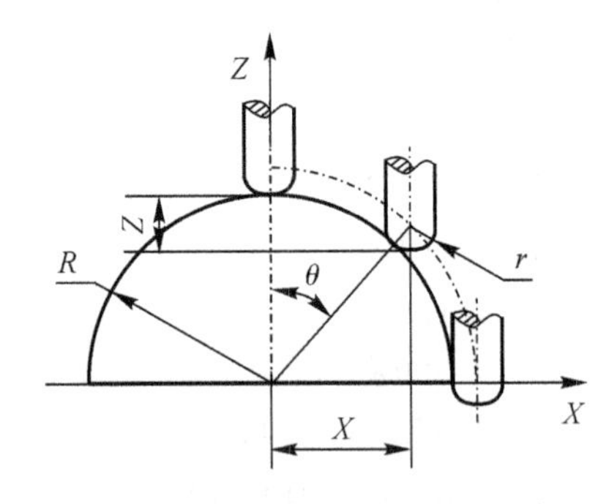

图 2.130 用球加工凸程序编制实例

本节练习题

1. 圆周分布孔的加工。如图 2.131 所示，在半径为 I=120 mm 的圆周上分布着 4 个等分孔，孔深为 20 mm。已知第一孔的起始角为 $A=0°$，相邻两孔间的角度增量为 $B=45°$，圆的中心的坐标 $x=50$，$y=150$。用调用宏指令编写加工程序(指令可以用绝对值或增量值指定，顺时针方向钻孔时角度增量为负值)。

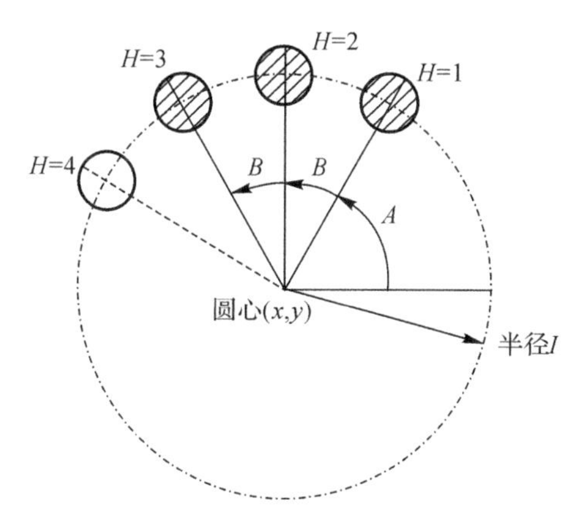

图 2.131　圆周分布孔的加工

2. 平面非圆曲线轮廓的加工。如图 2.132 所示的椭圆形轮廓，已知长轴半径为 45 mm，短轴半径为 25 mm，厚度为 8 mm，用直径 20 mm 平底立铣刀加工。工件坐标系原点定在椭圆的中心。从 X 轴正方向位置下刀至指定深度，然后以角度为自变量，进行逆时针拟合加工。

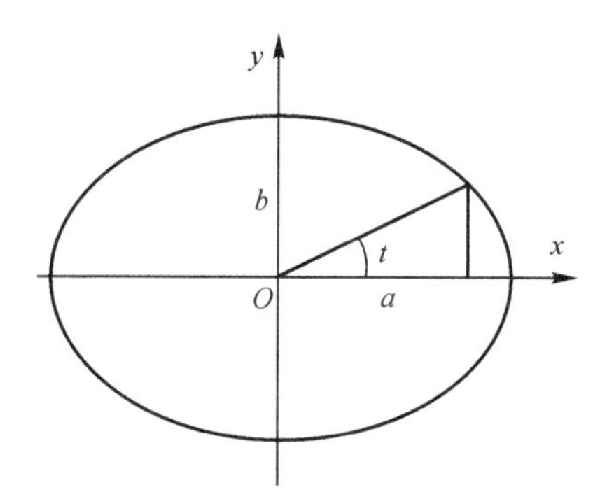

图 2.132　平面非圆曲线轮廓的加工

2.8　自动编程简介

本节学习要求

1 了解自动编程的定义、种类、特点、功能和基本编程步骤。

2. 掌握自动编程软件的基本使用方法。

内容导入

手工编程通常只应用于一些简单零件的编程，对于几何形状复杂，或者虽不复杂但程序量很大的零件(如一个零件上有数千个孔)，编程的工作量是相当繁重的，这时手工编程便很难胜任;因此,人们对编程自动化提出了迫切的需求。

2.8.1 计算机自动编程概述

自动编程(Automatic Programming,AP)实际上是指计算机辅助编程(Computer Aided Programming,CAP)。目前,自动编程根据编程信息的输入与计算机对信息的处理方式不同,分为语言式和图形交互式两种方式。

现代最常用的计算机编程系统是图形交互式,如图2.133所示。它是采用图形输入方式,通过激活屏幕上的相应选单,利用系统提供的图形生成和编辑功能,将零件的几何图形输入计算机,完成零件造型;以人机交互方式指定要加工的零件部位、加工方式和加工方向,输入相应的加工工艺参数,通过软件系统的处理,自动生成刀具轨迹文件,并动态显示刀具运动的加工轨迹,生成适合指定数控系统的数控加工程序,最后通过通信接口,把数控加工程序传送给机床数控系统,数控机床进行数控加工。

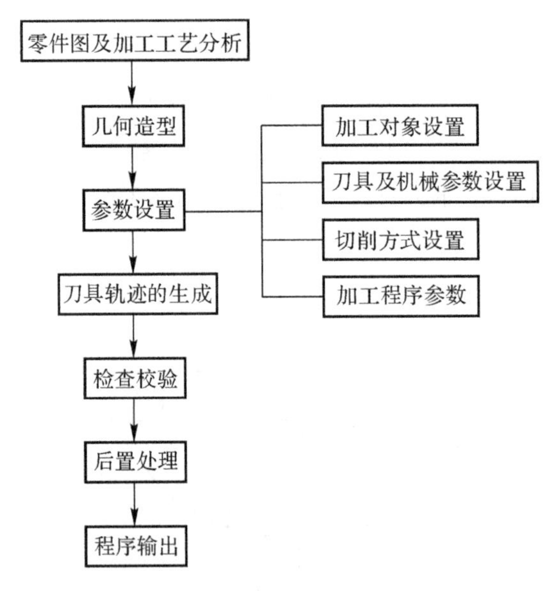

图2.133 图形交互式编程过程

1.图形交互式自动编程系统

交互式图形自动编程系统实现了"造型→刀具轨迹生成→加工程序自动生成"的一体化,它的3个主要处理过程是:零件几何造型、生成刀具轨迹文件、后置处理生成零件加工程序。

(1)零件几何造型。交互式图形自动编程系统(CAD/CAM),可通过3种方法获取和建立零件几何模型:软件本身提供的CAD设计模块;其他CAD/CAM系统生成的图形,通过标准图形转换接口转换成编程系统的图形格式;三坐标测量机数据或三维多层扫描数据。

(2)生成刀具轨迹文件。在完成了零件的几何造型以后,交互式图形自动编程系统第二步要完成的是产生刀具轨迹。其基本过程为:①首先确定加工类型(轮廓、点位、挖槽或曲面加工),用光标选择加工部位,选择走刀路线或切削方式。②选取或输入刀具类型、刀号、刀具直径、刀具补偿号、加工预留量、进给速度、主轴转速、退刀安全高度、粗精切削次数及余量、刀具半径长度补偿状况、进退刀延伸线值等加工所需的全部工艺切削参数。③编程系统根据这些零件几何模型数据和切削加工工艺数据，经过计算、处理，生成刀具运动轨迹数据，即刀位文件(Cut Location File，CLF)，并动态显示刀具运动的加工轨迹。刀位文件与采用哪一种特定的数控系统无关，是一个中性文件，因此通常称产生刀具路径的过程为前置处理。

(3)后置处理生成零件加工程序。后置处理的目的是生成针对某一特定数控系统的数控加工程序。由于各种机床使用的数控系统相同，每一种数控系统所规定的代码及格式不尽相同。为此，自动编程系统通常提供多种专用的或通用的后置处理文件。这些后置处理文件的作用是将已生成的刀位文件转变成合适的数控加工程序。目前绝大多数优秀的 CAD/CAM 软件提供开放式的通用后置处理文件。使用者可以根据自己的需要打开文件，按照希望输出的数控加工程序格式，修改文件中相关的内容。这种通用后置处理文件，只要稍加修改，就能满足多种数控系统的要求。

(4)模拟和通信。系统在生成了刀位文件后模拟显示刀具运动的加工轨迹是非常必要和直观的，它可以检查编程过程中可能的错误。通常自动编程系统提供一些模拟方法，分为线架模拟和实体模拟两类，可以有效地检查刀具运动轨迹与零件的干涉。通常自动编程系统还提供计算机与数控系统之间数控加工程序的通信传输。通过 RS232C 通信接口，可以实现计算机与数控机床之间 NC 程序的双向传输(接收、发送和终端模拟)，可以设置 NC 程序格式(ASCII、EIA、BIN)、通信接口(COM1、COM2)、传输速度、奇偶校验、数据位数、停止位数及发送延时参数等有关的通信参数。

2. 数控程序的检验与仿真

数控加工仿真是在 CAM 软件生成加工程序后，数控机床实行加工前，通过计算机仿真软件进行加工程序检验和优化的过程，其仿真能够模拟试加工状态，检测可能存在的过切、干涉、碰撞及其他加工错误，降低加工风险，节省试加工的成本。

数控加工仿真系统不但要通过图形化的交互方式检查加工过程中可能出现的风险，并能够基于包括几何原理和加工工艺的专家知识库对加工过程中的重要元素进行优化，如加工轨迹、加工速度和加速度等。现在市场上最常用的数控仿真系统是美国 CGTECH 公司研发的 VERICUT 数控仿真软件，是一款完全独立于其他 CAD/CAM 软件的第三方数控加工程序验证、机床模拟、工艺程序优化的几何仿真软件。

2.8.2　常见的 CAD/CAM 系统

1. “CAXA 制造工程师”、数控车、线切割

“CAXA 制造工程师”是由北京北航海尔软件有限公司开发的全中文 CAD/CAM 软件。是作为国家“863/CIMS”目标产品的优秀国产 CAD/CAM 软件，它包括电子图板、实体设计、工艺图表、工艺汇总表、制造工程师、数控铣、数控车、雕刻、线切割、网络 DNC、协同管理等，涵盖了从 2D、3D 产品设计到加工制造及管理的全过程。由于软件符合中国人的思维习惯，具有

易学习、易使用、高效率的特点。它是目前国内使用最多的正版 CAD/CAM 软件之一。

2. Pro/Engineer

Pro/Engineer 是美国 PTC 公司于 1988 年推出的产品，它是一种最典型的基于参数化实体造型的软件，可工作于工作站和 UNIX 操作环境下，也可以运行于计算机的 Windows 环境下。Pro/Engineer 包含从产品的概念设计、详细设计、工程图绘制、工程分析、模具设计，直至数控加工的产品开发全过程。

3. UG

UGⅡ是美国 SIEMENS PLM SOFTWARE 公司的 CAD/CAM/CAE 产品。其提供强实体建模功能和无缝数据转换能力。UGⅡ给用户提供一个灵活的复合建模，包括实体建模、曲面建模、线框建模和基于特征的参数建模。UGⅡ覆盖制造全过程，融合了工业界丰富的产品加工经验，为用户提供了一个功能强劲的、实用的、柔性的 CAM 软件系统。

4. Master CAM

Master CAM 是美国 CNC 公司开发的一套适用于机械设计、制造，运行在 PC 平台上的三维 CAD/CAM 交互式图形集成系统。它可以完成产品的设计和各种类型数控机床的自动编程，包括数控铣床(3～5 轴)、车床(带 C 轴)、线切割机(4 轴)、激光切割机、加工中心等的编程加工。

2.8.3 “CAXA 制造工程师”编程实例

CAD/CAM 软件种类很多，这里简单介绍一下“CAXA 制造工程师”的自动编程过程。图 2.134 所示的五角星首先应使用空间曲线构造实体的空间线架，然后利用直纹面生成曲面，可以逐个生成也可以将生成的一个角的曲面进行圆形均布阵列，从而生成所有的曲面。最后使用曲面裁剪实体的方法生成实体，完成造型。

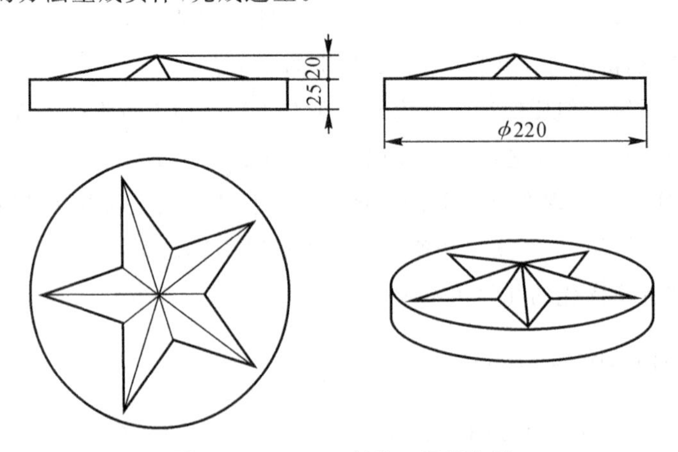

图 2.134 CAXA 制造工程师实例

1. 零件几何造型

(1)圆的绘制。单击曲线生成工具栏上的 按钮，进入空间曲线绘制状态，在特征树下方的立即菜单中选择作圆方式“圆心点_半径”，然后按照提示用鼠标点取坐标系原点，也可以按回车键，在弹出的对话框内输入圆心点的坐标(0,0,0)，输入半径 R 为 100 并确认，然后单击鼠标右键结束该圆的绘制。

(2)五边形的绘制。单击曲线生成工具栏上的 按钮，在特征树下方的立即菜单中选择“中心”定位，边数 5 条，按回车键确认，内接，如图 2.135 所示。按照系统提示点取中心点，内接半径为 100(输入方法与圆的绘制相同)。然后单击鼠标右键结束该五边形的绘制。这样就得到了五角星的五个角点，如图 2.136 所示。

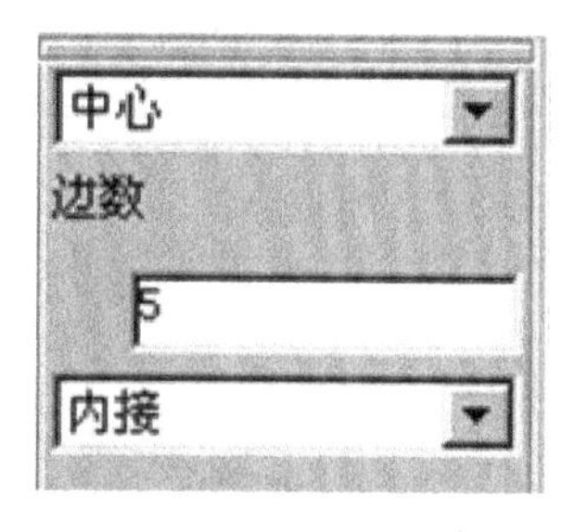

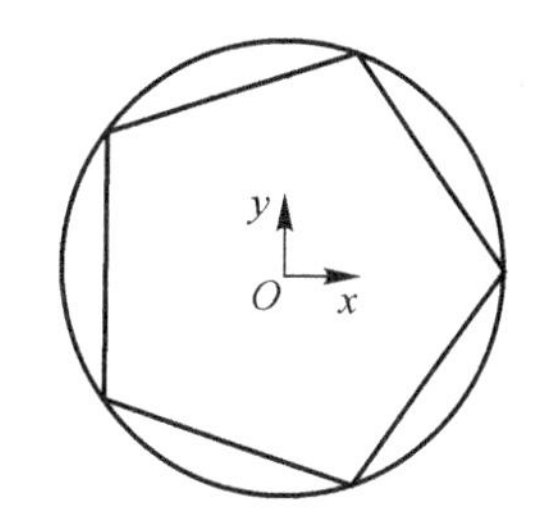

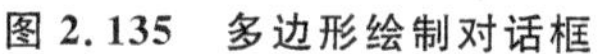

图 2.135　多边形绘制对话框　　图 2.136　圆内接五边形绘制

(3)构造五角星的轮廓线。通过上述操作得到了五角星的五个角点，使用曲线生成工具栏上的 按钮，在特征树下方的立即菜单中选择“两点线”“连续”“非正交”，如图 2.137 所示。将五角星的各个角点连接，如图 2.138 所示。

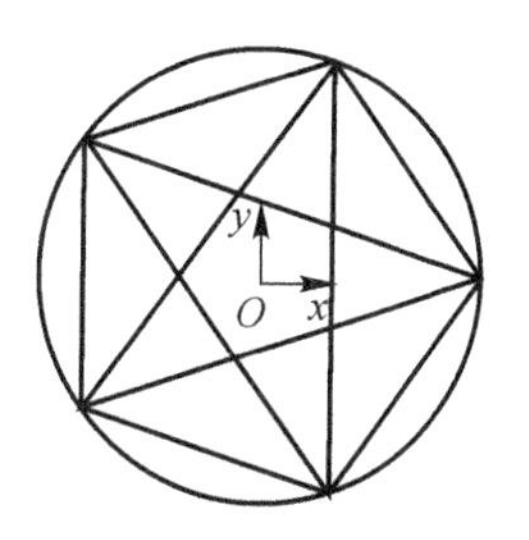

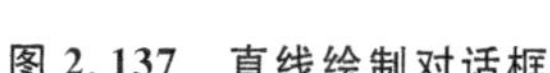

图 2.137　直线绘制对话框　图 2.138　连接圆内接五边形各点

(4)将多余的线段删除。单击 按钮，用鼠标直接点取多余的线段，拾取的线段会变成红色，单击右键确认；裁剪后图中还会剩余一些线段，单击线面编辑工具栏中 按钮，在特征树下方的立即菜单中选择“快速裁剪”“正常裁剪”方式，如图 2.139 所示。用鼠标点取剩余的线段就可以实现曲线裁剪，形成五角星的一个轮廓，如图 2.140 所示。

图 2.139　裁剪对话框

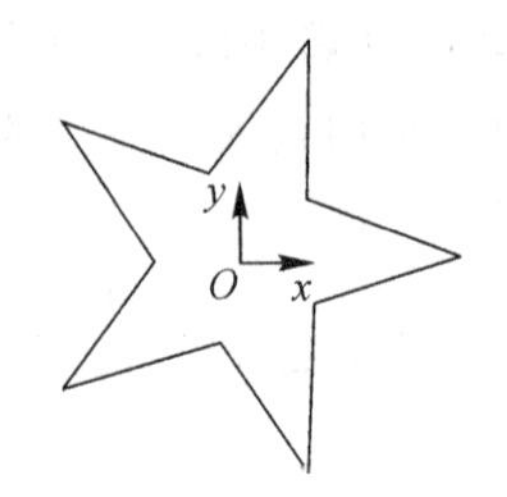

图 2.140　平面五角形绘制

(5)构造五角星的空间线健。点击快捷键“F5”，使用曲线生成工具栏上的 按钮，在特征树下方的立即菜单中选择“两点线”“连续”“非正交”，用鼠标点取五角星的一个角点，然后单击回车键，输入顶点坐标(0,0,20)，如图 2.141(a)所示。同理，作五角星各个角点与顶点的连线，完成五角星的空间线架，如图 2.141(b)所示。

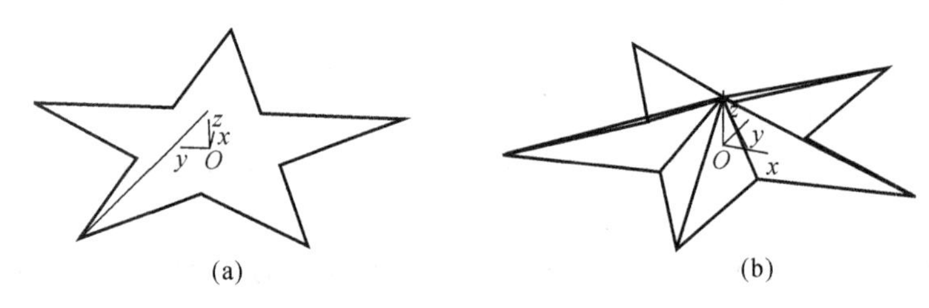

图 2.141　构造五角星的空间线健

(6)通过直纹面生成曲面。以五角星的一个角为例，用鼠标单击曲面工具栏中的  按钮，在特征树下方的立即菜单中选择“曲线＋曲线”，生成直纹面，如图 2.142(a)所示。然后用鼠标左键拾取该角相邻的两条直线，得到曲面，如图 2.142(b)所示。

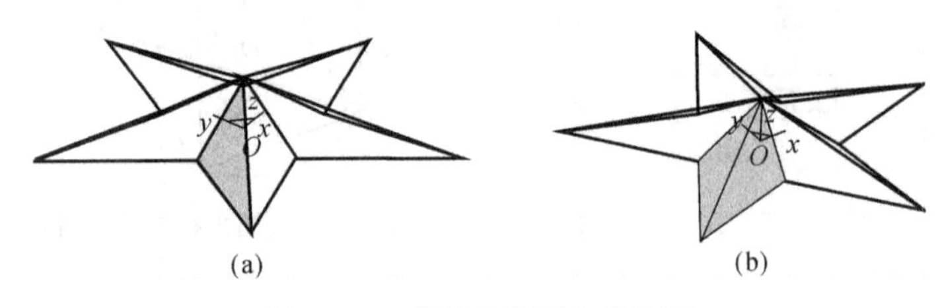

图 2.142　通过直纹面生成曲面

注意：在拾取相邻直线时，鼠标的拾取位置应该尽量保持一致(相对应的位置)，这样才能保证得到正确的直纹面。

(7)生成其他各个角的曲面。在生成其他曲面时，可以利用直纹面逐个生成曲面，也可以使用阵列功能对已有一个角的曲面进行圆形阵列来实现五角星的曲面构成。单击几何变换工具栏中的  按钮，在特征树下方的立即菜单中选择“圆形”阵列方式，分布形式选择“均布”，份数选择“5”，用鼠标左键拾取一个角上的两个曲面，单击鼠标右键确认，然后根据提示输入中心点坐标(0,0,0),如图 2.143(a)所示,也可以直接用鼠标拾取坐标原点,系统会自动生成各角的曲面,如图 2.143(b)所示。

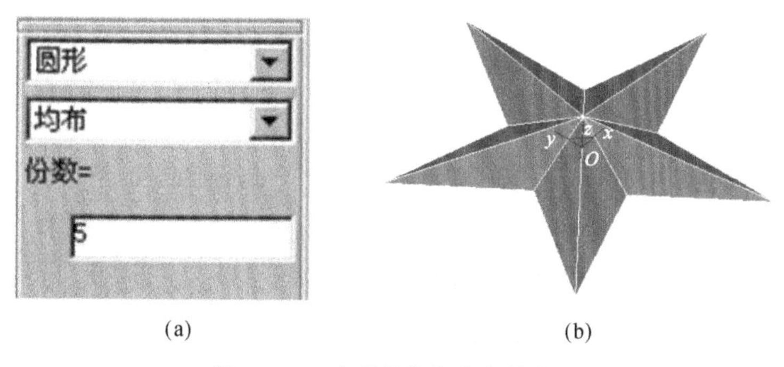

(a)　　(b)

图 2.143　生成其他各个角的曲面

注意:在使用圆形阵列时,一定要注意阵列平面的选择,否则曲面会发生阵列错误。因此,在本例中使用阵列前最好按一下快捷键“F5”,用来确定阵列平面为 XY 平面。

(8)生成五角星的加工轮廓平面。先以原点为圆心点作圆,半径为 110,如图 2.144(a)所示。用鼠标单击曲面工具栏中的 工具按钮,并在特征树下方的立即菜单中选择 裁剪平面 。用鼠标拾取平面的外轮廓线,然后确定链搜索方向(用鼠标点取箭头),系统会提示拾取第一个内轮廓线,如图 2.144(b)所示。用鼠标拾取五角星底边的一条线,如图 2.145(a)所示。单击鼠标右键确定,完成加工轮廓平面,如图 2.145(b)所示。

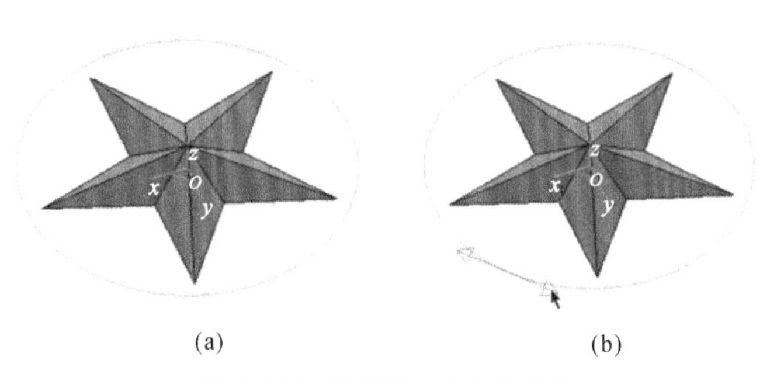

(a)　　(b)

图 2.144　拾取第一个内轮廓线

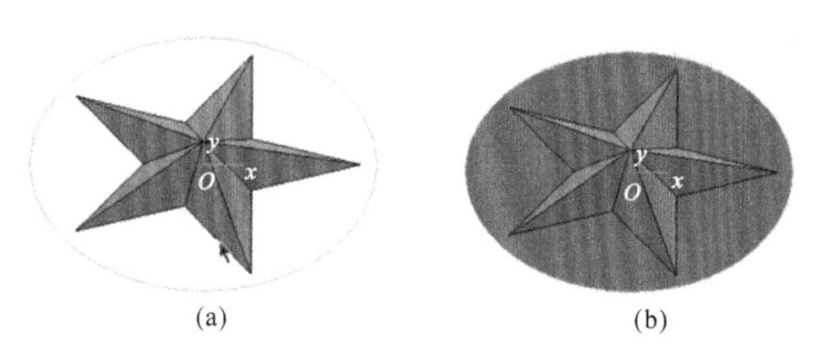

(a)　　(b)

图 2.145　拾取五角星底边的一条线

(9)生成基本体。选中特征树中的 XY 平面,单击鼠标右键选择“创建草图”,如图 2.146

(a)所示。或者直接单击按钮(按快捷键F2),进入草图绘制状态。单击曲线生成工具栏上的按钮,用鼠标拾取已有的外轮廓圆,将圆投影到草图上,如图2.146(b)所示。

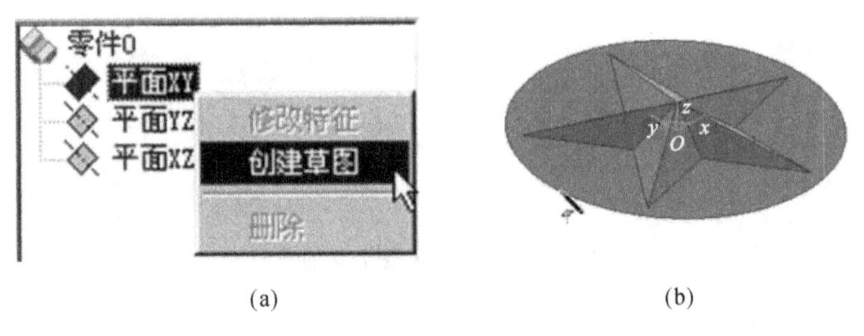

(a) (b)

图2.146 生成基本体

单击特征工具栏上的按钮,在拉伸对话框中选择相应的选项,如图2.147所示,单击"确定"按钮完成。

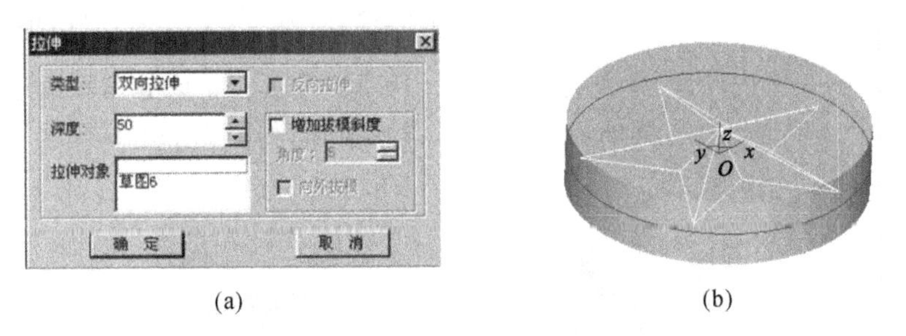

(a) (b)

图2.147 拉伸特征造型

(10)利用曲面裁剪除料生成实体。单击特征工具栏上的按钮,用鼠标拾取已有的各个曲面,并且选择除料方向,如图2.148所示,单击"确定"按钮完成。

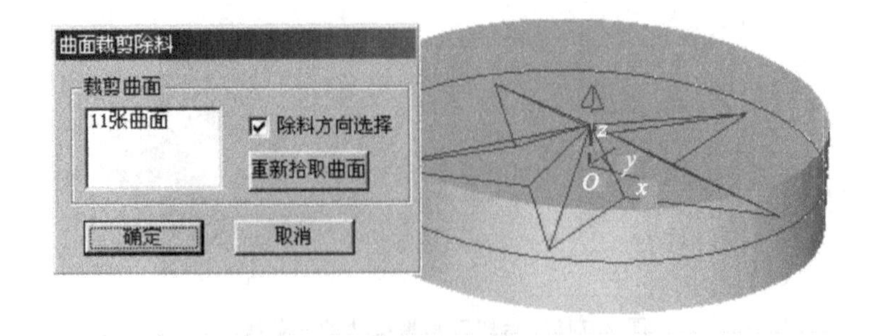

图2.148 利用曲面裁剪除料生成实体

(11)利用“隐藏”功能将曲面隐藏。单击并选择“编辑”→“隐藏”,用鼠标从右向左框选实体(用鼠标单个拾取曲面),单击右键“确认”按钮,实体上的曲面就被隐藏了,如图 2.149 所示。

注意:由于在实体加工中,有些图线和曲面是需要保留的,因此不要随便删除。

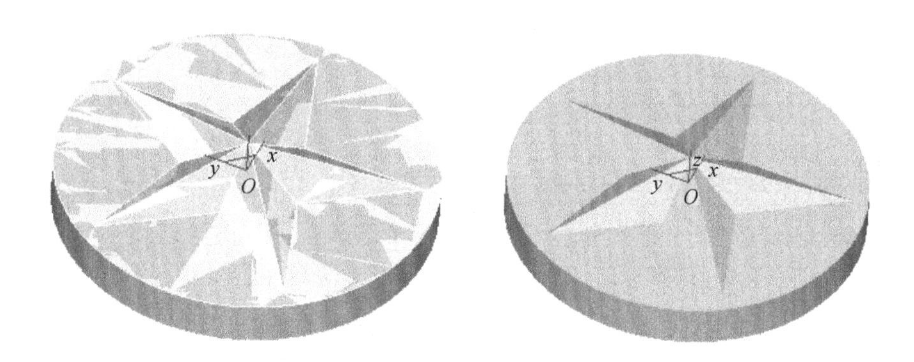

图 2.149　利用“隐藏”功能将曲面隐藏

2. 参数设置

(1)设定加工刀具。选择“应用”→“轨迹生成”→“刀具库管理”命令,弹出“刀具库管理”对话框,如图 2.150 所示。单击“增加铣刀”按钮,在对话框中输入铣刀名称。

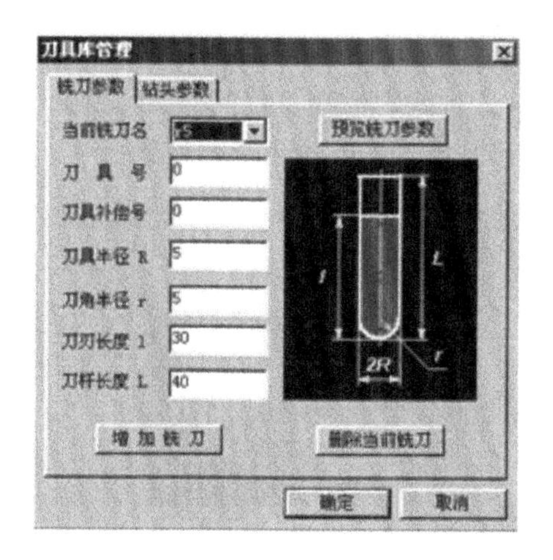

图 2.150　设定加工刀具

注意:刀具一般都是以铣刀的直径和刀角半径来表示,刀具名称尽量和工厂中用刀的习惯一致。刀具名称一般表示形式为“D10,r3”,其中 D 代表刀具直径,r 代表刀角半径。

(2)设定增加的铣刀的参数。在刀具库管理对话框中键入正确的数值,刀具定义即可完成。其中的刀刃长度和刃杆长度与仿真有关而与实际加工无关,在实际加工中要正确选择吃刀量和吃刀深度,以免损坏刀具。

(3)户可以增加当前使用的机床,给出机床名,定义适合自己机床的后置格式。系统默认的格式为 FANUC 系统的格式,选择“应用”→“后置处理”→“后置设置”命令,弹出“后置处理设置”菜单,选择或增加机床并设置各参数,如图 2.150(a)所示。再选择“后置处理设置”标签,根据当前的机床设置各参数,如图 2.151(b)所示。

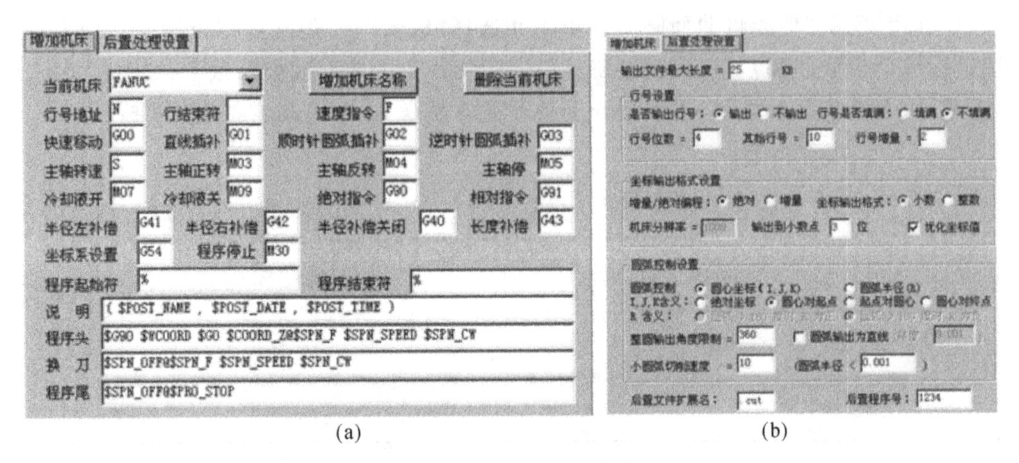

(a)　　　　　　　　　　　　　　　　　　(b)

图 2.151　机床参数设置

3. 刀具轨迹生成

五角星的整体形状是较为平坦的，因此整体加工时应该选择等高粗加工，精加工时应采用曲面区域加工。

(1)设置“粗加工参数”。单击“应用”→“轨迹生成”→“等高粗加工”，在弹出的“粗加工参数表”中设置“粗加工参数”，如图 2.152(a)所示。设置粗加工“铣刀参数”，如图 2.152(b)所示。

分别设置粗加工“切削用量”“进退刀方式”“下刀方式”“清根参数”等参数，其中“进退刀方式”“下刀方式”“清根参数”参数按照系统默认值设置；按“确定”退出参数设置。

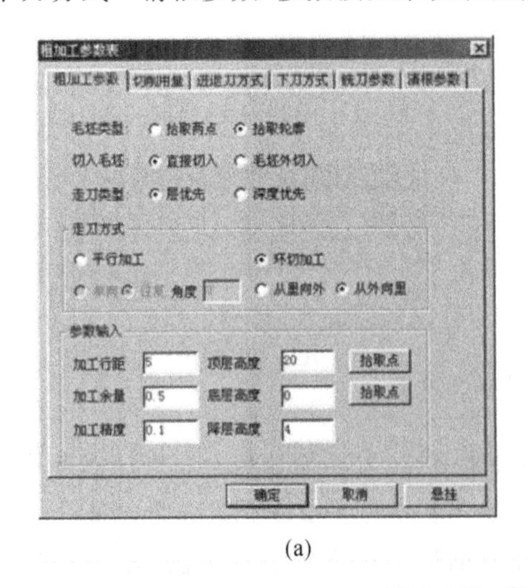

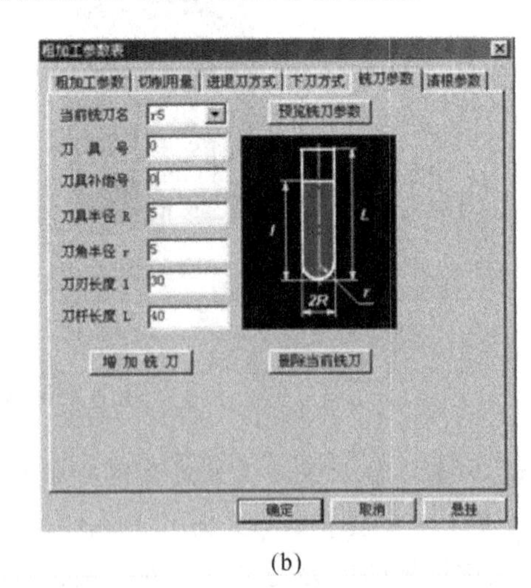

(a)　　　　　　　　　　　　　　　　　　(b)

图 2.152　粗加工参数设置

(2)按系统提示拾取加工轮廓。拾取设定加工范围的矩形后单击链搜索箭头；按系统提示“拾取加工曲面”，选中整个实体表面，系统将拾取到的所有曲面变红，然后按鼠标右键结束，如图 2.153(a)所示。

(3)生成粗加工刀路轨迹。系统提示“正在准备曲面请稍候”“处理曲面”等，然后系统就会自动生成粗加工轨迹，结果如图 2.153(b)所示。

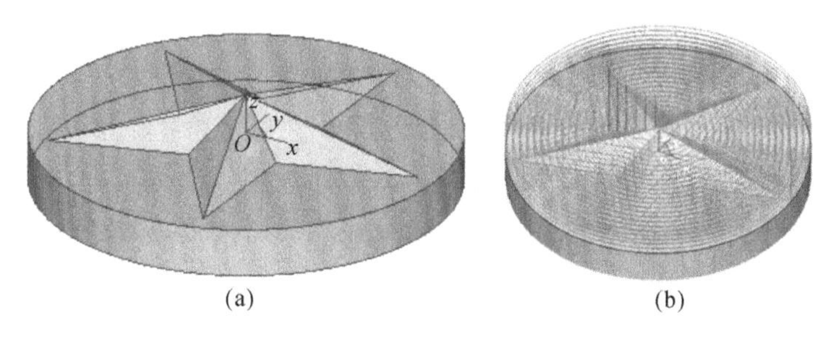

图 2.153　粗加工刀具轨迹的生成

(4)隐藏生成的粗加工轨迹。拾取轨迹，单击鼠标右键，在弹出菜单中选择“隐藏”命令，隐藏生成的粗加工轨迹，以便于下步操作。

(5)设置精加工参数。单击“应用”→“轨迹生成”→“曲面区域加工”，在弹出的“曲面区域加工参数表”中设置曲面区域精加工参数，如图 2.154(a)所示。设置精加工“铣刀参数”，如图 2.154(b)所示。再分别设置“切削用量”“进退刀方式”参数(注意精加工余量为 0)。

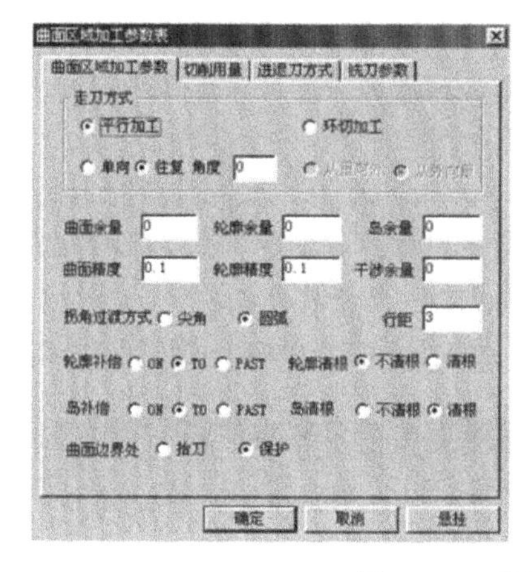

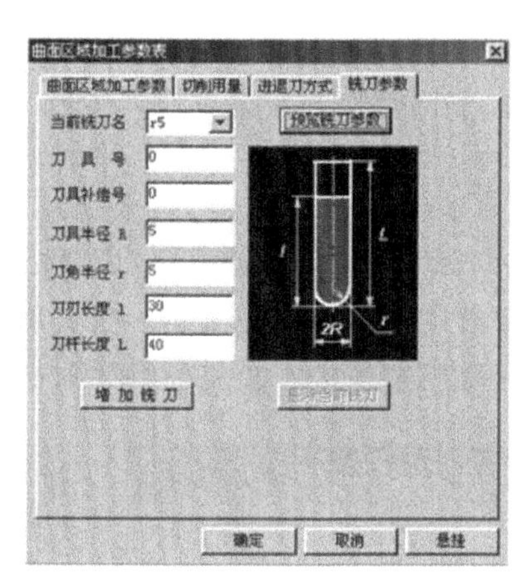

图 2.154　设置精加工参数

(6)按系统提示拾取整个零件表面为加工曲面，按右键确定。系统提示“拾取干涉面”，如果零件不存在干涉面，按右键确定跳过。系统会继续提示“拾取轮廓”，用鼠标直接拾取零件外轮廓，单击右键确认，然后选择并确定链搜索方向，如图 2.155(a)所示。系统最后提示“拾取岛屿”，由于零件不存在岛屿，因此可以单击右键确定跳过。生成精加工轨迹，如图 2.155(b)所示。

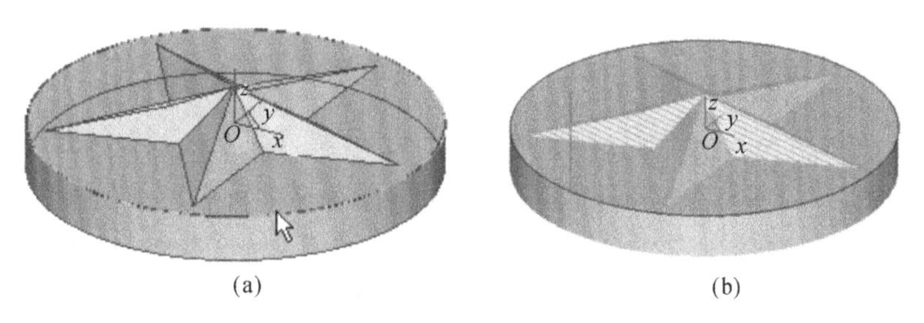

图 2.155　精加工刀具轨迹

(7)加工仿真、刀路检验与修改。按“可见”铵扭，显示所有已生成的粗/精加工轨迹。单击“应用”→“轨迹仿真”，在立即菜单中选定选项，如图 2.156(a)所示；按系统提示同时拾取粗加工刀具轨迹与精加工轨迹，按右键；系统将进行仿真加工，如图 2.156(b)所示。在仿真过程中，系统显示走刀方式。仿真结束后，拾取点观察截面。按右键存储仿真结果(文件路径…)。观察仿真加工走刀路线，判断刀路是否正确、合理(有无过切等错误)。单击“应用”→“轨迹编辑”，弹出“轨迹编辑”表，按提示拾取相应加工轨迹或相应轨迹点，修改相应参数，进行局部轨迹修改。若修改过大，应该重新生成加工轨迹。仿真检验无误后，可保存粗/精加工轨迹。

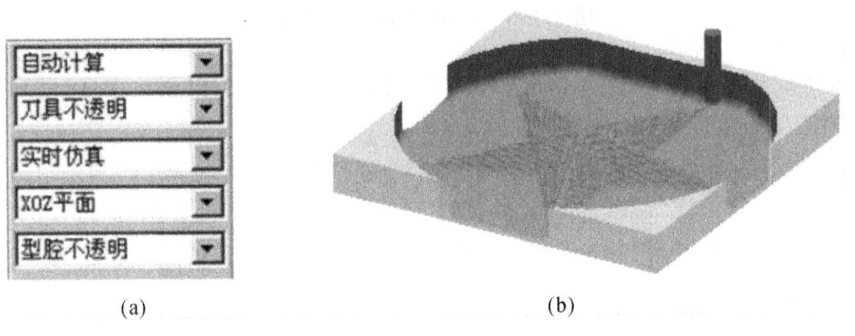

(a) (b)

图 2.156 精加工刀具轨迹

4.后置处理

(1)生成 G 代码。单击“应用”→“后置处理”→“生成 G 代码”，在弹出的“选择后置文件”对话框中给定要生成的 NC 代码文件名(五角星加工.cut)及其存储路径，如图 2.157(a)所示。分别拾取粗加工轨迹与精加工轨迹，按右键确定，生成加工 G 代码，如图 2.157(b)所示。

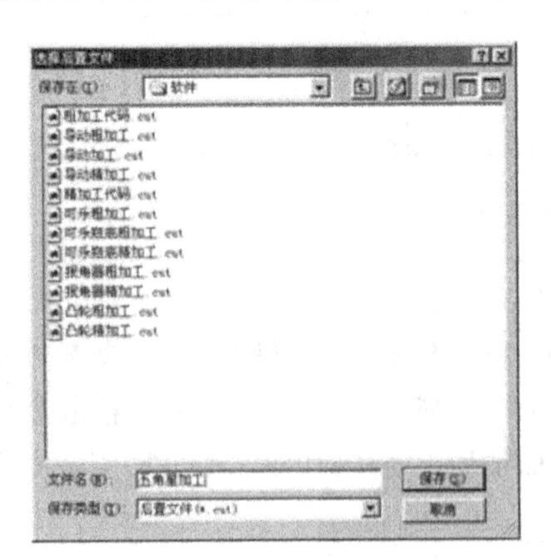

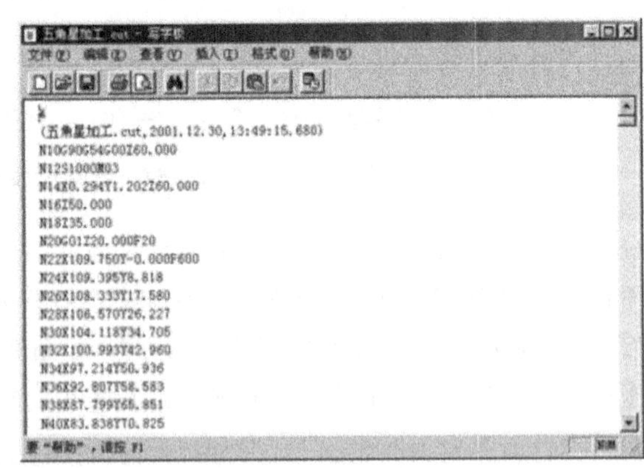

图 2.157 生成加工程序

(2)生成加工工艺单。生成加工工艺单的目的有三个：一是车间加工的需要，当加工程序较多时可以使加工有条理，不会产生混乱。二是方便编程者和机床操作者的交流。三是车间生产和技术管理上的需要，加工完的工件的图形档案、G 代码程序可以和加工工艺单一起保存，一年以后如需要再加工此工件，那么可以立即取出来就加工，一切都是很清楚的，不需要再做重复的劳动。选择“应用”→“后置处理”→“生成工序单”命令，弹出选择 HTML 文件名对话框，输入文件名后按确定，如图 2.158 所示。屏幕左下方提示拾取加工轨迹，用鼠标选取或用窗口选取或按“W”键，选中全部刀具轨迹，点右键确认，立即生成加工工艺单，见表 2-17。加工工艺单可以用 IE 浏览器查看，也可以用 Word 软件查看，并且可以用 Word 软件进行修改和添加。

表 2-17　加工轨迹明细单

序号	代码名称	刀具号	刀具参数 (单位:mm)	切削速度/ ($r \cdot min^{-1}$)	加工 方式	加工时间/ min
1	五角星 粗加工.cut	0	刀具直径=10.00 刀角半径=5.00 刀刃长度=30.000	600	粗加工	191
2	五角星 精加工.cut	0	刀具直径=10.00 刀角半径=5.00 刀刃长度=30.000	600	曲面 区域	21

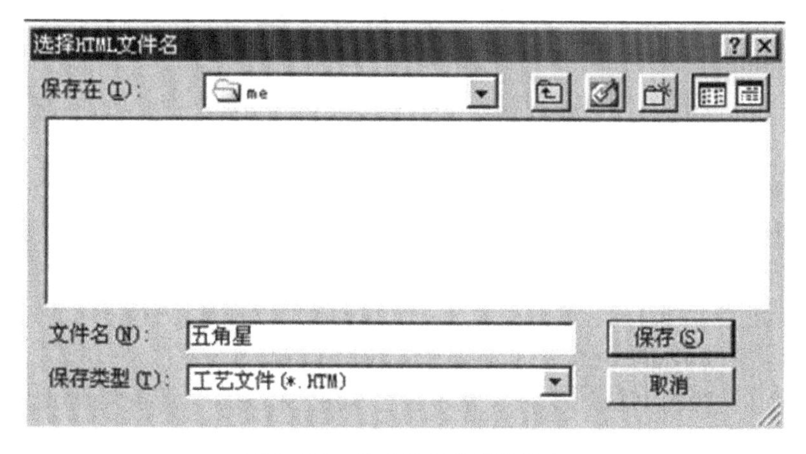

图 2.158　生成工序单保存路径

至此，五角星的造型、生成加工轨迹、加工轨迹仿真检查、生成 G 代码程序、生成加工工艺单的工作已经全部做完，把加工工艺单和 G 代码程序通过工厂的局域网送到车间，车间在加工之前还可以通过“CAXA 制造工程师”中的“校核 G 代码”功能，再看一下加工代码的轨迹形状，做到加工之前心中有数。把工件找正，按加工工艺单的要求找好工件零点，再按工序单中的要求装好刀具，找好刀具的 Z 轴零点，就可以开始数控加工了。

本节练习题

1. 简述 CAD/CAM 技术特点。
2. 常见 CAD/CAM 软件分为哪些类型？
3. 简述 CAD/CAM 技术的发展趋势。
4. 使用一种你所熟悉的 CAD/CAM 软件，对图 2.159 所示零件进行造型及数控编程。

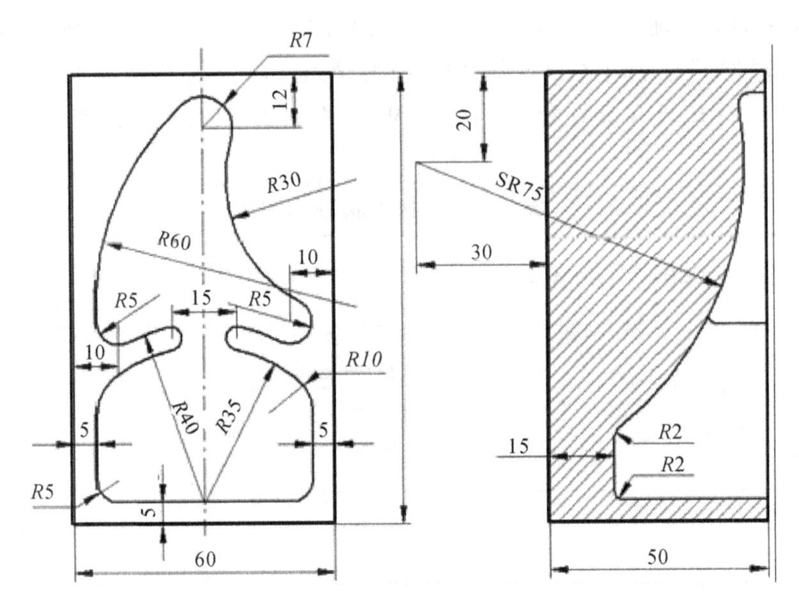

图 2.159 练习题的图(单位:mm)

2.9 章节小结

本章内容主要包括数控机床编程基础、数控车床、铣床和加工中心加工工艺分析及程序编制等。

(1)数控加工工艺分析。主要介绍机床的合理选用、加工方法与加工方案的确定、工序与工步的划分、零件的定位与安装、刀具与工具的选用、切削用量与数控加工路线的确定等。其主要内容应写入数控加工工艺文件中,作为数控机床编程的依据。

(2)图形的数学处理及编程基础。主要介绍基点和节点计算、刀位点轨迹和辅助计算、编程坐标系的建立及基本编程指令等,这些是学习数控编程的基础。

(3)数控机床编程。主要介绍 GSK 系统数控车床、SIEMENS 系统数控铣床、FANUC 系统加工中心的编程特点、工件坐标系设定、编程指令、循环指令、刀具补偿指令、子程序调用指令、辅助功能指令等。

(4)宏程序及自动编程。简单介绍用户宏程序、变量编程、计算机编程等内容。

2.10 章节自测题

1. **判断题**(每小题 0.5 分,共 10 分)

(1)同组模态 G 代码可以放在一个程序中,而且与顺序无关。 ( )

(2)M 代码主要控制机床主轴的开、停,切削液的开关以及工件的夹紧等辅助动作。 ( )

(3)螺纹精加工过程中需要进行刀尖圆弧半径补偿。 ( )

(4)M02 和 M30 一样,都表示程序结束并返回至程序开头。 ( )

(5)坐标系设定指令只设定程序原点的位置,系统执行该指令后刀具并不产生运动。
(　　)

(6)数控加工程序是由若干程序段组成的,而且一般常采用可变程序段进行编程。(　　)

(7)数控铣削零件编程时,不必考虑是刀具运动还是工件运动。(　　)

(8)数控车削中心的 C 轴控制就是主轴的转速控制。(　　)

(9)不管数控机床的运动方式如何,编程时一律遵照刀具相对于工件运动的原则。(　　)

(10)G41 表示刀具半径右补偿指令,G42 表示刀具半径左补偿指令。(　　)

(11)在轮廓铣削加工中,若采用刀具半径补偿指令编程,刀补的建立与取消应在轮廓上进行,这样的程序才能保证零件的加工精度。(　　)

(12)圆弧插补用半径编程时,当圆弧所对应的圆心角大于 180°时半径取负值。(　　)

(13)在铣床上加工表面有硬皮的毛坯零件时,应采用逆铣切削。(　　)

(14)若坐标不同于 G90/G91 的设定,可以在程序段中通过 AC/IC 以绝对值或增量值进行设定,AC/IC 不受 G90/G91 的影响。(　　)

(15)ATRANS 为可编程零点偏置指令,执行 ATRANS 后将产生一个新的工件坐标系。
(　　)

(16)不同类型的刀具均有一个确定的刀具参数,刀具参数只包括刀具号和刀具型号。
(　　)

(17)在镜像功能有效后,刀具在任何位置都可以实现镜像指令。(　　)

(18)在加工中心,可以同时预置多个加工坐标系。(　　)

(19)工件坐标系指令 G54～G59 和 G92 一样必须在程序段中给出坐标值。(　　)

(20)使用用户宏程序时,数值不可以直接指定,只能用变量指定。(　　)

2. **单项选择题**(每小题 0.5 分,共 15 分)

(1)下列准备功能 G 代码中,能使机床做某种运动的一组代码是(　　)。

A. G0 G01 G02 G03 G40 G41 G42　　B. G0 G01 G02 G03 G90 G94 G92

C. G0 G04 G90 G92 G40 G41 G42　　D. G01 G02 G03 G90 G40 G41 G42

(2)下列代码中,与 M01 功能相同的是(　　)。

A. M00　　B. M02　　C. M30　　D. G04

(3)CNC 系统一般可用几种方式得到工件加工程序,其中 MDI 是(　　)。

A. 利用 USB 接口读入程序　　B. 从 RS232C 接口程序

C. 利用键盘以手动方式输入程序　　D. 从网络通过 Modem 接口程序

(4)(　　)不是进行零件数控加工的前提条件。

A. 刀架返回参考点　　B. 加工程序输入 CNC 系统

C. 程序的空运行　　D. 设定刀具必要的补偿值

(5)程序段 M98 P123450 中调用子程序的次数是(　　)次。

A. 1　　B. 12　　C. 123　　D. 50

(6)在下列指令中,具有非模态功能的指令是(　　)

A. G40　　B. G53　　C. G04　　D. G00

(7)在 G41 或 G42 指令的程序段中可用(　　)指令建立刀具半径补偿。

A. G00 或 G01　　B. G02 或 G03　　C. G01 或 G02　　D. G01 或 G03

(8)若未考虑车刀刀尖圆弧半径的补偿值,会影响工件的(　　)加工精度。

A. 外圆柱面　　B. 内圆柱面　　C. 端面　　D. 锥度及圆弧面

(9)程序暂停 5s,下列指令正确的是(　　)。

A. G04 P5000　　B. G04 U5000　　C. G04 X5000　　D. 04 P5

(10)在同一个程序段中,G01 指令码在遇到(　　)指令码后仍为有效。

A. G00　　B. G02　　C. G03　　D. G04

(11)数控系统的报警大体可以分为操作报警、程序错误报警、驱动报警及系统错误报警,某个程序在运行过程中出现"圆弧端点错误",这属于(　　)。

A. 程序错误报警　　B. 操作报警　　C. 驱动报警　　D. 系统错误报警

(12)下面哪种情况刀具不必返回参考点(　　)?

A. 机床关机以后重新接通电源开关时　　B. 机床解除急停状态后

C. 机床超程报警信号解除之后　　D. 程序暂停之后

(13)数控系统在执行"N5 T0101; N10 G00 X50 Z60;"程序时,(　　)。

A. 在 N5 行换刀,在 N10 行执行刀偏　　B. 在 N5 行执行刀偏后再换刀

C. 在 N5 行换刀同时执行刀偏　　D. 在 N5 行换刀后再执行刀偏

(14)程序 G96 S120 中,S 指(　　)。

A. 切削速度　　B. 主轴转速　　C. 进给速度　　D. 停顿时间

(15)欲车削 $\phi 42$ mm 孔径时,试车后测得孔径为 $\phi 41.8$ mm,则该刀具须修改的补偿量为(　　)。

A. $U=-0.1$ mm　　B. $U=0.1$ mm　　C. $U=-0.2$ mm　　D. $U=0.2$ mm

(16)当运行含有跳转符号"/"的程序时,含有"/"的程序段(　　)

A. 在任何情况下都不执行　　B. 只有在跳转生效时,才执行

C. 在任何情况下都执行　　D. 只有跳转生效时,才不执行

(17)在 XY 坐标平面内进行加工的坐标指令为(　　)。

A. G17　　B. G18　　C. G19　　D. G20

(18)铣削一个 XY 平面上的圆弧时,圆弧起点在(30,0),圆弧终点在(−30,0),半径为 50 mm,圆弧起点到终点的旋转方向为逆时针,则铣削圆心角 $180°<\theta<360°$ 的圆弧指令为(　　)。

A. G17 G91　G02　X−60.　Y0.0　R−50.0　F50;

B. G17 G91　G03　X−30.　Y0.0　R−50.0　F50;

C. G17 G91　G03　X−60.　Y0.0　R50.0　F50;

D. G17 G91　G03　X−60.　Y0.0　R−50.0　F50;

(19)固定循环指令格式 G90G98G73X_Y_R_Z_Q_F_;其中 R 表示(　　)。

A. 安全平面高度　　B. 每次进刀深度

C. 孔深　　D. 孔位置

(20)工件上的点可用直角坐标系定义,也可用极坐标定义,G110定义的极点是相对于(　　)的设定位置。

A. 刀具当前位置　　B. 当前工件坐标系零点

C. 最后有效极点　　D. 机床参考点

(21)要在工件上钻削深孔,下列指令中较合适的是(　　)。

A. CYCLE81　　B. CYCLE82　　C. CYCLE83　　D. CYCLE85

(22)西门子系统的子程序与主程序的结构相同,在子程序中可用下列(　　)指令结束程序运行。

A. M02或RET　　B. M30或RET　　C. M30或M99　　D. M02或M99

(23)数控铣床的默认加工平面是(　　)。

A. *XY*平面　　B. *XZ*平面　　C. *YZ*平面　　D. G18平面

(24)在数控铣床上铣一个正方形零件(外轮廓),如果使用的铣刀直径比原来小1 mm,则计算加工后的正方形尺寸(　　)。

A. 小1 mm　　B. 小0.5 mm　　C. 大1 mm　　D. 大0.5 mm

(25)当铣削一整圆外形时,为保证不产生切入、切出的刀痕,刀具切入、切出时应采用(　　)。

A. 法向切入、切出方式　　B. 切向切入、切出方式

C. 任意方向切入、切出方式　　D. 切入、切出时应降低进给速度

(26)加工中心执行G90 G01 G43 Z−50 H01 F100(H01补偿值为−2.00 mm)程序后,钻孔深度是(　　)。

A. 48 mm　　B. 52 mm　　C. 50 mm　　D. 49 mm

(27)孔加工循环结束后,刀具返回参考平面的指令为(　　)。

A. G96　　B. G97　　C. G98　　D. G99

(28)若刀具长度补偿量H01=6 mm,则执行G91 G43 G01 Z−15.0程序后,刀具的实际移动量是(　　)。

A. 6 mm　　B. 9 mm　　C. 15 mm　　D. 21 mm

(29)FANUC系统中,程序段G68 X0 Y0 R45.0中,R指令是(　　)。

A. 半径值　　B. 顺时针旋转45°　　C. 逆时针旋转45°　　D. 循环参数

(30)加工中心是在数控铣镗床或数控铣床的基础上增加(　　)装置改型设置成的。

A. 伺服　　B. 自动换刀　　C. 刀库　　D. 刀库与自动换刀

3. **填空题**(每小空1分,15空,共15分)

(1)数控编程是通过对__________的工艺分析,把零件的加工工艺路线、__________、刀具的移动轨迹位移量、__________以及辅助动作,按照数控机床规定的__________及程序格式编写成加工程序单,再把程序内容输入数控机床的__________中,从而控制机床加工零件。

(2)粗加工复合循环指令G72主要用于__________加工,G76主要用于__________加工。

(3)数控机床有着不同的运动方式,编写程序时,我们总是一律假定＿＿＿＿＿＿并规定＿＿＿＿＿＿为正。

(4)数控机床程序编制可分为＿＿＿＿＿＿和＿＿＿＿＿＿。

(5)在轮廓控制中,为了保证一定的精度且使编程方便,通常需要有刀具＿＿＿＿＿＿和＿＿＿＿＿＿补偿功能。

(6)编程时的数值计算,主要是计算零件的＿＿＿＿＿＿和＿＿＿＿＿＿的坐标。

4. **简答题**(每小题 5 分,4 小题,共 20 分)

(1)宏程序调用和子程序调用有什么区别?

(2)螺纹车削有哪些指令?为什么螺纹车削时要留有引入量和超越量?

(3)为什么要进行刀具轨迹的补偿?刀具补偿的实现分哪三大步骤?

(4)孔加工固定循环通常由哪 6 个顺序动作构成?

5. **编写加工程序题**(每小题 10 分,共 40 分)

(1)用 ϕ20 mm 铣刀加工 ϕ100 mm 圆柱外形,坐标系设置及进给路径如图 2.160 所示,Z 向原点在圆柱上端面,采用分层法加工,共加工 20 mm 高,每层 4 mm。将程序中循环语句中的错误程序段挑出来,并将正确的指令写在右边栏中。(10 分)

表 2-18 程序改错

原程序	改正后的程序
#1=-4;	
M03 S1000;	
G00 G90 G54 Z100.;	
X90. Y0.;	
Z5.;	
WHILE[#1 LT -20] D0;	
G01 Z#1;	
X64.019 Y15;	
G03 X60. Y0 I-25.981 J15.;	
G02 I60. J0;	
G03 X64.019 Y-15. I-30. J0;	
G01 X90. Y0;	
#1=#1-4;	
END;	
G00 Z100.;	
M30;	

(2)图 2.161 所示平板零件,已知零件上下平面、2×ϕ20mm 孔已经加工,并用其进行定位,零件四周加工余量均为 1 mm,材料为 45#钢(调质处理),用 ϕ20 mm 硬质合金立铣刀进

行加工。试编制其加工程序。(10 分)

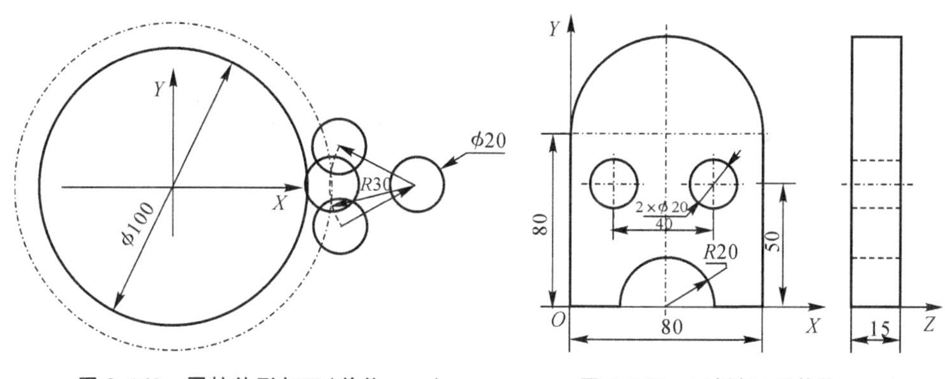

图 2.160　圆柱外形加工(单位:mm)　　图 2.161　平板加工(单位:mm)

(3)如图 2.162 所示,已知毛坯直径 ϕ32 mm,材料为 45#;1 号刀(T0101)是外圆车刀,2 号刀(T0202)是刀宽为 2 mm 的切断刀;工件坐标原点定在零件右端中心处,试编写加工程序。

(4)已知毛坯直径 ϕ32 mm,材料为 45#;1 号刀(T0101)是外圆车刀,2 号刀(T0202)是刀宽为 2 mm 的切断刀;工件坐标原点定在零件右端中心处,如图 2.163 所示。试编写加工程序。

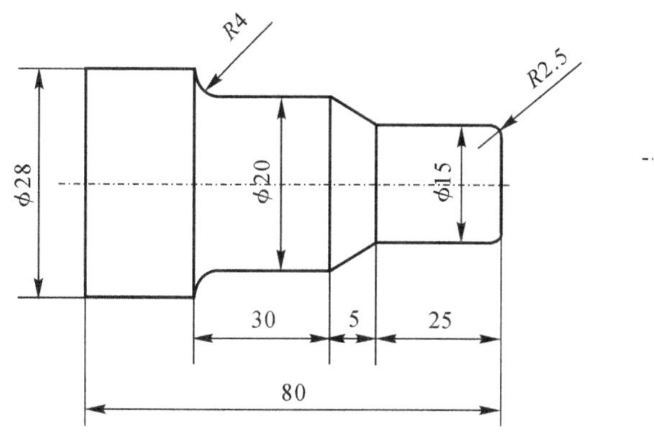

图 2.162　第(3)题图(单位:mm)

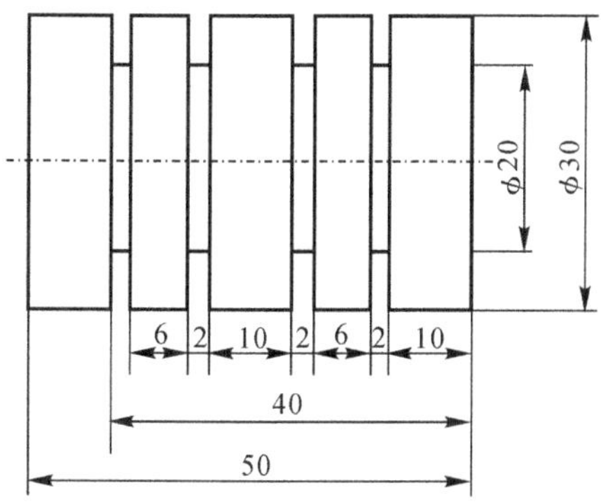

图 2.163　第(4)题图(单位:mm)

第3章 计算机数控装置

教学提示:计算机数控(CNC)系统是一种位置控制系统。它的本质是在对所加工零件进行几何分析和工艺分析的基础上,按照第2章所述方式编制零件加工程序;然后,数控系统对输入的零件加工程序数据段进行相应的处理,把数据段插补出理想的刀具运动轨迹并将插补结果输出到执行部件,使刀具加工出所需要的零件。CNC系统主要由硬件和软件两大部分组成。它通过系统控制软件配合系统硬件,合理地组织、管理数控系统的输入、数据处理、插补和输出信息,控制执行部件,使数控机床按照操作者的要求有条不紊地进行加工。

教学要求:了解计算机数控系统的基本知识,掌握CNC系统的软、硬件结构,了解可编程逻辑控制器(PLC)在数控机床上的应用,理解CNC系统的插补原理。

3.1 CNC装置的基本构成与硬件

本节学习要求

1. 掌握计算机数控装置的组成及工作过程。
2. 熟悉计算机数控装置的硬件结构。
3. 了解开放式数控系统和嵌入式数控系统的基本结构。

内容导入

我们在本书第1章讲到过CNC数控装置的功能,CNC数控装置又是怎么实现这些功能的呢?

3.1.1 CNC系统的组成

CNC系统主要由硬件和软件两大部分组成,其核心是CNC装置。它通过系统控制软件配合系统硬件,合理地组织、管理数控系统的输入、数据处理、插补和输出信息,控制执行部件,使数控机床按照操作者的要求进行自动加工。

CNC系统将计算机作为控制部件,通常由常驻在其内部的数控系统软件实现部分或全部数控功能,从而对机床运动进行实时控制。只要改变CNC系统的控制软件就能实现一种全新的控制方式。

各种数控机床的CNC系统一般由以下几个部分组成:中央处理单元(CPU)、只读存储器(ROM)、随机存储器(RAM)、输入/输出设备(I/O)、操作面板、PLC、显示器和键盘等。图3.1所示为CNC系统的一般结构框图。

在图3.1所示的整个CNC系统的结构框图中,数控系统主要是指CNC控制器。CNC控制器由以数控系统硬件、软件构成的专用计算机与 PLC 组成。前者主要处理机床轨迹运动的数字控制，后者主要处理开关量的逻辑控制。

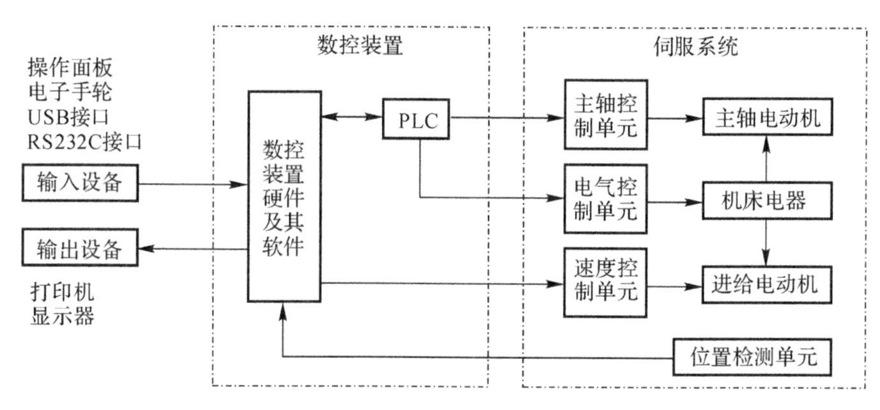

图 3.1　CNC 系统的一般结构框图

3.1.2　CNC 系统的工作过程

1. 输入

输入 CNC 控制器的通常有零件加工程序、机床参数和刀具补偿参数。机床参数一般在机床出厂时或在用户安装调试时已经设定好，所以输入 CNC 系统的主要是零件加工程序和刀具补偿参数。输入方式有 USB 接口、RS232C 接口、计算机 DNC 通信输入等。CNC 系统输入工作方式有存储方式和数控方式两种。存储方式是将整个零件程序一次全部输入 CNC 系统内部存储器中，加工时再从存储器中把一个一个程序调出，该方式应用较多。数控方式是 CNC 系统一边输入一边加工的方式，即在前一程序段加工时，输入后一个程序段的内容。

2. 译码

译码以零件程序的一个程序段为单位进行处理，把其中零件的轮廓信息(起点、终点、直线或圆弧等)，以及 F、S、T、M 等信息按一定的语法规则解释(编译)成计算机能够识别的数据形式，并以一定的数据格式存放在指定的内存专用区域。编译过程中还要进行语法检查，发现错误立即报警。

3. 数据处理

数据处理是指刀具补偿和速度控制处理。通常刀具补偿包括刀具半径补偿、刀具长度补偿、方向间隙补偿、丝杠螺距补偿、过象及进给方向判断、进给速度换算、加减速度控制及机床辅助功能处理等。刀具补偿的作用是把零件轮廓轨迹按系统存储的刀具尺寸数据自动转换成刀具中心(刀位点)相对于工件的移动轨迹。速度控制处理是根据程序中刀具相对于工件的移动速度(进给速度 F)计算各进给运动坐标轴方向的分速度，为插补时计算各进给坐标的行程量做准备。另外，对于机床允许的最低和最高速度限制也在这里处理，如超出则报警。

4. 插补

零件加工程序段中的指令行程信息是有限的。如对于加工直线的程序段仅给定起、终点坐标；对于加工圆弧的程序段除了给定其起、终点坐标外，还给定其圆心坐标或圆弧半径。要进行轨迹加工,CNC 系统必须从一条已知起点和终点的曲线上自动进行"数据点密化"的工作,这就是插补。插补在每个规定的周期(插补周期)内进行一次,即在每个周期内,按指令进给速度计算出一个微小的直线数据段,通常经过若干个插补周期后,插补完一个程序段的加工,也就完成了从程序段起点到终点的"数据点密化"工作。

5. 位置控制

位置控制装置位于伺服系统的位置环上,如图 3.2 所示。它的主要工作是在每个采样周期内,将插补计算出的理论位置值与实际反馈位置值进行比较,用其差值控制进给电动机。位置控制可由软件完成,也可由硬件完成。在位置控制中通常还要完成位置回路的增益调整、坐标方向的螺距误差补偿和反向间隙补偿等,以提高机床的定位精度。

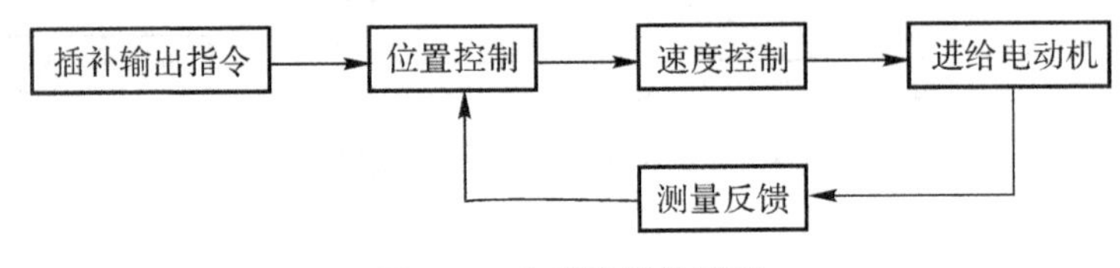

图 3.2　位置控制的原理

6. I/O 处理

CNC 系统的 I/O 处理是 CNC 系统与机床之间的信息传递和变换的通道。其作用一方面是将机床运动过程中的有关参数输入 CNC 系统中,另一方面是将 CNC 系统的输出命令(如换刀、主轴变速换挡、加切削液等)变为执行机构的控制信号,实现对机床的控制。

7. 显示

CNC 系统的显示主要是为操作者提供方便,显示装置有 LED 显示器、CRT 显示器和 LCD 显示器,一般位于机床的控制面板上。CNC 系统的显示通常有零件程序的显示、参数的显示、刀具位置显示、机床状态显示、报警信息显示等。有的 CNC 装置中还有刀具加工轨迹的静态和动态模拟加工图形显示。

8. 诊断

诊断程序包括两部分,一是在系统运行过程中进行的检查与诊断,另一种则是在系统运行前或故障发生停机后进行的诊断。诊断程序一方面可以防止故障的发生,另一方面在故障出现后,可以帮助用户迅速查明故障的类型和发生部位。上述 CNC 系统的工作流程如图 3.3 所示。

3.1.3　CNC 系统的硬件结构形式

1. 整体式和分体式结构

随着大规模集成电路技术和表面安装技术的发展,CNC 系统硬件模块及安装方式不断改进。从 CNC 系统的总体安装结构看,CNC 系统的硬件结构形式有整体式结构和分体式结构两种。

整体式结构是把 CRT 和 MDI 面板、操作面板以及功能模块板组成的电路板等安装在同一个机箱内。这种方式的优点是结构紧凑,便于安装,但有时可能造成某些信号连线过长。分体式结构通常把 CRT 和 MDI 面板、操作面板等做成一个部件,而把功能模块组成的电路板安装在一个机箱内,两者之间用导线或光纤连接。许多 CNC 机床把操作面板也单独作为一个部件,这是由于所控制机床的要求不同,操作面板也应相应地改变,做成分体式有利于更换和安装。

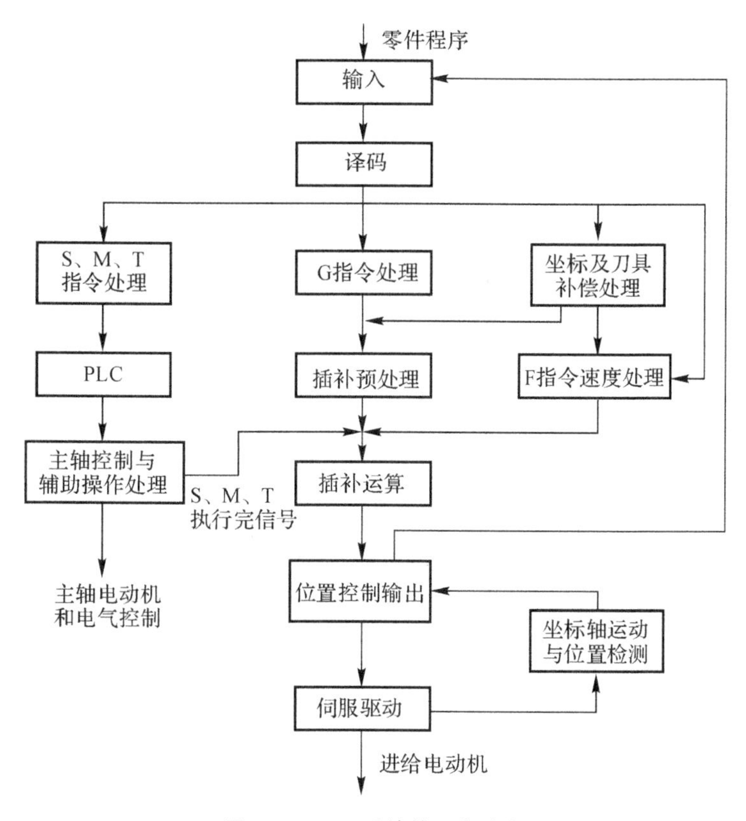

图 3.3　CNC 系统的工作流程

2. 大板式结构和模块化结构

从组成 CNC 系统的电路板的结构特点来看,CNC 系统的硬件有两种常见的结构,即大板式结构和模块化结构。

大板式结构的特点是,一个系统一般都有一块大板(称为主板)。主板上装有主 CPU 和各轴的位置控制电路等。其他相关的子板(完成一定功能的电路板),如 ROM 板、零件程序存储器板和 PLC 板都直接插在主板上面,组成 CNC 系统的核心部分。由此可见,大板式结构紧凑,体积小,可靠性高,价格低,有很高的性价比,也便于机床的一体化设计,大板结构虽有上述优点,但它的硬件功能不易变动,不利于组织生产。

模块化结构的特点是将 CPU、存储器、输入输出控制分别做成插件板(称为硬件模块),硬、软件模块形成一个特定的功能单元(称为功能模块)。功能模块间有明确定义的接口,接口是固定的,称为工厂标准或工业标准,彼此可以进行信息交换。这种模块化结构的 CNC 系统设计简单,有良好的适应性和扩展性,试制周期短,调整维护方便,效率高。

从 CNC 系统使用的 CPU 及结构来分,CNC 系统的硬件结构一般分为单 CPU 和多 CPU 结构两大类。初期的 CNC 系统和现在的一些经济型 CNC 系统一般采用单 CPU 结构,而多 CPU 结构可以满足数控机床高进给速度、高加工精度和许多复杂功能的要求,满足并入 FMS 和 CIMS 运行的需要,从而得到了迅速的发展,也反映了当今数控系统的新水平。

3.1.4 单 CPU 硬件结构

单 CPU 结构 CNC 系统的基本结构包括 CPU、总线、I/O 接口、存储器、串行接口和 CRT/MDI 接口等,还包括数控系统控制单元部件和接口电路,如位置控制单元、PLC 接口、主轴控制单元、速度控制单元、穿孔机和纸带阅读机接口以及其他接口等。图 3.4 所示为一种单 CPU 结构的 CNC 系统框图。

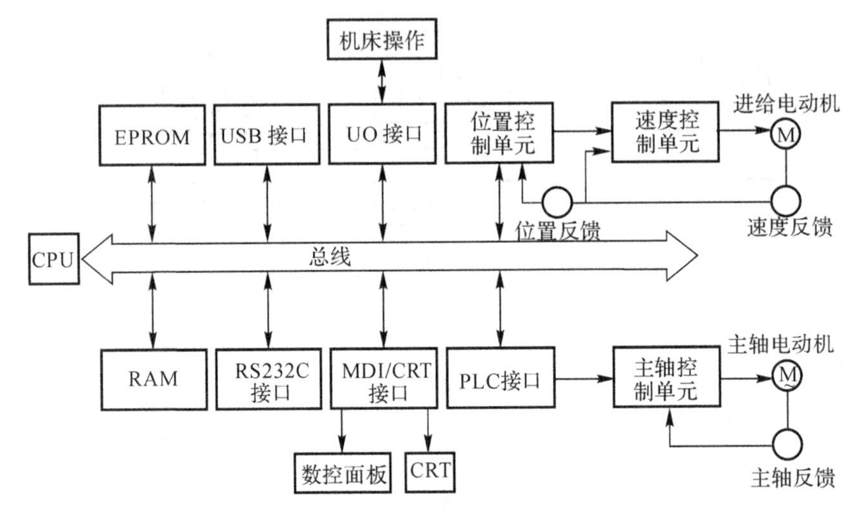

图 3.4 一种单 CPU 结构的 CNC 系统框图

CPU 主要完成控制和运算两方面的任务。控制功能包括内部控制,以及对零件加工程序的输入/输出控制、对机床加工现场状态信息的记忆控制等。运算任务包括完成一系列的数据处理工作:译码、刀具补偿计算、运动轨迹计算、插补运算和位置控制的给定值与反馈值的比较运算等。在经济型 CNC 系统中,常采用 8 位微处理器芯片或 8 位、16 位的单片机芯片。中高档的 CNC 系统通常采用 16 位、32 位甚至 64 位的微处理器芯片。

单 CPU 结构的 CNC 系统通常采用总线结构。总线是微处理器赖以工作的物理导线,按其功能可以分为 3 组总线,即数据总线(DB)、地址总线(AB)和控制总线(CB)。

CNC 装置中的存储器包括只读存储器(ROM)和随机存储器(RAM)两种。系统程序存放在可擦可编程只读存储器(EPROM)中,由生产厂家固化,即使断电,程序也不会丢失。系统程序只能由 CPU 读出,不能写入。运算的中间结果,需要显示的数据,运行中的状态、标志信息等存放在 RAM 中。它可以随时读出和写入,断电后,信息就消失。加工的零件程序、机床参数、刀具参数等存放在有后备电池的 CMOS RAM 中,或者存放在磁泡存储器中,这些信息在这种存储器中能随机读出,还可以根据操作需要写入或修改,断电后,信息仍然被保存。

CNC 装置中的位置控制单元主要对机床进给运动的坐标轴位置进行控制。位置控制的硬件一般采用大规模专用集成电路位置控制芯片或控制模板。

CNC 系统接受指令信息的输入有多种形式,如 USB 接口、RS232、计算机通信接口等,以及利用数控面板上的键盘操作的手动数据输入(MDI)和机床操作面板上手动按钮、开关量信息的输入。所有这些输入都要通过相应的接口来实现。而 CNC 系统的输出也有多种,如字符与图形显示的 CRT 输出、位置伺服控制和机床强电控制指令的输出等,同样要通过相应的接口来实现。

单CPU结构CNC系统的特点是:CNC系统的所有功能都是通过一个CPU进行集中控制、分时处理来实现的;该CPU通过总线与存储器、I/O控制元件等各种接口电路相连,构成CNC系统的硬件;结构简单,易于实现;由于只有一个CPU的控制,功能受字长、数据宽度、寻址能力和运算速度等因素的限制。

3.1.5 多CPU硬件结构

多CPU结构CNC系统是指在CNC系统中有两个或两个以上的CPU能控制系统总线或主存储器进行工作的系统结构。

现代的CNC系统大多采用多CPU结构。在这种结构中,每个CPU完成系统中规定的一部分功能,独立执行程序,它与单CPU结构相比,提高了计算机的处理速度。多CPU结构的CNC系统采用模块化设计,将软件和硬件模块形成一定的功能模块。模块间有明确的符合工业标准的接口,彼此间可以进行信息交换。这样可以形成模块化结构,缩短了设计制造周期,并且具有良好的适应性和扩展性,结构紧凑。多CPU结构的CNC系统由于每个CPU分管各自的任务,形成若干个模块,如果某个模块出了故障,其他模块仍能照常工作;插件模块更换方便,可以将故障对系统的影响减少到最小程度,提高了可靠性;性价比高,适合多轴控制、高进给速度、高精度的数控机床。

多CPU硬件结构可分为共享总线结构和共享存储器结构,分别通过共享总线或共享存储器来实现各模块之间的互联和通信。

1. 共享总线结构

共享总线结构以系统总线为中心,把CNC装置内各功能模块划分成带有CPU的各种主模块和从模块(RAM/ROM、I/O模块),所有主从模块都插在严格定义的标准系统总线上,只有主模块有权控制系统总线,且在某一时刻只能有一个主模块占有总线;如有多个主模块同时请求使用,总线会产生竞争总线问题。为了解决矛盾,系统有总线仲裁电路。按照每个主模块担负的任务的重要程度,预先安排各自的优先级别顺序。其结构框图如图3.5所示。FANUC15系统就是共享总线结构。

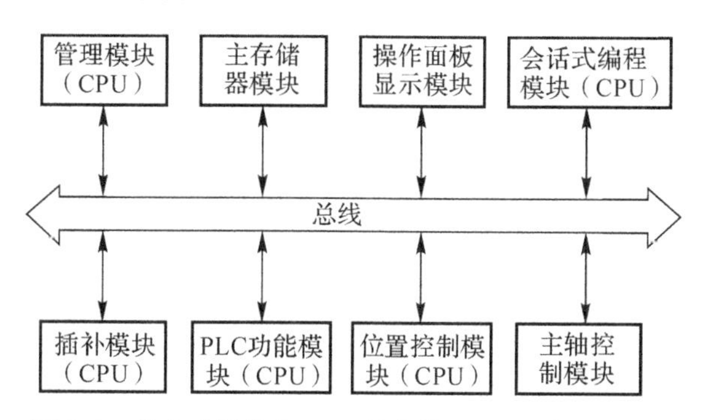

图3.5 共享总线的多CPU结构的CNC系统结构框图

2. 共享存储器结构

共享存储器结构采用多端口存储器作为公共存储器来实现各主模块之间的互联和通信。

由于同一时刻只能允许有一个主模块对多端口存储器进行访问，有一套用双端口存储器来解决访问冲突，故数据传输效率较高，结构也不复杂，所以广泛应用。其结构框图如图 3.6 所示。美国 GE 公司的 MTC1 - CNC 采用的就是共享存储器结构。

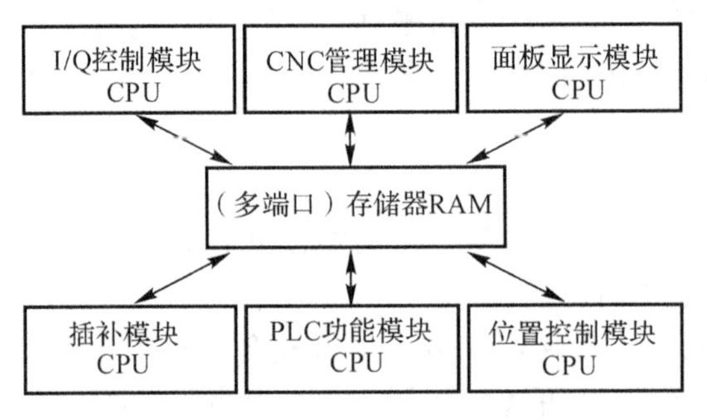

图 3.6　共享存储器的 CPU 结构框图

3.1.6　开放式数控系统

前述的数控系统是由厂家专门设计制造的，其特点是专用性强、布局合理，是一种专用的封闭性系统，但是没有通用性，硬件之间彼此不能交换。各厂家的产品之间不能互换，与通用计算不能兼容，并且维修、升级困难，费用高。随着当今计算机技术的飞速发展，以及机械加工精度和速度的不断提高，人们对数控系统也有了更高的要求，要求数控系统的功能不断增强、性能不断改进、成本不断降低，CNC 技术要与计算机技术同步发展。显然，传统封闭式的数控系统是难以适应这种需求的。因此，开放式数控系统的概念应运而生，国内外正在大力研究开发开放式数控系统，有的已进入实用阶段。

开放式数控系统是一个模块化、可重构、可扩充的通用数控系统，开放式数控系统不但要求模块化、网络化、标准化（用户界面、图形显示、动态仿真、数控编程、故障诊断、网络通信），而且对实时性和可靠性要求很高，其具有较强移植性、扩展性、维护性、互操作性和统一的人机界面。

它以工业 PC 作为 CNC 装置的支撑平台，再由各种专业数控厂家根据需要装入自己的控制卡和数控软件构成相应的 CNC 装置。图 3.7 为基于 PC 的开放式数控系统硬件结构框图。由于工业 PC 大批量生产，成本低，因而也降低了 CNC 装置的成本，同时工业 PC 维护和升级均很容易。目前，比较流行的开放式数控主要有两种结构。

（1）CNC＋PC 主板：把一块 PC 主板插入传统的 CNC 机器中，PC 主板主要运行非实时控制，CNC 主要运行以坐标轴运动为主的实时控制。

（2）PC＋专业运动控制卡：把运动控制卡插入计算机标准插槽中进行实时控制，而 PC 主要处理非实时控制。

开放式数控装置采用系统、子系统和模块的发布式控制结构，各模块相互独立，各模块接口协议明确，可移植性好，根据用户的需要可方便地重构和编辑，实现一个系统的多种用途。以工业 PC 为基础的开放式数控装置很容易实现多轴、多通道控制，实时三维实体图形显示和自动编程等，利用 WINDOW 工作平台，使得开发工作量大大减少，而且可以对数控装置实现以下 3 种不同层次的开放。

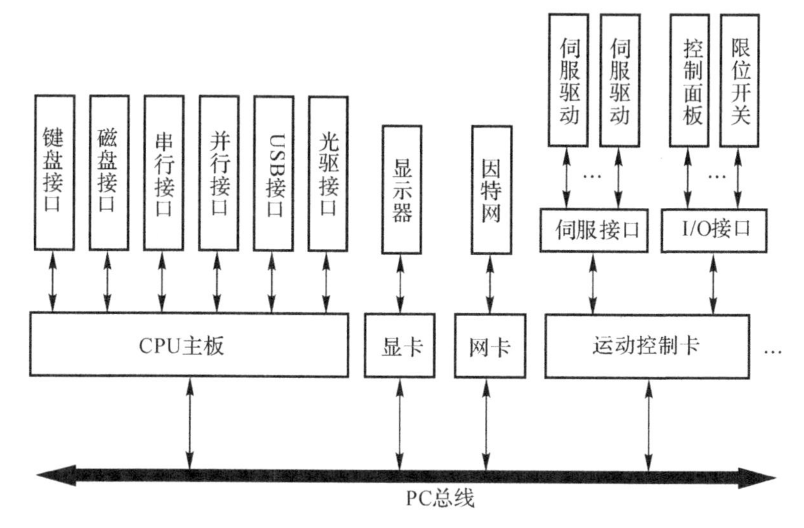

图 3.7　基于 PC 的开放式数控系统硬件框图

(1)CNC 装置的开放。CNC 装置可直接应用各种应用软件，如工厂管理软件、车间管理软件、车间控制软件、图形交换编辑软件、刀具轨迹校验软件、办公自动化软件、多媒体软件等，大大改善了 CNC 的图形显示、动态仿真、编程和诊断功能。

(2)用户操作界面的开放。用户操作界面的开放使 CNC 装置具有更加友好的用户接口，并具备一些特殊的诊断功能，如远程诊断。

(3)CNC 内核的深层次开放。通过执行用户自己用 C 或 C++语言开发的程序，就可以把应用软件添加到标准 CNC 的内核中，称为编译循环。CNC 内核系统提供已经定义的出口点，机床制造厂家或用户把自己的软件接到这些出口，通过编译循环，将其知识、经验、诀窍等专用工艺集成到 CNC 系统中，形成具有特色的个性化数控机床。

这 3 个层次的全部开放能满足机床制造厂家和用户的种种需求，这种控制技术的柔性使用户能十分方便地应用 CNC。

3.1.7　嵌入式数控系统

随着嵌入式处理器的广泛使用，数控装置中也采用了嵌入式微处理器，这种数控系统在市场上被称为嵌入式数控系统。采用了嵌入式处理器的数控装置和先前的数控装置在功能上相似，不过由于嵌入式处理器强大的计算能力和扩展能力，嵌入式数控系统的计算速度更快，与外界的接口也更丰富。图 3.8 为嵌入式数控系统的结构框图。

嵌入式处理器是整个系统的运算和控制中心，种类很多，比较常用的有 ARM、嵌入式 X86、MCU 等。可编程计算部件是指现场可编程门阵列(FPGA)、数字信号处理器(DSP)等可编程计算资源。嵌入式处理器中集成了液晶显示(LCD)控制器，它提供与液晶显示器的接口，通过这个接口可以直接驱动液晶显示屏。嵌入式处理器中还集成了 USB 客户端控制器，方便实现 USB 客户端接口。嵌入式处理器中的以太网模块还可以实现数控系统的联网功能。

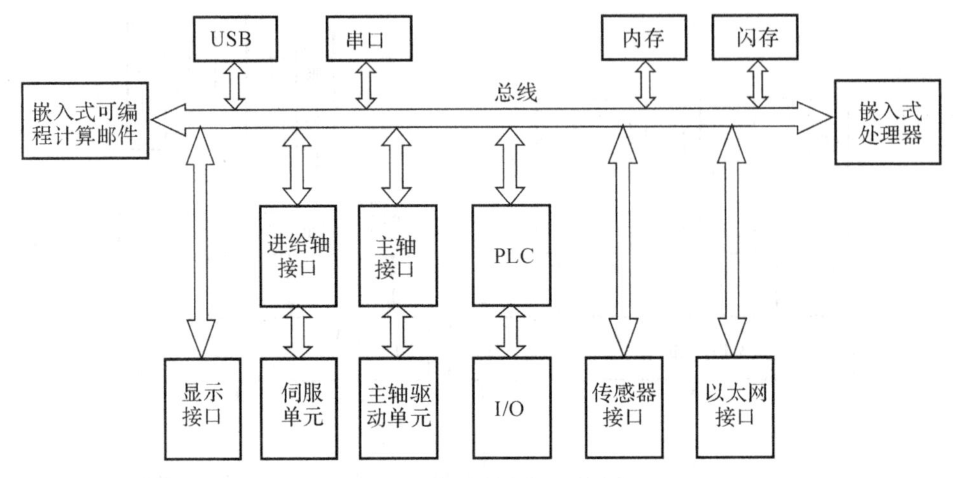

图 3.8　嵌入式数控系统的结构框图

本节思考题

1. 简述 CNC 装置的工作过程。
2. 单 CPU 结构和多 CPU 结构各有何特点？
3. 开放式结构数控系统的主要特点是什么？

3.2　CNC 装置的软件与 PLC 控制

本节学习要求

熟悉计算机数控装置的软件结构及可编程控制器(PLC)在数控机床中的应用。

内容导入

3.1 节中讲到 CNC 数控装置的工作过程，CNC 装置在工作过程中相当于是以硬件好话剧中舞台、道具、乐器等。而软件好比演员，一场好的话剧离不开舞台，更离不开演员。

3.2.1　CNC 装置软件概述

CNC 装置的软件是为完成 CNC 系统的各项功能而专门设计和编制的，是数控加工系统的一种专用软件，又称为系统软件(系统程序)。CNC 装置软件的管理作用类似于计算机的操作系统的功能。不同的 CNC 装置，其功能和控制方案也不同，因而各 CNC 装置软件在结构上和规模上差别较大，各厂家的软件不兼容。现代数控机床的功能大都采用软件来实现，所以，CNC 装置软件的设计及功能是 CNC 装置的关键。数控装置是按照事先编制好的控制程序来实现各种控制的，而控制程序是根据用户对数控装置所提出的各种要求进行设计的。

在数控装置中，软件和硬件在逻辑上是等价的，即由硬件完成的工作原则上也可以由软件来完成。但是它们各有特点：硬件处理速度快，造价相对较高，适应性差；软件设计灵活、适应性强，但是处理速度慢。因此，CNC 装置中软、硬件的分配比例是由性价比决定的。这也在很大程度上决定于软、硬件的发展水平。一般说来，软件结构首先要受到硬件的限制，软件结构也有独立性。对于相同的硬件结构，可以配备不同的软件结构。实际上，现代数控装置中软、硬件功能界面并不是固定不变的，而是随着软、硬件的水平和成本，以及数控装置所具有的性能不同而发生变化。图 3.9 给出了不同时期和不同产品中的 3 种典型的数控装置软、硬件功能界面。

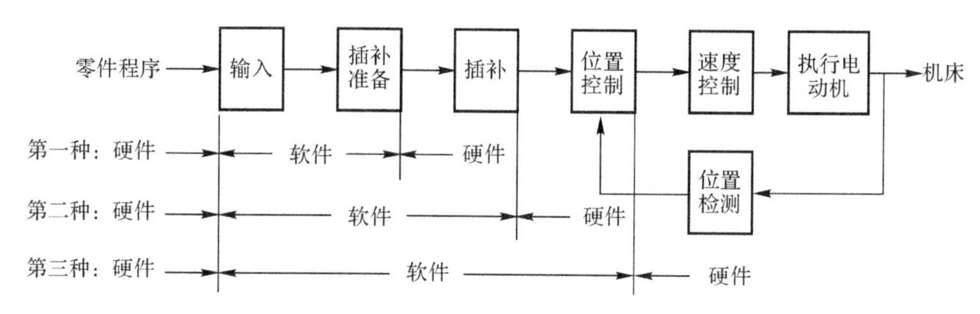

图 3.9　CNC 系统中 3 种典型的软、硬件功能界面

3.2.2　CNC 装置的软件结构特点

1. 数控装置的多任务性

数控装置作为一个独立的数字运算控制器应用于工业自动化生产中，其多任务性表现在它的管理软件必须完成系统管理和系统控制两大任务。其中系统管理包括输入，I/O 处理，通信、显示、诊断以及加工程序的编制管理等程序。系统控制部分包括译码、刀具补偿、速度处理、插补和位置控制等程序。图 3.10 所示为 CNC 系统装置任务分解图。

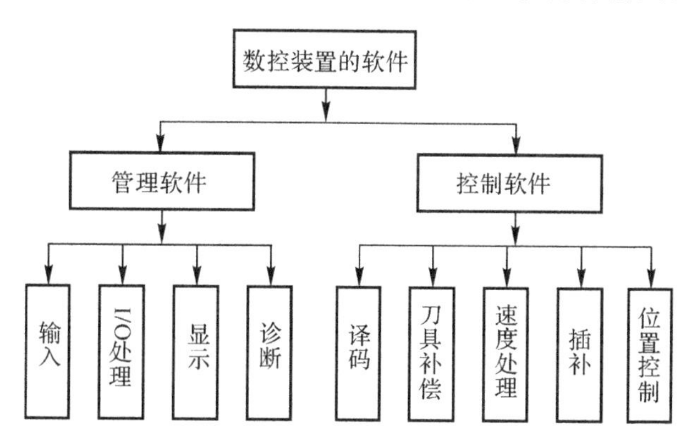

图 3.10　CNC 装置任务分解图

同时，CNC 装置的这些任务必须协调完成，也就是说在许多情况下，管理和控制的某些工作必须同时进行。例如，为了便于操作人员能及时掌握 CNC 系统的工作状态，管理软件中的显示模块必须与控制模块同时运行；当 CNC 系统处于数控工作方式时，管理软件中的零件程序输入模块必须与控制模块同时运行。而控制模块运行时，其中一些处理模块也必须同时运行。如为了保证加工过程的连续性，即刀具在各程序段间不停刀，译码、刀具补偿和速度处理模块必须与插补模块同时运行，而插补又必须要与位置控制同时进行等。这种任务与并行处理关系如图 3.11 所示，图中双箭头表示两个模块之间存在并行处理关系。

事实上，CNC 系统是一个专用的实时多任务计算机系统，其软件必然会融合计算机软件的许多先进技术，其中最突出的是多任务并行处理和多重实时中断处理技术。

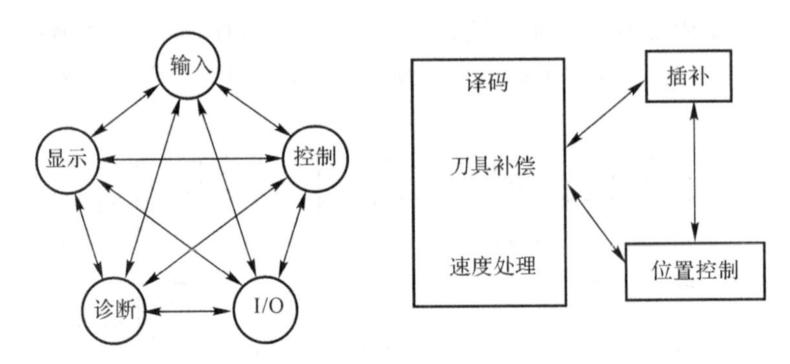

图 3.11　任务与并行处理关系

2. 多任务并行处理

并行处理是指计算机在同一时刻或同一时间间隔内完成两种或两种以上性质相同或不相同的工作。并行处理的优点是提高了运行速度。并行处理分为时间重叠法和资源共享法两种方法。资源共享是根据“分时共享”的原则，使多个用户按时间顺序使用同一设备。时间重叠是根据流水线处理技术，使多个处理过程在时间上相互错开，轮流使用同一设备的几个部分。

3. 多重实时中断处理

CNC 装置系统程序以零件加工为对象，每个程序段中有许多子程序，它们按照约定的顺序反复执行，各个步骤间关系十分密切，有许多子程序的的实时性很强，这就决定了中断成为整个系统中不可缺少的组成部分。CNC 系统的中断管理主要由硬件完成，而系统的中断结构决定了软件结构，其中断类型如下。

(1)外部中断。主要指外部监控中断(如紧急停、限位开关等)和键盘操作面板输入中断。第　种中断的实时性要求很高，将它们放在较高的中断优先级上，而键盘和操作面板的输入中断则放在较低的中断优先级上，在有些系统中，甚至用查询的方式来处理它。

(2)内部定时中断。主要有插补周期定时中断和位置采样定时中断。在有些系统中将两种定时中断合二为一。但是在处理时，总是先处理位置控制，然后处理插补运算。

(3)硬件故障中断。它是各种硬件故障检测装置发出的中断，如存储器出错、定时器出错、插补运算超时等。

(4)程序性中断。它是程序中出现异常情况的报警中断。

3.2.3　CNC 装置的软件结构模式

CNC 装置的软件结构决定于系统采用的中断结构。在常规的 CNC 系统中，有中断型和前后台型两种结构模式。

1. 中断型软件结构

中断型结构模式的特点是除了初始化程序之外，整个系统软件的各种功能模块分别在不同级别的中断服务程序中，整个软件就是一个大的中断系统。其管理的功能主要通过各级中断服务程序之间的相互通信来实现。

一般在中断型结构模式的 CNC 系统软件体系中，控制 CRT 显示的模块为低级中断(0 级中断)，只要系统中没有其他中断级别请求，总是执行 0 级中断，即系统进行 CRT 显示。其他程序模块，如译码处理、刀具中心轨迹计算、键盘控制、I/O信号处理、插补运算、终点判别、伺服系统位置控制等处理，分别具有不同的中断优先级别。开机后，系统程序首先进入初始化程序，进行初始化状态的设置、ROM检查等工作。初始化后，系统转入0级中断CRT显示处理。此后系统就进入各种中断的处理，整个系统的管理是通过每个中断服务程序之间的通信来实现的。其管理的功能主要通过各级中断服务程序之间的相互通信来实现。例如，FANUC-BESK 7CM CNC系统就是一个典型的中断型结构模式。整个系统的各个功能模块被分为8个不同优先级的中断服务程序，见表3-1。

表3-1　CNC系统的各级中断功能

中断级别	主要功能	中断源
0	控制CRT显示	硬件
1	译码、刀具中心轨迹计算，显示器控制	软件，16 ms定时
2	键盘监控，I/O信号处理，穿孔机控制	软件，16 ms定时
3	操作面板和电传机处理	硬件
4	插补运算、终点判别和转段处理	软件，8 ms定时
5	纸带阅读机读纸带处理	硬件
6	伺服系统位置控制处理	实时时钟，4 ms
7	系统测试	硬件

2.前后台型软件结构

该结构模式的CNC系统的软件分为前台程序和后台程序。前台程序是指实时中断服务程序，实现插补、伺服、机床监控等实时功能，这些功能与机床的动作直接相关。后台程序是一个循环运行程序，完成管理功能和输入、译码、数据处理等非实时性任务，也叫背景程序，管理软件和插补准备在这里完成。后台程序运行中，实时中断程序不断插入，与后台程序相配合，共同完成零件加工任务。这种前后台型的软件结构一般适合单处理器集中式控制，对CPU的性能要求较高。程序启动后先进行初始化，再进入后台程序环，同时开放实时中断程序，每隔一定的时间中断发生一次，执行一次中断服务程序，此时后台程序停止运行，实时中断程序执行后，再返回后台程序。

3.2.4　数控机床中可编程控制器实现的功能

可编程逻辑控制器简称PLC，是一类以微处理器为基础的通用型自动控制装置。它一般以顺序控制为主、回路调节为辅，能够完成逻辑、顺序、计时、计数和算术运算等功能，既能控制开关量，也能控制模拟量。在数控机床上采用PLC代替继电器控制，利用PLC的逻辑运算功能可实现对各种开关量的控制，使数控机床结构更紧凑，功能更丰富，响应速度和可靠性大大提升。专门用于数控机床的PLC又称可编程机器控制器，简称PMC。现代数控机床通常采用PLC完成以下几种功能。

(1)M、S、T功能。M、S、T功能可以由数控加工程序，或在机床的操作面板上进行控制。

PLC根据不同的M功能，可控制主轴的正转、反转和停止，主轴准停，冷却液的开、关，卡盘的夹紧、松开以及换刀机械手的换刀等动作。S功能在PLC中可以容易地用四位代码直接指定速度。CNC送出S代码值到PLC，PLC将十进制数转换为二进制数后送到D/A转换器，转换成相应的输出电压，作为转速指令来控制主轴的转速。数控机床通过程序指令T控制PLC进行刀具管理和刀具的自动交换。

(2)机床外部开关信号控制功能。数控机床有各种控制开关、行程开关、接地开关、压力开关和温度控制开关等，将各开关量信号送入PLC，经逻辑运算后，输出给控制对象。

(3)输出信号控制功能。PLC的输出信号经强电柜中的继电器、接触器，通过数控机床侧的液压或气动电磁阀，对刀库、机械手和回转工作台等装置进行控制，另外还对冷却泵电动机、润滑泵电机及电磁制动器进行控制。

(4)伺服控制功能。该功能为通过驱动装置，驱动主轴电机、伺服进给电机和刀库电动机。

(5)报警处理功能。PLC收集强电柜、机床侧和伺服驱动装置的故障信号，将对标志区中的相应位置进行报警，数控系统便发出报警信号或显示报警文本，以方便故障诊断。

(6)其他介质输入装置互联控制。有些数控机床用计算机软盘读入数控加工程序，通过控制软盘驱动装置，实现与数控系统进行零件程序、机床参数和刀具补偿等数据的传输。

3.2.5 PLC在数控机床上的应用

PLC是专为工业自动控制而开发的装置，不同厂家的产品采用的编程语言不同，这些编程语言有梯形图、语句表、控制系统流程图等。在众多的PLC产品中，由于制造厂家不同，其指令系统的表示方法和语句表中的助记符也不尽相同，但原理是完全相同的。

数控机床用PLC可分为两类：一类是专为实现数控机床顺序控制而设计制造的内装型PLC，另一类是I/O信号接口技术规范、I/O点数、程序存储容量以及运算和控制功能等均能满足数控机床控制要求的独立型PLC。

有些数控厂家，如FANUC，将其数控系统中的PLC称为PMC，PMC是专用于数控机床上的PLC，它是PLC的一个子集，它与PLC非常相似，与传统的PMC相比存在以下优点：有专用的数控接口，其时间响应快、控制精度高、可靠性好，控制程序可随应用场合的不同而改变。此外由于PMC使用软件来实现控制，可以进行在线修改，所以其具有很大的灵活性，具备广泛的工业通用性。

1. 内装型PLC

内装型PLC(或称内含型PLC、集成式PLC)属于CNC装置，PLC与NC间的信号传送在CNC装置内部即可实现。PLC与机床(MT)之间则通过CNCI/O接口电路实现信号传送。图3.12所示为具有内装型PLC的CNC机床系统框图。内装型PLC有如下特点：

(1)内装型PLC实际上是CNC装置带有的PLC功能，一般作为一种基本的或可选择的功能提供给用户。

(2)内装型PLC的性能指标(如I/O点数、程序最大步数、每步执行时间、程序扫描周期、功能指令数目等)是根据所从属的CNC系统的规格、性能、适用机床的类型等确定的。其硬件和软件部分是被作为CNC系统的基本功能或附加功能与CNC系统其他功能一起统一设计、制造的。因此，系统硬件和软件整体结构十分紧凑，且PLC所具有的功能针对性强，技术指标亦较合理、实用，尤其适用于单机数控设备的应用场合。

(3)在系统的具体结构上,内装型 PLC 可与 CNC 系统共用 CPU,也可以单独使用一个 CPU;硬件控制电路可与 CNC 系统其他电路制作在同一块印制电路板上,也可以单独制成一块附加板,当 CNC 装置需要附加 PLC 功能时,再将此附加板插装到 CNC 装置上,内装 PLC 一般不单独配置 I/O 接口电路,而是使用 CNC 系统本身的 I/O 电路。PLC 控制电路及部分 I/O 电路(一般为输入电路)所用电源由 CNC 装置提供,不需另备电源。

国内常见国外生产的带有内装型 PLC 的系统有:FANUC 公司的 FS-0(PMC-L/M)、FS-0Mate(PMC-L/M)、FS-3(PLC-D)、FS-6(PLC-A、PLC-B)、FS-10/11(PMC-1)、FS-15(PMC-N),SIEMENS 公司的 SINUMERIK 810、SINUMERIK 820,A—B 公司的 8200、8400、8600 等。

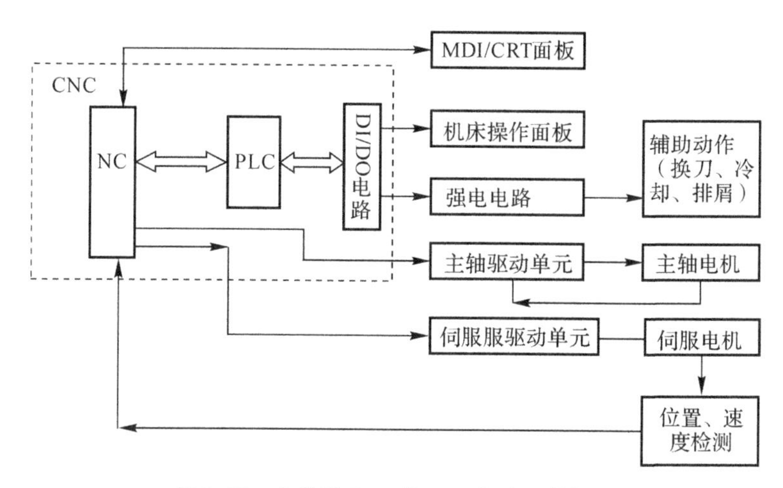

图 3.12　内装型 PLC 的 CNC 机床系统框图

2. 独立型 PLC

独立型 PLC 又称通用型 PLC。独立型 PLC 是独立于 CNC 装置,具有完备的硬件和软件功能,能够独立完成规定控制任务的装置。图 3.13 所示为具有独立型 PLC 的 CNC 机床系统框图。独立型 PLC 具有如下特点。

(1)独立型 PLC 具有的基本功能结构:CPU 及其控制电路、系统程序存储器、用户程序存储器、I/O 接口电路、与编程机等外部设备通信的接口和电源等。

(2)独立型 PLC 一般采用积木式模块化结构或笼式插板式结构,各功能电路多做成独立的模块或印制电路板,具有安装方便、功能易于扩展和变更等优点。例如:可采用通信模块与外部 I/O 设备、编程设备、上位机、下位机等进行数据交换;采用 D/A 模块可以对外部伺服装置直接进行控制;采用计数模块可以对加工工件数量、刀具使用次数、回转体回转分度数等进行检测和控制;采用定位模块可以直接对诸如刀库、转台、直线运动轴等机械运动部件或装置进行控制。

(3)独立型 PLC 的输入/输出点数可以通过 I/O 模块或插板的增减灵活配置。有的独立型 PLC 还可通过多个远程终端连接器构成有大量输入/输出点的网络,以实现大范围的集中控制。

国内已引进应用的独立型 PLC 有:SIEMENS 公司的 SIMATIC S7 系列产品、A-B 公司的 PLC 系列产品、FANUC 公司的 PMC－J 等。

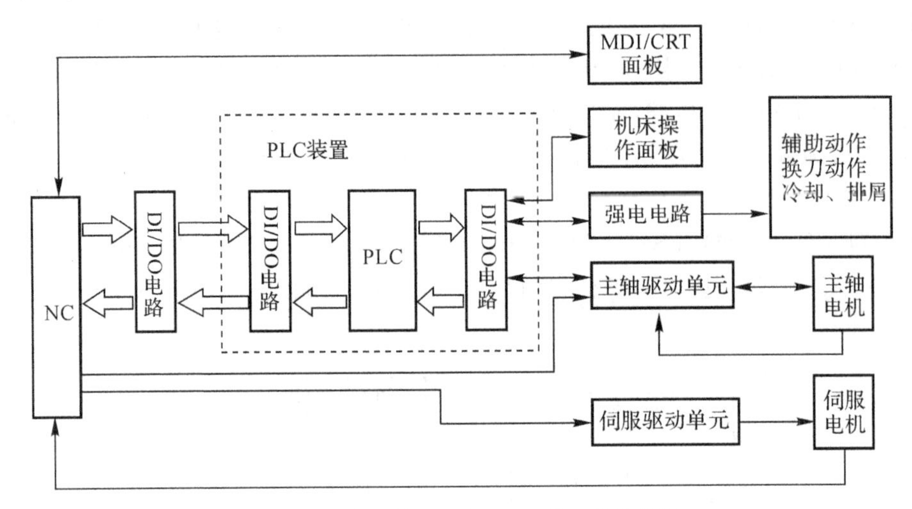

图 3.13　独立型 PLC 的 CNC 机床系统框图

3.2.6　PLC 在数控机床上的应用实例

数控机床的 PLC 提供了完整的语言，利用编程语言，按照不同的控制要求可编制不同的控制程序。梯形图方法是当前应使用最广泛的编程方法，在形式上类似于继电器控制电路图，简单、直观、易读、好懂。数控机床中的 PLC 编程步骤如下：

(1)确定控制对象。

(2)制作输入和输出信号电路原理图、地址表和 PLC 数据表。

(3)在分析数控机床工作原理或动作顺序的基础上，用流程图、时序图等描述信号与机床运动之间的逻辑顺序关系，设计制作梯形图。

(4)把梯形图转换成指令表的格式，然后用编程器键盘写入顺序程序，接下来用仿真装置或模拟台进行调试、修改。

(5)将经过反复调试并确认无误的顺序程序固化到 EPROM 中，并将程序存入软盘或光盘，同时整理出有关图纸及维修所需资料。

表 3－2 中列出了 FANUC 系列梯形图的图形符号。

表 3－2　FANUC 系列梯形图的图形符号

<table>
<tr><th>符　号</th><th>说　明</th><th>符　号</th><th>说　明</th></tr>
<tr><td>A ─┤├─</td><td rowspan="2">PLC 中的继电器触点，A 为常开，B 为常闭</td><td>A ─┫├─</td><td rowspan="2">从 CNC 侧输入信号，A 为常开，B 为常闭</td></tr>
<tr><td>B ─┤/├─</td><td>B ─┫/├─</td></tr>
<tr><td>A</td><td rowspan="2">PLC 中的定时器触点 A 为常开，B 为常闭</td><td>─○─</td><td>PLC 中的继电器线圈</td></tr>
<tr><td>B</td><td>─◯─</td><td>输出到 CNC 侧的继电器线圈</td></tr>
</table>

续表

符　号	说　明	符　号	说　明
A	从机床侧(包括机床操作面板)输入信号，A 为常开，B 为常闭		输出到机床侧的继电器线圈
B			PLC 中定时器线圈

下面以数控机床主轴定向控制为例说明 PLC 在数控机床中的应用。

在数控机床进行加工时，自动交换刀具或精镗孔都要用到主轴定向功能。图 3.14 为主轴定向功能的 PLC 控制梯形图。

图 3.14 中 AUTO 为自动工作状态信号，手动时 AUTO 为“0”，自动时为“1”；M06 是换刀指令，M19 是主轴定向指令，这两个信号并联作主轴定向控制的控制信号；RST 为 CNC 系统的复位信号；ORCM 为主轴定向继电器；ORAR 为从机床输入的定向到位信号。另外，这里还设置了定时器 TMR 功能，来检测主轴定向是否在规定时间内完成。通过手动数据输入(MDI) 面板在监视器上设定 4.5s 的延时数据，并存储在第 203 号数据存储单元。当在 4.5s 内不能完成定向控制时，将发出报警信号。R1 为报警继电器。图中的梯形图符号边的数据表示 PLC 内部存储器的单元地址，如 200.7 表示数据储存器中第 200 号存储单元的第 7 位，这些地址可以由 PLC 程序编制人员根据需要来指定。

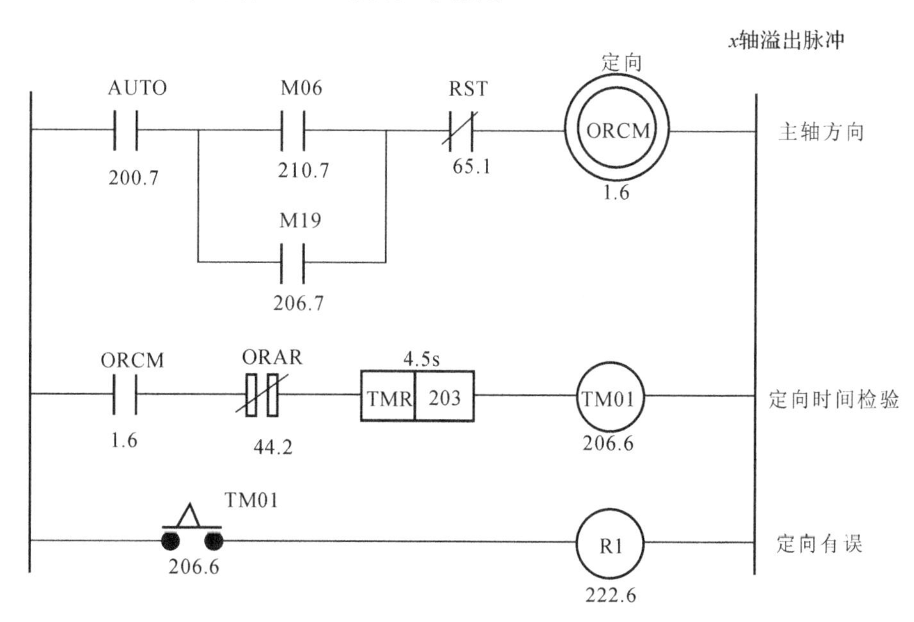

图 3.14　数控机床主轴定向控制

本节思考题

1. 常规的 CNC 系统软件有哪几种结构模式?

2. 可编程逻辑控制器(PLC)与传统的继电器逻辑控制器(RLC)有什么区别? 它的主要功能有哪些?

3.3 CNC 装置的插补原理

本节学习要求

理解数控装置的插补原理。

内容导入

在数控加工过程中，数控系统要解决刀具或工件运动轨迹的控制问题，那么在以硬件为基础软件的数控装置中，其工作原理是什么？

插补是指数据点密化的过程。在对数控系统输入有限坐标点（例如起点、终点）的情况下，计算机根据线段的特征（直线、圆弧、椭圆等），运用一定的算法，自动地在有限坐标点之间生成一系列的坐标数据，从而自动地对各坐标轴进行脉冲分配，完成整个线段的轨迹运行，使机床加工出所要求的轮廓曲线。大多数 CNC 系统一般都具有直线和圆弧插补功能。图 3.15 所示为直线插补。对于非直线或圆弧组成的轨迹，可以用小段的直线或圆弧来拟合。只有在某些要求较高的系统中，才具有抛物线、螺旋线插补功能。对于轮廓控制系统来说，插补是最重要的计算任务，插补程序的运行时间和计算精度影响着整个 CNC 系统的性能指标，可以说插补是整个 CNC 系统控制软件的核心。目前普遍应用的插补算法可分为两大类：一类是基准脉冲插补，另一类是数据采样插补。本节只讲述基准脉冲插补。

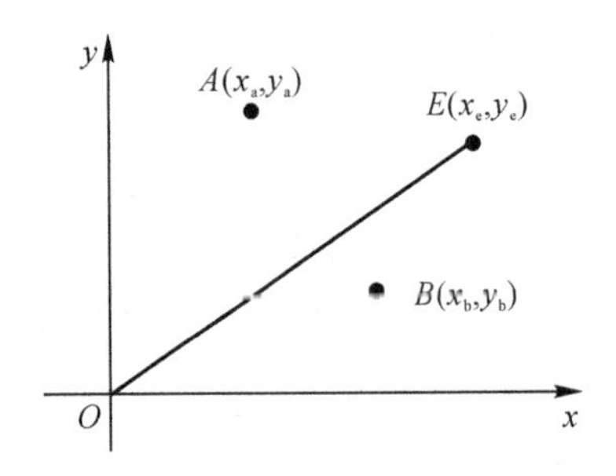

图 3.15 逐点比较法直线插补

基准脉冲插补又称脉冲增量插补或行程标量插补。该插补算法主要为各坐标轴进行脉冲分配计算。其特点是每次插补的结束仅产生一个行程增量，以一个个脉冲的方式输出给步进电动机。基准脉冲插补在插补计算过程中不断向各个坐标发出相互协调的进给脉冲，驱动各坐标轴的电动机运动。在数控系统中，一个脉冲所产生的坐标轴位移量叫做脉冲当量，通常用 d 表示。脉冲当量 d 是脉冲分配的基本单位，按机床设计的加工精度选定。普通精度的机床取 $d=0.01$ mm，较精密的机床取 $d=0.001$ mm 或 0.005 mm。基准脉冲插补通常有逐点比较法和数字积分法等。

3.3.1 逐点比较法插补

1. 逐点比较法的直线插补

逐点比较法的基本原理是被控对象在按要求的轨迹运动时，每走一步都要与规定的轨迹进行比较，由此结果决定下一步移动的方向。每次仅向一个坐标轴输出一个进给脉冲，而每走一步都要通过偏差函数计算，判断偏差点的瞬时坐标同规定加工轨迹之间的偏差，然后决定下一步的进给方向。每个插补循环由偏差判别、进给、偏差函数计算和终点判别4个步骤组成。逐点比较法既可以作直线插补又可以作圆弧插补。这种算法的特点是运算直观，最大插补误差不大于一个脉冲当量，输出脉冲均匀，且输出脉冲的速度变化小，调节方便。

(1)逐点比较法的直线插补原理。在图3.15所示的 xOy 平面第一象限内有直线段 OE，以原点为起点，以 $E(x_e,x_e)$ 为终点，直线方程为

$$\frac{x}{y}=\frac{x_e}{y_e}$$

改写为

$$yx_e-xy_e=0$$

如果加工轨迹脱离直线，则轨迹点的 x、y 坐标不满足上述直线方程。在第一象限中，对位于直线上方的点 A，则有

$$y_a x_e-x_a y_e>0$$

对位于直线下方的点 B，则有

$$y_b x_e-x_b y_e<0$$

令 $F=yx_e-xy_e$（“直线插补偏差判别式”或“偏差判别函数”），F 的数值称为“偏差”，则有：

当加工点落在直线上时，$F=0$；

当加工点落在直线上方时，$F>0$；

当加工点落在直线下方时，$F<0$。

按照“靠近曲线，指向终点”的插补原则，依次控制刀具的进给方向，且规定 $F_{i+1,j}=0$ 和 $F_{i+1,j}>0$ 情况一同考虑。

1)若 $F_{i,j}\geqslant 0$，则向 $+x$ 轴发出一进给脉冲，到达一个新的加工点 $P(x_{i+1},\ y_j)$，此时 $x_{i+1}=x_{i+1}$，则新加工点的 $P(x_{i+1},\ y_j)$ 的偏差判别函数 $F_{i+1,j}$ 为

$$F_{i+1,j}=x_e y_j-(x_i+1)y_e=x_e y_j-x_i y_e+x_e=F_{i,j}-y_e \tag{3-1}$$

2)若 $F_{i,j}<0$，加工点向 $+Y$ 轴进给一进给脉冲当量，到达一个新的加工点 $P(x_i,\ y_{j+1})$，此时 $y_{j+1}=y_j+1$，则新加工点的 $P(x_i,\ y_{j+1})$ 的偏差判别函数 $F_{i,\ j+1}$ 为

$$F_{i+1,j}=x_e(y_j+1)-x_i y_e=x_e y_j-x_i y_e+x_e=F_{i,j}-y_e \tag{3-2}$$

由式(3-1)及式(3-2)可见，新加工点的偏差值完全可以用前一点的偏差递推出来。

(2)节拍控制和运算程序流程图。在逐点比较法直线插补的全过程，每走一步要进行以下4个节拍。

第一节拍——偏差判别：判别刀具当前位置相对于给定轮廓的偏离情况，以此决定刀具移动方向。

第二节拍——进给：根据偏差判别结果，控制刀具相对于工件轮廓进给一步，即向给定的轮廓靠拢，减小偏差。

第三节拍——偏差计算：由于刀具进给已改变了位置，因此应计算出刀具当前位置的新偏

差，为下一次判别做准备。

第四节拍——终点判别：判别刀具是否已到达被加工轮廓线段的终点。若已到达终点，则停止插补；若未到达终点，则继续插补。

不断重复上述4个节拍就可以加工出所要求的直线。系统在处理时，每插补一次总步数减1，直到总步数为0，即到达直线的终点，插补结束。总步数 n 存入系统终点判别寄存器内。总步数 $n=|y_e|+|x_e|$。

(3)不同象限的直线插补。对第二象限，只要将式(3-2)用 $|x|$ 取代 x，就可以变换到第一象限，至于输出驱动，应使 x 轴向步进电动机反向旋转，而 y 轴步进电动机仍为正向旋转。

同理，第三、四象限的直线也可以变换到第一象限。插补运算时，将式(3-1)和式(3-2)用 $|x|$ 和 $|y|$ 代替 x、y。输出驱动则是：在第三象限，点在直线上方，向 $-y$ 方向进给，点在直线下方，向 $-x$ 方向进给；在第四象限，点在直线上方，向 $-y$ 方向进给，点在直线下方，向 $+x$ 方向进给。四个象限的进给方向如图3.16所示。

现将直线4种情况的偏差计算及进给方向列于表3-3中，其中用L表示直线，四个象限分别用数字1、2、3、4标注。

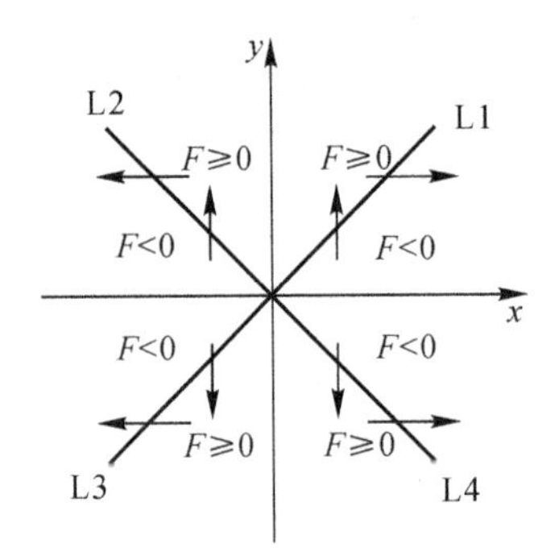

图3.16　直线插补在四个象限中的进给方向

表3-3　xOy 平面内直线插补的进给与偏差计算

线　型	偏　差	偏差计算	进给方向与坐标
L1,L4	$F\geqslant0$	$F\leftarrow F-\lvert y_e\rvert$	$+x$
L2,L3	$F\geqslant0$		$-x$
L1,L2	$F<0$	$F\leftarrow F-\lvert x_e\rvert$	$+y$
L3,L4	$F<0$		$-y$

(4)直线插补举例。

【例3.1】设欲加工第一象限直线 OE，终点坐标为 $x_e=5$，$y_e=3$，试用逐点比较法插补该直线。

解：总步数 $n=5+3=8$。

开始时刀具在直线起点，即在直线上，故 $F_0=0$，表3-4列出了直线插补运算过程。

表 3-4　直线插补运算过程

序 号	偏差判别	坐标进给	偏差计算	终点判别
0			$F_0=0$	$n=5+3=8$
1	$F_0=0$	$+x$	$F_1=F_0-y_e=0-3=-3$	$n=8-1=7$
2	$F_1<0$	$+y$	$F_2=F_1+x_e=-3+5=2$	$n=7-1=6$
3	$F_2>0$	$+x$	$F_3=F_2-y_e=2-3=-1$	$n=6-1=5$
4	$F_3<0$	$+y$	$F_4=F_3+x_e=-1+5=4$	$n=5-1=4$
5	$F_4>0$	$+x$	$F_5=F_4-y_e=4-3=1$	$n=4-1=3$
6	$F_5>0$	$+x$	$F_6=F_5-y_e=1-3=-2$	$n=3-1=2$
7	$F_6<0$	$+y$	$F_7=F_6+x_e=-2+5=3$	$n=2-1=1$
8	$F_7>0$	$+x$	$F_8=F_7-y_e=3-3=0$	$n=1-1=0$

2. 逐点比较法圆弧插补

(1)逐点比较法的圆弧插补原理。加工一个圆弧，很容易令人想到用加工点到圆心的距离与该圆弧的名义半径相比较来反映加工偏差。设要加工图 3.17 所示的第一象限逆时针走向的圆弧 AB，半径为 R，以原点为圆心，起点坐标为 $A(x_0,y_0)$，在 xOy 坐标平面第一象限中，点 $P(x_i,y_j)$的加工偏差有以下 3 种情况。

若加工点 $P(x_i,y_j)$正好落在圆弧上，则下式成立，即

$$x_i^2+y_j^2=x_0^2+y_0^2=R^2 \text{ 或 } x_i^2+y_j^2-R^2=0$$

若加工点 $P(x_i,y_j)$正好落在圆弧外，则 $R_P>R$，即

$$x_i^2+y_j^2>R^2 \text{ 或 } x_i^2+y_j^2-R^2>0$$

若加工点 $P(x_i,y_j)$正好落在圆弧内，则 $R_P<R$，即

$$x_i^2+y_j^2<R^2 \text{ 或 } x_i^2+y_j^2-R^2<0$$

令偏差判别函数为

$$F_{i,j}=x_i^2+y_j^2-R^2$$

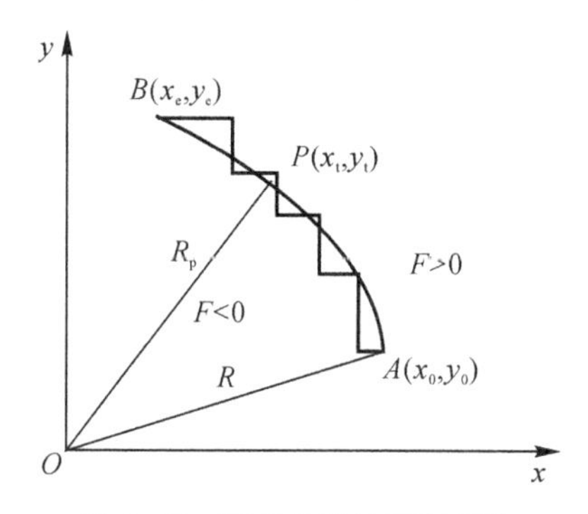

图 3.17　逐点比较法圆弧插补

按照“靠近曲线，指向终点”的插补原则，若点 $P(x_i,y_j)$在圆弧外侧或圆弧上，即满足 $F_{i,j}\geqslant 0$ 的条件时，向 x 轴发出一负向运动的进给脉冲；若点 $P(x_i,y_j)$在圆弧内侧，即满足

$F_{i,j}<0$ 的条件时，则向 y 轴正方向发出一进给脉冲。

1）当 $F_{i,j}\geqslant 0$ 时，加工点 $P(x_i,\ y_j)$ 正好落在圆弧上或圆弧外，加工点向 $-x$ 方向进给一个脉冲当量，即向趋近圆弧的圆内方向进给，达到新的加工点 $P_{i-1,j}$，此时 $x_{i-1}=x_i-1$，则新加工点 $P_{i-1,j}$ 的偏差判别函数 $F_{i-1,j}$ 为

$$F_{i-1,j}=x_{i-1}^2+y_j^2-R^2=(x_i-1)^2+y_j^2-R^2=(x_i^2+y_j^2-R^2)-2x_i+1=F_{i,j}-2x_i+1 \tag{3-3}$$

2）当 $F_{i,j}<0$ 时，加工点 $P(x_i,y_j)$ 正好落在圆弧内，加工点向 $+y$ 方向进给一个脉冲当量，即向趋近圆弧的圆外方向进给，达到新的加工点 $P_{i,j+1}$，此时 $y_{j+1}=y_j+1$，则新加工点 $P_{i,j+1}$ 的偏差判别函数 $F_{i,j+1}$ 为

$$F_{i,j+j}=x_{i-1}^2-y_{-j+1}^2R^2=(y_j+1)^2+x_i^2-R^2=(x_i^2+y_j^2-R^2)+2y_j+1=F_{i,j}+2y_j+1 \tag{3-4}$$

同理可推出插补第一象限顺圆弧偏差判别函数。

3）当 $F_{i,j}\geqslant 0$ 时，加工点 $P(x_i,\ y_j)$ 正好落在圆弧上或圆弧外，加工点向 $-y$ 方向进给一个脉冲当量，即向趋近圆弧的圆内方向进给，到达新的加工点 $P_{i,j-1}$，此时 $y_{j-1}=x_j-1$，则新加工点 $P_{i,j-1}$ 的偏差判别函数 $F_{i,j-1}$ 为

$$F_{i,j-1}=F_{i,j}-2y_j+1 \tag{3-5}$$

4）当 $F_{i,j}<0$ 时，加工点 $P(x_i,\ y_j)$ 正好落在圆弧内侧，加工点向 $+x$ 方向进给一个脉冲当量，即向趋近圆弧的圆外方向进给，到达新的加工点 $P_{i+1,j}$，此时 $x_{i+1}=x_i+1$，则新加工点 $P_{i+1,j}$ 的偏差判别函数 $F_{i+1,j}$ 为

$$F_{i+1,j}=F_{i,j}+2x_i+1 \tag{3-6}$$

由式(3-3)～式(3-6)可以看出，新加工点的偏差值可以用前一点的偏差值递推出来。递推法把圆弧偏差运算式由二次方运算化为加法和乘 2 运算，而对二进制来说，乘 2 运算是容易实现的。

圆弧插补运算每进给一步也需要进行偏差判别、进给、偏差计算、终点判断 4 个工作节拍。插补总步数 $n=|x_e-x_0|+|y_e-y_0|$。

(2)圆弧插补举例。

【例 3.2】设有第一象限逆圆弧 AB，起点为 $A(5,0)$，终点为 $B(0,5)$，用逐点比较法插补 AB 。

解：$n=|5-0|+|0-5|=10$。

开始加工时刀具在起点，即在圆弧上，$F_0=0$。圆弧插补运算过程见表 3-5，插补轨迹如图 3.18 所示。

表 3-5　圆弧插补运算过程

序号	偏差判别	进给	偏差计算		终点判别
0			$F_0=0$	$x_0=5,\ y_0=0$	$n=10$
1	$F_0=0$	$-\Delta x$	$F_1=F_0-2x+1=0-2\times5+1=-9$	$x_1=4,\ y_1=0$	$n=10-1=9$
2	$F_1<0$	$+\Delta y$	$F_2=F_1+2y+1=-9+2\times0+1=-8$	$x_2=4,\ y_2=1$	$n=8$
3	$F_2<0$	$+\Delta y$	$F_3=-8+2\times1+1=-5$	$x_3=4,\ y_3=2$	$n=7$

续表

序号	偏差判别	进给	偏差计算		终点判别
4	$F_3<0$	$+\Delta y$	$F_4=-5+2\times2+1=0$	$x_4=4$，$y_4=3$	$n=6$
5	$F_4=0$	$-\Delta x$	$F_5=0-2\times4+1=-7$	$x_5=3$，$y_5=3$	$n=5$
6	$F_5<0$	$+\Delta y$	$F_6=-7+2\times3+1=0$	$x_6=3$，$y_6=4$	$n=4$
7	$F_6=0$	$-\Delta x$	$F_7=0-2\times3+1=-5$	$x_7=2$，$y_7=4$	$n=3$
8	$F_7<0$	$+\Delta y$	$F_8=-5+2\times4+1=4$	$x_8=2$，$y_8=5$	$n=2$
9	$F_8>0$	$-\Delta x$	$F_9=4-2\times2+1=1$	$x_9=1$，$y_9=5$	$n=1$
10	$F_9>0$	$-\Delta x$	$F_{10}=1-2\times1+1=0$	$x_{10}=0$，$y_{10}=5$	$n=0$

(3)圆弧插补的象限处理与坐标变换。

1)圆弧插补的象限处理。上面仅讨论了第一象限的逆圆弧插补，实际上圆弧所在的象限不同，顺逆不同，则插补公式和进给方向均不同。圆弧插补有 8 种情况，如图 3.19 所示。

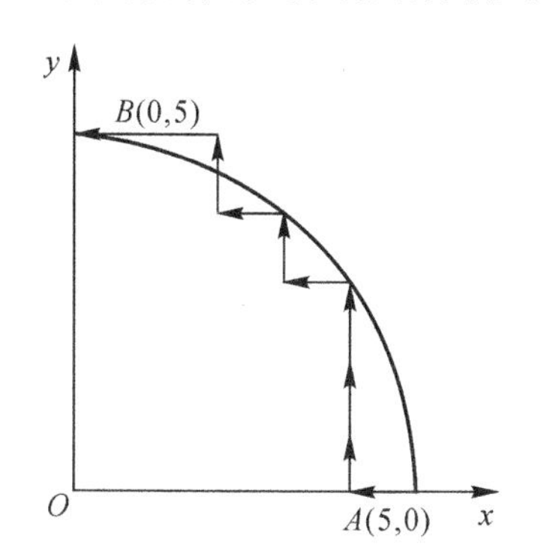

图 3.18　圆弧插补轨迹

图 3.19　圆弧插补在 4 个象限中的 8 种进给方向

现将圆弧插补 8 种情况的偏差计算及进给方向列于表 3-6 中，其中用 R 表示圆弧，S 表示顺时针，N 表示逆时针，4 个象限分别用数字 1、2、3、4 标注，例如 SR1 表示第一象限顺圆，NR3 表示第三象限逆圆。

表 3-6　xOy 平面内圆弧插补的进给方向与偏差计算

线　型	偏　差	偏差计算	进给方向与坐标
SR2,NR3	$F\geqslant0$	$F\leftarrow F+2x+1$	$+\Delta x$
SR1,NR4	$F<0$	$x\leftarrow x+1$	
NR1,SR4	$F\geqslant0$	$F\leftarrow F-2x+1$	$-\Delta x$
NR2,SR3	$F<0$	$x\leftarrow x-1$	
NR4,SR3	$F\geqslant0$	$F\leftarrow F+2y+1$	$+\Delta y$
NR1,SR2	$F<0$	$y\leftarrow y+1$	
SR1,NR2	$F\geqslant0$	$F\leftarrow F-2y+1$	$-\Delta y$
NR3,SR4	$F<0$	$y\leftarrow y-1$	

2)圆弧自动过象限。所谓圆弧自动过象限，是指圆弧的起点和终点不在同一象限内，如图3.20所示。为实现一个程序段的完整功能，需设置圆弧自动过象限功能。要完成过象限功能，首先应判别何时过象限。过象限有一显著特点，就是过象限时刻正好是圆弧与坐标轴相交的时刻，因此在两个坐标值中必有一个为零，判断是否过象限只要检查是否有坐标值为零即可。过象限后，圆弧线型也改变了，以图3.19为例，由SR2变为SR1。但过象限时象限的转换是有一定规律的。当圆弧起点在第一象限时，逆时针圆弧过象限后转换顺序是NR1→NR2→NR3→NR4→NR1，每过一次象限，象限顺序号加1，当从第四象限向第一象限过象限时，象限顺序号从4变为1；顺时针圆弧过象限的转换顺序是SR1→SR4→SR3→SR2→SR1，即每过一次象限，象限顺序号减1，当从第一象限向第四象限过象限时，象限顺序号从1变为4。

3)坐标变换。前面所述的逐点比较法插补是在 xOy 平面中讨论的。对于其他平面的插补可采用坐标变换方法实现。用 y 代替 x、z 代替 y，即可实现 yOz 平面内的直线和圆弧插补；用 z 代替 y 而 x 坐标不变，就可以实现 xOz 平面内的直线与圆弧插补。

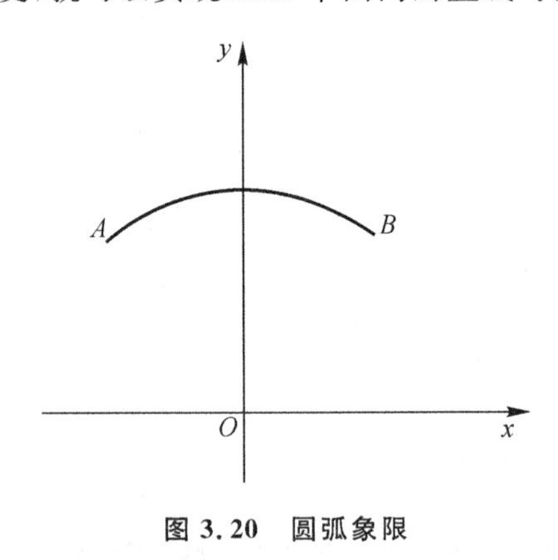

图3.20 圆弧象限

3.3.2 数字积分法插补

1.数字积分法的基本原理

数字积分法又称数字微分分析法(Digital Differential Analyzer，DDA)。这种插补方法可以实现一次、二次，甚至高次曲线的插补，也可以实现多坐标联动控制。只要输入不多的几个数据，就能加工出圆弧等形状较为复杂的轮廓曲线。作直线插补时，脉冲分配也较均匀。从几何概念上来说，函数 $y=f(t)$ 的积分运算就是求函数曲线所包围的面积 S，如图3.21所示。

$$S=\int_0^t y\ \mathrm{d}t \tag{3-7}$$

此面积可以看作许多长方形小面积之和，长方形的宽为自变量 Δt，高为纵坐标 y_i，则

$$S=\int_0^t y\ \mathrm{d}t=\sum_{i=0}^{n} y_i \Delta t \tag{3-8}$$

这种近似积分法称为矩形积分法，该公式又称为矩形公式。进行数学运算时，如果取 $\Delta t=1$，即一个脉冲当量，式(3-6)可以简化为

$$S=\sum_{i=0}^{n} y_i \tag{3-9}$$

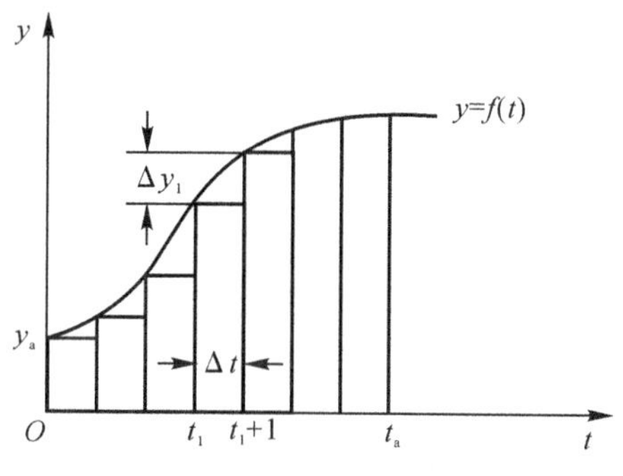

图 3.21 函数 $y=f(t)$的积分

由此,函数的积分运算变成了变量求和运算。如果所选取的脉冲当量足够小,则用求和运算来代替积分运算所引起的误差一般不会超过允许的数值。

2.DDA 直线插补

(1)DDA 直线插补原理。

设 xOy 平面内直线 OA,起点(0,0),终点为(x_e,y_e),如图 3.22 所示。若以匀速 v 沿 OA 位移,则 v 可分为动点在 x 轴和 y 轴方向的两个速度 V_x、V_y,根据前述积分原理计算公式,在 x 轴和 y 轴方向上微小位移增量 Δx、Δy 应为

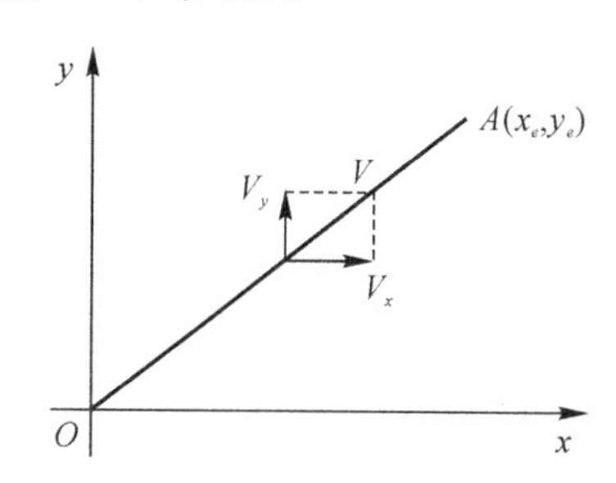

图 3.22 数字积分法直线插补

$$\left.\begin{aligned}\Delta x=v_x\Delta t\\ \Delta y=v_y\Delta t\end{aligned}\right\}\tag{3-10}$$

对于直线函数来说,则有

$$\frac{v}{L}=\frac{v_x}{x_e}=\frac{v_y}{y_e}=k\tag{3-11}$$

式中:k——比例系数;

L——直线长度。

由式(3-11)可得

$$\left.\begin{aligned}v_x=kx_e\\ v_y=ky_c\end{aligned}\right\}\tag{3-12}$$

将式(3-12)代入(3-10),得到坐标轴的位移增量为

$$\left.\begin{aligned}\Delta x=kx_e\Delta t\\ \Delta y=ky_e\Delta t\end{aligned}\right\}\tag{3-13}$$

各坐标轴的位移量为

$$\left.\begin{aligned} x &= \int_0^t kx_e \mathrm{d}t = \sum_{i=1}^{n} kx_e \Delta t \\ y &= \int_0^t ky_e \mathrm{d}t = \sum_{i=1}^{n} ky_e \Delta t \end{aligned}\right\} \tag{3-14}$$

所以,动点从原点走向终点的过程,可以看作是各坐标轴每经过一个单位时间间隔 Δt,分别以增量 kx_e、ky_e 同时累加的过程。据此可以作出直线插补原理图,如图 3.23 所示。

平面直线插补器由两个数字积分器组成,每个坐标的积分器由累加器和被积函数寄存器组成。终点坐标值存在被积函数寄存器中,Δt 相当于插补控制脉冲源发出的控制信号。每发生一个插补迭代脉冲(即来一个 Δt),被积函数 kx_e 和 ky_e 向各自的累加器里累加一次,累加的结果有无溢出脉冲 Δx(或 Δy),取决于累加器的容量和 kx_e 或 ky_e 的大小。假设经过 n 次累加后(取 $\Delta t=1$),x 和 y 分别(或同时)到达终点(x_e,y_e),则式(3-12)成立,即

$$\left.\begin{aligned} x &= \sum_{i=1}^{n} kx_e \Delta t = kx_e n = x_e \\ y &= \sum_{i=1}^{n} kx_e \Delta t = ky_e n = y_e \end{aligned}\right\} \tag{3-15}$$

由此得到 $nk=1$,即 $n=1/k$。

由于 n 必须是整数,所以 k 一定是小数。k 的选择主要考虑每次增量 Δx 或 Δy 不大于 1,以保证坐标轴上每次分配的进给脉冲不超过一个,即

$$\left.\begin{aligned} \Delta x &= kx_e < 1 \\ \Delta y &= ky_e < 1 \end{aligned}\right\} \tag{3-16}$$

若取寄存器位数为 N 位,则 x_e 及 y_e 的最大寄存器容量为 2^N-1,故有

$$\left.\begin{aligned} \Delta x &= kx_c = k(2^N-1) < 1 \\ \Delta y &= ky_e = k(2^N-1) < 1 \end{aligned}\right\} \tag{3-17}$$

所以

$$k < \frac{1}{2^N-1}$$

一般取

$$k = \frac{1}{2^N}$$

因此,累加次数为

$$n = \frac{1}{k} = 2^N$$

因为 $k=1/2^N$,对于一个二进制数来说,使 kx_e(或 ky_e)等于 x_e(或 y_e)乘以 $1/2^N$ 是很容易实现的,即 x_e(或 y_e)数字本身不变,只要把小数点左移 N 位即可。所以一个 N 位的寄存器存放 x_e(或 y_e)和存放 kx_e(或 ky_e)的数字是相同的,只是后者的小数点出现在最高位数 N 前面,其他没有差异。

DDA 直线插补的终点判别较简单,因为直线程序段需要进行 2^N 次累加运算,进行 2^N 次累加后就一定到达终点,故可由一个与积分器中寄存器容量相同的终点计数器 J_E 实现,其初

值为零。每累加一次，J_E 加 1，当累加 2^N 次后，产生溢出，使 $J_E=n$，完成插补。

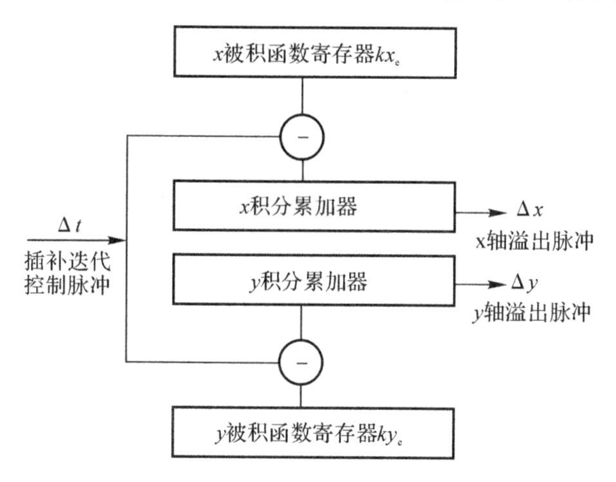

图 3.23　xOy 平面直线插补原理图

(2)DDA 直线插补软件流程。

用 DDA 进行插补时，x 和 y 两坐标可同时进给，即可同时送出 Δx、Δy 脉冲，同时每累加一次，要进行一次终点判断。软件流程如图 3.24 所示，其中 J_{V_x}、J_{V_y} 为积分函数寄存器，J_{R_x}、J_{R_y} 为余数寄存器，J_E 为终点计数器。

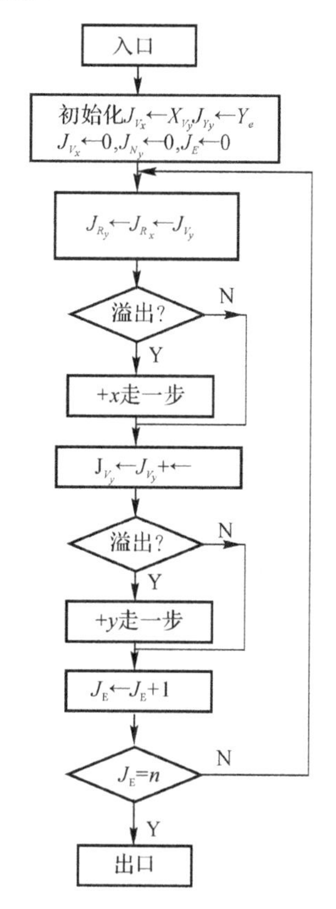

图 3.24　DDA 直线插补软件流程

(3)DDA直线插补举例。

【例3.3】设有一直线OA,起点在坐标原点,终点的坐标为(4,6)。试用DDA直线插补此直线。补轨迹如图3.25所示。

解:$J_{V_x}=4$,$J_{V_y}=6$,选寄存器位数$N=3$,则累加次数$n=2^3=8$,运算过程见表3-7。

表3-7 DDA直线插补运算过程

累加次数 n	x积分器 $J_{R_x}+J_{V_x}$	溢出 Δx	y积分器 $J_{R_y}+J_{V_y}$	溢出 Δy	终点判断 J_E
0	0	0	0	0	0
1	0+4=4	0	0+6=6	0	1
2	4+4=8+0	1	6+6=8+4	1	2
3	0+4=4	0	4+6=8+2	1	3
4	4+4=8+0	1	2+6=8+0	1	4
5	0+4=4	0	0+6=6	0	5
6	4+4=8+0	1	6+6=8+4	1	6
7	0+4=4	0	4+6=8+2	1	7
8	4+4=8+0	1	2+6=8+0	1	8

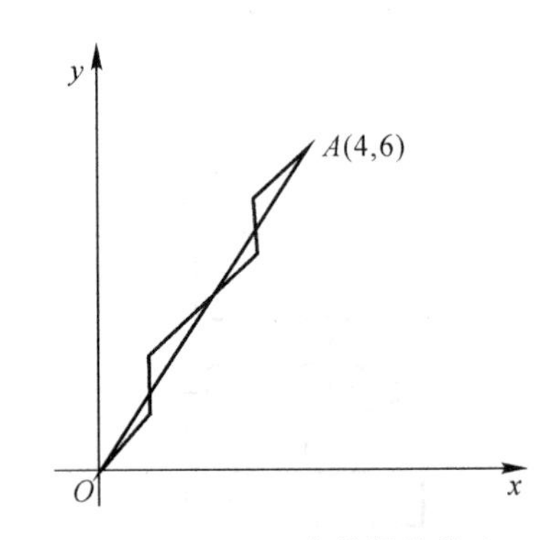

图3.25 DDA直线插补轨迹

3. DDA圆弧插补

(1)DDA圆弧插补原理。从上面的叙述可知,DDA直线插补的物理意义是使动点沿速度矢量的方向前进,这同样适合于圆弧插补。以第一象限为例,设圆弧AE,半径为R,起点$A(x_0,y_0)$,终点$E(x_e,y_e)$,$P(x_i,y_i)$为圆弧上的任意动点,动点移动速度为v,分速度为v_x和v_y,如图3.26所示。

v恒定不变时,则有

$$\frac{v}{R}=\frac{v_x}{y_j}=\frac{v_y}{x_i}=k$$

由式(3-18)可得

$$\left.\begin{aligned} v_x &= k y_j \\ v_y &= k x_i \end{aligned}\right\} \tag{3-19}$$

当刀具沿圆弧切线方向均速进给，即 v 为恒定时，可以认为比例常数 k 为常数。在一个单位时间间隔 Δt 内，x 和 y 方向上的移动距离微小增量 Δx、Δy 为

$$\left.\begin{aligned} \Delta x &= v_x \Delta t = k y_j \Delta t \\ \Delta y &= v_y \Delta t = k x_i \Delta t \end{aligned}\right\} \tag{3-20}$$

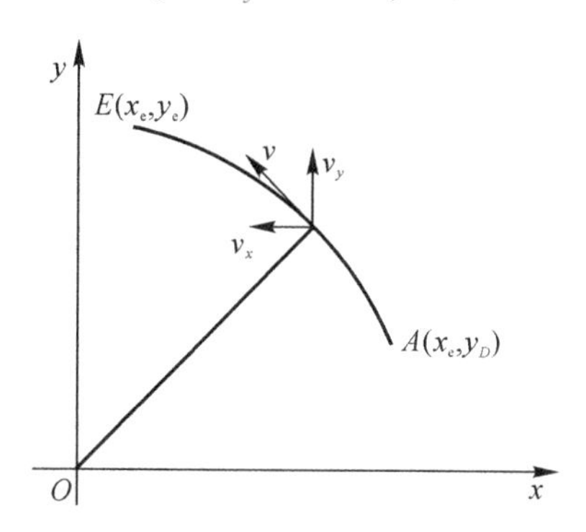

图 3.26　第一象限逆圆 DDA 插补

根据式(3-20)，仿照直线插补的方法，用两个积分器来实现圆弧插补，如图 3.27 所示。

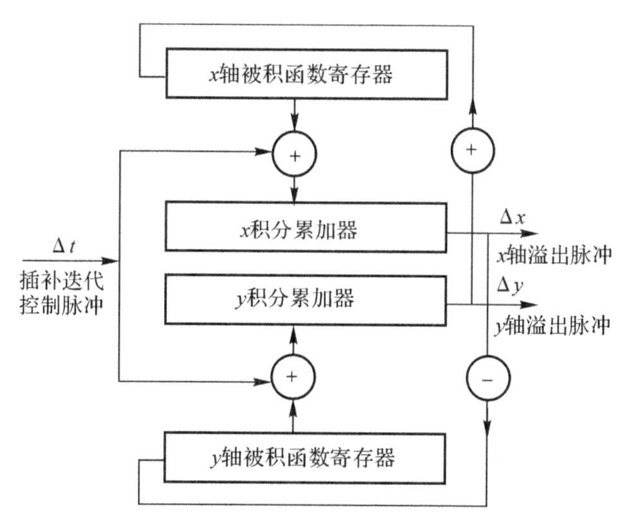

图 3.27　DDA 圆弧插补原理框图

必须注意 DDA 圆弧插补与直线插补的区别：

1)坐标值 x_i、y_j 存入被积函数器 J_{V_x}、J_{V_y} 的对应关系与直线不同，即 x_i 不是存入 J_{V_x} 而是存入 J_{V_y}，y_j 不是存入 J_{V_y} 而是存入 J_{V_x}；

2)直线插补时 J_{V_x}(或 J_{V_y})，寄存的是终点坐标 x_e(或 y_e)，是常数，而在 DDA 圆弧插补时寄存的是动点坐标，是变量。因此在刀具移动过程中必须根据刀具位置的变化来更改寄从器中的 J_{V_x} 和 J_{V_y} 中的内容。在起点时，J_{V_x} 和 J_{V_y} 分别寄存点坐标 y_0、x_0。对于第一象限，在插补过程中，J_{R_y} 每溢出一个 Δy 脉冲，J_{V_x} 应该加“1”；反之，J_{R_x} 每溢出一个 Δx 脉冲，

J_{V_y}应该减"1"。减"1"的原因是刀具在逆圆运动时 x 坐标作负方向进给，动点坐标不断减少；J_{V_x} 和 J_{V_y} 是加 1 还是减 1，取决于动点坐标所在象限及圆弧走向。

DDA 圆弧插补时，由于 x、y 方向到达终点的时间不同，需对 x 、y 两个坐标分别进行终点判断。实现这一点可利用两个终点计数器 J_{Ex} 和 J_{Ey} 把 x 、y 坐标所需输出的脉冲数 $|x_0-x_e|$、$|y_0-y_e|$分别存入这两个计数器中，x 或 y 积分累加器每输出一个脉冲，相应的减法计数器减 1，当某一个坐标的计数器为零时，说明该坐标已到达终点，停止该坐标的累加运算。当两个计数器均为零时，圆弧插补结束。

(2)DDA 圆弧插补举例。

【例 3.4】设有第一象限逆圆弧 AB ，起点 A (5,0)，终点 E (0,5)，设寄存器位数 N 为 3，试用 DDA 插补此圆弧。

解：$J_{V_x}=0$，$J_{V_y}=5$，寄存器容量为：$2^N=2^3=8$。运算过程见表 3-8，插补轨迹如图 3.28 所示。

表 3-8　DDA 圆弧插补运算过程

累加器 n	x 积分器				y 积分器			
	J_{V_x}	J_{R_x}	Δx	J_{Ex}	J_{V_y}	J_{R_y}	Δy	J_{Ey}
1	0	0	0	5	5	0	0	5
2	0	0	0	5	5	8+2	1	4
3	1	1	0	5	5	7	0	4
4	1	2	0	5	5	8+4	1	3
5	2	4	0	5	5	8+1	1	2
6	3	7	0	5	5	6	0	2
7	3	8+2	1	4	5	8+3	1	1
8	4	6	0	4	4	7	0	1
9	4	8+2	1	3	4	8+3	1	0
10	5	7	0	3	3	停	0	0
11	5	8+4	1	2	3	—	—	—
12	5	8+1	1	1	2	—	—	—
13	5	6	0	1	1	—	—	—
14	5	8+3	1	0	1	—	—	—
15	5	停	0	0	0	—	—	—

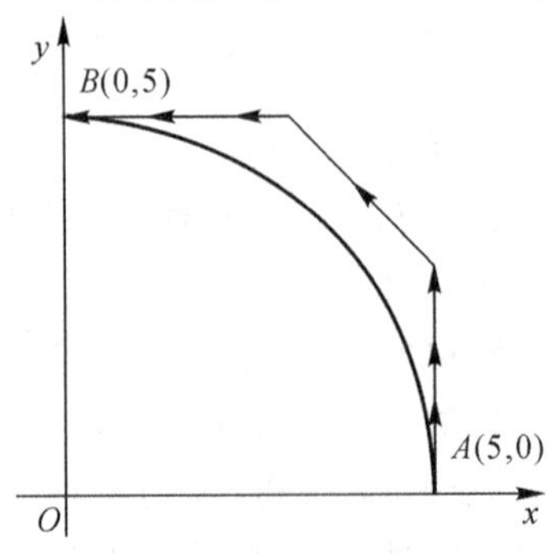

图 3.28　DDA 圆弧插补轨迹

(3)不同象限的脉冲分配。

不同象限的顺圆、逆圆的 DDA 插补运算过程和原理框图与第一象限逆圆基本一致。其不同点在于,控制各坐标轴的 Δx 和 Δy 的进给脉冲分配方向不同,以及修改 J_{V_x} 和 J_{V_y} 内容时,是"+1"还是"-1"要由 y 和 x 坐标的增减而定。各种情况下的脉冲分配方向及±1 修正方式见表 3-9。

表 3-9　DDA 圆弧插补时不同象限的脉冲分配及修正

	SR1	SR2	SR3	SR4	NR1	NR2	NR3	NR4
J_{V_x}	-1	+1	-1	+1	+1	-1	+1	-1
J_{V_y}	+1	-1	+1	-1	-1	+1	-1	+1
Δx	+	+	-	-	-	-	+	+
Δy	-	+	+	-	+	-	-	+

3.3.3　刀具半径补偿计算

刀具半径补偿计算就是要根据零件尺寸和刀具半径计算出刀具中心的运动轨迹。对于一般的 CNC 系统,其所能实现的轮廓控制仅限于直线和圆弧。对直线而言,刀具半径补偿后的刀具中心运动轨迹是一与原直线相平行的直线,因此直线轨迹的刀具半径补偿计算只需计算出刀具中心轨迹的起点和终点坐标。对于圆弧而言,刀具半径补偿后的刀具中心运动轨迹是一与原圆弧同心的圆弧。因此圆弧的刀具半径补偿计算只需计算出刀具补偿后圆弧起点和终点的坐标值以及刀具补偿后的圆弧半径值。有了这些数据,轨迹控制(直线或圆弧插补)就能够实施。刀具半径补偿方法从原理上有 B 刀具半径补偿和 C 刀具半径补偿。

1. B 刀具半径补偿

刀具半径补偿计算就是要根据零件尺寸和刀具半径计算出刀具中心的运动轨迹。对于一般的 CNC 系统,其所能实现的轮廓控制仅限于直线和圆弧。对直线而言,刀具半径补偿后的刀具中心运动轨迹是一与原直线相平行的直线,因此直线轨迹的刀具半径补偿计算只需计算出刀具中心轨迹的起点和终点坐标。对于圆弧而言,刀具半径补偿后的刀具中心运动轨迹是一与原圆弧同心的圆弧。因此圆弧的刀具半径补偿计算只需计算出刀具补偿后圆弧起点和终点的坐标值以及刀具补偿后的圆弧半径值。

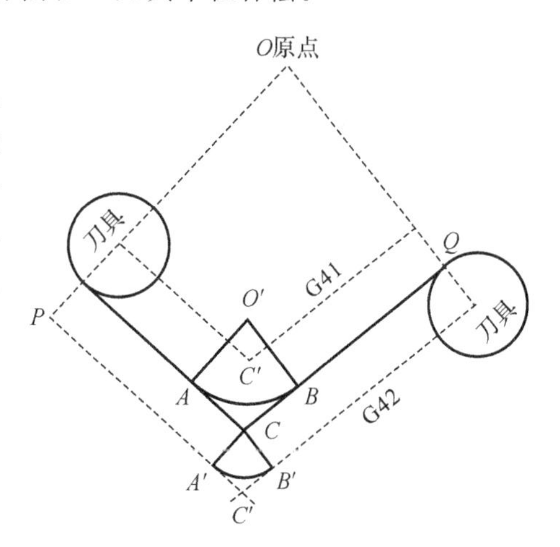

图 3.29　B 刀具补偿的交叉点和间断点

实际上,当程序编制人员按零件的轮廓编制程序时,各程序段之间是连续过渡的,没有间断点,也没有重合段。但是,当进行了刀具半径补偿(B 刀具补偿)后,在两个程序段之间的刀具中心轨迹就可能会出现间断点和交叉点。如图 3.29 所示,粗线为编程轮廓,当加工外轮廓时,会出现间断 $A' \sim B'$;当加工内轮廓时,会出现交叉点 C''。

对于只有 B 刀具补偿的 CNC 系统,采用"读一段、算一段、再走一段"的控制方法。编程人员必须事先估计出在进行刀具补偿后可能出现的间断点和交叉点的情况，并进行人为的处理。如遇到间断点时，可以在两个间断点之间增加一个半径为刀具半径的过渡圆弧段 AB'。遇到交叉点时，事先在两个程序段之间增加一个过渡圆弧段 AB，圆弧的半径必须大于所使用的刀具的半径。显然，这种仅有 B 刀具补偿功能的 CNC 系统对于编程人员而言是很不方便的。

2. C 刀具半径补偿

以前，C' 和 C'' 点不易求得，主要是受到 NC 装置的运算速度和硬件结构的限制。随着 CNC 技术的发展，系统工作方式、运算速度及存储容量都有了很大的改进和增加，采用直线或圆弧过渡，直接求出刀具中心轨迹交点的刀具半径补偿方法已经能够实现了，这种方法被称为 C 刀具半径补偿(简称“C 刀具补偿”)。也就是说，C 刀具半径补偿能自动处理两个相邻程序之间连续(即尖角过渡)的各种情况，并直接求出刀具中心轨迹的转接交点，然后再对原来的刀具中心轨迹做伸长或缩短修正。

图 3.30(a)是普通 NC 系统的工作方法，程序轨迹作为输入数据送到工作寄存器 AS 后，由运算器进行刀具补偿运算，运算结果送输出寄存器 OS，直接作为伺服系统的控制信号。图 3.30(b)是改进后的 NC 系统的工作方法。与图 3.30(a)相比，增加了一组数据输入的缓冲器 BS，节省了数据读入时间。往往是 AS 中存放着正在加工的程序段信息，而 BS 中已经存放了下一段所要加工的信息。图 3.30(c)是在 CNC 系统中采用 C 刀具补偿方法的原理框图。与以前方法不同的是，CNC 装置内部又设置了一个刀具补偿缓冲区 CS。零件程序的输入参数在 BS、CS、AS 中的存放格式是完全一样的。当某一程序在 BS、CS 和 AS 中被传送时，它的具体参数是不变的。这主要是为了输出显示的需要。实际上，BS、CS 和 AS 各自包括一个计算区域，编程轨迹的计算及刀具补偿修正计算都是在这些计算区域中进行的。当固定不变的程序输入参数在 BS、CS 和 AS 间传送时，对应的计算区域的内容也就跟着一起传送。因此，也可以认为这些计算区域对应的是 BS、CS 和 AS 区域的一部分。

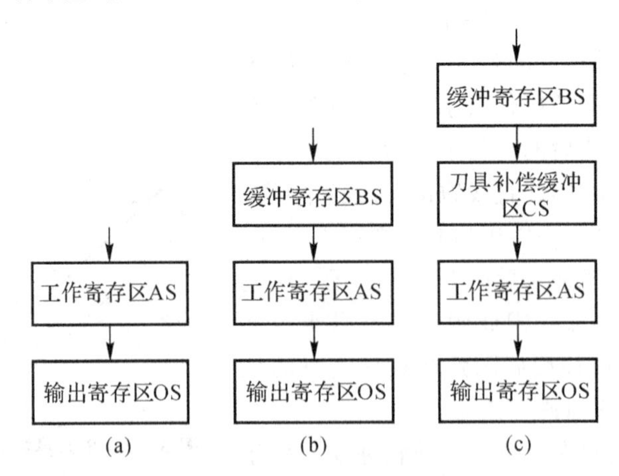

图 3.30 几种数控系统的工作流程

(a)一般方法；(b)改进后的方法；(c)采取 C 刀具补偿的方法

这样，在系统启动后，第一段程序先被读入 BS，在 BS 中算得的第一段编程轨迹被送到 CS 暂存后，又将第二段程序读入 BS，算出第二段的编程轨迹。接着，对第一、第二两段编程轨迹的连接方式进行判别，根据判别结果，再对 CS 中的第一段编程轨迹作相应的修正。修正结束后，顺序地将修正后的第一段编程轨迹由 CS 送到 AS，第二段编程轨迹由 BS 送入 CS。随后，由 CPU 将 AS 中的内容送到 OS 进行插补运算，运算结果送伺服驱动装置予以执行。当修正了的第一段编程轨迹开始被执行后，利用插补间隙，CPU 又命令第三段程序读入 BS，随后，又根据 BS、CS 中的第三、第二段编程轨迹的连接方式，对 CS 中的第二段编程轨迹进行修正。依此进行。可见在刀具补偿工作状态，CNC 装置内部总是同时存有三个程序段的信息。

在具体实现时，为了便于交点的计算以及对各种编程情况进行综合分析，从中找出规律，必须将 C 刀具补偿方法所有的编程输入轨迹都当作矢量来看待。显然，直线段本身就是一个矢量。而圆弧在这里意味着要将起点、终点的半径及起点到终点的弦长都看作矢量，将零件刀具半径也作为矢量看待。所谓刀具半径矢量，是指在加工过程中，始终垂直于编程轨迹、大小等于刀具半径值、方向指向刀具中心的一个矢量。在直线加工时，刀具半径矢量始终垂直于刀具移动方向。在圆弧加工时，刀具半径矢量始终垂直于编程圆弧的瞬时切点的切线，它的方向是一直在改变的。

3. 刀具长度补偿的计算

刀具长度补偿，就是把工件轮廓按刀具长度在坐标轴（车床为 x、z 轴）上的补偿分量平移。对于每一把刀具来说，其长度是一定的，它们在某种刀具夹座上的安装位置也是一定的。因此在加工前可预先分别测得装在刀架上的刀具长度在 x 和 z 方向的分量，即 Δx 刀偏和 Δz 刀偏。通过数控装置的手动数据输入工作方式将 Δx 和 Δy 输入 CNC 装置，从 CNC 装置的刀具补偿表中调出刀偏值进行计算。数控车床需对 x 轴、z 轴进行刀具长度补偿计算，数控铣床或加工中心只需对 z 轴进行刀具长度补偿计算。

本节练习题

1. 利用逐点比较法插补直线 $\overline{OE}$，起点为 $O\ (0,0)$ 终点为 $E\ (6,10)$，试写出插补计算过程并绘出轨迹。

2. 利用逐点比较法插补圆弧 PQ，起点为 $P(4,0)$，终点为 $Q(0,4)$，试写出插补计算过程并绘出轨迹。

3. 设有一直线 $\overline{OA}$，起点在坐标原点，终点 A 的坐标为(3,5)，试用 DDA 法插补此直线。

5. 设欲加工第一象限逆圆 AE，起点 $A(7,0)$，终点 $E(0,7)$，设寄存器位数为 4，用 DDA 法插补。

3.4　章节小结

本章介绍了 CNC 系统软、硬件结构的分类、结构组成及常见模式，同时介绍了较有前瞻性的内容——开放式数控系统和嵌入式数控系统。可编程逻辑控制器（PLC）是现代数控系统中不可缺少的重要组成部分，本章主要介绍了其在数控机床上的应用。在 CNC 装置的插补原理中，仅介绍了常见的插补算法及刀具补偿的基本概念和原理。

学生学习时，应始终贯穿这样的主线：系统控制软件配合系统硬件，合理地组织、管理数控系统的输入、数据处理、插补和输出信息（主要是 G 指令和 M 指令），由数控系统的位置 I/O

接口和 PLC 控制执行部件，使数控机床按照操作者的要求，有条不紊地进行零件加工。

3.5 章节自测题

1. **单选题**（共 12 题，24 分）

（1）通常 CNC 系统通过输入装置输入的零件加工程序存放在（　　）。

A. EPROM 中　　B. RAM 中

C. ROM 中　　D. EEPROM 中

（2）现代高档 CNC 系统中的计算机硬件结构多采用（　　）。

A. 单 CPU、模块化结构　　B. 单 CPU、大板结构

C. 多 CPU、大板结构　　D. 多 CPU、模块化结构

（3）CNC 系统在伺服电机控制中，要将其输出的数字形式的控制命令转换成伺服元件所要求的电压或电流形式的模拟量，这时采用的器件是（　　）。

A. 光电耦合器　　B. A/D 转换器

C. D/A 转换器　　D. 功率放大器

（4）采用逐点比较法插补第一象限的直线时，直线起点在坐标原点处，终点坐标为（5，7），刀具从其起点开始插补，则当加工完毕时进行的插补循环数是（　　）。

A. 10　　B. 11

C. 12　　D. 13

（5）逐点比较法插补的特点是运算直观、输出脉冲均匀且速度变化小，其插补误差（　　）。

A. 小于 1 个脉冲当量　　B. 等于 2 个脉冲当量

C. 大于 2 个脉冲当量　　D. 等于 1 个脉冲当量

（6）CNC 系统采用逐点比较法对第一象限的直线插补运算时，若偏差函数小于零，则刀具位于（　　）。

A. 直线上方　　B. 直线下方

C. 直线上　　D. 不确定

（7）（　　）主要用于加工零件加工程序的显示和编辑，还可以显示机床工作台位置、刀具位置、进给速度、主轴转速、动态加工轨迹等各种反映机床和 CNC 系统状态的信息。

A. 显示装置　　B. 机床操作面板

C. 键盘　　D. 控制介质

（8）CNC 系统的 CMOSRAM 常配备有后备电池，其作用是（　　）。

A. RAM 正常工作所必需的供电电源

B. 系统掉电时，保护 RAM 不被破坏

C. 系统掉电时，保护 RAM 中的信息不丢失

D. 加强 RAM 供电，提高其抗干扰能力

（9）ROM 与 RAM 的区别在于 ROM（　　）。

A. 只能写　　B. 只能读

C. 只能读、写　　D. 既不能读也不能写

（10）通常所说的用于 CNC 系统的 8 位微机是指（　　）。

A. 该微机只能进行 8 位二进制数运算

B. 该微机只能进行 8 位十进制数运算

C. 该微机既可进行 8 位二进制数运算又能进行 8 位十进制数运算

D. 该微处理器的 CPU、内部数据总线和外部数据总线都是 8 位的

(11)插补是整个 CNC 系控制软件的核心，目前应用的插补算法分为脉冲增量插补和(　　)两大类。

A. 直线插补　　B. 圆弧插补

C. 数字增量插补　　D. 椭圆插补

(12)CNC 系统中的 PLC 是(　　)

A. 可编程逻辑控制器　　B. 显示器

C. 多微处理器　　D. 环形分配器

2. 填空题(共 17 题，26 空，共 26 分)

(1)CNC 系统由__________和__________两大部分组成。

(2)CNC 系统硬件以计算机硬件为核心，包括__________、__________及其与计算机的接口，它们提供了接受、执行工件加工程序和控制机床动作的物理量。

(3)CNC 系统软件是计算机运行的程序，它实现__________，协调各硬件的工作，从而控制机床按要求有条不紊地工作。

(4)计算机数控装置是数控机床的核心，它包括__________、__________、输入/输出(I/O)接口以及时钟、译码等辅助电路。

(5)__________是微处理器与外界联系的通道，它提供物理的连续手段，完成必要的数据格式和信息形式的转换。

(6)在 CNC 系统中按功能可将 I/O 接口分为两大类：一类连接常规的输入/输出设备，以实现程序的输入/输出，以及人机交互的界面，称为__________；另一类则连接专用的控制与检测装置，实现机床的位置和工作状态的控制与检测，这是 CNC 数控装置专有的，称为__________。

(7)机床的控制装置包括__________装置和__________两部分。

(8)CNC 系统中__________的任务是电动机精确地按照插补计算的结果运转。

(9)脱机诊断还可以采用远程通信的方式进行，即__________。

(10)__________是存放数据、参数和程序的地方。

(11)__________总线为各部件之间传输数据。

(12)__________总线上传输的是地址信号，与数字线结合使用，以确定数据总线上传输的数据来源或目的地。

(13)__________总线上传输的是管理总线的某些控制信号，如数据传输的读写控制、中断复位控制。

(14)用于 CNC 系统的 PLC 包括__________和__________两种。

(15)机床的控制 I/O 部件通常由一般的 I/O 接口加上__________和__________电路构成。

(16)每进行一次插补计算称为一个__________。

(17)CNC 系统常用的插补方法中，脉冲增量插补法适用于以__________电机作为驱动

元件的开环数控系统；数字增量插补法（数据采样插补法）一般用于__________和__________电机作为驱动元件的数控系统。

3. **名词解释**（共 5 小题，每题 3 分，共 15 分）

(1)译码。

(2)位置控制。

(3)并行处理。

(4)通信接口。

(5)插补。

4. **简答题**（3 小题，每题 6 分，共 18 分）

(1)常见的 CNC 软件有哪几种结构模式？分别简要说明。

(2)简述开放式数控系统的特征。

(3)简述 C 刀具补偿与 B 刀具补偿的区别。

5. **计算题**（3 小题，每题 7 分，共 21 分）

(1)第一象限逆时针逐点比较法直线插补，起点坐标为(0,0)，终点坐标为(5,3)，进行插补运算。

(2)第一象限逆时针逐点比较法圆弧插补，$F_0=0$，起点坐标 $A(6,0)$，终点坐标 $B(0,6)$，进行插补运算。

(3)设有第一象限逆圆弧 AB ，起点 A (4,0)，终点 E (0,4)，设寄存器位数 N 为 3，试用 DDA 插补此圆弧。

第 4 章　数控机床伺服系统

教学提示:数控机床伺服系统是数控机床的重要组成部分,它的高性能在很大程度上决定了数控机床的高效率、高精度。为此,数控机床对进给伺服系统的伺服电动机、检测装置、位置控制、速度控制等方面都有很高的要求。掌握高性能的数控机床伺服系统一直是掌握现代数控机床技术的关键之一。

教学要求:本章要求学生了解数控机床对进给伺服系统的要求,熟悉数控机床进给驱动电动机和常用检测装置的结构、工作原理及性能特点,熟悉数控机床进给伺服系统的位置控制和速度控制工作原理。重点让学生掌握数控机床进给驱动电动机和常用检测装置的工作原理及性能特点,以便将来更好地应用。

4.1　驱动电动机

☞ 本节学习要求

1. 了解数控机床对进给伺服系统的要求。
2. 掌握数控机床进给驱动电动机的结构、工作原理及性能特点。

☞ 内容导入

如果说 CNC 装置是数控机床的“大脑”,是发布命令的指挥机构,那么,伺服系统就是数控机床的“四肢”,是一种执行机构,它忠实而准确地执行由 CNC 装置发来的运动命令,那么,数控机床伺服系统主要包括哪些具体的内容?

4.1.1　伺服系统概述

伺服系统是指以机械位置或角度作为控制对象的自动控制系统。数控机床的伺服系统通常是指各坐标轴的进给伺服系统。它是数控系统和机床机械传动部件间的连接环节,它把数控系统插补运算生成的位置指令精确地变换为机床移动部件的位移,直接反映了机床坐标轴跟踪运动指令和实际定位的性能。伺服系统的高性能在很大程度上决定了数控机床的高效率、高精度,是数控机床的重要组成部分。它包含了机械传动、电气驱动、检测、自动控制等方面的内容,涉及强电与弱电控制。主轴驱动控制一般只要满足主轴调速及正、反转功能即可,但当要求机床有螺纹加工、准停和恒线速加工等功能时,就对主轴提出了相应的位置控制要求。此时,主轴驱动控制系统可称为主轴伺服系统。本章只讨论进给伺服系统。

数控机床对进给伺服系统的要求有以下几个方面。

1. 调速范围要宽

调速范围是指数控机床要求电动机能提供的最高转速和最低转速之比。要求数控机床不仅要满足低速切削进给的要求（如 5 mm/min），而且要能满足高速进给的要求（如 10 000 mm/min）。

2. 精度要高

伺服系统的位移精度是指指令脉冲要求机床工作台进给的位移量和该指令脉冲经伺服系统转化为工作台实际位移量之间的符合程度。两者误差愈小，伺服系统的位移精度愈高。目前，高精度的数控机床伺服系统位移精度可达到在全程范围内±5 μm。通常，插补器或计算机的插补软件每发出一个进给脉冲指令，伺服系统将其转化为一个相应的机床工作台位移量，称此位移量为机床的脉冲当量。一般机床的脉冲当量为 0.01～0.005 mm 脉冲，高精度的 CNC 机床其脉冲当量可达 0.001 mm 脉冲。

3. 响应速度要快，无超速

快速响应是伺服系统动态品质的一项重要指标，反映了系统对插补指令的跟踪精度。在加工过程中，为了保证轮廓的加工精度，降低表面粗糙度，要求系统跟踪指令信号的速度要快，过渡时间尽可能短，而且无超速，一般在 200 ms 以内，甚至几十毫秒。

4. 可靠性高

要具有较强的抗干扰能力，对环境适应性强，性能稳定，使用寿命长，平均无故障时间间隔长。

5. 低速大转矩

机床加工的特点是低速时进行重切削，这就要求伺服系统在低速时有较大的输出转矩。

4.1.2 步进电动机

步进电动机是一种将电脉冲信号转换成机械角位移的电磁机械装置。对步进电动机施加一个电脉冲信号时，它就旋转一个固定的角度，通常把它称为一步，每一步所转过的角度叫做步距角。步距角的计算公式为

$$\theta_s = \frac{360^\circ}{m z_2 k} \tag{4-1}$$

式中：θ_s——步距角；

z_2——转子齿数；

m——定子的相数；

k——拍数与相数的比例系数。

相邻两次通电相数相同时，$k=1$，如三相三拍；相邻两次通电相数不同时，$k=2$，如三相六拍。

每个步距角对应工作台一个位移值，这个位移值称为脉冲当量，因此，只要控制指令脉冲的数量即可控制工作台移动的位移量。步距角越小，它所达到的位置精度越高，因此实际使用的步进电动机一般都有较小的步距角。步进电动机的转速公式为

$$n = \frac{60 f}{m z_2 k} \tag{4-2}$$

式中：n——步进电动机的转速(r/min)；

f——控制脉冲频率，即每秒输入步进电动机的脉冲数。

由式(4-2)可知，工作台移动的速度由指令脉冲的频率所控制。

1.步进电动机的工作原理

数控机床通常采用反应式和永磁反应式(也称混合式)步进电动机。反应式步进电动机的转子无绕组，由被励磁的定子绕组产生反应力矩实现步进运行；混合式步进电动机的转子用永久磁钢，由励磁和永磁产生的电磁力矩实现步进运行，按输出力矩大小分为伺服式和功率式步进电动机。伺服式只能驱动较小的负载，功率式可以直接驱动较大的负载。下面以一台三相反应式步进电动机为例说明步进电动机的工作原理。

假设步进电动机的定子上有六个极，每极上都装有控制绕组，每两个相对的极组成一相。转子是四个均匀分布的齿，上面没有绕组。当 A 相绕组通电时，因磁通总是沿着磁组最小的路径闭合，将使转子齿1、3和定子极 A、A' 对齐，如图4.1(a)所示。A 相断电，B 相绕组通电时，转子将在空间转过 q 角度，$q=30°$，使转子齿2、4和定子极 B、B' 对齐，如图4.1(b)所示。如果再使 B 相断电，C 相绕组通电时，转子又将在空间转过30°角，使转子齿1、3和定子极 C、C' 对齐，如图4.1(c)所示。如此循环往复，并按 A—B—C—A 的顺序通电，电动机便按一定的方向转动。电动机的转速直接取决于绕组与电源接通或断开的变化频率。若按 A—C—B—A 的顺序通电，则电动机反向转动。电动机绕组与电源的接通或断开，通常是由电子逻辑电路来控制的。

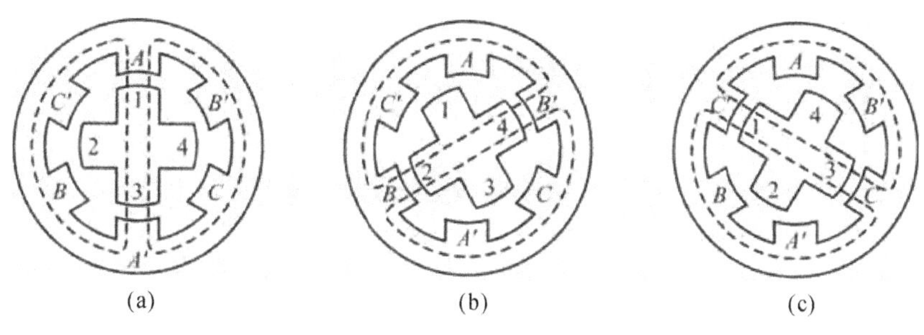

图4.1　三相反应式步进电动机的工作原理图

(a)A相通电；(b)相通电；(c)C相通电

电动机定子绕组每改变一次通电方式，称为一拍。上述通电方式称为三相单三拍。“单”是指每次通电时，只有一相绕组通电；“三拍”是指经过三次切换绕组的通电状态为一个循环，第四拍通电时就重复第一拍通电的情况。显然，在这种通电方式下，三相步进电动机的步距角 θ 应为30°。

三相六拍的通电顺序为 A—AB—B—BC—C—CA—A 或 AB—BC—CA—AB。实际使用中，单三拍通电方式由于在切换时一相绕组断电，而另一相绕组开始通电，容易造成失步。此外，由单一绕组通电吸引转子也容易使转子在平衡位置附近产生振荡，运行的稳定性较差，所以很少使用，通常使用双三拍通电方式。

2.步进电动机的特点

(1)步进电动机受脉冲的控制，其转子的角位移量和转速严格地与输入脉冲的数量和脉冲频率成正比，没有累积误差。控制输入步进电动机的脉冲数就能控制位移量；改变通电频率就可改变电动机的转速。

(2)当停止送入脉冲时，只要维持控制绕组的电流不变，电动机便停在某一位置上不动，不需要机械制动。

(3)改变通电顺序可改变步进电动机的旋转方向。

(4)步进电动机的缺点是效率低，拖动负载的能力不大，脉冲当量(步距角)不能太大，调速范围不大，最高输入脉冲频率一般不超过 18 kHz。

3. 步进电动机的主要特性

(1) 步距误差。一转内各实际步距角与理论值之间误差的最大值称为步距误差。影响步距误差的主要因素有转子齿的分度精度、定子磁极与齿的分度精度、铁芯叠压及装配精度、气隙的不均匀程度、各相励磁电流的不对称程度等。

(2) 静态矩角特性。当步进电动机不改变通电状态时，转子处于不动状态。若在电动机轴上外加一个负载转矩，步进电动机转子会按一定方向转过一个角度 θ，并重新稳定，此时转子所受的电磁转矩 T 称为静态转矩，角度 θ 称为失调角。描述步进电动机稳定时，电磁转矩 T 与失调角 θ 之间关系的曲线称为静态矩角特性或静转矩特性，如图 4.2 所示。

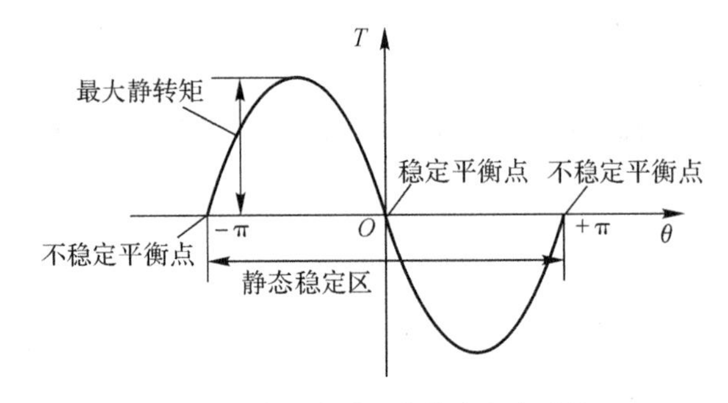

图 4.2 步进电动机的静态矩角特性

(3)启动频率。空载时，步进电动机由静止突然启动不丢步地进入正常运行状态所允许的最高启动频率称为启动频率或突跳频率。启动频率与机械系统的转动惯量有关，随着负载转动惯量的增大，启动频率减小。若同时存在负载转矩，则启动频率会进一步减小。

(4)连续运行频率。步进电动机启动以后其运行速度能跟踪指令脉冲频率连续上升而不丢步的最高工作频率，称为连续运行频率。在实际运用中，连续运行频率比启动频率高得多。通常用自动升降频的方式，即先在低频下使步进电动机启动，然后逐渐升至运行频率。当需要步进电动机停转时，则先将脉冲信号的频率逐渐降低至启动频率以下，再停止输入脉冲，步进电动机才能不丢步地准确停止。

(5)矩频特性。矩频特性是描述步进电动机连续稳定运行时输出的最大转矩与连续运行频率之间的关系曲线。步进电动机的最大输出转矩随连续运行频率的升高而下降。如图 4.3 所示，图中每一频率所对应的转矩称为动态转矩。从图中可以看出，随着运行频率的上升，输出转矩下降，承载能力下降。当运行频率最高时，步进电动机便无法工作。

(6)加减速特性。步进电动机的加减速特性用于描述步进电动机由静止到工作频率或由工作频率到静止的加减速过程中定子绕组通电状态的频率变化与时间的关系，如图 4.4 所示。为了保证运动部件的平稳和准确定位，在启动和停止时应进行加减速控制。如果没有加减速过程或者加、减速不当，步进电动机都会出现丢步现象。

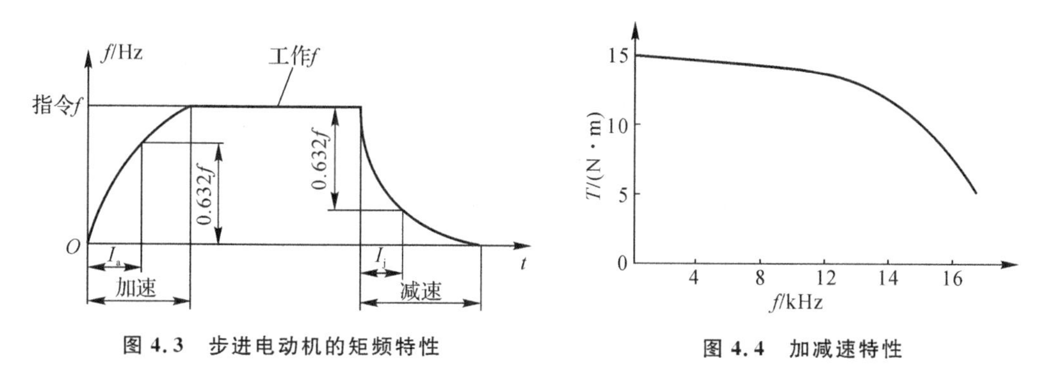

图 4.3　步进电动机的矩频特性　　图 4.4　加减速特性

4.2.3　伺服电动机

伺服电动机亦称执行电动机，它具有根据控制信号的要求而动作的性能。在信号来到之前，转子静止不动；信号来到之后，转子立即转动；当信号消失时，转子能及时自行停转。伺服电动机由于这种"伺服"的性能而得名。

伺服电机分直流伺服电动机和交流伺服电动机。直流伺服电动机又分小惯量直流伺服电动机和大惯量宽调速直流伺服电动机。由于小惯量直流电动机最大限度地减少了电枢的转动惯量，因此获得了最快的响应速度，在早期的数控机床上应用得较多。大惯量宽调速直流伺服电动机又称直流力矩电动机。在 20 世纪 70—80 年代中期，在数控机床进给驱动中采用的电动机主要是这种大惯量宽调速直流伺服电动机。交流伺服电动机主要分交流异步伺服电动机（一般用于主轴驱动）和交流同步伺服电动机（一般用于进给驱动）。

1. 永磁直流伺服电动机

大惯量宽调速直流伺服电动机分电励磁和永久磁铁励磁（永磁）两种，但占主导地位的是永磁直流伺服电动机。

（1）永磁直流伺服电动机的基本结构。

永磁直流伺服电动机的结构与普通直流电动机基本相同。它主要由定子、转子、电刷与换向片等组成，如图 4.5 所示。其定子磁极是永久磁铁，转子亦称电枢，由硅钢片叠压而成，表面镶有线圈。电刷与电动机外加直流电源相连，换向片与电枢导体相接。

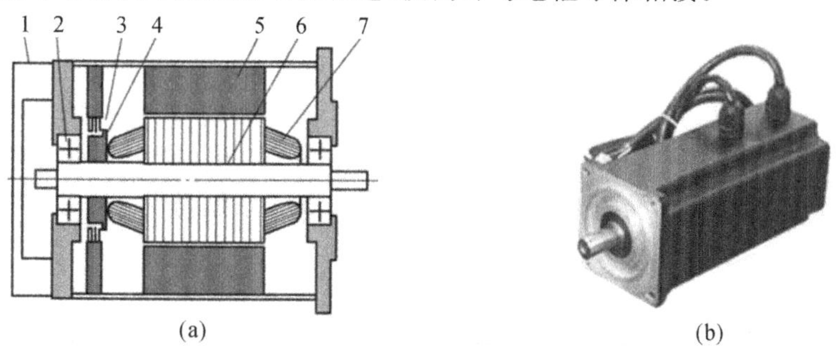

图 4.5　永磁直流伺服电动机结构示意图和外观图

1—检测元件；2—轴承；3—电刷；4—换向片；5—定子；6—转子；7—线圈

(2)永磁直流伺服电动机的工作原理。

如图 4.6(a)所示,当电枢绕组通以直流电时,在定子磁场作用下产生电动机的电磁转矩,电刷与换向片保证电动机所产生的电磁转矩方向恒定,从而使转子沿固定方向均匀地带动负载连续旋转。只要电枢绕组断电,电动机立即停转,不会出现自转现象。

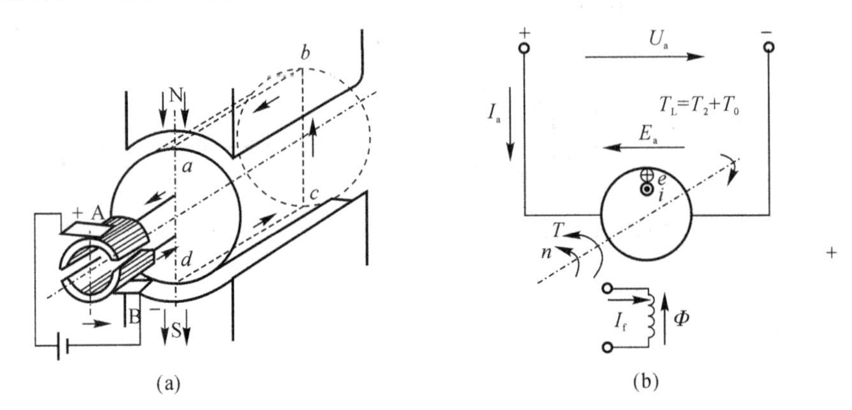

图 4.6　永磁直流伺服电动机的工作原理

按图 4.7(b)规定好各量的正方向,电动机在稳态运行下的基本方程式为

$$U_a=E_a+I_aR_a \tag{4-1}$$

$$E_a=C_en\Phi \tag{4-2}$$

$$T=T_L=T_2+T_0=C_t\Phi I_a \tag{4-3}$$

式中:U_a——电枢电压;

I_a——电枢电流;

R_a——电枢回路总电阻;

n——电动机转速;

E_a——电枢感应电动势;

T——电磁转矩;

T_L——负载转矩;

T_2——电动机输出转矩;

T_0——电动机本身的各种损耗引起的阻转矩;

C_t——转矩常数;

C_e——电动势常数;

Φ——励磁磁通(常量)。

电磁转矩平衡方程式 $T=T_L=T_2+T_0$ 表示在稳态运行时,电动机的电磁转矩和电动机轴上的负载转矩互相平衡。在实际中,有些电动机经常运行在转速变化的情况下,例如电动机的启动、停止,因此必须考虑转速变化时的转矩平衡关系。根据力学中刚体的转动定律,则有:

$$T-T_L=J\frac{\mathrm{d}\omega}{\mathrm{d}t} \tag{4-4}$$

式中:J——负载和电动机转动部分的转动惯量;

ω——电动机的角速度。

根据电动机的电压平衡方程式 $U_a=E_a+I_aR_a$,并考虑电枢感应电动势 $E_a=C_en\Phi$ 和电动

机电磁转矩 $T=C_t\Phi I_a$，得

$$n=\frac{U_a}{C_e\Phi}-\frac{R_a}{C_e\Phi}I_a \tag{4-5}$$

或

$$n=\frac{U_a}{C_e\Phi}-\frac{R_a}{C_eC_t\Phi^2}R \tag{4-6}$$

由式(4－3)和式(4－4)可知，当电动机加上一定电源电压 U_a 和磁通 Φ 保持不变时，转速 n 与电动机电磁转矩 T 的关系，即 $n=f(T)$ 曲线是一条向下倾斜的直线，如图 4.7 所示。转速的变化用转速调整率 Δn 来表示：

$$\Delta n=\frac{n_0-n_N}{n_N}\times 100\% \tag{4-7}$$

式中：n_0——电动机空载转速；

n_N——电动机额定转速。

图 4.7 中的机械特性与纵轴坐标的交点是理想空载转速 n_0。实际运行时电动机的空载转速 n_0 要比 n'小些。图中上翘虚线是当电动机电枢电流较大时，考虑了电枢反应的去磁效应减少气隙主磁通的机械特性。具有这种特性的电动机运行时会产生不稳定性，应设法避免。

永磁直流伺服电动机通过改变电枢电源电压即可得到一族彼此平行的曲线，如图 4.8 所示。由于电动机的工作电压一般以额定电压为上限，故只能在额定电压以下改变电源电压。当电动机负载转矩 T_L 不变，励磁磁通 Φ 不变时，升高电枢电压 U_a，电动机的转速就升高；反之，降低电枢电压 U_a，转速就下降；在 $U_a=0$ 时，电动机则不转。当电枢电压的极性改变时，电动机的转向就随着改变。因此，永磁直流伺服电动机可以把电枢电压作为控制信号，实现电动机的转速控制。

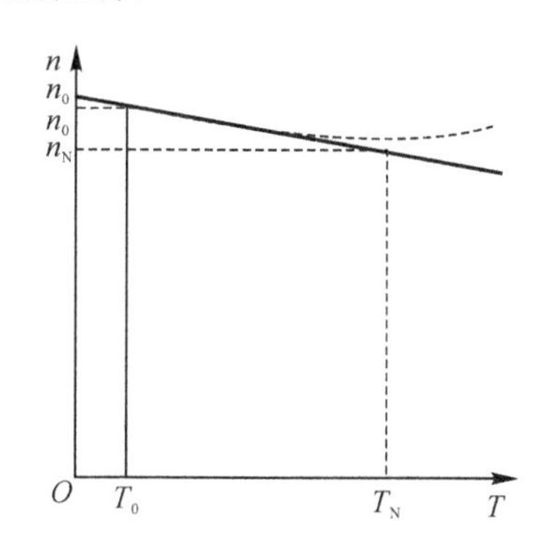

图 4.7　直流伺服电动机的机械特性

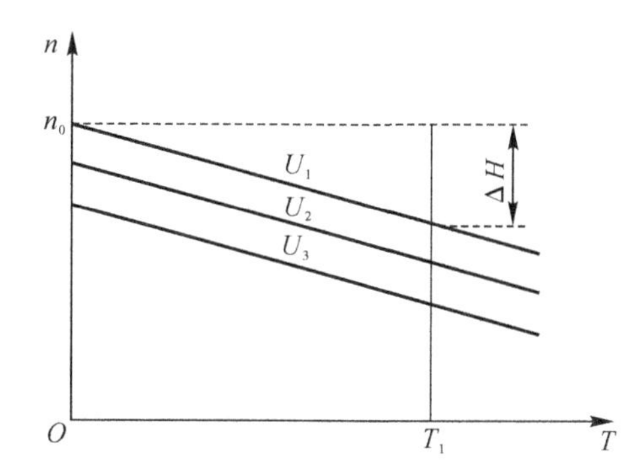

图 4.8　永磁直流伺服电动机的变压特性曲线

2. 永磁交流伺服电动机

永磁交流伺服电动机属于同步型交流伺服电动机，具有响应快、控制简单的特点，因而被广泛应用于数控机床。

(1)永磁交流伺服电动机的结构。

如图 4.9 和图 4.10 所示，永磁交流伺服电动机主要由定子、转子和检测元件(转子位置传感器和测速发电机)组成。其中定子有齿槽，内装三相对称绕组，形状与普通异步电动机的定

子相同。但其外圆多呈多边形，且无外壳，以利于散热，避免电动机发热对机床精度的影响。

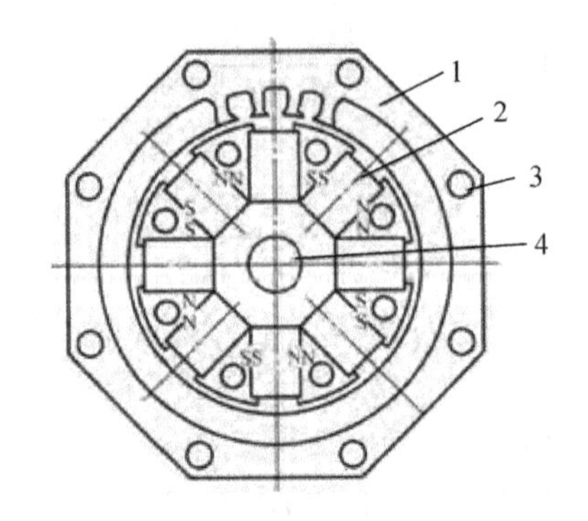

图 4.9　永磁交流伺服电动机

1—定子；2—永久磁铁；3—轴向通风孔；4—转轴

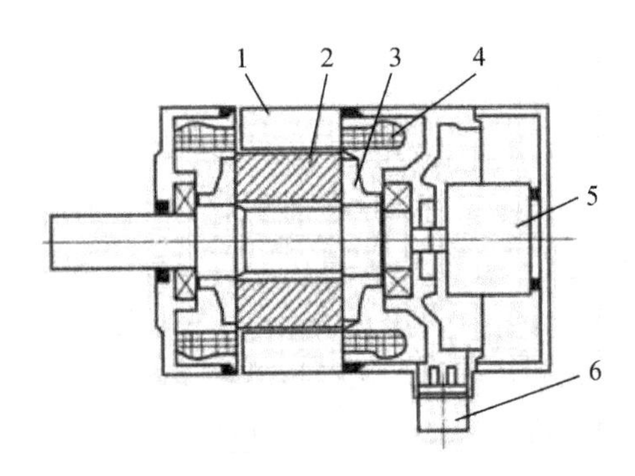

图 4.10　永磁交流伺服电动机纵剖面

1—定子；2—转子；3—压板；

4—定子三相绕组；5—脉冲编码器；6—出线盒图

转子由多块永久磁铁和转子铁心组成。此结构气隙磁密度较高，极数较多，同一种铁芯和相同块数的磁铁可以装成不同的极数，如图 4.11 所示。

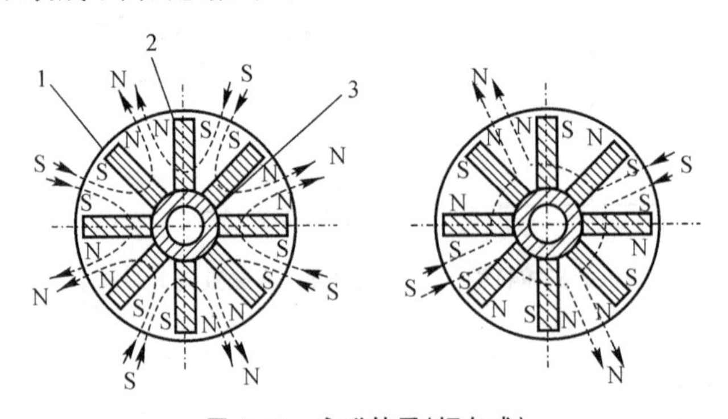

图 4.11　永磁转子(切向式)

1—铁芯；2—永久磁铁；3—非磁性套筒

无论何种永磁交流伺服电动机，所用永磁材料的性能对电动机外形尺寸、磁路尺寸和性能指标都有很大影响。随着高磁性永磁材料的应用，永久磁铁长度大大缩短，且给传统的磁路尺寸比例带来了大的变革。永久磁铁结构也有着重大的改革，通常结构是永久磁铁装在转子的表面，称为外装永磁电动机，还可将永久磁铁嵌在转子里面，称为内装永磁电动机。后者结构更加牢固，允许在更高转速下运行；有效气隙小，电枢反应容易控制；电动机采用凸极转子结构。

(2)工作原理。

如图 4.12 所示，以一个二极永磁转子为例，电枢绕组为 Y 接法三相绕组，当通以三相对称电流时，定子的合成磁场为一旋转磁场，图 4.12 中用一对旋转磁极表示，该旋转磁极以同步转速 n_s 旋转。由于磁极同性相斥，异性相吸，定子旋转磁极与转子的永磁磁极互相吸引，带动转子一起旋转，因此转子也将以同步转速 n_s 与旋转磁场一起旋转。

当转子加上负载转矩之后，转子磁极轴线将落后定子磁场轴线一个 θ 角，随着负载增加，θ 角也增大，负载减小时，θ 角也减小，只要负载不超过一定限度，转子始终跟着定子的旋转磁场以恒定的同步转速 n_s 旋转。转子速度为

$$n=n_s=\frac{60f}{p} \tag{4-8}$$

式中：f——交流供电电源频率(定子供电频率)(Hz)；

p——定子和转子磁极对数。

当负载超过一定限度后，转子不再按同步转速 n_s 旋转，甚至可能不转，这就是同步电动机的失步现象，此时负载的极限转矩称为最大同步转矩。

交流伺服电动机的机械特性曲线如图 4.13 所示。在连续工作区，转速和转矩的任何组合都可连续工作；在断续工作区，电动机可间断运行。连续工作区的划分受供给电动机的电流是否为正弦波及工作温度的影响。断续工作区的极限，一般受到电动机的供给电压的限制。交流伺服电动机的机械特性比直流伺服电动机更硬，断续工作范围更大，尤其在高速区，这有利于提高电动机的加减速性能。

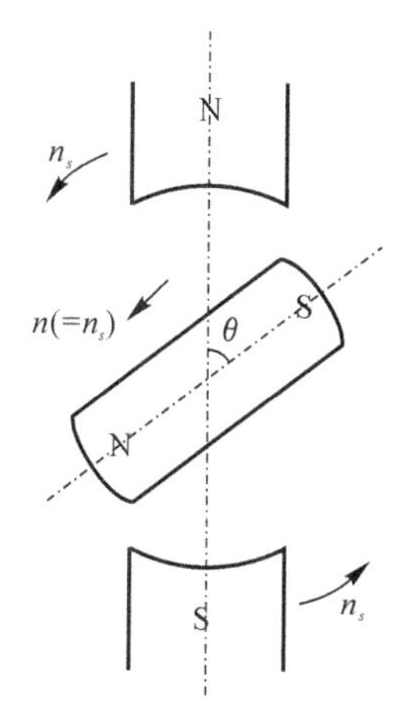

图 4.12　交流伺服电动机的原理图

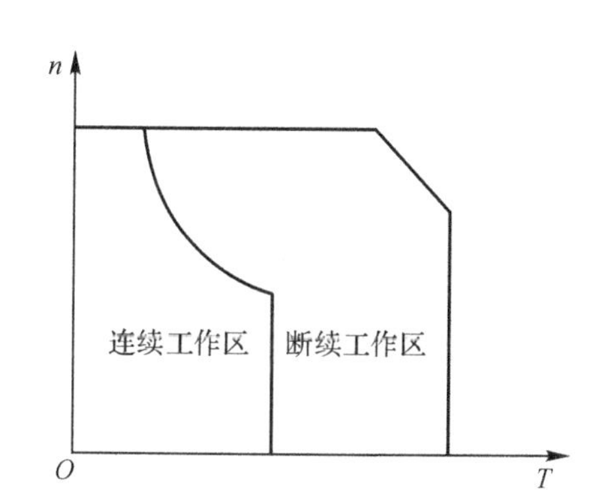

图 4.13　交流伺服电动机机械特曲线

4.1.4　直线电动机

直线电动机是一种不需要中间转换装置就能直接做直线运动的电动机械装置。科学技术

的发展推动了直线电动机的研究和生产，近年来其应用日益广泛。

1. 直线电动机的结构和原理

直线电机与旋转电机在原理上基本相同，这里只介绍一种平板型直线感应电机。它的结构如图4.14所示，在一个有槽的矩形初级部件中镶嵌三相绕组（相当于异步电动机的定子），在板状次级部件中镶嵌短路棒（相当于异步电动机的笼型转子）。它的工作原理是将旋转异步电动机的转子和定子之间的电磁作用力从圆周展开为平面，即在三相绕组中通以三相交流电流时，根据电磁感应原理，次级部件中镶嵌短路棒形成的短路绕组中就会产生感应电动势及感应电流。根据电磁力定律知道，作为载流导体的短路棒和矩形初级部件中镶嵌的三相绕组之间会受到电磁力的作用，使直线电动机沿着直线导轨移动。

直线电动机的驱动力与初级有效面积有关。面积越大，驱动力也越大。因此，在驱动力不够的情况下，可以将两个直线电动机并联或串联工作，或者在移动部件的两侧安装直线电动机。此外直线电动机的最大运动速度在额定驱动力时较高，而在最大驱动力时较低。

2. 直线电动机的特性

（1）直线电动机所产生的力直接作用于移动部件，因此省去了滚珠丝杠和螺母等机械传动环节，可以减小传动系统的惯性，提高系统的运动速度、加速度和精度，避免产生振动。

（2）由于动态性能好，可以获得较高的运动精度。

（3）如果采用拼装的次级部件，还可以实现很长的直线运动距离。

（4）运动功率的传递是非接触的，没有机械磨损。以上是直线电动机的优点。但是由于直线电动机常在大电流和低速下运行，必然导致大量发热和效率低下。因此，直线电动机通常必须采用循环强制冷却及隔热措施，以免导致机床热变形。

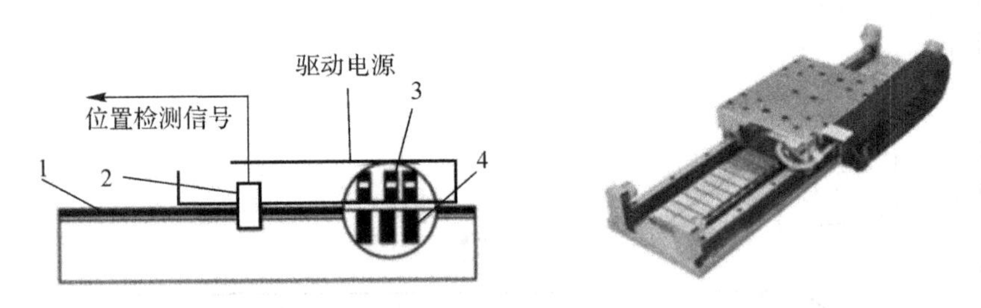

图4.14　直线电动机的结构

1—直线位移检测装置；2—测量部件；3—初级绕组；4—次级绕组

本节思考题

1. 数控机床对进给伺服系统的要求有哪些？
2. 简述永磁交流伺服电动机的工作原理。

4.2　数控机床常用检测装置

本节学习要求

1. 了解数控机床位置检测装置的分类、作用及数控机床对位置检测装置的要求。
2. 掌握光电编码器、光栅尺、直线感应同步器的结构及工作原理。

内容导入

我们在第 1.2 节讲到数控机床按照伺服系统类型可分为开环控制、半闭环控制、闭环控制数控机床，其中闭环和半闭环控制的数控机床具有检测和反馈装置。在本节我们将具体学习数控机床检测反馈装置的结构和工作原理。

4.2.1　概述

数控机床的检测装置用于检测位移（线位移或角位移）和速度，发送位置检测信号至数控装置，构成伺服系统的闭环或半闭环控制，使工作台（刀架）按指令的路径精确地移动。闭环或半闭环控制的数控机床的加工精度主要由检测系统的精度决定。对于采用半闭环的数控机床，其位置检测装置一般采用旋转变压器或编码器，安装在进给丝杠上，旋转变压器或编码器每旋转一定角度，都严格地对应着工作台移动的一定距离。测量了电机或丝杠的角位移，也就间接地测量了工作台的直线位移。对于闭环控制的数控机床，一般采用光栅尺、同步感应器等测量装置，它们安装在工作台和导轨上，直接测量工作台的直线位移。本节主要介绍现代数控机床常用的检测装置（旋转编码器、光栅尺、感应同步器）。

为提高数控机床的加工精度，必须提高测量元件和测量系统的精度。不同的数控机床对测量元件和测量系统的精度要求、允许的最大移动速度各不相同：大型数控机床以满足速度要求为主，中小型机床和高精度机床以满足精度要求为主。

1. 数控机床对位置检测装置的要求

（1）工作可靠，抗干扰性强。

（2）满足精度和速度的要求。

（3）便于安装和维护。

（4）成本低、寿命长。对于不同类型的数控机床，因工作条件和检测要求不同，可以采用不同的检测方式。

2. 位置检测装置的分类

根据位置检测装置安装形式和测量方式的不同，位置检测有直接测量和间接测量、增量式测量和绝对式测量、数字式测量和模拟式测量等方式。

（1）直接测量和间接测量。

在数控机床中，位置检测的对象有工作台的直线位移及旋转工作台的角位移，检测装置有直线式和旋转式。典型的直线式测量装置有光栅、磁栅、感应同步器等。旋转式测量装置有光电编码器和旋转变压器等。

若位置检测装置测量的对象是直线式测量直线位移、旋转式测量角位移，则该测量方式称为直接测量。直接测量组成位置闭环伺服系统，其测量精度由测量元件和安装精度决定，不受传动精度的直接影响。但检测装置要和行程等长，这对大型机床是一个限制。

若位置检测装置测量出的数值通过转换才能被测量，如用旋转式检测装置测量工作台的直线位移，要通过角位移与直线位移之间的线性转换求出工作台的直线位移。这种测量方式称为间接测量。间接测量组成位置半闭环伺服系统，其测量精度取决于测量元件和机床传动链二者的精度。因此，为了提高定位精度，常常需要对机床的传动误差进行补偿。间接测量的优点是测量方便可靠，且无长度限制。

(2)增量式测量和绝对式测量。

增量式测量装置只测量位移增量,即工作台每移动一个基本长度单位,检测装置便发出一个检测信号,此信号通常是脉冲形式。增量式检测装置均有零点标志,作为基准起点。数控机床采用增量式检测装置时,在每次接通电源后要回参考点操作,以保证测量位置的正确。

绝对式测量是指被测的任一点位置都从一个固定的零点算起,每一个测点都有一个对应的编码,常以二进制数据形式表示。

(3)数字式测量和模拟式测量。

数字式测量是以量化后的数字形式表示被测量的,得到的测量信号为脉冲形式,以计数后得到的脉冲个数表示位移量。其特点是:便于显示、处理;测量精度取决于测量单位,与量程基本无关;抗干扰能力强。模拟式测量是将被测量用连续的变量来表示,模拟式测量的信号处理电路较复杂,易受干扰,数控机床中常用于小量程测量。

4.2.2 旋转编码器

旋转编码器通常有增量式和绝对式两种类型。它通常安装在被测轴上,随被测轴一起转动,将被测轴的位移转换成增量脉冲形式或绝对式的代码形式。

1. 增量式旋转编码器

常用的增量式旋转编码器为增量式光电编码器,如图 4.18 所示。光电编码器由带聚光镜的发光二极管(LED)、光栏板、光电码盘、光敏元件及信号处理电路组成。其中,光电码盘是在一块玻璃圆盘上镀上一层不透光的金属薄膜,然后在上面制成圆周等距的透光和不透光相间的条纹构成的,光栏板上具有和光电码盘相同的透光条纹。光电码盘也可由不锈钢薄片制成。当光电码盘旋转时,光线通过光栏板和光电码盘产生明暗相间的变化,由光敏元件接收。光敏元件将光电信号转换成电脉冲信号。光电编码器的测量精度取决于它所能分辨的最小角度,而这与光电码盘圆周的条纹数有关,即分辨角为

$$\alpha=\frac{360^{\circ}}{\text{条纹数}} \tag{4-9}$$

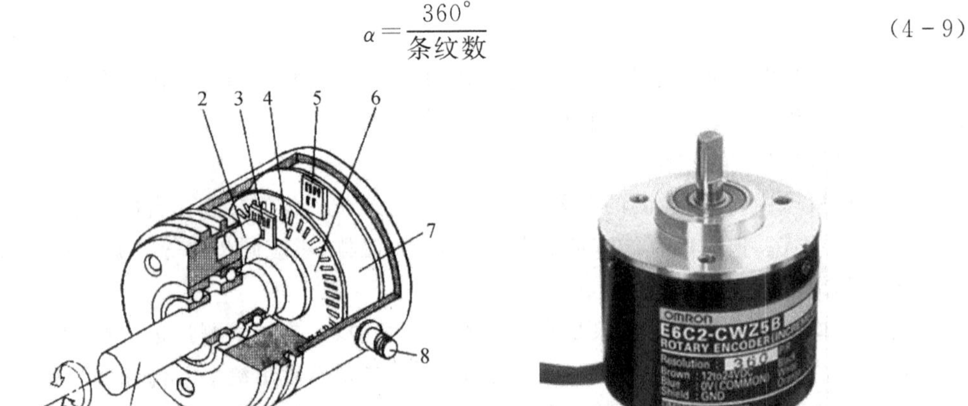

图 4.18　增量式光电编码器结构示意图及外观图

1—转轴;2—发光二极管;3—光栏板;4—零标志;

5—光敏元件;6—光电码盘;7—印制电路板;8—电源及信号连接座

为判断电动机转向，光电编码器的光栏板上有3组条纹A和$\bar{A}$、B和$\bar{B}$及C和$\bar{C}$，如图4.19所示。A组和B组的条纹彼此错开1/4节距，两组条纹相对应的光敏元件所产生的信号彼此相差90°，当光电码盘正转时，A信号超前B信号90°，当光电码盘反转时B信号超前A信号90°。利用这一相位关系即可判断电动机转向。另外，在光电码盘里圈还有一条透光条纹C，用以产生每转信号，即光电码盘每转一圈产生一个脉冲，该脉冲称为一转信号或零标志脉冲，作为测量基准。

光电编码器的输出信号A和$\bar{A}$、B和$\bar{B}$及C和$\bar{C}$，为差动信号。差动信号大大提高了传输的抗干扰能力。在数控系统中，分辨力是指一个脉冲所代表的基本长度单位。为进一步提高分辨力，常对上述A、B信号进行倍频处理。例如，配置2 000脉冲/转光电编码器的伺服电动机直接驱动8 mm螺距的滚珠丝杠，经4倍频处理后，相当于8 000脉冲/转的角度分辨力，对应工作台的直线分辨力由倍频前的0.004 mm提高到0.001 mm。

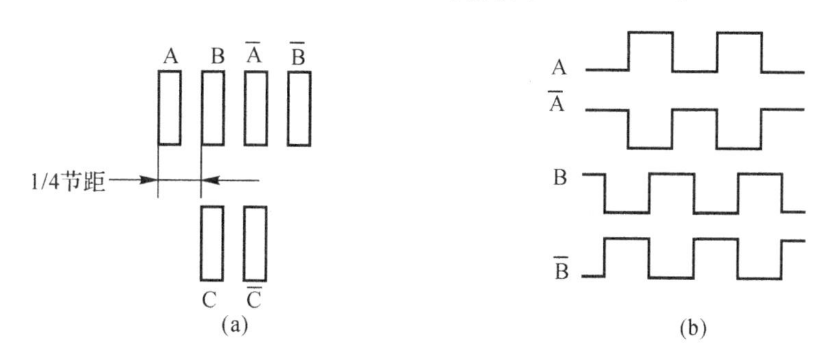

图4.19　A、B条纹位置及信号

2.绝对式旋转编码器

绝对式旋转编码器可直接将被测角度用数字代码表示出来，且每一个角度位置均有对应的测量代码，因此这种测量方式即使断电，只要再通电就能读出被测轴的角度位置，即具有断电记忆力功能。下面以接触式码盘和绝对式光电码盘为例分别介绍绝对式旋转编码器测量原理。

(1)接触式码盘。图4.20所示为接触式码盘示意图。图4.20(b)为4位BCD码盘。它是在一个不导电基体上做出许多金属区使其导电，其中涂黑部分为导电区，用“1”表示，其他部分为绝缘区，用“0”表示。这样，在每一个径向上，都有由“1”“0”组成的二进制代码。最里一圈是公用的，它和各码道所有导电部分连在一起，经电刷和电阻接电源正极。除公用圈以外，4位BCD码盘的4圈码道上也都装有电刷，电刷经电阻接地，电刷布置如图4.20(a)所示。由于码盘与被测轴连在一起，而电刷位置是固定的，当码盘随被测轴一起转动时，电刷和码盘的位置发生相对变化，若电刷接触的是导电区域，则经电刷、码盘、电阻和电源形成回路，该回路中的电阻上有电流流过，为“1”；反之，若电刷接触的是绝缘区域，则不能形成回路，电阻上无电流流过，为“0”。由此可根据电刷的位置得到由“1”和“0”组成的4位BCD码。通过图4.20(b)可看到电刷位置与输出代码的对应关系。码盘码道的圈数就是二进制的位数，且高位在内，低位在外。由此可以推断出，若是n位二进制码盘，就有n圈码道，且圆周均为2^n等分，即共有2^n个数来表示码盘的不同位置，所能分辨的角度为

$$\alpha=\frac{360^\circ}{2^n} \tag{4-10}$$

显然，位数 n 越大，所能分辨的角度越小，测量精度就越大。

图 4.20(c)为 4 位格雷码盘，其特点是任意两个相邻数码间只有一位是变化的，可消除非单值性误差。

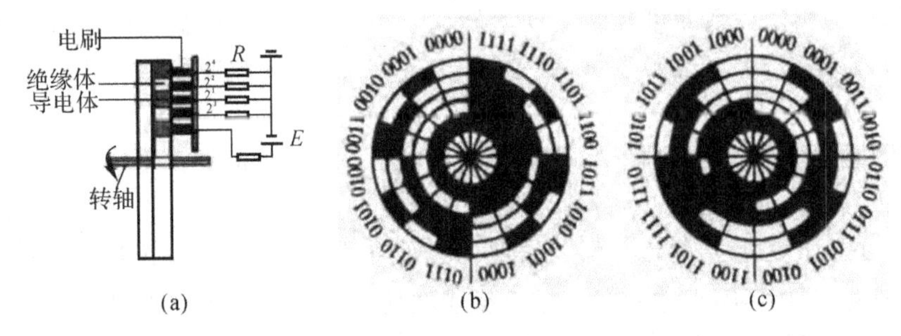

图 4.20 接触式码盘

(2)绝对式光电码盘。绝对式光电码盘与接触式码盘结构相似，只是其中的黑白区域不表示导电区和绝缘区，而是表示透光区和不透光区。其中黑的区域指不透光区，用“0”表示；白的区域指透光区，用“1”表示。如此，在任意角度都有“1”和“0”组成的二进制代码。另外，在每一码道上都有一组光敏元件，这样，不论码盘转到哪一角度位置，与之对应的各光敏元件受光的输出为“1”，不受光的输出为“0”，由此组成 n 位二进制编码。图 4.21 为 8 码道光电码盘(1/4)示意图。

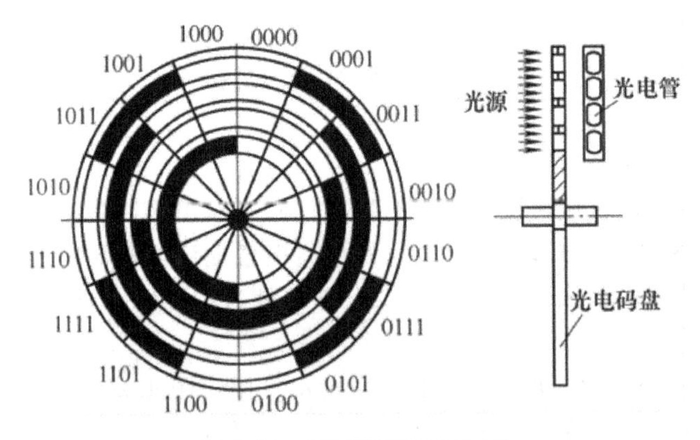

图 4.21 8 码道光电码(1/4)

3. 编码器在数控机床中的应用

(1)位移测量。在数控机床中编码器和伺服电动机同轴连接或连接在滚珠丝杠末端用于工作台和刀架的直线位移测量。在数控回转工作台中，通过在回转轴末端安装编码器，可直接测量回转工作台的角位移。由于增量式光电编码器每转过一个分辨角就发出一个脉冲信号，因此，根据脉冲的数量、传动比及滚珠丝杠螺距即可得出移动部件的直线位移量。如某带光电编码器的伺服电动机与滚珠丝杠直连(传动比为 1∶1)，丝杠螺距为 8 mm，在一转时间内计数 1 024 脉冲，则在该时间段里，工作台移动的距离为 8(mm/r)÷1 024(脉冲/r)×1 024(脉冲)＝8(mm)。

(2)主轴控制。当数控车床主轴安装有编码器后，则该主轴具有 C 轴插补功能，可实现主轴旋转与 z 坐标轴进给的同步控制；恒线速切削控制，即随着刀具的径向进给及切削直径的逐渐减小或增大，通过提高或降低主轴转速，保持切削线速度不变；主轴定向控制；等等。

(3)测速。光电编码器输出脉冲的频率与其转速成正比，因此，光电编码器可代替测速发电机的模拟测速而成为数字测速装置。

(4)编码器应用于交流伺服电动机控制中，用于转子位置检测，提供速度反馈信号。

4.2.3　光栅尺

光栅尺(又称光栅)是一种高精度的直线位移传感器，是数控机床闭环控制系统中用得较多的测量装置，由光源、聚光镜、标尺光栅(长光栅)、指示光栅(短光栅)和硅光电池等光敏元件组成。光栅尺外观示意图如4.22所示。

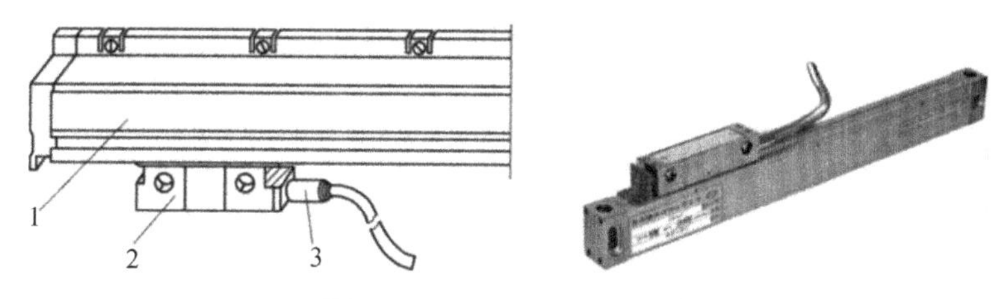

图4.22　光栅尺外观示意图

1—光栅尺；2—扫描头；3—电缆

光栅尺通常为一长一短两块配套使用，其中长的一块称为主光栅或标尺光栅，安装在机床移动部件上，要求与行程等长；短的一块称为指示光栅，指示光栅和光源、透镜、光敏元件装在扫描头中，安装在机床固定部件上。

数控机床中用于直线位移检测的光栅尺有透射光栅和反射光栅两大类，如图4.23所示。在玻璃表面上制成透明与不透明间隔相等的线纹，称透射光栅；在金属的镜面上制成全反射与漫反射间隔相等的线纹，称为反射光栅。透射光栅的特点是：光源可以采用垂直入射，光敏元件可直接接收光信号，因此信号幅度大，扫描头结构简单；光栅的线密度可以做得很高，即每毫米上的线纹数多。常见的透射光栅线密度为50条/mm、100条/mm、200条/mm。其缺点是玻璃易破裂，热膨胀系数与机床金属部件不一致，影响测量精度。反射光栅的特点：标尺光栅的膨胀系数易做到与机床材料一致；安装在机床上所需要的面积小，调整也很方便；易于接长或制成整根标尺光栅；不易破碎；适用于大位移测量的场所。其缺点是：为了使反射后的莫尔条纹反差较大，每毫米内线纹不宜过多。目前常用的反射光栅线密度为4条/mm、10条/mm、25条/mm、40条/mm、50条/mm。

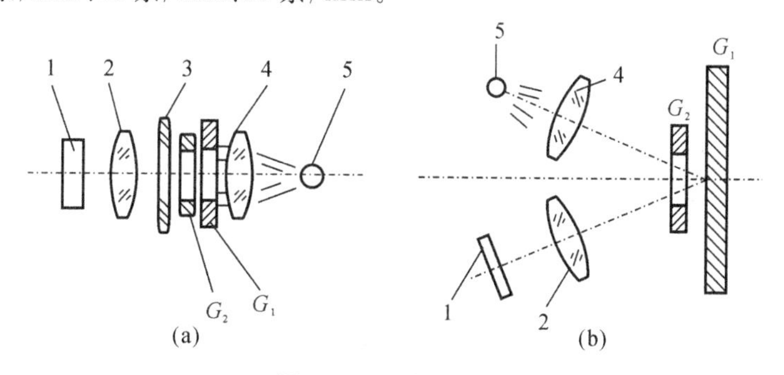

图4.23　光栅尺种类

1—光敏元件；2,4—透镜；3—狭缝；5—光源；G_1—标尺光栅；G_2—指示光栅以下以透射光栅为例介绍光栅尺的工作特点和原理。

光栅尺上相邻两条光栅线纹间的距离称为栅距或节距 w，线密度是指每毫米长度上的线纹数，用 k 表示，栅距与线密度互为倒数，即 $w=1/k$。安装时，要求标尺光栅和指示光栅相互平行，它们之间有 0.05～0.1 mm 的间隙，并且其线纹相互偏斜一个很小的角度 θ，两光栅线纹相交，形成透光和不透光的菱形条纹。在相交处出现的黑色条纹，称为莫尔条纹。莫尔条纹的传播方向与光栅线纹大致垂直。两条莫尔条纹间的距离称为纹距 W。当工作台正向或反向移动一个栅距 w 时，莫尔条纹向上或向下移动一个纹距，如图 4.24(a)所示。

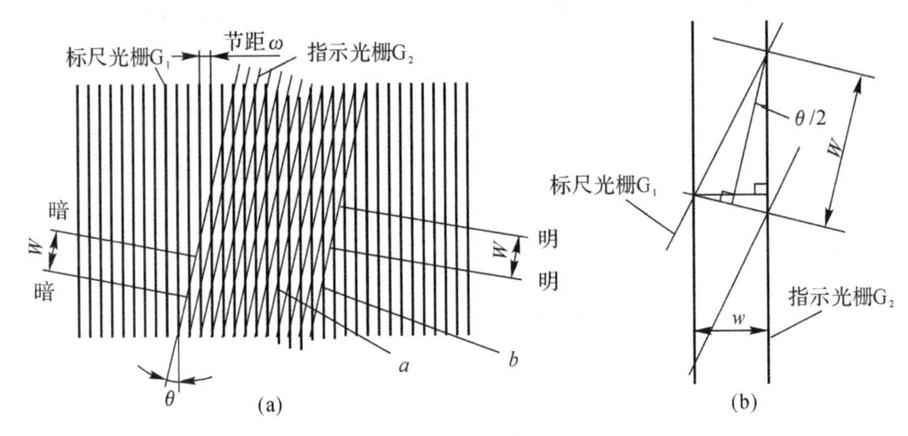

图 4.24　光栅尺工作原理

莫尔条纹经狭缝和透镜由光敏元件接收，产生电信号。因偏斜角度 θ 很小，由图 4.24(b)可知：

$$W=\frac{\omega}{2\sin\frac{\theta}{2}}\approx\frac{\omega}{\theta} \tag{4-11}$$

光栅尺的莫尔条纹具有以下特点：

(1)起放大作用。因为 θ 角度非常小，因此莫尔条纹的纹距 W 要比栅距大得多，如 $k=100$ 条/mm，则 $\omega=0.01$ mm。如果调整 $\theta=0.001$ rad，则 $W=10$ mm。这样，虽然光栅尺栅距很小，但莫尔条纹却清晰可见，便于测量。

(2)莫尔条纹的移动与栅距成比例。当标尺光栅移动时，莫尔条纹就沿着垂直于光栅尺运动的方向移动，并且光栅尺每移动一个栅距 ω，莫尔条纹就准确地移动一个纹距 W，只要测量出莫尔条纹的数目，就可以知道光栅尺移动了多少个栅距，而栅距是制造光栅尺时确定的，因此工作台的移动距离就可以计算出来。如一光栅尺 $k=100$ 条/mm，测得由莫尔条纹产生的脉冲为 1 000 个，则安装有该光栅尺的工作台移动了 0.01 mm/条×1 000 个=10 mm。

另外，当标尺光栅随工作台移动方向改变时，莫尔条纹的移动方向也发生改变。标尺光栅右移时，莫尔条纹向上移动；标尺光栅左移时，莫尔条纹向下移动。由此可见，为了判别光栅尺移动的方向，必须沿着莫尔条纹移动的方向安装两组彼此相距 $W/4$ 的光敏元件 A 和 B，使莫尔条纹经光敏元件转换的电信号相位差 90°，光敏元件输出信号采用 A、$\bar{A}$ 和 B、$\bar{B}$ 差动输出，便于传输的抗干扰。差动输出信号经处理后，获得 P_A 和 P_B 信号，P_A、P_B 的超前和滞后经方向判别电路处理得到以高、低电平表示的方向信号，高、低电平信号分别表示光栅尺移动的两个方向，如图 4.25 所示。光栅尺中的光敏元件安排如图 4.25 所示。

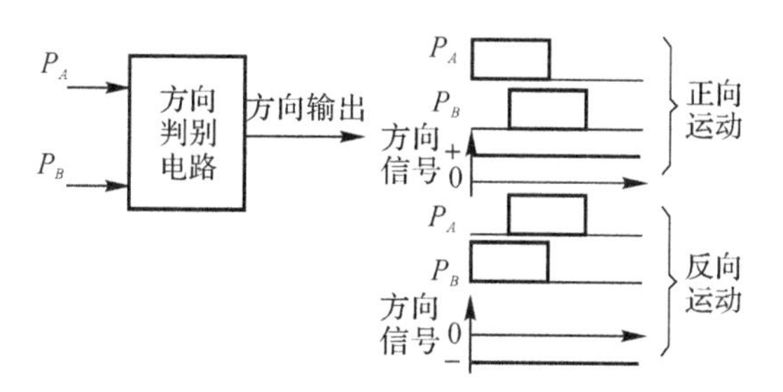

图 4.25　移动方向判别

光栅尺与光电编码器相同，有增量式和绝对式之分。增量式光栅也设有零标志脉冲，它可以设置在光栅尺的中点，也可以设置一个或多个零标志脉冲。绝对式光栅尺输出二进制 BCD 码或格雷码。另外，光栅除了光栅尺外还有圆光栅，用于角位移的测量，测量电路如图 4.26 所示。圆光栅的组成和原理与光栅尺相同。

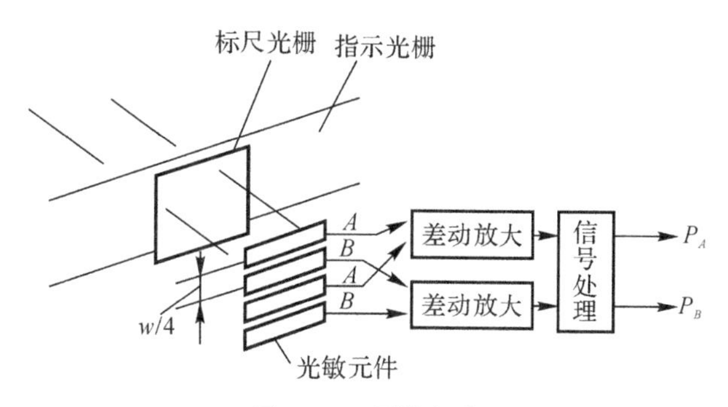

图 4.26　测量电路

光栅尺输出信号有两种：一种是正弦波信号，一种是方波信号。正弦波输出有电流型和电压型，对正弦波输出信号需经差动放大、整形后得到脉冲信号。为了提高光栅尺检测装置的精度，可以提高刻线精度和增加刻线密度。但刻线密度达到 200 条/mm 以上的细光栅尺刻线制造较困难，成本也高。因此通常采用倍频处理来提高光栅尺的分辨精度，如原光栅线密度为 50 条/mm，经 5 倍频处理后，相当于线密度提高到 250 条/mm。图 4.27(c)所示为 HEIDENHAIN 光栅尺电流型输出信号经 5 倍频处理后的信号波形。

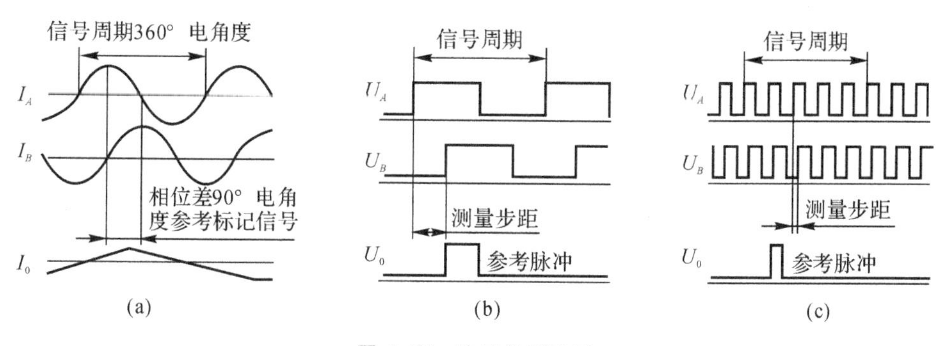

图 4.27　信号处理波形

4.2.4 感应同步器

1. 感应同步器的结构和原理

感应同步器也是一种电磁式的位置检测传感器，主要部件由定尺和滑尺组成，它广泛应用于数控机床中。感应同步器由几伏的电压励磁，励磁电压的频率为 10 kHz，输出电压较小，一般为励磁电压的 1/10 到几百分之一。感应同步器的结构形式有圆盘式和直线式两种，圆盘式用来测量转角位移，而直线式用来测量直线位移。图 4.28 所示为直线式感应同步器结构示意图。

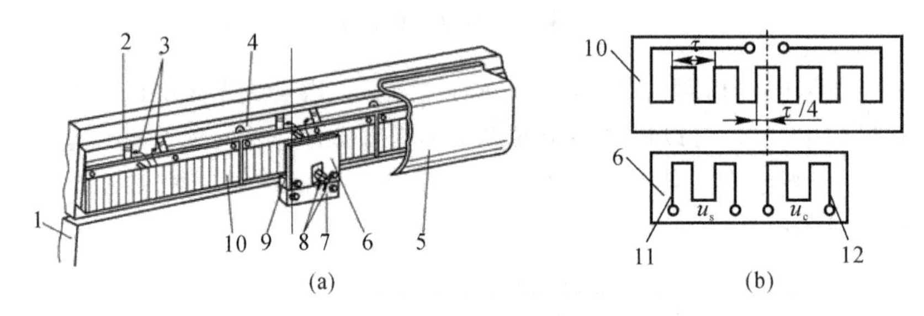

图 4.28 直线式感应同步器结构示意图

1—定部件(床身)；2—运动部件(工作台或刀架)；3—定尺绕组引线；4—定尺座；5—防护罩；6—滑尺；7—滑尺座；8—滑尺绕组引线；9—调整垫；10—定尺；11—正弦励磁绕组；12—余弦励磁绕组

根据励磁绕组中励磁方式的不同，感应同步器也有相位工作方式和幅值工作方式两种。

(1)相位工作方式。给滑尺的正弦励磁绕组和余弦励磁绕组分别通以频率相同、幅值相同，但相位差 $\pi/2$ 的励磁电压，即

$$u_s = U_m \sin\omega t$$

$$u_c = U_m \sin(\omega t + \pi/2) = U_m \cos\omega t$$

当滑尺移动 X 距离时，定尺绕组中的感应电压为

$$u_d = kU_m \sin(\omega t - \theta) = kU_m \sin(\omega t - \frac{2\pi X}{\tau}) \tag{4-12}$$

式中：k——电磁耦合系数；

U_m——励磁电压幅值；

τ——节距；

X——滑尺移动距离；

θ——电气相位角。

从式(4-12)可以看出，定尺的感应电压与滑尺的位移量有严格的对应关系。通过测量定尺

感应电压的相位，即可测得滑尺的位移量。

(2)幅值工作方式。给滑尺的正弦励磁绕组和余弦励磁绕组分别通以相位相同、频率相同，但幅值不同的励磁电压，即

$$u_s = U_{sm} \sin\omega t$$

$$u_c = U_{cm} \sin\omega t$$

其中，U_{sm}、U_{cm} 幅值分别为

$$U_{sm} = U_m \sin\theta_1$$

$$U_{sm}=U_m\cos\theta_1$$

式中：θ_1——电气给定角。

当滑尺移动时，定尺绕组中的感应电压为

$$u_d=kU_m\sin\omega t\sin(\theta_1-\theta)=kU_m\sin\omega t\sin\Delta\theta$$

当 $\Delta\theta$ 很小时，定尺绕组中的感应电压可近似表示为

$$u_d=kU_m\sin\omega t\,\Delta\theta$$

又因为

$$\Delta\theta=\frac{2\pi\Delta X}{\tau}$$

则

$$u_d=kU_m\frac{2\pi\Delta X}{\tau}\sin\omega t \tag{4-13}$$

式中：ΔX ——滑位移增量。

从式(4－13)可以看出，当位移增量 ΔX 很小时，感应电压的幅值和 ΔX 成正比，因此，可通过测量 u_d 的幅值来测定位移 ΔX 的值。

2.感应同步器的特点

(1)精度高。因为定尺的节距误差有平均补偿作用，所以尺子本身的精度能做得较高。直线式感应同步器对机床位移的测量是直接测量，不经过任何机械传动装置，测量精度取决于尺子的精度。感应同步器的灵敏度或称分辨力，取决于一个周期进行电气细分的程度，灵敏度的提高受到电子细分电路中信噪比的限制，但是通过线路的精心设计和采取严密的抗干扰措施，可以把电噪声降到很低，并获得很高的稳定性。

(2)测量长度不受限制。当测量长度大于250 mm时，可以采用多块定尺接长的方法进行测量。行程为几米到几十米的中型或大型机床中，工作台位移的直线测量大多数采用直线式感应同步器来实现。

(3)对环境的适应性较强。因为感应同步器定尺和滑尺的绕组是在基板上用光学腐蚀方法制成的铜箔锯齿形的印制电路绕组，铜箔与基板之间有一层极薄的绝缘层。可在定尺的铜绕组上面涂一层耐腐蚀的绝缘层，以保护尺面；在滑尺的绕组上面用绝缘粘接剂粘贴一层铝箔，以防静电感应。定尺和滑尺的基板采用与机床床身热膨胀系数相近的材料，当温度变化时，仍能获得较高的重复精度。

(4)维修简单、寿命长。感应同步器的定尺和滑尺互不接触，因此无任何摩擦和磨损，使用寿命长，不怕灰尘、油污及冲击振动。同时由于它是电磁耦合器件，所以不需要光源、光敏元件，不存在元件老化及光学系统故障等问题。

(5)工艺性好，成本较低，便于成批生产。

3.感应同步器安装和使用注意事项

(1)感应同步器在安装时必须保持两尺平行，两平面的间隙约为0.25 mm，倾斜度小于0.5°，装配面波纹度在0.01 mm/250 mm以内。滑尺移动时，晃动的间隙及平行度误差的变化小于0.1 mm。

(2)感应同步器大多装在容易被切屑及切屑液浸入的地方，所以必须加以防护，否则切屑夹在间隙内，会使定尺和滑尺绕组刮伤或短路，使装置损坏。

(3)电路中的阻抗和励磁电压不对称以及励磁电流失真度超过 2%时,将对检测精度产生很大的影响,因此在调整系统时,应注意这一点。

(4)由于感应同步器感应电势低,阻抗低,所以应加强屏蔽以防止干扰。

阅读材料

传感器在数控机床上的应用

传感器是一种能感受规定的被测量,并按照一定的规律将其转换成可用输出信号的器件或装置。数控机床应用的传感器最多的就是位置传感器、位移传感器、压力传感器以及温度传感器。

(1)位置传感器。在数控机床上,对于每个进给轴都安装有 3 个行程开关控制机床的行程以及机床零点的位置。比如说数控铣床的 X 轴,在 X 轴的两端各有 1 个行程开关,当 X 轴向正向移动的时候,撞块压上行程开关的触头,行程开关的常开触点闭合,将信号送给数控系统,数控系统会发出让 X 轴停止的指令,X 轴将停止移动。行程开关的位置决定了 X 轴在这个方向上的最远移动位置,同时保护机床。在 X 轴上还安装有 1 个负责机床 X 轴回零时的减速信号的行程开关,当机床在回参考点时,X 轴快速移动到这个行程开关位置,行程开关触点被压下,向系统发出减速信号,并发出指令寻找 Z 脉冲,在找到后停止移动,且认定本位置点就是 X 轴的机床零点。对于安装在 X 轴上的这 3 个行程开关,分别在机床的三个重要位置给出信号,使机床对于坐标及限位的位置有准确的定位。

(2)位移传感器。位移传感器在数控机床上的应用也很多,主要是用来检测数控机床移动的直线位移量或者角度位移量。其中常见的有光电编码器、光栅尺、磁栅尺等。数控机床很重要的一个指标就是进给运动的位置定位误差和重复定位误差,要提高位置控制精度就必须采用高精度的位置检测装置。下面以数控车床上的位移传感器为例,拖板的横向运动为 Z 轴,由 Z 轴进给伺服电动机通过 Z 轴滚珠丝杠来实现;拖扳上刀架的径向运动为 X 轴,由 X 轴进给伺服电动机通过 X 轴滚珠丝杠来实现。伺服电动机端部配有光电编码器,用于角位移测量和数字测速。角位移通过丝杠螺距能间接反映拖板或刀架的直线位移。

(4)压力传感器。数控机床工件夹紧力的检测中使用压力传感器。数控机床加工前,自动将毛坯送到主轴卡盘中并夹紧,夹紧力由压力传感器检测,当夹紧力小于设定值时,将导致工件松动,这时控制系统将发出报警信号,停止走刀。在润滑、液压、气动等系统中,均安装有压力传感器,对这些辅助系统随时进行监控,保证数控机床的正常运行。

(5)温度传感器。数控机床中应用有大量的电气元件、电机等,在电气元件工作的时候会产生大量的热,温度过高会烧毁电气元件。比如说,伺服电机工作的时候,由于转子的高速旋转会产生大量的热量,但温度高到一定高度时将会烧毁电机,所以当温度达到一定高度时必须让电机停止工作,那么系统就需要通过电机内部的温度传感器来了解电机内部的温度情况,在必要时产生报警。在数控系统内部、电气柜内均要装有温度传感器,在温度过高时报警,防止烧毁电气元件。所以在数控机床上,温度传感器用来检测温度,同时将信息传递给系统产生相应的报警,对数控机床起到保护作用。

传感器在数控机床中占据重要的地位,它监视和测量着数控机床的每一步工作过程,保证数控机床的正常运行。

本节思考题

1. 什么是绝对式测量和增量式测量?什么是间接测量和直接测量?
2. 增量式光电编码器或光栅尺输出的"六脉冲"信号的作用是什么?怎样进行方向判别?

4.3　位置控制和速度控制

本节学习要求

熟悉数控机床进给伺服系统的位置控制和速度控制工作原理。

内容导入

“控制工程基础”课程中曾讲到有关速度控制和位置控制的相关概念，数控机床作为自动化控制设备，其位置控制和速度控制是数控机床进给伺服系统的重要环节。

位置控制是根据计算机插补运算得到的位置指令，与位置检测装置反馈来的机床坐标轴的实际位置相比较，形成位置偏差，经变换得到速度给定电压。速度控制单元根据位置控制输出的速度电压信号和速度检测装置反馈的实际转速对伺服电动机进行控制，以驱动机床传动部件。因为速度控制单元是伺服系统中的功率放大部分，所以也称速度控制单元为驱动装置或伺服放大器。

4.3.1　位置控制

从理论上来说，位置控制的类型可以有很多，但目前在 CNC 系统中实际使用的主要有两种类型：“比例型”和“比例加前馈型”。这主要是由数控机床位置控制的特殊要求所决定的。在数控机床位置进给控制中，为了加工出光滑的零件表面，不允许出现位置超调，采用“比例型”和“比例加前馈型”的位置控制器，可以较容易地达到上述要求。就闭环和半闭环伺服系统而言，位置控制的实质是位置随动控制，其控制原理如图 4.28 所示。

图 4.28 中，位置比较器的作用是实现位置的比较，即 $P_e = P_c - P_f$。位置/速度变换是将位置偏差转换为速度控制信号。实现位置比较的方法有脉冲比较法、相位比较法和幅值比较法。下面仅介绍常用的脉冲比较法。

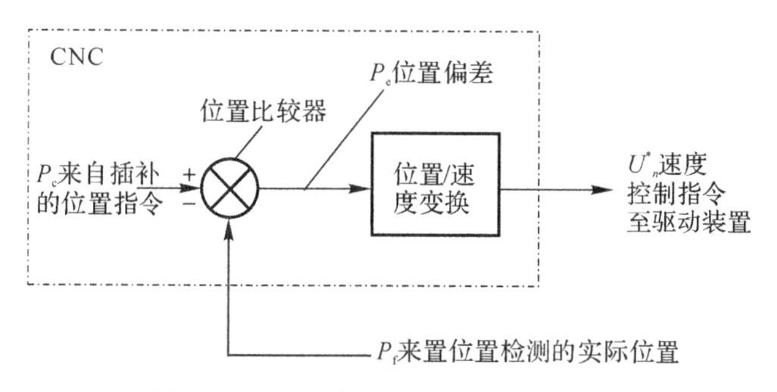

图 4.28　位置控制原理实现位置的比较

1. 脉冲比较器的组成

脉冲比较器由可加减的可逆计数器和脉冲分离器组成，如图 4.29 所示。它用于将脉冲信号 P_c 与反馈的脉冲信号 P_f 相比较，得到脉冲偏差信号 P_e。能产生脉冲信号的位置检测装置有光栅尺、光电编码器等。P_{c+}、P_{c-}、P_{f+}、P_{f-}的加减定义见表 4-1。

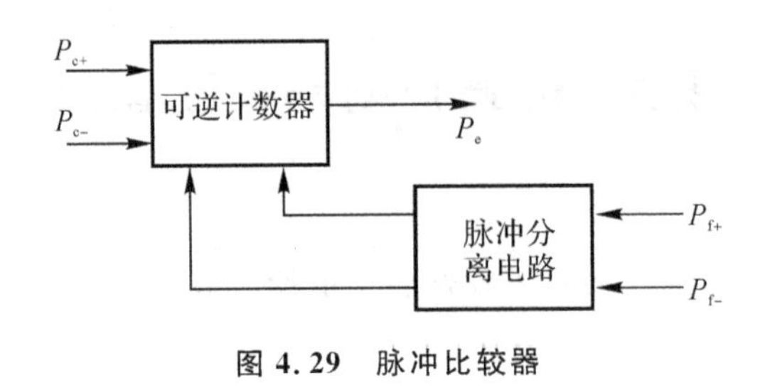

图 4.29　脉冲比较器

表 4-1　P_{c+}、P_{c-}、P_{f+}、P_{f-}的加减定义

位置指令	含义	可逆计算器运算	位置反馈	含义	可逆计算器运算
P_{c+}	正向运动指令	+	P_{f+}	正向位置反馈	−
P_{c-}	反向运动指令	−	P_{f-}	反向位置反馈	+

2.脉冲比较法的工作原理

当数控系统要求工作台向一个方向进给时，经插补运算得到一系列进给脉冲作为指令脉冲，其数量代表了工作台的指令进给量，频率代表了工作台的进给速度，方向代表了工作台的进给方向。以增量式光电编码器为例，当光电编码器与伺服电动机及滚珠丝杆直连时，随着伺服电动机的转动，光电编码器产生序列脉冲输出，脉冲的频率将随着电动机转速的快慢而升降。

现设工作台的初始状态静止，若指令脉冲 $P_c=0$，这时反馈信号 $P_f=0$，偏差信号 $P_e=0$，则伺服电动机的速度给定值为零，工作台继续保持静止状态。若给定一正向指令脉冲 $P_{c+}=2$，可逆计数器加 2，在工作台尚未移动之前，反馈信号 $P_{f+}=0$，可逆计数器输出 $P_e=P_c-P_f=2$，经位置/速度变换，得到正的速度指令，伺服电动机正转，工作台正向进给。工作台正向运动，即有反馈信号 P_{f+} 产生，当 $P_{f+}=1$ 时，可逆计数器减 1，此时 $P_e=P_c-P_f=1>0$，伺服电动机仍正转，工作台继续正向进给。当 $P_{f+}=2$ 时，$P_e=P_c-P_f=0$，则速度指令为零，伺服电动机停转，工作台停止在位置指令所要求的位置。当指令脉冲为反向 P_{c-} 时，控制过程与正向时相同，只是 $P_e<0$，工作台反向运动。

4.3.2　速度控制

速度控制装置也称驱动装置。数控机床中的驱动装置又因驱动电动机的不同而不同。步进电动机的驱动装置有高低压切换、恒流斩波等。直流伺服电动机的驱动装置有脉宽调制(PWM)、晶闸管(Semiconductor Control Rectifier，SCR)控制两种。交流伺服电动机的驱动装置有他控变频控制和自控变频控制两种。

1.步进电动机驱动装置

由前述可知，步进电动机采用的是脉冲控制方式。只要控制步进电动机指令脉冲的数量即可控制工作台移动的位移量，控制其指令脉冲的频率即可实现对工作台移动速度的控制。所以步进电动机驱动装置解决的第一个问题是环形分配，第二个问题是功率放大。

(1)环形分配。

环形分配用于控制步进电动机的通电方式，其作用就是将数控装置送来的一串指令脉冲按一定的顺序和分配方式来控制各相绕组的通、断电，如图4.30所示。

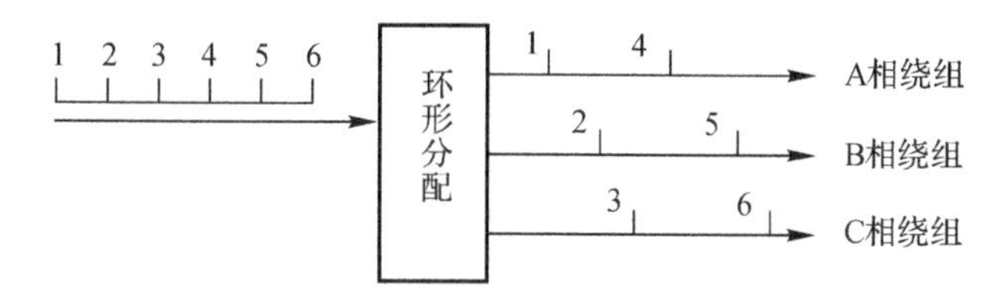

图4.30 三相三拍制步进电动机的环形分配

实现环形分配的方法有两种：一种是由包括在驱动装置内部的环形分配器实现，称为硬件环形分配，简称硬环分；另一种称为软件环形分配，简称软环分，即环形分配由数控装置中的计算机软件来完成，驱动装置没有环形分配器。硬件环形分配驱动与数控装置的连接如图4.31所示，软件环形分配驱动与数控装置的连接如图4.32所示。

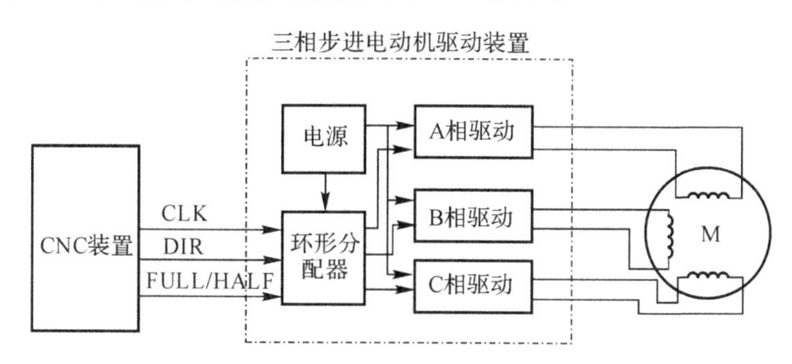

图4.31 硬件环形分配驱动与数控装置的连接

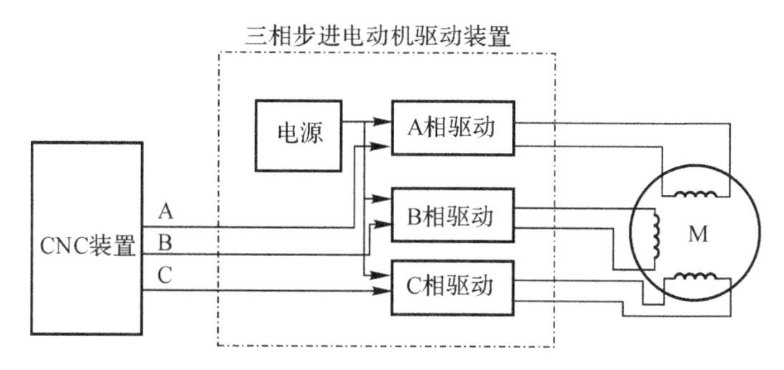

图4.32 软件环形分配驱动与数控装置的连接

图4.31中，数控装置只需根据加工对象的运行轨迹，按插补运算结果发出脉冲CLK，每个脉冲的上升沿或下降沿到来时，输出改变一次绕组的通电状态，对应电动机转过一个固定的角度。环形分配器的输入、输出信号一般为TTL电平，输出A、B、C信号变为高电平则表示相应的绕组通电，为低电平则表示相应的绕组失电。DIR为数控装置所发出的方向信号，其电平的高低对应电动机绕组通电顺序的改变，即控制步进电动机的正反转。FULL/HALF用于控制电动机的通电方式，其电平用来控制电动机的整步（对三相步进电动机即为三拍运行）或半步（对三相步进电动机即为六拍运行），一般情况下，根据需要将其设定为固定的电平即可。

(2)驱动电路。

驱动电路的主要作用是对控制脉冲进行功率放大,以使步进电动机获得足够大的功率驱动负载运行。步进电动机常采用高、低压双电压驱动。

高、低压双电压驱动采用两套电源给电动机供电,一套是高压电源,另一套是低压电源。步进电动机的绕组每次通电时,首先接通高压,维持一段时间,以保证电流以较快的速度上升,然后变为低压供电,维持绕组中的电流为额定值。这种驱动电路由于采用高压驱动,电流增长加快,绕组上脉冲电流的前沿变陡,使电动机的转矩、启动及运行频率都得到提高。又由于额定电流由低压维持,故只需较小的限流电阻,功耗较小。根据高压脉冲的控制方式不同,产生了如高压定时控制、恒流斩波控制、电流前沿控制、平滑斩波控制等各种派生电路。下面以恒流斩波控制为例说明双电压驱动电源的工作原理。

恒流斩波驱动电源也称电流驱动电源,或称波顶补偿控制驱动电源。图 4.33 所示为恒流斩波驱动电源电路及波形图。图中高压功率晶体管 V_g 的通断同时受到步进脉冲信号 U_{cp} 和运算放大器 N 的控制。在步进脉冲信号 U_{cp} 为高电平时,一路经驱动电路驱动低压晶体管 V_d 导通,另一路通过晶体管 V_1 和反相器 D_1 及驱动电路驱动 V_g 导通,这时绕组由高压电源 U_g 供电。随着绕组电流的增大,反馈电阻 R_f 上的电压不断升高,当升高到比同相输入电压 U_s 高时,运算放大器 N 输出低电平,V_1 的基极为低电平,V_1 截止,这样,V_g 关断高压,绕组继续由低压 U_d 供电。当绕组电流下降时,U_f 下降,当 $U_f<U_s$ 时,运算放大器 N 又输出高电平使二极管 VD1 截止,V_1 又导通,再次导通 V_g。这个过程在步进脉冲有效期内不断重复,使电动机绕组中电流波顶的波动呈锯齿形变化,并限制在一定范围内。

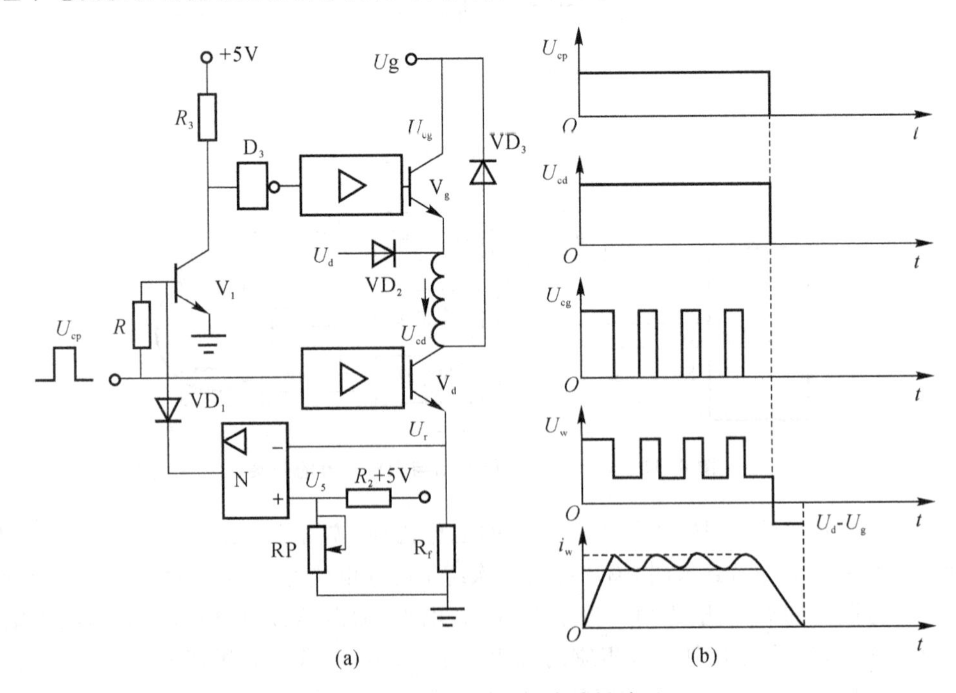

图 4.33　恒流斩波电源电路及波形

调节电位器 RP,可改变运算放大器 N 的翻转电压,即改变绕组中电流的限定值。运算放大器的增益越大,绕组的电流波动越小,电动机运转越平稳,电噪声也越小。

这种驱动电源根据随时检测绕组电流值，导通或关断高压功率晶体管，实现高、低压切换。当绕组电流值上升到上限设定值时，高压功率晶体管关断，由低压电源供电，绕组电流值开始下降；当绕组电流值下降到下限设定值时，高压功率晶体管导通，绕组电流值上升。这样，在一个步进信号周期内，高压功率晶体管多次通断，使绕组电流在上、下限之间波动，接近恒定值，提高了绕组电流的平均值，有效地抑制了电动机输出转矩的降低。但这种驱动电源的运行频率不能太高。因为运行频率太高，电动机绕组的通电周期会缩短，高压功率晶体管开通时绕组电流来不及升到整定值，导致波顶补偿作用不明显。

2. 直流伺服电动机驱动装置

直流伺服电动机具有良好的启动、制动和调速性能，可以很方便地在较宽范围内实现平滑无级调速，所以在调速性能要求较高的生产设备中常采用直流伺服驱动。直流伺服电动机速度控制的作用是将转速指令信号转换成电枢的电压值，达到速度调节的目的，常采用的调速方法有晶闸管(SCR)调速系统和晶体管脉宽调制(Pulse Width Modulation，PWM))调速系统。主轴常采用SCR控制方式，进给用直流伺服电动机通常采用PWM控制方式。下面主要介绍PWM调速控制系统。

所谓PWM，就是利用大功率晶体管开关特性，将直流电压转换成频率一定的方波电压，加在直流电动机的电枢两端，并通过控制晶体管在一个周期内的"接通"与"关断"时间来改变方波脉冲宽度，从而改变电枢的平均电压U，进而达到调压调速的目的。与晶闸管相比，PWM调速系统的控制电路简单，不需附加关断电路，开关特性好，在中小功率直流伺服系统中应用广泛。

PWM的基本原理如图4.34所示，若脉冲的周期固定为T，在一个周期内高电平持续的时间(导通时间)为T_{on}，高电平持续的时间与脉冲周期的比值称为占空比(λ)，则图4.34中直流电机电压的平均值为

$$U_a=\frac{1}{T}\int_0^T E_a=\frac{T_{on}}{T}E_a=\lambda E \tag{4-14}$$

式中：E_a——电源电压；

λ——占空比，$\lambda=\frac{T_{on}}{T}$，$0<\lambda<1$。

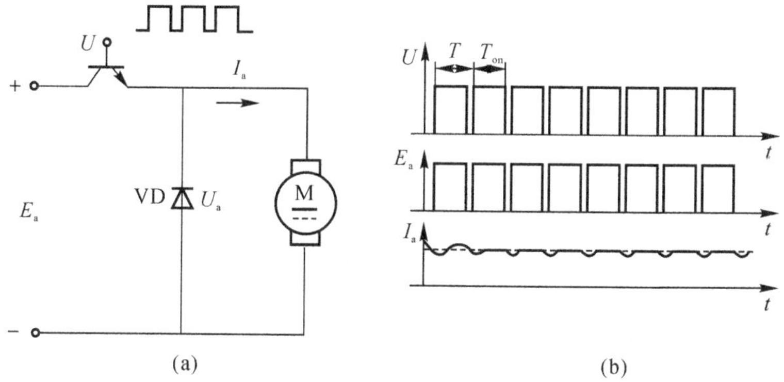

图4.34　PWM脉宽调制原理图

(a)原理图；(b)控制电压、电枢电压和电流的波形

当电路中开关功率晶体管关断时，由二极管 VD 续流，电动机可得到连续电流。实际的 PWM 系统先产生微电压脉宽调制信号，再由该脉冲信号去控制功率晶体管的导通与关断。

图 4.35 为 PWM 系统组成原理图。该系统由控制部分、功率晶体管放大器和全波整流器三部分组成。控制部分包括速度调节器、电流调节器、固定频率振荡器、三角波发生器、脉宽调制器和基极驱动电路。其中速度调节和电流调节器与晶闸管调速系统相同，控制方法仍然为采用双环控制，不同的部分是脉宽调制器、基极驱动电路和功率放大器。

(1)速度调节器是对 CNC 系统发来的速度指令信号与速度反馈信号的差值进行计算，得到作为电流调节器的给定输入信号。

(2)电流调节器是对电流给定信号与电流反馈信号的差值进行计算，得到作为脉宽调制器的控制信号。

(3)脉宽调制器的作用是将电压量转换成可由控制信号调节的矩形脉冲，即为功率晶体管的基极提供一个宽度可由速度指令信号调节且与之成比例的脉宽电压。在 PWM 调速系统中，电压量为电流调节器输出的直流电压量，该电压量是由系统插补器输出的速度指令转化而来的。经过脉宽调制器变为周期固定、脉宽可变的脉冲信号，脉冲宽度的变化随着速度指令而变化。由于脉冲周期不变，脉冲宽度的改变将使脉冲平均电压改变。

在 PWM 调速系统中，电压量为电流调节器输出的直流电压量，该电压量是由系统插补器输出的速度指令转化而来的，经过脉宽调制器变为周期固定、脉宽可变的脉冲信号，脉冲宽度的变化随着速度指令而变化。由于脉冲周期 T 不变，脉冲宽度 T_{on} 的改变将使脉冲平均电压 U_a将改变。

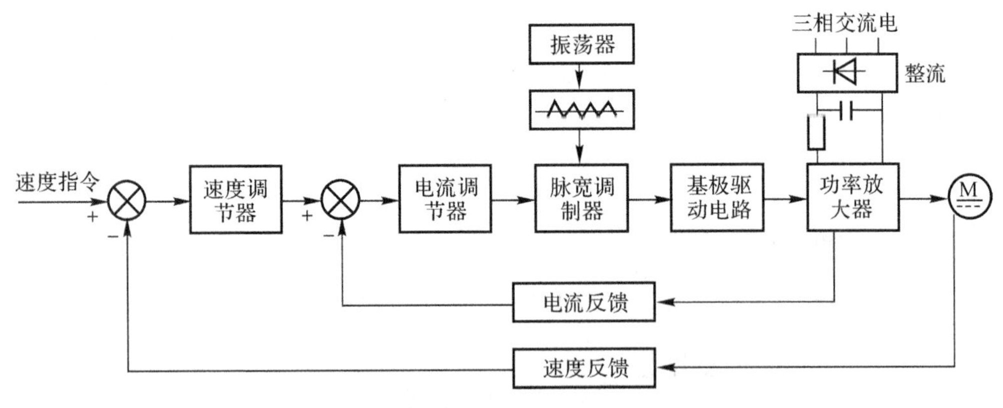

图 4.35　PWM 系统原理

3. 交流伺服电动机驱动装置

数控机床交流主轴电动机采用专门设计的三相交流异步电动机或主轴伺服电动机。进给用交流伺服电动机多采用三相交流永磁同步电动机，调速方法常采用变频调速。

(1)变频器工作原理。

对交流电动机实现变频的装置叫变频器。变频器有很多种分类，大的分类有交-交变频器、交-直-交变频器。数控机床采用的是后者，其组成部分有整流电路、滤波电路、逆变电路和控制电路。如图 4.65 所示，图中整流器可以是二极管整流，也可以是可控整流。滤波元件是电容的称为电压型变频器，滤波元件是电感的称为电流型变频器。逆变电路可以采用电力晶体管(GTR)、可关断(GTO)晶闸管、功率场效应晶体管(MOSFET)、绝缘栅双极半导体管(IGBT)等。

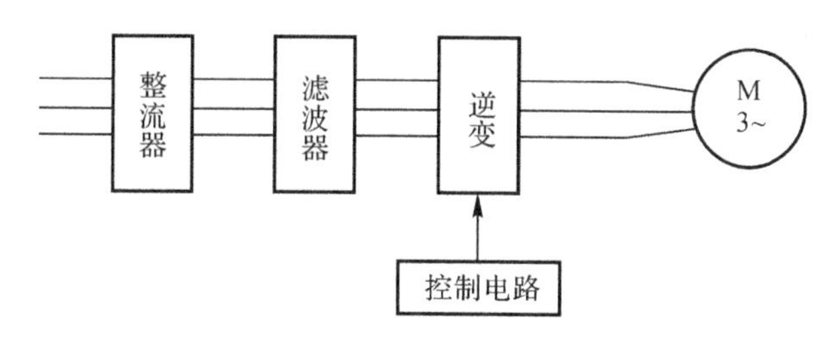

图 4.36　交-直-交变频器组成

SPWM 变频器属于交-直-交静止变频装置，它先将 50 Hz 交流市电经整流变压器变到所需电压后，经二极管不可控整流和电容滤波，形成恒定直流电压，再送入常用 6 个大功率晶体管构成的逆变器主电路，输出三相频率和电压均可调整的等效于正弦波的脉宽调制波(SPWM 波)，即可拖动三相异步电动机运转。这种变频器结构简单，电网功率因数接近于 1，且不受逆变器负载大小的影响，系统动态响应快，输出波形好，使电动机可在近似正弦波的交变电压下运行，脉动转矩小，扩展了调速范围，提高了调速性能，因此在数控机床的交流驱动中得到了广泛应用。

图 4.37 为 SPWM 变频器控制电路图。正弦波发生器接收经过电压、电流反馈调节的信号，输出一个具有与输入信号相对应频率与幅值的正弦波信号，此信号为调制信号。三角波发生器输出的三角波信号称为载波信号。调制信号与载波信号相比较，输出的信号作为逆变器功率管的输入信号。

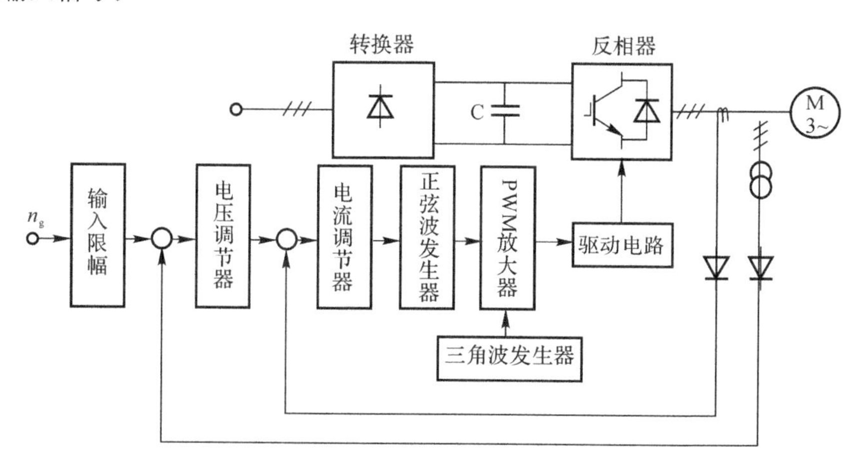

图 4.37　SPM 变频器控制电路图

下面通过图 4.38 所示的最简单的单相桥式逆变电路分析 SPWM 变频器的工作原理。

设输入信号(调制信号)为 $e_s = E_s\sin(\omega_s t + \theta)$，$x$、$y$ 为两个互为相反的三角波(载波信号)，其频率为 ω_b、幅值为 E_b。U 桥在 e_s 与 X 相相交时导通或关断，V 桥在 e_s 与 Y 相交时导通或关断。如相位在 ϕ_1 时，S_1 导通(S_2 关断)；ϕ_2 时，S_3 导通(S_4 关断)；在 ϕ_3 时，S_4 导通(S_3 关断)；在 ϕ_4 时，S_2 导通(S_1 关断)。这样，输出电压 E_{uv} 为三角波和调制信号的函数。输出电压的基波部分可用下式表示：

$$E_{uv}(\omega_s t,\omega_b t)=\frac{E_d}{E_b}e_s \tag{4-15}$$

式(4－15)表明:输出电压的基波幅值随调制波的幅值变化而变化,且放大倍数与直流侧电压 E_d 成正比,与三角波振幅 E_b 成反比,输出电压的频率和相位与调制信号的频率和相位相同。当 SPWM 的控制信号为幅值和频率均可调的正弦波、载波信号为三角波时,输出的信号是幅值与频率均可调的等幅不等宽的脉冲序列,其等效于正弦波的脉宽调制波。

(2)变频器的应用。

通用是指变频器具有多种可供选择的功能,可与各种不同性质负载的异步电动机配套使用。通用变频器控制正弦波的产生是以恒电压频率比(U/f)保持磁通不变为基础的,再经 SPWM 驱动主电路,产生 U、V、W 三相交流电驱动三相交流异步电动机。

数控机床进给用三相永磁同步电动机,永磁同步电动机利用电动机轴上所带的转子位置,检测器检测转子位置也可以进行矢量变频控制。矢量控制调速系统具有动态特性好、调速范围宽、控制精度高、过载能力强且可承受冲击负载和转速突变等特点。正是由于具有这些优良特性,近年来矢量控制随着变频技术的发展而得到了广泛应用。

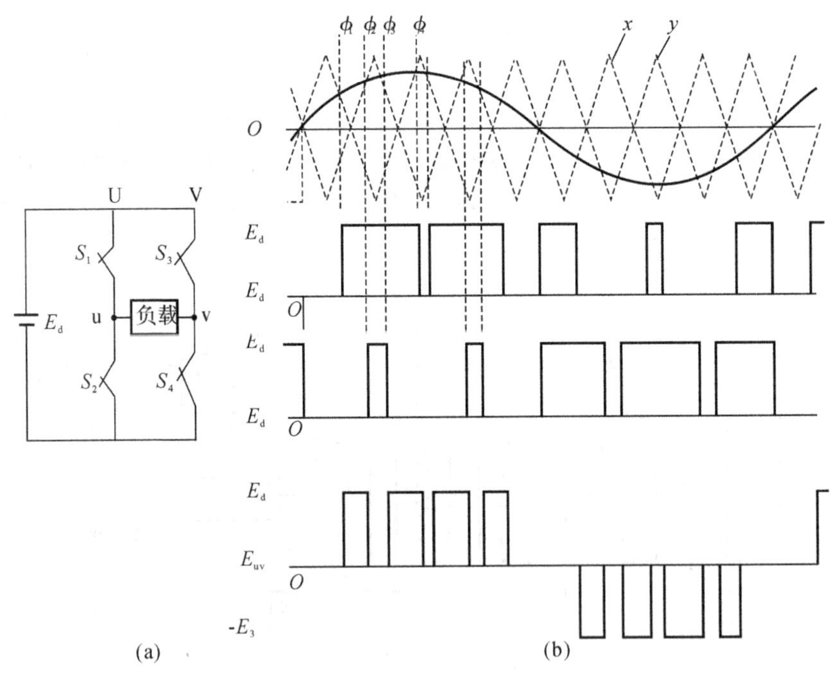

图 4.38 单相桥式逆变电路

本节思考题

1. 查阅相关资料,试比较直流电动机晶闸管(SCR)调速和脉宽调制(PWM)的异同点。

2. 交流伺服电动机(三相交流永磁同步电动机)有哪些变频控制方式?变频控制方式是怎样定义的?

3. 高低电压切换驱动电源对提高步进电动机的运行有何作用?

4. 何谓整流和逆变?晶闸管三相反并联逻辑无环流可逆调速是什么含义?

4.4 章节小结

数控机床的伺服系统通常是指各坐标轴的进给伺服系统，它是数控系统和机床机械传动部件间的连接环节。伺服系统的高性能在很大程度上决定了数控机床的高效率、高精度，所以说伺服系统是数控机床的重要组成部分。

数控机床伺服系统有开环系统、闭环系统和半闭环系统。开环系统无位置检测，闭环系统和半闭环系统都是基于反馈控制原理工作的，是一个双闭环系统。常用于反馈检测的装置有光栅、脉冲编码器、感应同步器等。直流调速有脉宽调制(PWM)和晶闸管(SCR)调速，进给用直流伺服电动机通常采用 PWM 控制方式，主轴直流电动机采用 SCR 控制方式。变频调速是交流调速的重要发展方向之一，正弦波脉宽调制(SPWM)是按一定规律控制逆变器开关元件的通断，从而获得等幅不等宽的矩形脉冲的方式，其基波近似正弦波。在矢量控制中，通过对三相交流异步电动机的等效变换，获得对定子电流或电压及相位的控制，从而实现对三相交流异步电动机的变频调速。

4.5 章节自测题

1. **填空题**(共35空，每空1分，共35分)

(1)数控机床中常用的插补计算方法通常分为__________插补和__________插补两大类。

(2)数控机床在数控系统的控制下，自动地按给定的程序进行机械零件的加工，数控系统是由程序、输入输出设备、__________、__________、__________和__________等组成的一个系统。

(3)基于 CNC 装置的多任务性，它的系统软件必须完成管理和控制两大任务：管理部分包括输入、I/O 处理、显示、__________；控制部分包括__________、__________、__________、__________、__________。

(4)数控机床的进给由__________、__________、__________及执行部件组成。

(5)数控进给伺服系统是一个位置、控制系统。按有无位置检测和反馈进行分类，分为__________系统和__________系统。

(6)__________进给系统因为采用了位置检测装置，所以在结构上比__________进给系统成本高。

(7)数控系统发出的进给位移和速度指令，经过转换和功率放大后，作为__________的输入信号，从而驱动执行部件实现给定的速度和位移量。

(8)__________系统可以消除机械传动机构的全部误差，而__________系统只能补偿系统环路内部部分元件的误差。

(9)位置检测装置的精度指标主要包括____________和____________。

(10)交流伺服驱动系统,用____________作为伺服驱动装置,是近年来发展的一种新系统。

(11)开环进给系统中,步进电机的____________、机械传动部件的精度、丝杠,支承的传动间隙及传动和支承件的变形等,直接影响____________的精度。

(12)数控系统的____________补偿和____________补偿可以提高数控伺服定位精度。

(13)交流伺服电机主要有____________交流伺服电机和____________交流伺服电机。

(14)____________得到调节器的电压信号后,输出功率足够的运动速度,控制对象的运动。

(15)____________测量执行部件的实际位移,将它转换成电信号反馈到输入端,在比较器内与输入指令信号进行比较。

(16)进给系统的特性是系统的____________及在指令与负载作用下的____________。

2. **判断题**(5 小题,每小题 1 分,共 5 分)

(1)数控进给伺服系统是一个位置控制系统,有开环系统与半闭环进给系统之分。(　　)

(2)直流伺服电机的调速范围宽,机械特性硬,过载能力强,动态响应性能好。(　　)

(3)步进电机是一种将电脉冲信号转换成机械角位移的电磁机械装置。(　　)

(4)光电编码器是一种电磁或位置检测装置,根据两个平行绕组之间的交变磁场感应原理来实现位置检测功能。(　　)

(5)光栅尺是一种旋转式的角位移检测装置,在数控机床中得到了广泛的使用。(　　)

3. **简答题**(8 小题,每小题 5 分,共 40 分)

(1)简述数控机床对伺服系统的要求。

(2)试述光栅尺的工作原理。

(3)何为步距角?步距角的大小与哪些参数有关?

(4)如何控制步进电动机的转向和转速?

(5)直流伺服电动机在结构上有何特点?宽调速直流伺服电动机能与滚珠丝杠直接相连的意义何在?

(6)光电编码器安装在滚珠丝杠驱动前端和末端有何区别?

(7)旋转变压器和感应同步器各由哪些部件组成?有哪些工作方式?

(8)SPWM 指的是什么?调制信号正弦波与载波信号三角波经 SPWM 后,输出的信号波形是何种形式?

4. **计算题**(2 小题,每小题 10 分,共 20 分)

(1)某个数控机床采用三相六拍驱动方式的步进电机,其转子有 80 个齿,经滚珠丝杠螺母副驱动工作台做直线运动。如图 4.41 所示,丝杠的导程为 7.2 mm,齿轮的传动比 $i=0.2$,工作台的最大移动速度为 25 mm/s。试求:

1)步进电机的步进角。

2)工作台的脉冲当量和步进电机的最高工作频率。

(2)某数控机床采用光栅尺作为检测装置。若光栅尺刻线为 100 线/mm,标尺光栅和指示光栅之间的夹角为 $\theta=0.001$ rad,工作台移动时,测得移动过的莫尔条纹数为 200。试求光栅尺的栅距、莫尔条纹的纹距及放大倍数、工作台的移动距离。

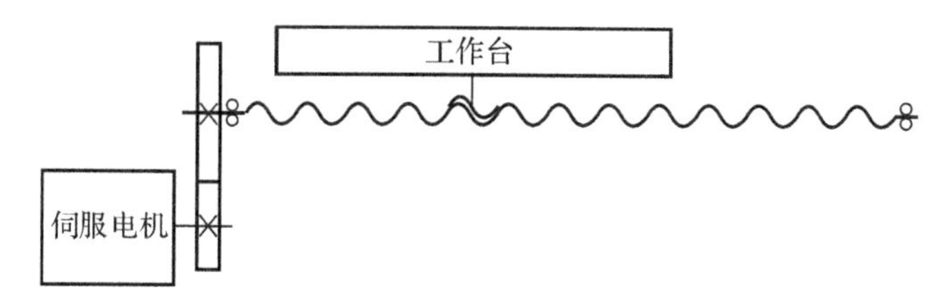

图 4.41　三相六拍驱动方式的步进电机

第5章 数控机床机械结构与装置

教学提示:数控机床的机械结构主要包括机床基础件、主传动装置、进给传动装置、自动换刀装置及其他辅助装置等。数控机床的各机械部件相互协调,组成一个复杂的机械系统,在数控系统的指令控制下,实现零件的切削加工。数控机床的控制方式、加工要求和使用特点等,使数控机床与普通机床在机械传动和结构上有着十分显著的区别,对性能方面也提出了新的要求。

教学要求:本章要求学生熟悉数控机床主传动系统和进给传动系统等主要部件的原理及结构;了解机床基础件和数控回转工作台、分度工作台等主要辅助装置的结构特点;重点熟悉数控机床的主轴部件、滚珠丝杠副、驱动电机与滚珠丝杠传动件、导轨及自动换刀装置的结构、原理与特点,为使学生更好地应用与维护数控机床打下良好的基础。

5.1 数控机床的主传动系统

本节学习要求

1. 了解数控机床对机械结构的基本要求。
2. 掌握数控机床主传动系统和进给传动系统等主要部件的原理及结构。

内容导入

数控机床的各机械部件相互协调,组成一个复杂的机械系统,在数控系统的指令控制下,实现零件切削加工。数控机床与普通机床在机械传动和结构上是否相同?有哪些特点?

5.1.1 概述

1. 数控机床机械结构的特点

(1)支承件高刚度化。为了提高数控机床的加工精度和抗振性,数控机床的床身、立柱等采用静刚度、动刚度、热刚度特性都较好的支承构件。

(2)传动机构简约化。为了简化机械传动结构、缩短传动链和提高传动精度,数控机床多数采用高性能的无级变速主轴及伺服传动系统。

(3)传动元件精密化。为减小摩擦、消除传动间隙、提高加工效率和获得高加工精度,数控机床更多地采用了高效传动部件,如滚珠丝杠螺母副、滚动导轨、静压导轨等。

(4)辅助操作自动化。为了改善劳动条件和操作性能,提高劳动生产率,数控机床采用了刀具与工件的自动夹紧装置、自动换刀装置、自动排屑装置及自动润滑冷却装置等,其具有较强的抗干扰能力,对环境适应性强,性能稳定,使用寿命长,平均无故障时间间隔长。

2. 数控机床机械结构的基本要求

根据数控机床的使用场合和结构特点，对机床进行机械结构设计时应满足以下要求。

(1)提高机床的静、动刚度。

机床刚度是机床结构抵抗变形的能力。机床在加工过程中承受多种外力的作用，根据所受载荷的不同，机床的刚度可分为静刚度和动刚度。静刚度是机床在稳定载荷(主轴箱、托板的自重、工件质量等)作用下抵抗变形的能力，它与系统构件的几何参数及材料的弹性模量有关；动刚度是机床在交变载荷(如周期变化的切削力、旋转运动的不平衡力、间隙进给步稳定力等)作用下阻止振动的能力，它与系统构件的阻尼率有关。

为提高机床静刚度，主要措施如下：合理布局机床结构、优化结构的截面形状、合理布局筋板和加强局部刚度，以及提高构件的接触刚度等。

如图5.1(a)(b)所示，立式加工中心的龙门式结构布局与单立柱式结构布局相比，机床的刚度会得到明显的提高。而且，即使在切削力的作用下，立柱的弯曲和扭曲变形也大为减小。

图5.1(a)所示为立式加工中心的龙门式结构，采用双立柱热对称结构代替图5.1(b)所示的单立柱式结构，由于左右对称，受热后，主轴轴线除产生垂直方向的平移以外，其他地方变形很小，而垂直方向的轴线移动可以用垂直坐标移动的修正量来补偿。采用热变形补偿装置，可以通过预测热变形规律，控制热变形值或进行实时补偿。

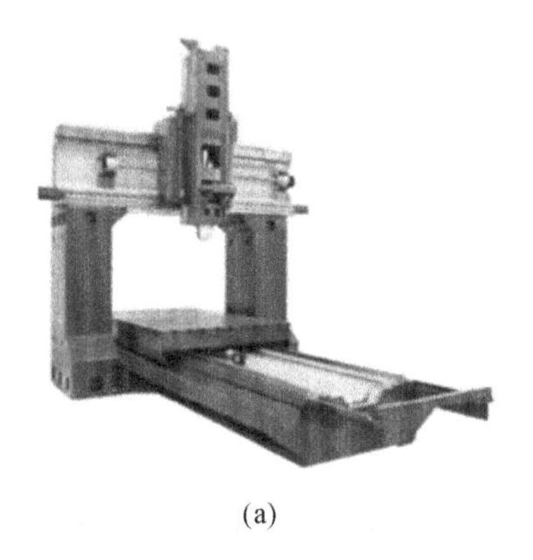
(a)

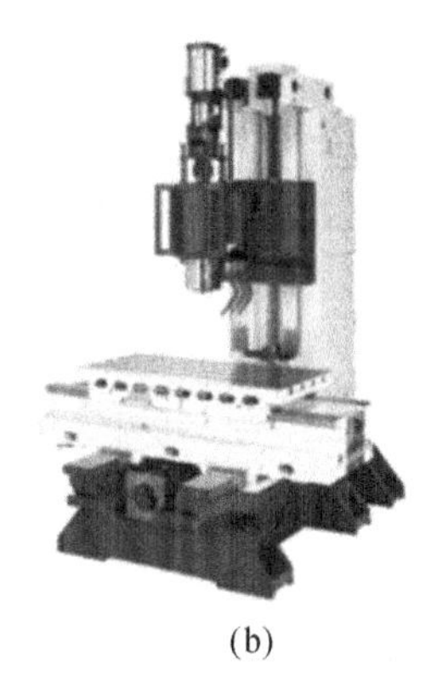
(b)

图5.1　立式加工中心的布局

图5.2(a)(b)为数控车床分别为斜床身和平床身的布局。两种床身截面积和转动惯量相同，但斜床身不仅能有效地改善受力条件从而提高机床刚度，而且斜床身可以设计成封闭式截面，然后经有限元分析来优化机床构件的结构静刚度。

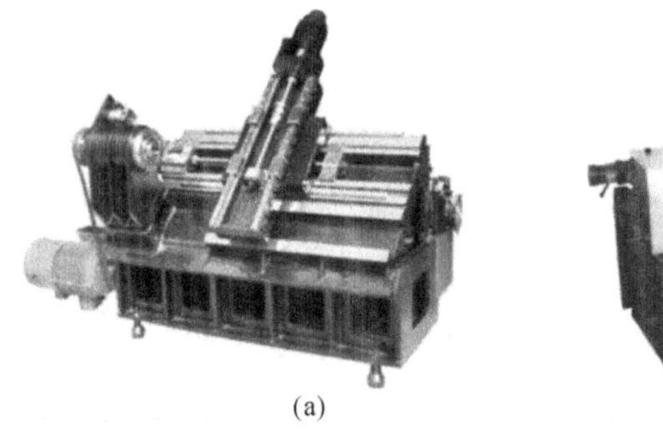
(a)

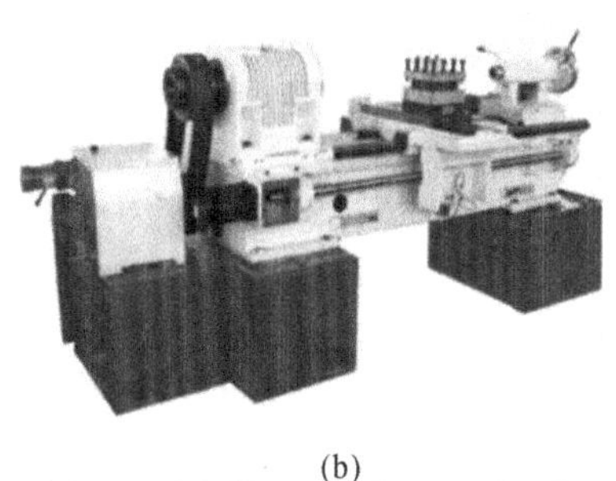
(b)

图5.2　数控车床的布局

通过合理布置支承件的筋板，也可以提高构件的静刚度和动刚度。交叉布置筋板时，可以得到较好的静刚度和动刚度。图 5.3 所示为龙门式加工中心支承件的筋板布置。机床的导轨和支承件的连接部分局部刚度很弱，一般采用增加筋板或加强连接部分尺寸等方法，以提高其局部刚度。此外，为了提高机床各部件的接触刚度、增加机床的承载能力，采用刮研的方法增加单位面积上的接触点，并在结合面之间施加足够大的载荷，以增大接触面积。

图 5.3　龙门式加工中心支承件的筋板

在保证静刚度的前提下，还必须提高其动刚度。常用的方法有：提高系统的静刚度、增加阻尼以及调整构件的自振频率等。试验表明，提高阻尼系数是改善抗振性的有效方法。钢板的焊接结构既可以增大静刚度、减轻结构质量，又可以增大构件本身的阻尼。因此，近年来在数控机床上采用了钢板焊接结构的床身、立柱、横梁和工作台。封砂铸件也有利于振动衰减，对提高抗振性也有较好的效果。

(2)减少机床的热变形。

机床的主轴、工作台、刀架等运动部件，在运动中极易产生热量，还有电机、液压系统等也会产生的大量热量，若这些热量传递给机床的各个部件，引起温升，产生热膨胀，就会改变刀具与工件的正确相对位置，影响加工精度。

机床布局时，为减少内部热源，尽量将电机、液压系统等置于机床本体之外。另外，加工过程产生的切屑也是一个不可忽视的热源，为了快速排除切屑，机床的床身呈倾斜布局，且设置自动排屑装置，以随时将切屑排到机床外。

同时，在工作台或导轨上设置隔热防护罩，隔离切屑的热量。对于难以分离出去的热源，可采取散热、冷却等办法来降温，如大流量冷却液直接喷射切削部位，可迅速地将炽热切屑带走，使热量排出，如图 5.4 所示。有时为控制温升，采用风冷、油冷或用附加的致冷系统降低温度。图 5.5 所示为数控车床主轴箱安装了两个冷却风管进行循环散热。

图 5.4　冷却液直接喷射冷却装置

图 5.5　主轴箱循环风散装置

(3)减少运动间的摩擦和消除传动间隙。

数控机床的运动精度和定位精度不仅受机床零部件的加工精度、装配精度、刚度及热变形的影响，而且与运动件的摩擦特性有关。

(4)提高机床的寿命和精度保持性。

为了提高机床的寿命和精度保持性，在设计时应充分考虑数控机床零部件的耐磨性，尤其是机床导轨、进给传动丝杠以及主轴部件等影响加工精度的主要零件的耐磨性。在使用过程中，应保证数控机床各运动部件间的润滑良好。

(5)减少辅助时间和改善操作性能。

在数控机床的单件加工中，辅助时间(非切屑时间)占有较大的比例。要进一步提高机床的生产率，就必须采取措施最大限度地压缩辅助时间。目前已经有很多数控机床都采用了多主轴、多刀架及带刀库的自动换刀装置，以减少换刀时间。对于切屑排量较大的数控机床，床身机构必须有利于排屑。

(6)安全防护和宜人的造型。

数控机床切削速度高，一般都有大流量与高压力的冷却液用于冷却和冲屑；机床的运动部件也采用自动润滑装置，为了防止切屑与冷却液飞溅，将机床设计成全封闭结构，只在工作区留有可以自动开闭的安全门窗，用于观察和装卸工件。

5.1.2　数控机床对主传动系统的要求

数控机床主传动系统是指驱动主轴运动的系统。主轴是数控机床上带动刀具或工件旋转，产生切削运动的运动轴，它是数控机床上消耗功率最大的运动轴。针对不同的机床类型和加工工艺特点，数控机床对其主传动系统提出了一些要求，具体如下。

(1)调速功能。为了适应各种切削工艺的要求，主轴必须能实现无级变速，并具有一定的调速范围，以保证加工时选用合理的切削用量，获得最佳切削效率、加工精度和表面质量。

(2)功率要求。要求主轴具有足够的驱动功率或输出扭矩，能在整个变速范围内提供切削加工所需的功率和扭矩，特别是满足机床强力切削加工时的要求。

(3)精度要求。主要指主轴的回转精度。同时，要求主轴有足够的刚度、抗振性及较好的热稳定性。

(4)动态响应性能。要求主轴升降速时间短，调速时运转平稳。对于需同时实现正反转切削的机床，要求换向时可自动进行加减速控制。

5.1.3　主传动方式

现代数控机床的主运动广泛采用无级变速传动，用交流调速电机或直流调速电机驱动，能方便地实现无级变速，且传动链短、传动件少。根据数控机床的类型与大小，其主传动主要有以下3种形式。

1. 齿轮变速主传动方式

如图5.7(a)所示，主轴电机经过二级齿轮变速，使主轴获得低速和高速两种转速，这种分段无级变速，能确保低速时的大扭矩，能满足机床对扭矩特性的要求，是大中型数控机床采用较多的一种配置方式。

2.带传动主传动方式

如图 5.7(b)所示，主轴电机经带传动传递给主轴，带传动主要采用 V 形带或齿形带传动，可以避免齿轮传动时引起的振动与噪声，且其结构简单、安装调试方便，应用广泛。

但由于承载能力有限，其只适用于较低扭矩特性要求的中小型数控机床。

3.主轴电动机直接驱动方式

如图 5.7(c)所示，电机轴与主轴用联轴器同轴连接。这种方式大大简化了主轴结构，有效地提高了主轴刚度。但主轴输出扭矩小，电机的发热对主轴精度影响较大。近年来高速加工中心应用较多的是电主轴，该主轴本身就是电机的转子，主轴箱体与电子定子相连。其优点是主轴部件结构更紧凑，质量小，惯性小，可提高启动、停止的响应特性，缺点同样是热变形问题。

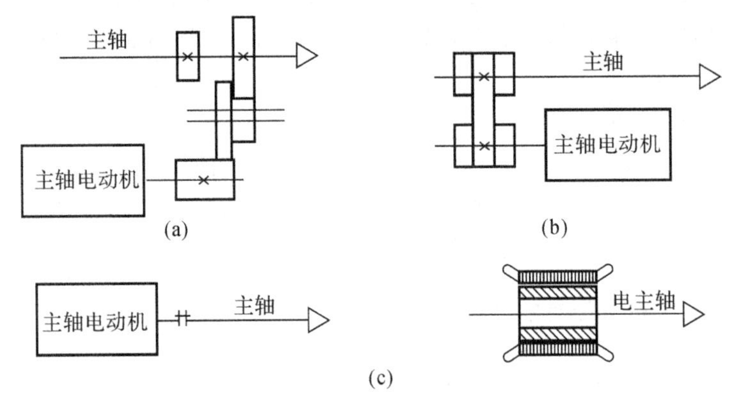

图 5.7　数控机床主传动系统

电主轴电动机主要由轴承 1 和 5、密封圈 2、带绕组的定子 3、空心轴转子 4、冷却装置 6 和 8 以及速度检测元件 7 等组成，其结构示意图如图 5.8 所示。空心轴转子既是电动机的转子，也是主轴，中间空心，用于装夹刀具或工件；带绕组的定子和其他电动机相似。轴承采用陶瓷球轴承，也有的采用磁悬浮轴承等。

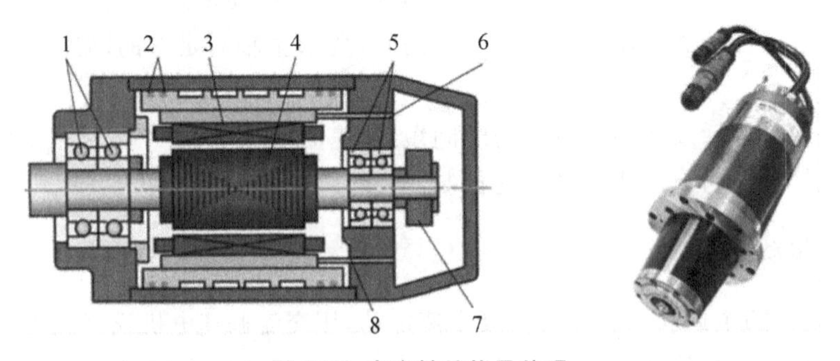

图 5.8　电主轴结构及外观

1,5—陶瓷球轴承；2—密封圈；3—定子；4—转子；6,8—冷却水出入口；7—旋转变压器

电主轴的出现大大简化了主运动系统结构，实现了所谓的“零传动”，它具有结构紧凑、质量轻、惯性小、动态性能好等优点，并可改善机床的动平衡，避免振动和噪声，在超高速切削机床上得到了广泛的应用。由于电主轴的工作转速极高，对其加工设计、制造、控制提出了严格的要求，并带来了一系列技术难题，如主轴散热、动平衡、支承、润滑及其控制等。

5.1.4　数控机床主轴部件

数控机床的主轴部件是数控机床的重要组成部分之一，包括主轴的支承和安装在主轴上的传动零件等。它的回转精度影响工件的加工精度，它的功率与回转速度影响加工效率，它的自动变速、准停和换刀影响机床的自动化程度。因此，要求主轴部件具有良好的回转精度、结构刚度、抗振性、热稳定性及部件的耐磨性和精度的保持性。对于自动换刀的数控机床，为了实现刀具的自动装卸和夹持，还必须具有刀具的自动夹紧装置、主轴准停装置和切屑清除装置等结构。

1. 主轴部件的支承与润滑

根据主轴部件的工作精度、刚度、温升和结构的复杂程度，合理配置轴承，可以提高主传动系统的精度。目前数控机床主轴滚动轴承的配置主要有如图 5.9 所示的 4 种形式。

(1)前支承采用双列短圆柱滚子轴承和 60°角接触球轴承组合，后支承采用成对安装的角接触球轴承，如图 5.9(a)所示。这种结构的综合刚度高，可以满足强力切削要求，是目前各类数控机床普遍采用的形式。

(2)前轴承采用高精度的双列角接触轴承，后支承采用单列(或双列)角接触球轴承，如图 5.9(b)所示。这种配置的高速性能好，但承载能力较小，适用于高速、轻载和精密数控机床。

(3)前支承采用双列圆锥滚子轴承，后支承为单列圆锥滚子轴承，如图 5.9(c)所示。这种配置的径向和轴向刚度很高，可承受重载荷，但这种结构限制了主轴最高转速和精度，因而仅适用于中等精度、低速与重载的数控机床主轴。

(4)前轴承采用双列角接触球轴承，后轴承采用双列圆柱滚子轴承，如图 5.9(d)所示。这种配置具有良好的高速性能和承载能力，适用于高速、较重载荷的主轴部件。

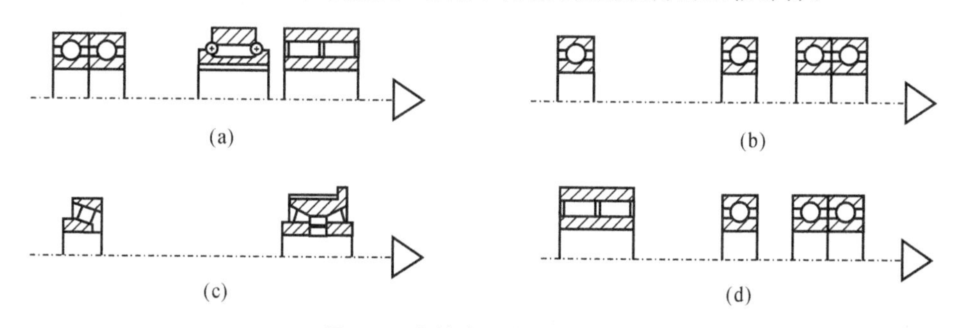

图 5.9　主轴常见支承配置形式

为了尽可能减少主轴部件温升热变形对机床工作精度的影响，通常采用润滑油的循环系统把主轴部件的热量带走，使主轴部件与箱体保持恒定的温度。在某些数控镗床、铣床上采用专用的制冷装置。近年来，某些数控机床的主轴轴承采用高级油脂，用封入方式进行润滑，每加一次油脂可以用 7～10 年，简化了结构，降低了成本，且维护与保养简单。

2. 常用卡盘结构

为了减少装夹工件的辅助时间，数控车床广泛采用液压(或气压)动力自定心卡盘和弹簧夹头等，如图 5.10 所示。卡盘是机床上夹紧工件的常用机械装置。从卡盘爪数上分，有两爪卡盘、三爪卡盘(自定心卡盘)、四爪卡盘(单动卡盘)、六爪卡盘和特殊卡盘；从使用动力上分，有手动卡盘、气动卡盘、液压卡盘、电动卡盘和机械卡盘；从结构上分，有中空卡盘和中实卡盘，如图 5.10(a)(b)所示。中空卡盘的中间为通孔，相配套的油压缸也是中空的，棒料可以从卡盘前端一直穿到机床主轴尾部，也可用送料机从主轴尾部一端送料，直到卡盘。中实卡盘和相配套的油压缸中间不能穿过工件，这种卡盘大多加工盘类工件或用顶尖定位的轴类工件。安装在卡盘上的卡爪又有软爪和硬爪，软爪是未经热处理或调质得比较软的爪，它与工件是面接触，没有夹痕，当精度低时很容易修复，而硬爪相反，普通车床上用的基本都是硬爪。

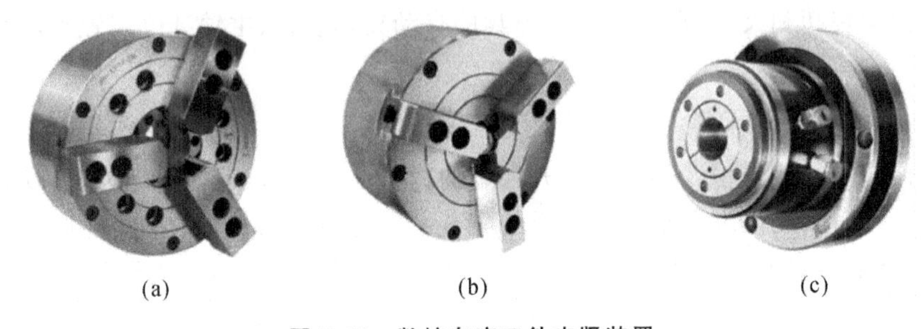

(a) (b) (c)

图 5.10 数控车床工件夹紧装置

(a)中空自定心卡盘；(b)中实自定心卡盘；(c)弹簧夹头

3. 主轴准停装置

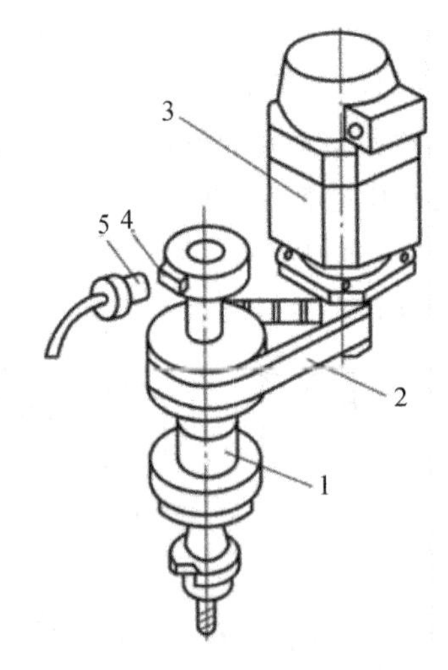

图 5.11 加工中心主轴电气准停装置

1—主轴；2—同步齿形带；3—主轴电动机；4—永久磁铁；5—磁传感器

在加工中心上，为了实现自动换刀，使机械手准确地将刀具装入主轴孔中，刀具的键槽必须与主轴的键位在周向对准；在镗孔退刀时，还要求刀具向刀尖径向的反方向移动一段距离后才能退出，以免划伤工件，这也需要主轴具有周向定位功能。另外，在通过前壁小孔镗内壁的同轴大孔，或进行反倒角等加工时，也要求主轴实现准停，以便穿过刀具和退刀。常见的准停装置有机械式和电气式的，现最常用的是电气式准停装置。图 5.11 为加工中心主轴电气准停装置。主轴上装有一个永久磁铁 4，与主轴一起旋转，在距离永久磁铁 4 旋转轨迹外 1～2 mm 处，固定一个磁传感器 5，当主轴需要停转换刀时，数控装置发出主轴停转指令，主轴电动机 3 立即降速，使主轴以很低的转速回转，当永久磁铁 4 对准传感器 5 时，传感器发出准停信号，次信号经放大后，由定向电路使电动机准确地停止在规定的周向位置上。这种准停装置机械结构简单，永久磁铁 4 与磁传感器 5 之间没有接触摩擦，准停的定位精度可达±1°，而且定向时间短，可靠性较高。

4. 主轴部件的结构

(1)数控车床主轴部件的结构。

数控车床的主传动系统一般采用交流无级调速电动机，通过皮带传动，带动主轴旋转。图 5.12 为数控车床主轴部件的典型结构。主轴电动机通过带轮 15 把运动传给主轴 7。主轴有前、后两个支承。前支承有一个圆锥孔双列主轴(有前、后两个支承)，前支承由一个圆锥孔双列圆柱滚子轴承 11 和一对角接触球轴承 10 组成，圆柱滚子轴承 11 用来承受径向载荷，两个角接触球轴承,一个大口向右,另一个大口向左,用来承受双向的轴向载荷和径向载荷。前支承轴向间隙用螺母 8 来调整,螺钉 12 用来防止螺母 8 松动。主轴的后支承为圆锥孔双列圆柱滚子轴承 14,轴承间隙由螺母 1 和 6 来调整。螺钉 17 和 13 用于防止螺母 1 和 6 回松。主轴的支承形式为前端定位,主轴受热膨胀作用会向后伸长。前、后支承所用圆锥孔双列圆柱滚子轴承的支承刚性好,允许的极限转速高。前支承中的角接触球轴承能承受较大的轴向载荷,且允许的极限转速高。主轴所采用的支承结构适宜低速大载荷的需要。主轴的运动经过同步带轮 16 和 3 以及同步齿形带 2 带动脉冲编码器 4,使其与主轴同速运转。脉冲编码器用螺钉 5 固定在主轴箱体 9 上。

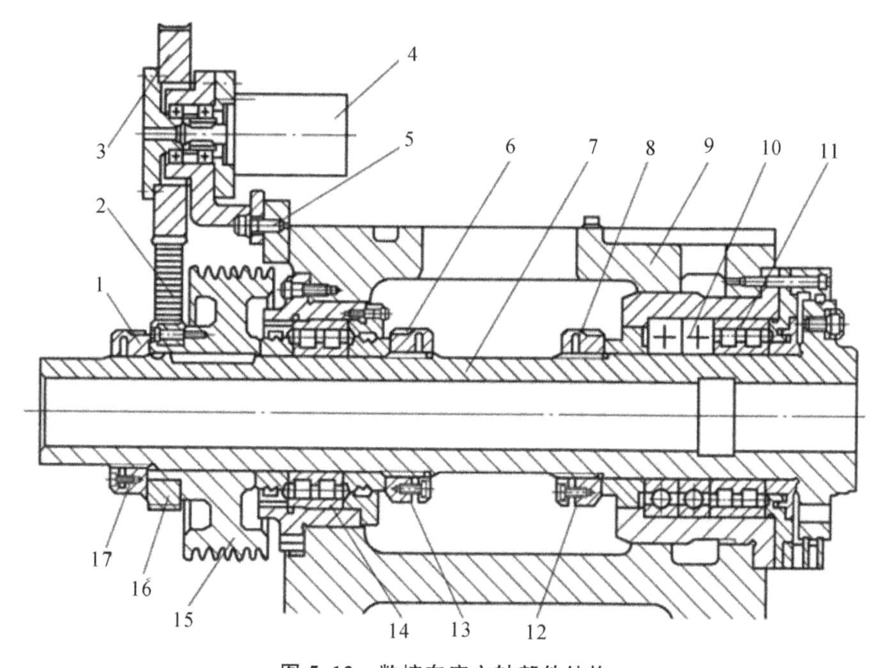

图 5.12　数控车床主轴部件结构

1,6,8—螺母;2—同步齿形带;3,16—同步带轮;4—脉冲编码器;5,12,13,17—螺钉;7—主轴;9—箱体;10—角接触球轴承;11,14—圆柱滚子轴承;15—带轮

(2)加工中心主轴部件结构及刀具自动夹紧装置。

在加工中心上,为了实现夹持刀具的刀柄在主轴上的自动装卸,除了要保证刀柄在主轴上正确定位之外,还必须设计自动夹紧装置。

图 5.13 所示为加工中心主轴部件结构。刀柄采用 7:24 的大锥度锥柄,既有利于定心,也为松夹带来了方便。端面键 1 用于刀具定位和传动扭矩。夹紧刀具时,液压缸上腔接通回油,蝶形弹簧 5 推动液压缸活塞 7 上移,处于位图位置,拉杆 6 在蝶形弹簧 5 的作用下向上移动。由于此时装在在拉杆 6 前端径向孔的四个钢球 4 进入主轴 2 下端孔中直径较小的 d_1 处,被迫径向收拢而卡进拉钉 3 的环形凹槽内,因而刀杆被拉杆拉紧,依靠摩擦力,刀柄紧固在主轴上。需要松开刀柄时,压力油通入液压缸上腔,液压缸活塞推动拉杆 6 向下移动,同时蝶形弹簧 5 被压紧。拉杆 6 的下移使钢球 4 位于主轴孔直径较大的 d_2 处,钢球就不再约束拉钉的头部,紧接着拉杆前端内孔的台阶端面碰到拉钉,把刀柄向下顶松。此时行程开关 9 发出信号,换刀机械手随即将夹持刀具的刀柄取下。与此同时,压缩空气管接头经活塞和拉杆的中心通孔如

主轴装夹刀柄的孔端，把切屑或脏污清除干净，以保证刀柄的装夹精度。机械手把夹持刀具的刀柄装上主轴后，液压缸接通回油，蝶形弹簧又拉紧刀柄。刀柄拉紧后，行程开关8发出信号。

自动清除主轴孔内的灰尘和切屑也是换刀过程中的一个重要问题。如果主轴锥孔中落入切屑、灰尘等，在拉紧刀杆时，主轴锥孔表面和刀杆的锥柄就会被划伤，甚至会使刀杆发生偏斜，破坏刀杆的正确定位，影响零件的加工精度。为了保持主轴轴孔的清洁，常采用的方法是使用压缩空气吹屑。在图5.13中，当主轴部件处于松开刀柄状态时，主轴上端的液压缸与拉杆是紧密接触的，此时，压缩空气通过液压活塞拉杆中间的通孔，由压缩空气管接头喷出，以吹掉主轴下端锥孔上的灰尘、切屑等污物，保证主轴下端的锥孔清洁。

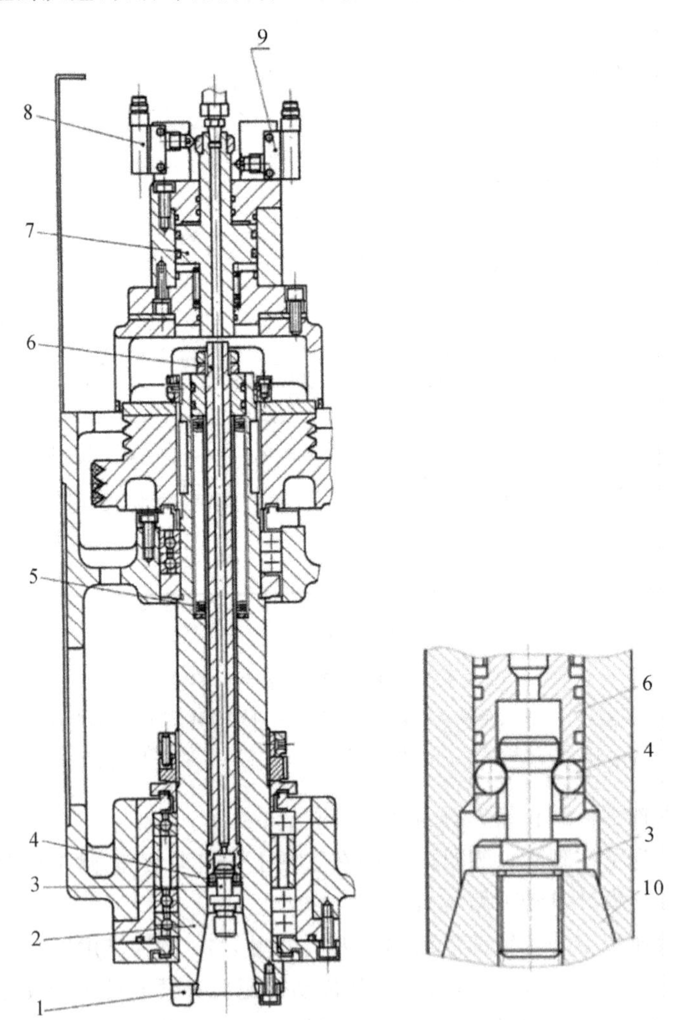

图5.13 加工中心主轴部件结构

1—端面键；2—主轴；3—拉钉；4—钢球；5—蝶形弹簧；6—拉杆；7—活塞；8，9—行程开关；10—刀柄

本节思考题

1.数控机床机械结构有哪些特点和基本要求？

2.为什么要提高数控机床的静刚度？主要措施有哪些？

3.数控机床对主传动系统有哪些要求？主传动方式有哪几种？各有何特点？

4. 什么是电主轴？电主轴有什么特点？

5. 数控机床主轴的支承形式主要有哪几种？各适用于何种场所？

6. 加工中心主轴为何需要“准停”？如何实现“准停”？

5.2　数控机床的进给传动系统

本节学习要求

1. 熟悉数控机床滚珠丝杠副、驱动电机与滚珠丝杠传动件和导轨的结构、原理、特点。

2. 掌握数控机床进给传动系统主要部件的原理及结构。

内容导入

进给系统机械传动结构是进给伺服系统的主要组成部分，其主要由传动机构、运动变换结构、导向机构和执行件等组成，它是实现成形加工运动所需的运动及动力的执行机构。被加工工件的最终位置精度和轮廓精度都与进给运动的传动精度、灵敏度、稳定性有关。

5.2.1　数控机床进给传动系统要求

为确保进给系统的传动精度和工作稳定性，对数控机床的进给传动系统提出以下要求。

1. 提高传动精度和刚度

数控机床进给传动装置的传动精度和定位精度对零件的加工精度起着关键性的作用，是数控机床的特征指标。为此，首先要保证各个传动件的加工精度，尤其是提高滚珠丝杠螺母副(直线进给系统)、蜗杆副(圆周进给系统)的传动精度。另外，在进给传动链中加入减速齿轮传动副，也可以减少脉冲当量，提高传动精度；对滚珠丝杠副和轴承支承进行预紧，消除齿轮、蜗轮蜗杆等传动件间的间隙等措施来提高进给精度和刚度。

2. 减小各运动零件的惯量

传动件的惯量对进给系统的启动和制动特性都有影响，尤其是高速运转的零件，其惯量的影响更大。在满足传动强度和刚度的前提下，尽可能减少执行部件的质量，减少旋转零件的直径和质量，以减少运动部件的惯量。

3. 减小运动件的摩擦阻力

机械传动结构的摩擦阻力主要来自丝杠螺母副和导轨。在数控机床进给系统中，为了减少摩擦阻力，消除低速进给爬行现象，提高整个伺服进给系统的稳定性，广泛采用滚珠丝杠和滚动导轨以及塑料导轨和静压力导轨等。

4. 响应速度快

响应速度是伺服系统的动态性能，反映了系统的跟踪精度，响应速度快，能使工件在加工过程中，工作台在规定的速度范围内灵敏而精确地跟踪指令，且不出现丢步的现象。响应速度不仅影响机床的加工效率，而且影响加工精度。

5. 稳定性好、寿命长

稳定性是伺服进给系统能正常工作的基本条件，系统的稳定指在低速进给时不产生爬行、在交变载荷下不发生共振。稳定性与系统的惯性、刚性、阻尼及增益等多个因素有关。进给系统的使用寿命是指数控机床保持传动精度和定位精度的时间。

6. 使用维护方便

数控机床属于高精度自动控制机床，因而进给系统的结构设计应便于维护和保养，最大限度地减小维修工作量，以提高机床的利用率。

5.2.2 滚珠丝杠螺母副

丝杠螺母副是机床上常用的运动变换机构，按丝杠与螺母的摩擦性质不同将常用的丝杠螺母运动副分为3种。

(1)滑动丝杠螺母副。丝杠与螺母间的摩擦是滑动摩擦，牙形为梯形，结构简单，制造方便，但是其定位精度和传动效率低，易产生爬行现象。其主要用于普通机床传动等。

(2)静压丝杠螺母副。丝杠与螺母副不是直接接触，而是由一层高压液体膜相隔，所以摩擦因数很小，传动灵敏，运动平稳(油膜层吸振)，有利于散热(油液不断流动)，定位精度高，但供油系统复杂，对油的清洁度要求高，工艺复杂，成本高。静压丝杠螺母副主要用于高精度数控机床、重型数控机床等。

(3)滚珠丝杠螺母副。它是数控机床应用最广泛的一种。下面将详细介绍这种丝杠螺母副的结构特点、原理和应用。

1. 滚珠丝杠的结构组成

滚珠丝杠由丝杠、螺母、滚珠和滚珠返回装置4部分组成。按照滚珠的循环方式，滚珠丝杠螺母副分分内循环方式和外循环方式。

内循环方式指在循环过程中滚珠始终保持和丝杠接触，如图5.14所示。在螺母4的侧面孔装有接通相邻滚道的反向器2，利用反向器引导滚珠3越过丝杠1的螺纹顶部进入相邻滚道，形成一个循环回路，称为一列。每个循环回路内所含滚珠导程数称为圈数。内循环滚珠丝杠螺母副的每个螺母有2列、3列、4列等几种，每列只有一圈。这种方式的螺母结构紧凑，定位可靠，刚性好，不易磨损，返回滚道短，不易产生滚珠堵塞，摩擦损失小；其缺点是结构复杂，制造困难。

外循环方式在循环过程中有时滚珠与丝杠脱离接触，如图5.15所示。插管5两端插入与螺纹滚道相切的两个孔内，弯管两端部引导滚珠4进入弯管，形成一个循环回路，再用压板1和螺钉将弯管固定。外循环每个螺母有一列滚珠，每列有1.5圈、2.5圈和3.5圈等几种。其特点是螺母径向尺寸较大，且因用弯管端部作为挡珠器，故刚性差，易磨损，噪声较大；但是制造工艺简单，应用广泛。

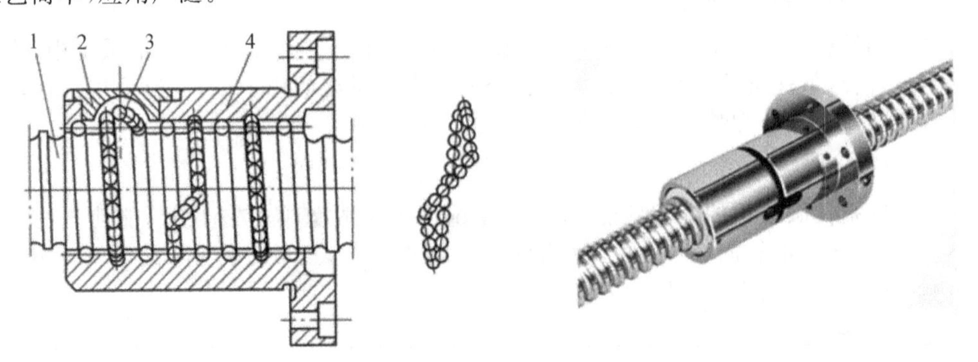

图5.14 滚珠丝杠内循环方式

1—丝杠；2—反向器；3—滚珠；4—螺母

2. 滚珠丝杠螺母副的特点

(1)传动效率高。滚珠丝杠副传动的效率 η 高达92%～98%，是普通滑动丝杠副的2～4

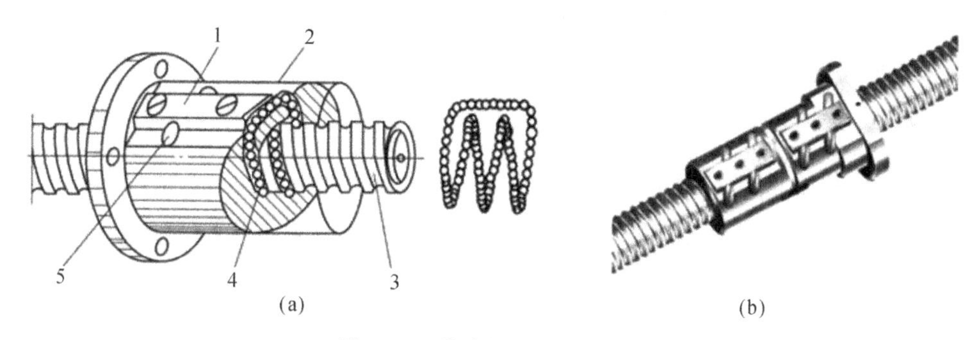

图 5.15　滚珠丝杠外循环方式

1—压板；2—螺母；3—丝杠；4—滚珠；5—插管

倍。因此，功率消耗只相当于普通滑动丝杠副的 1/4～1/2。

(2)定位精度高。滚珠丝杠副发热率低、温升小，在安装过程中对丝杠采取预拉伸并预紧消除轴向间隙等措施，使滚珠丝杠副具有高的轴向刚度、定位精度和重复定位精度。

(3)灵敏度高。由于滚珠与丝杠和螺母之间的摩擦是滚动摩擦，静摩擦阻力及动静摩擦阻力差值小，配以滚动导轨，驱动力矩比普通滑动丝杠副减少 2/3 以上，运行极其灵敏，在高速时不颤动，低速时无爬行。

(4)使用寿命长。由于滚珠丝杠副的磨损小，同时对滚道形状的准确性、表面硬度、材料的选择等方面又加以严格控制，滚珠丝杠副的精度保持性好，使用寿命长。

(5)无自锁能力。滚珠丝杠副具有传动的可逆性，无自锁能力，所以对垂直使用的滚珠丝杠，因于重力的作用，当传动切断时不能立即停止运动，应增加自锁装置。

(6)制造成本高。滚珠丝杠副制造工艺复杂，制造成本较高。

3. 滚珠丝杠螺母副的选用

滚珠丝杠副应该根据机床的载荷和加工要求进行选择，并进行相关内容的校核。选择内容包括滚珠丝杠副的类型、公差等级、公称直径、公称导程、公称行程、支承和预紧等。

滚珠丝杠的校核主要是对扭转刚度、临界转速和疲劳寿命等进行校核。(详见有关手册)

(1)滚珠丝杠副的类型。滚珠丝杠分为定位型(P)和传动型(T)两种。其中 P 型是用于精度定位且能够根据旋转角度和导程间接测量轴向行程的滚珠丝杠副，这种丝杠副是无间隙的(或称预紧滚珠丝杠副)；T 型是传递动力的滚珠丝杠副。

(2)公差等级。根据适用范围和要求，滚珠丝杠副分为七个精度等级，即 1、2、3、4、5、7 和 10 级。其中，1 级精度最高，依次递减。

(3)公称直径 d_0。滚珠与螺纹轨道在理论接触角状态时包络滚珠球心的圆柱直径，是滚珠丝杠的特征尺寸。常见规格有 12 mm、14 mm、16 mm、20 mm、25 mm、32 mm、40 mm、50 mm、63 mm、80 mm、90 mm、100 mm。

(4)公称导程 P_{h0}。滚珠螺母副相对滚珠丝杠旋转 2π 弧度时的行程称为 P_h，用于尺寸标识的导程(无公差)称为公称导程 P_{h0}。

(5)公称行程 l_0。公称行程等于公称导程与旋转圈数的乘积。

滚珠丝杠副的标识符号应该包括以下按给定顺序排列的内容：

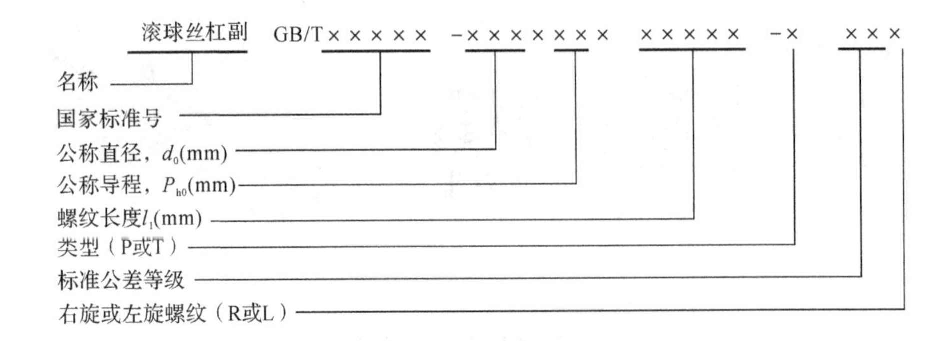

4.滚珠丝杠的支承结构

数控机床的进给系统要获得较高传动刚度，除了加强滚珠丝杠副本身的刚度外，滚珠丝杠的正确安装及支承也是不可忽视的。常用的滚珠丝杠支承形式如图 5.16 所示。

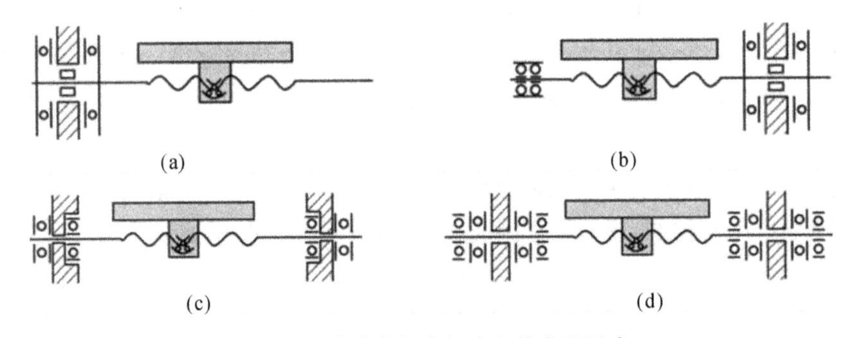

图 5.16 滚珠丝杠在机床上的支承形式

(1)一端推力轴承[见图 5.16(a)]。这种安装方式适用于短丝杠，它的承载能力小，轴向刚度低。一般用于数控机床的调节环节或升降台式数控铣床的垂直方向。

(2)一端推力轴承，另一端深沟球轴承[见图 5.16(b)]。此种方式用于丝杠较长的情况，当热变形造成丝杠伸长时，其一端固定，另一端能做微量的轴向浮动。

(3)两端装推力轴承[见图 5.16(c)]。把推力轴承装在滚珠丝杠的两端，并施加预紧拉力，产生预拉伸，可以提高轴向刚度，其轴向刚度为一端固定的 4 倍左右，但这种安装方式对丝杠的热变形较为敏感。

(4)两端推力轴承及深沟球轴承[见图 5.16(d)]。它的两端均采用双重支承并施加预紧，使丝杠具有较大的刚度，这种方式还可使丝杠的温度变形转化为推力轴承的预紧力。但设计时要求提高推力轴承的承载能力和支承刚度。

5.滚珠丝杠的制动

滚珠丝杠副的传动效率高但不能自锁，在垂直传动或高速大惯量场合时，需要设置制动装置。常见的制动方式是电气方式，即采用电磁制动器，且这种制动器就位于电机内部。图5.17 为 FANUC 公司伺服电机带制动器的示意图。机床工作时，在制动器电磁线圈 4 的电磁力的作用下，使外齿轮 5 与内齿轮 6 脱开，弹簧受压缩，当停机或停电时，电磁铁失电，在弹簧恢复力的作用下，外齿轮 5 和内齿轮 6 啮合，内齿轮 6 与电动机端盖为一体，故与电动机轴连接的丝杠得到制动，这种电磁制动器装在电动机壳体内，与电动机形成一体化的结构。

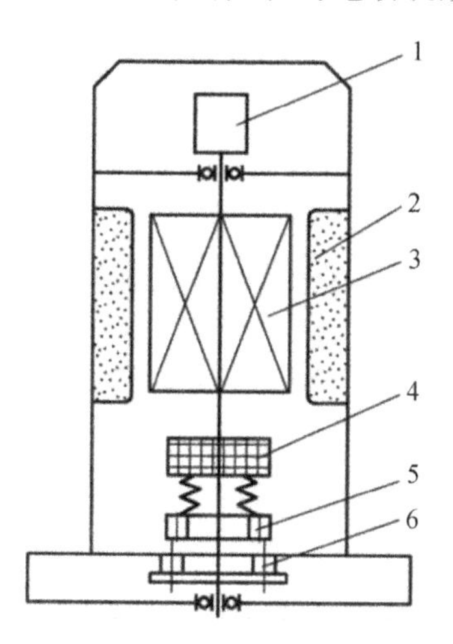

图5.17　电磁制动

1—编码器；2—永久磁铁；3—电机转子；4—电磁线圈；
5—外齿轮；6—内齿轮

6.滚珠丝杠螺母副的轴向间隙消除和预紧

滚珠丝杠副对轴向间隙有严格的要求，以保证反向时的运动精度。轴向间隙是指丝杠和螺母无相对转动时，丝杠和螺母之间的最大轴向窜动。它除了结构本身的游隙之外，还包括在施加轴向载荷之后弹性变形所造成的窜动。因此要把轴向间隙完全消除比较困难，通常采用双螺母预紧的方法，把弹性变形控制在最小限度内。目前常用的双螺母预紧结构形式有以下3种。

(1)双螺母预紧。图5.18所示为利用双螺母来调整间隙实现预紧的结构，左螺母1和右螺母7以平键2与外套3相连，其中右螺母7的外伸端没有凸缘并制有外螺纹。调整圆螺母5，再通过垫片4和外套3，可使左右两个螺母1和7相对于丝杠8做轴向移动，在消除间隙后，用锁紧圆螺母6将调整圆螺母5锁紧。这种调整方法具有结构紧凑、调整方便的优点，故应用广泛，但调整位移量不易精确控制。

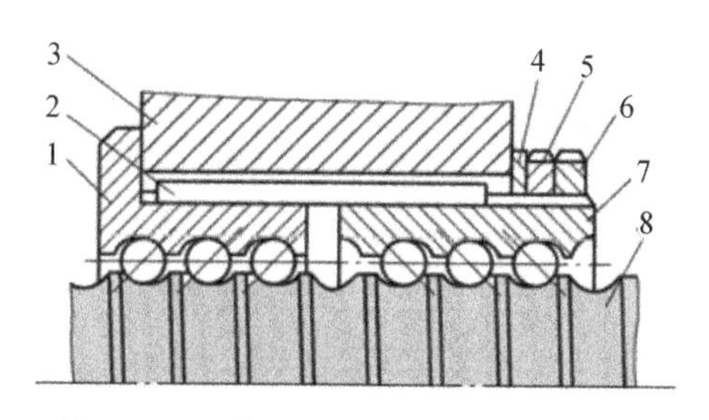

图5.18　双螺母预紧式滚珠丝杠副结构

1—左螺母；2—平键；3—外套；4—垫片；5—调整圆螺母；
6—锁紧圆螺母；7—右螺母；8—丝杠

(2)修磨垫片预紧。如图5.19所示，通过修磨垫片3的厚度，使滚珠丝杠左、右螺母1、4产生轴向位移，实现预紧。这种方式结构简单、刚性好，调整间隙时需卸下调整垫片修磨，为了装卸方便，最好将调整垫片做成半环结构。

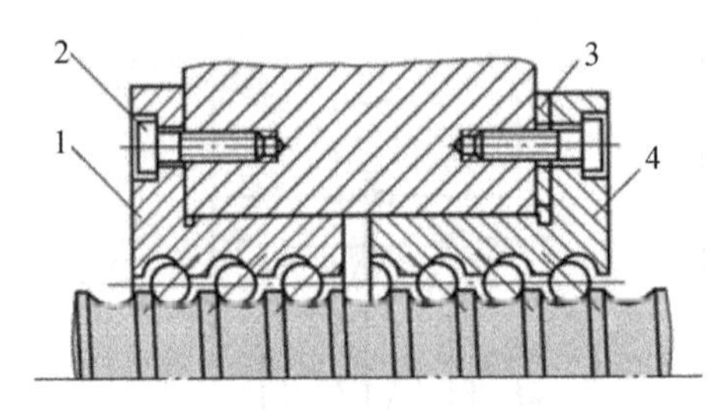

图 5.19　修磨垫片式滚珠丝杠副预紧结构

1—左螺母；2—锁紧圆螺母；3—调整垫片；4—右螺母

(3)齿差式螺母预紧。图 5.20 为齿差式调整间隙结构。在左、右螺母 1、2 的端部做成外齿轮，齿数分别为 z_1、z_2，而且 z_1 和 z_2 相差一个齿。两个齿轮分别与两端相应的内齿圈 3、4 相啮合。内齿圈紧固在螺母座上，预紧时脱开两个内齿圈，使两个螺母同向转动相同的齿数，然后再合上内齿轮圈，两螺母的轴向相对位置发生变化，从而实现对间隙的调整和施加预紧力。这种调整精度高，调整准确、可靠，但结构复杂。

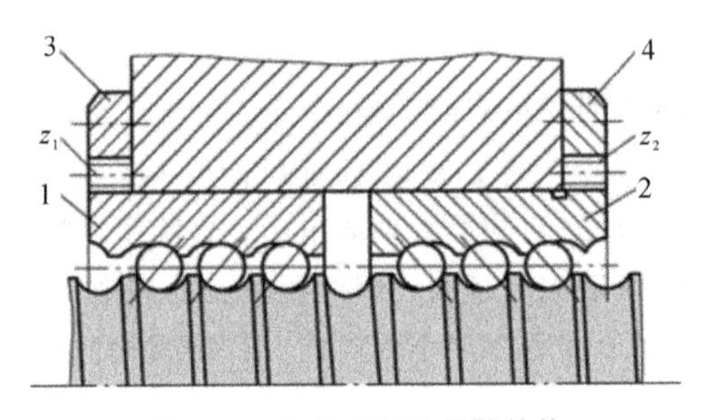

图 5.20　齿差式调整间隙结构

1—左螺母；2—右螺母；3、4—内齿圈

5.2.3　驱动电机与滚珠丝杠的传动方式

驱动电机与滚珠丝杠的传动方式有联轴器传动、齿轮传动和同步齿形带传动等。

1. 联轴器传动

图 5.21 所示为无键弹性环联轴节结构，它是数控机床进给系统中常用的联轴节，传动轴 1、2 分别插入轴套 5 的两端。

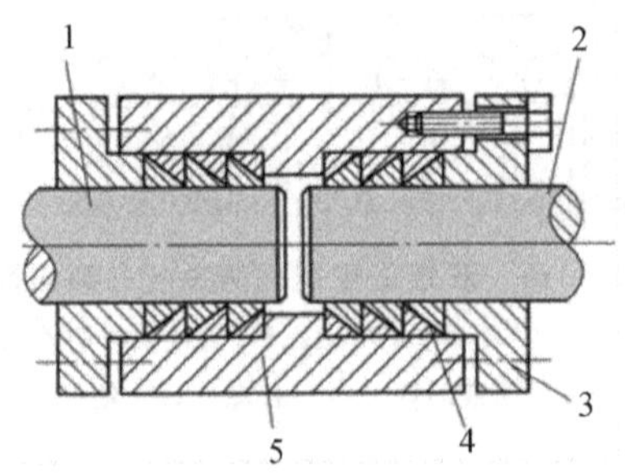

图 5.21　无键弹性环联轴节

1、2—传动轴；3—压盖；4—弹性环；5—轴套

2. 齿轮传动

进给系统采用齿轮传动的目的：一是将高转速低转矩的伺服电机的输出改变为低转速大转矩，以获得更大的驱动力；二是减小滚珠丝杠螺母副、工作台等进给部件的转动惯量在系统中所占的比例，提升进给系统的快速性；三是在开环系统中可归算所需的脉冲当量。齿轮传动设计时考虑的主要问题是速比和传动级数的确定，以及齿轮间隙的消除等。进给系统齿轮传动示意图如图5.22所示。

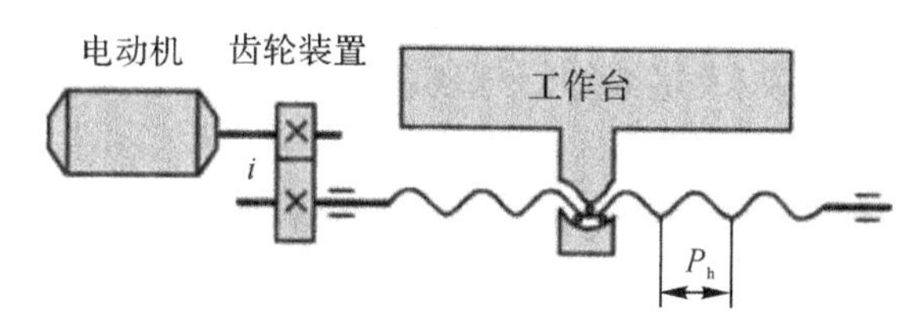

图5.22　传动示意图

3. 同步齿形带传动

同步齿形带传动是利用齿形带的齿形与带轮的轮齿依次啮合来传递运动和动力的，因而兼有带传动、齿轮传动及链传动的优点，且无相对滑动，传动精度高，齿形带无需特别张紧，故作用在轴和轴承上的载荷小，传动效率也高，现已在数控机床上广泛应用。此外，由于齿形带的强度高、厚度小、质量轻，可用于高速传动(最高线速度可达到80 m/s)。

在数控机床进给系统中最常用的同步齿形带结构如图5.23所示，其工作面有梯形齿[见图5.23(a)]和圆弧齿[见图5.23(b)]两种，其中梯形齿同步带最为常用。

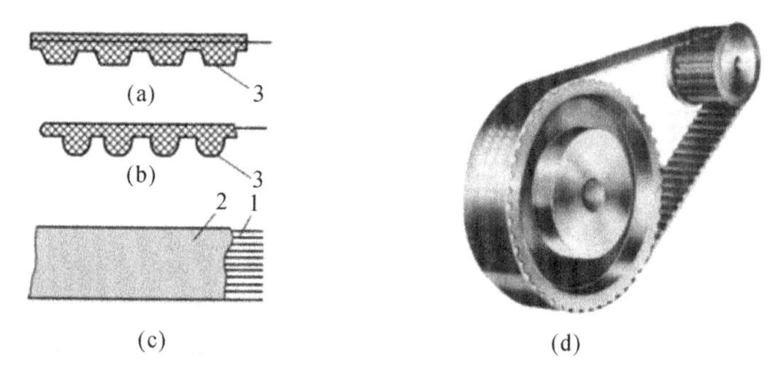

图5.23　同步齿形带

1—强力层；2—带背；3—带齿

5.2.4　数控机床的导轨

导轨质量对机床的刚度、加工精度和使用寿命有很大的影响，作为机床进给系统的重要环节，数控机床的导轨比普通机床的导轨要求更高。现代数控机床采用的导轨主要有塑料滑动导轨、滚动导轨和静压导轨。

1. 对导轨的基本要求

(1)导向精度高。导向精度主要指运动部件沿导轨运动时的直线度或圆度。影响导向精度的主要因素有导轨的几何精度、接触精度、结构形式、刚度、热变形及静压导轨油膜厚度和油膜刚度。

(2)足够的刚度。导轨刚度是指导轨在动静载荷下抵抗变形的能力。导轨要有足够的刚度,保证在静载荷作用下不产生过大的变形,从而保证各部件间的相对位置和导向精度。

(3)良好的摩擦特性。导轨的长期运行会引起导轨面的不均匀磨损,破坏导轨的导向精度,从而影响机床的加工精度。导轨的磨损形式主要有硬粒磨损、咬合和热焊、疲劳和压溃等几种形式。

(4)低速运动的平稳性。在低速运动时,动导轨易产生爬行现象,也就是说机床动导轨在运动中出现时走时停或者时快时慢的现象。导轨爬行会降低工件精度,故要求导轨低速运动平稳,不产生爬行。

(5)良好的抗振性。抗振性主要是指抵抗受迫振动和自激振动的能力。要求导轨有适当的黏滞阻尼特性,以防止导轨在高速启动、制动过程中产生不稳定现象。

(6)结构工艺性好。在满足设计要求的前提下,导轨应尽量做到制造、维修、保养方便、成本低廉等。

2.塑料滑动导轨

塑料滑动导轨的特点有:摩擦因数小,动、静摩擦因数差值小;具有良好的阻尼性,减振性好;具有自润滑作用,耐磨性好;结构简单、维修方便、成本低等。塑料滑动导轨粘贴在导轨副的运动导轨(上导轨)上,与之相配的金属导轨采用铸铁或镶钢淬硬材料。塑料滑动导轨分为注塑导轨和贴塑导轨。

(1)贴塑导轨。如图5.24所示,在动导轨基体3的滑动面上贴一层抗磨的塑料软带1,与之相配的导轨滑动面经淬火和磨削加工。

(2)注塑导轨。如图5.25所示,导轨注塑或抗氧化涂层是以环氧树脂和二硫化钼为基体,加入增塑剂,混合成液状或膏状为一组分、固化剂为另一组分的双组分材料,称为环氧树脂耐磨涂料。

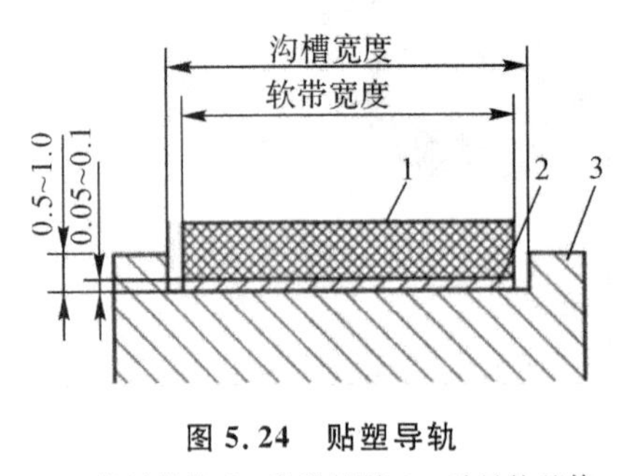

图5.24 贴塑导轨

1—塑料软带;2—黏结材料;3—动导轨基体

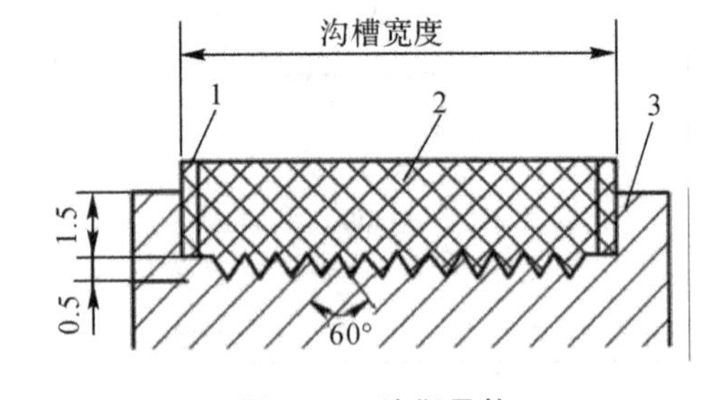

图5.25 注塑导轨

1—塑料软带;2—黏结材料;3—动导轨基体

3.滚动导轨

滚动导轨的摩擦因数小($\mu=0.002\ 5\sim0.005$),动、静摩擦因数差别小,启动阻力小,且能微量地准确移动,低速运动平稳,无爬行现象,因而运动灵活,定位精度高,寿命长。

(1)滚动导轨块。如图5.26所示,滚动导轨块是一种圆柱滚动体作循环运动的标准结构。导轨块的数目与导轨的长度和负载的大小有关,与之相配的导轨多用镶钢淬火导轨。

（2）直线滚动导轨。直线滚动导轨的结构如图 5.27 所示，主要由导轨体 1、滑块 7、滚珠 4、保持器 3、端盖 6 等组成。

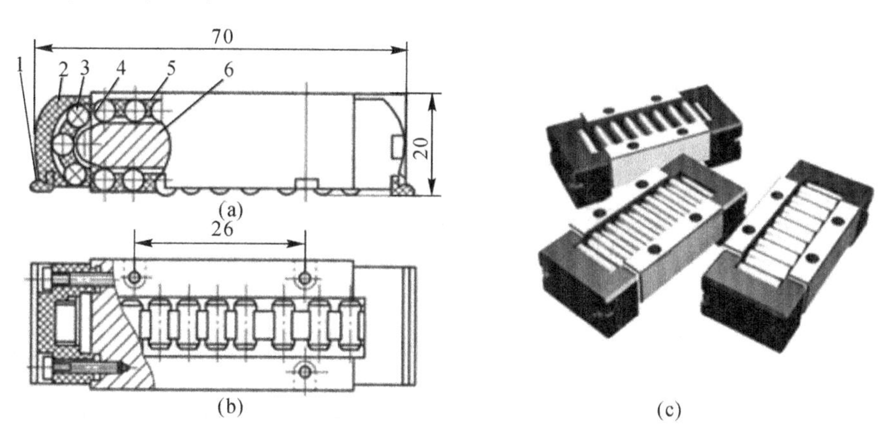

图 5.26　滚动导轨块的结构

1—防护板；2—端盖；3—滚柱；4—导向片；5—保持器；6—本体

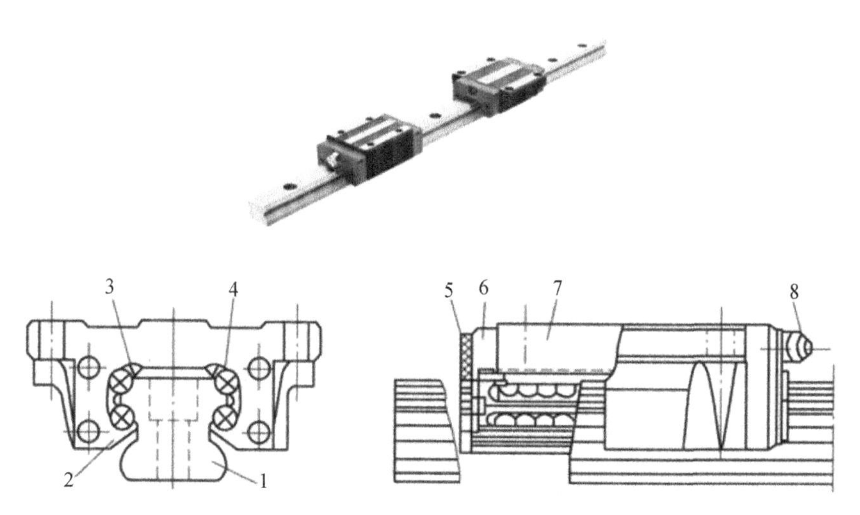

图 5.27　直线滚动导轨

1—导轨体；2—侧面密封垫；3—保持器；4—滚珠；5—端部密封垫；6—端盖；7—滑块；8—润滑油杯

4. 静压导轨

液体静压导轨是将具有一定压力的油液，经节流器输送到导轨面上的油腔中，油膜将上、下导轨表面隔开，实现液体摩擦。这种导轨的摩擦因数小（一般为 0.005～0.001）、效率高，能长期保持导轨的导向精度；油膜有良好的吸振性，低速下不易产生爬行，导轨面不相互接触，不会磨损，寿命长。因此其在机床上应用广泛。目前，静压导轨主要应用在大型和重型数控机床上。其缺点是结构复杂，且需备置一套专门的供油系统，制造成本较高。按承载方式的不同，静压导轨可分为开始和闭式两种。图 5.28 所示为开式静压导轨工作原理。油泵 1 启动后，压力油 p_0 径节流器 4 调节至 p_1（油腔压力）进入导轨油腔，并通过导轨间隙向外流回油箱，油腔压力形成浮力使运动部件 5 浮起，形成一定的导轨间隙 h。当载荷增大时，运动部件下沉，导轨间隙减小，液体阻力增加，流量减小，从而由经过节流器的压力损失减小，油腔压力增大，直至与载荷平衡。开式静压导轨只能承受垂直方向的负载,不能承受颠覆力矩。图 5.29 所示为闭式静压导轨工作原理,导轨各个方向上都开有油腔,所以,它能承受较大的颠覆力矩,导轨刚度也较大。静压导轨的摩擦因数小,机械效率高。

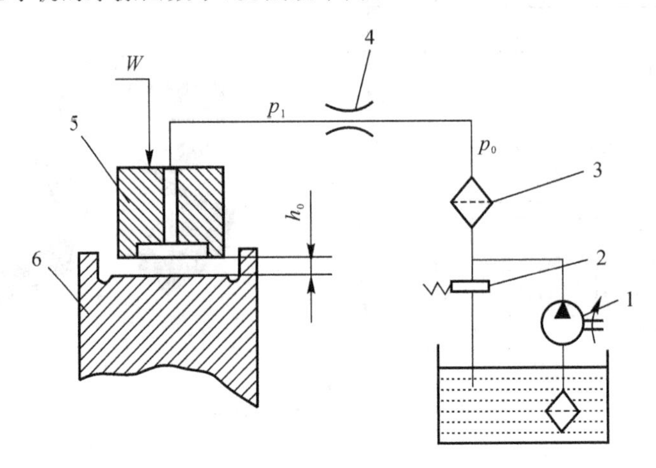

图 5.28　开式静压导轨工作原理

1—油泵;2—溢流阀;3—滤油器;4—节流器;5—运动导轨;6—床身导轨

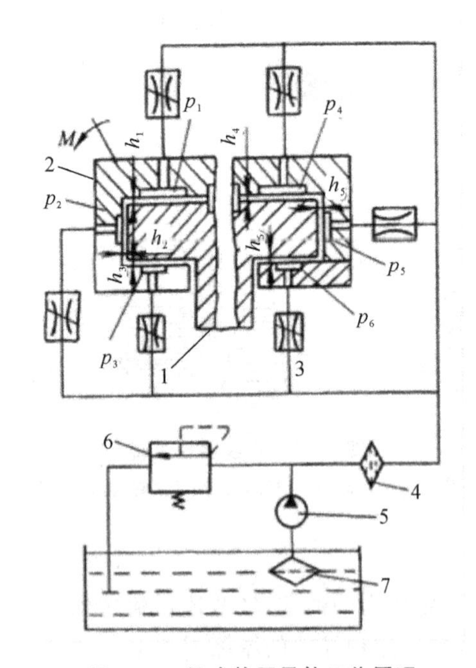

图 5.29　闭式静压导轨工作原理

1—床身导轨;2—运动导轨;3—节流器;4—滤油器;

5—油泵;6—溢流阀;7—滤油器;8—油箱

本节思考题

1. 数控机床对进给系统有哪些要求?

2. 常用的滚珠丝杠螺母副有哪几种? 各有何特点?

3. 数控机床对主传动系统有哪些要求? 主传动方式有哪几种? 各有何特点?

4. 内、外循环滚珠丝杠副在结构上有何不同?
5. 简述滚珠丝杠副轴向间隙调整及预紧的基本原理。其有哪几种结构形式?
6. 滚珠丝杠副有哪些特点?
7. 数控机床对导轨的基本要求有哪些?
8. 塑料导轨、滚动导轨、静压力导轨各有何特点?

5.3　数控机床的自动换刀装置

本节学习要求

掌握数控机床自动换刀装置的结构、特点及工作原理。

内容导入

数控机床为了能在工件一次装夹中完成多道加工工序,缩短辅助时间,减少多次安装工件所引起的误差,必须带有自动换刀装置。自动换刀装置应该满足换刀时间短、刀具重复定位精度高、刀具储存量足够、刀库占地面积小以及安全可靠等基本要求。

5.3.1　数控车床自动回转刀架

数控车床的回转刀架是一种简单的自动换刀装置,分为立式和卧式两种。立式回转刀架的回转轴与机床主轴相互垂直布置,有 4 工位、6 工位两种形式,结构比较简单,如图 5.30(a)所示,简易型数控车床多采用这种刀架。卧式回转刀架的回转轴与机床主轴平行,有 6、8、12 等工位,应用广泛,是数控车床常用的刀架,如图 5.30(b)所示。

(a)　(b)

图 5.30　数控车床自动回转刀架

图 5.31 为立式自动回转刀架的结构。其换刀动作是:当数控装置发出换刀指令后,电机 22 正转,并经联轴套 16、轴 17,由滑键(或花键)带动蜗杆 18、蜗轮 2、轴 1、套筒 10 转动。套筒 10 外圆上有两处凸起,可在套筒 9 内孔中的螺旋槽内滑动,从而举起与套筒 9 相连的刀架体 8 及上端齿盘 6,使上端齿盘 6 与下端齿盘 5 分开,完成刀架抬起动作。刀架抬起后,套筒 10 仍然继续转动,同时带动刀架 8 转过 90°或 180°或 270°或 360°,并由微动开关 19 发出信号给数控装置。具体转动过的角度由数控装置的控制信号确定,刀架上的刀具位置一般采用编码盘来确定。刀架转到位后,由微动开关发出的信号使电动机 22 反转,销 13 使刀架 8 定位而不随轴套 10 回转,于是刀架 8 向下移动。上、下端齿盘 5、6 合拢压紧。蜗杆 18 继续转动则产生轴向位移,压缩弹簧 21、套筒 20 的外圆曲面压下微动开关 19 使电动机 22 停止旋转,从而完成一次转位。

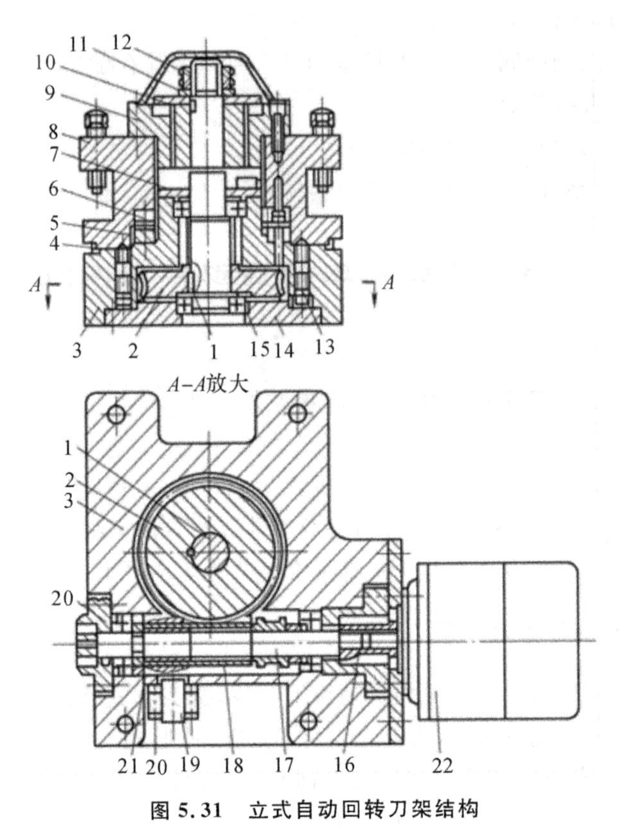

图 5.31　立式自动回转刀架结构

1、17—轴；2—蜗轮；3—刀座；4—密封圈；5，6—齿盘；7—压盖；8—刀架；9，10，20—套筒；11—垫圈；12—螺母；13—销；14—底盘；15—轴承；16—联轴套；18—蜗杆；19—微动开关；21—压缩弹簧；22—电动机

图 5.32 为卧式自动回转刀架结构。电动机 11 带有制动器，系统发出换刀指令后，首先松开电动机制动器，电动机通过齿轮 10、9、8 带动蜗杆 7、蜗轮 5 旋转。由于蜗轮 5 与轴 6 之间采用螺纹连接，因此，通过蜗轮 5 的旋转带动轴 6 沿左移，使左鼠牙盘 2 脱开，刀架完成松开动作。在轴 6 上开有两个对称槽，内装两个滑块 4，当鼠牙盘脱开后，电动机继续带动蜗轮转动，一旦蜗轮转到一定角度，与蜗轮固定的圆盘 14 上的凸块便碰到滑块 4，蜗轮便通过圆盘 14 上的凸块带动滑块，连同轴 6、刀盘一起进行旋转，刀架进行转位，到达要求的位置后，驱动电动机 11 反转，这时圆盘 14 上的凸块便与滑块 4 脱离，不再带动轴 6 转动，蜗轮通过螺纹带动轴 6 右移，左鼠牙盘 2 与右鼠牙盘 3 啮合定位，完成刀架定位动作。刀架定位完成后，电动机制动器制动，维持电动机轴上的反转力矩，以保持鼠牙盘间有一定的夹紧力。同时轴 6 右端的端部 13 压下微动开关 12，发出转动结束信号，电动机断电，换刀动作结束。

5.3.2　加工中心自动换刀装置

加工中心带有自动换刀装置及刀库，可使工件在一次装夹过程中完成钻、扩、铰、镗、攻丝、铣削等多工序的加工，工序高度集中。

1. 刀库的种类(见图 5.33)

(1)盘式刀库。刀库的作用是储备一定数量的刀具，通过机械手或其他换刀方式实现与主轴上刀具的交换。根据刀库存放刀具的数目和取刀方式，刀库可设计成不同的形式。结构简单，应用较多，但由于刀具环形排列，空间利用率低，因此刀具在盘中多采用双环或多环排列，以增加空间利用率。但这样做会使刀库的外径过大，转动惯量过大，选刀时间过长，因此盘式刀库一般用于刀具较少的刀库。刀具的存储量一般为15～40把。

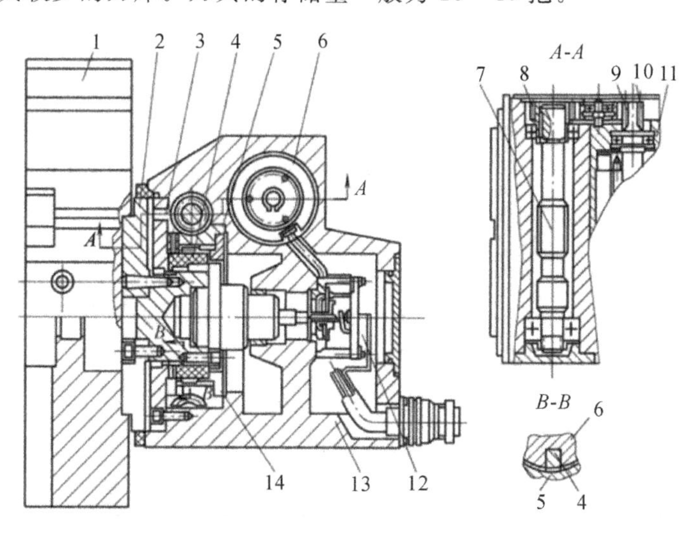

图5.32　卧式自动回转刀架结构

1—刀架；2—左鼠牙盘；3—右鼠牙盘；4—滑块；5—蜗轮；6—轴；7—蜗杆；8，9，10—齿轮；11—电动机；12—微动开关；13—端部；14—圆盘；15—压板；16—斜铁

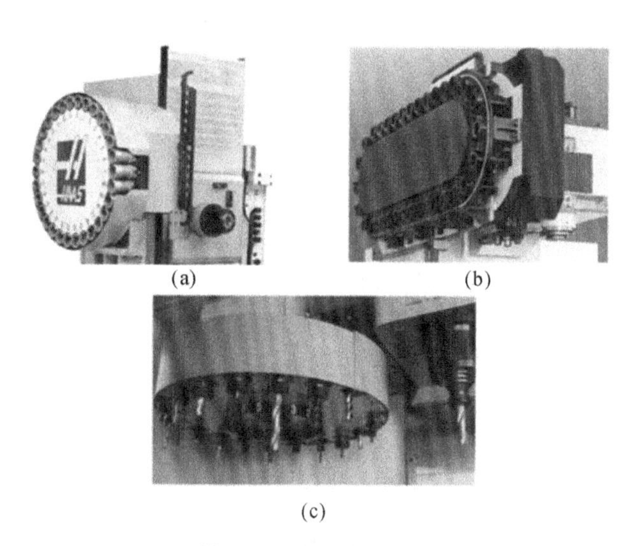

图5.33　加工中心刀库

（2）链式刀库。结构紧凑，刀库容量较大，链环的形状可以根据机床的布局制成各种形状，也可将换刀位突出以便于换刀。当链式刀库需要增加刀具数量时，只需增加链条的长度即可。在一定范围内，不用改变线速度和惯量。一般当刀具数量为30～120把时，多采用链式刀库。

（3）斗笠式刀库。斗笠式刀库一般只能存16～24把刀具，斗笠式刀库在换刀时整个刀库向主轴移动。当主轴上的刀具进入刀库的卡槽时，主轴向上移动脱离刀具，这时刀库转动。当要换的刀具对正主轴正下方时主轴下移，使刀具进入主轴锥孔内，夹紧刀具后，刀库退回到原来的位置。

刀库中常用的选刀方式有顺序选刀和任意选刀两种，顺序选刀是将所需刀具按照工艺要求依次插入刀库中，加工时按顺序调刀，工艺改变时必须重新调整刀具顺序。其优点是刀具的驱动和控制简单，使用于加工品种少、批量较大的数控机床。目前在加工中心上大量使用任意选刀方式。采用任意选刀方式能将刀具号和刀库中的刀套位置对应地记忆在系统的 PLC 中，无论刀具放在哪个刀套内，刀具信息始终寄存在 PLC 内。刀库上装有位置检测装置，可获得每个刀套的位置信息，这样刀具就可以任意取出并送回。刀库上还设有机械原点，使每次选刀时就近选取。因此这种选刀方式具有方便灵活、稳定、可靠等特点。

2. *换刀方式*

数控机床的自动换刀装置中，实现刀库与机床主轴之间传递和装卸刀具的装置称为刀具交换装置。刀具的交换方式很多，一般分无机械手换刀和机械手换刀两大类。

无机械手的换刀系统一般是把刀库放在机床主轴可以运动到的位置，或把整个刀库（或某一刀位）移动到主轴箱可以到达的位置，同时，刀库中刀具的存放方向一般与主轴上的装刀方向一致。此装置在换刀时必须首先将用过的刀具送回刀库，然后再从刀库中取出新刀具。无机械手换刀结构相对简单，但换刀动作麻烦，时间长，且刀库的容量相对少。斗笠式刀库就是采用无机械手换刀。

图 5.34　机械手换刀装置

在加工中心中采用机械手进行刀具交换的方式应用最为广泛，这是因为机械手换刀装置所需的换刀时间短，换刀动作灵活，如图 5.34 所示。图 5.35 为换刀机械手的结构。这种机械手为单臂双爪结构，手臂上有两个夹爪 5，一个夹爪则执行从主轴上取下用过的刀具并送回刀库的动作，另一个夹爪则执行从刀库取出新刀具并送到主轴上的工作。机械手能够完成抓刀、拔刀、回转、插刀以及返回等全部动作。其拔刀、插刀动作一般靠液压缸驱动来完成，手臂 6 的回转运动通过活塞推动齿形齿轮来实现。手臂的回转角度通过控制活塞的行程来保证。为了防止刀具掉落，机械手的夹爪都带有自锁机构。

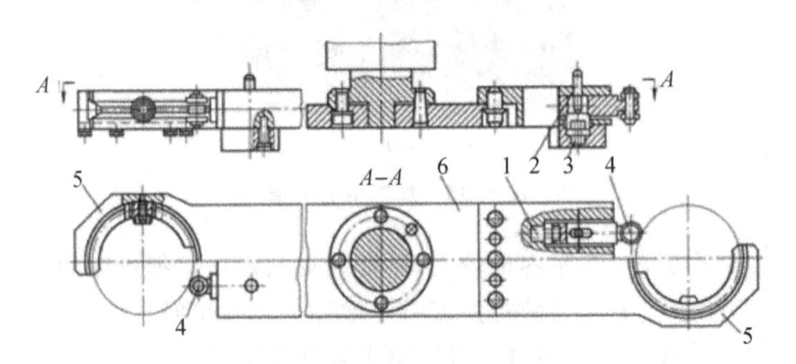

图 5.35　换刀机械手结构

1—弹簧；2—长销；3—锁紧销；4—活动销；5—手爪；6—手臂

本节思考题

1. 加工中心刀库主要有哪几种形式？其任意选刀方式的原理是什么？

2. 加工中心常见的换刀方式分为哪两类？各有什么特点？

5.4　数控机床的辅助装置

本节学习要求

了解数控回转工作台、分度工作台、机床排屑装置的结构及特点。

内容导入

数控机床辅助装置是保证充分发挥数控机床功能所必需的配套装置，常用的辅助装置包括气动、液压装置，排屑装置，冷却、润滑装置，回转工作台和分度工作台，防护装置，照明装置等。本节重点讲述数控回转工作台和分度工作台。

为了扩大机床的工艺范围，数控机床除了具有直线进给功能外，还应具有绕 X、Y、Z 轴圆周进给或分度的功能。通常数控机床的圆周进给运动由回转工作台来完成。

常用的回转工作台有数控回转工作台和数控分度工作台。数控回转工作台除了用来进行各种圆弧加工或与直线进给联动进行曲面加工外，还可实现精确的自动分度功作，如图 5.36 所示。数控分度工作台的功能是将工件转位换面，完成分度运动，和自动换刀装置配合使用，实现工件一次安装能完成几个面的多种工序，如图 5.37 所示。

图 5.36　数控回转工作台

图 5.37　数控分度工作台

5.4.1　数控回转工作台

回转工作台是数控铣床、数控镗床、加工中心等数控机床不可缺少的重要部件，其外形和数控分度工作台十分接近，但其内部结构却具有数控进给驱动机构的许多特点。数控回转工作台分为开环和闭环两种。

1. 开环数控回转工作台

开环数控回转工作台是由步进电机来驱动的，其结构如图 5.38 所示。步进电动机 3 经过齿轮 2、齿轮 6、蜗杆 4 和蜗轮 15 实现圆周进给运动。齿轮 2 和齿轮 6 之间的啮合间隙是靠调整偏心环 1 来消除的。齿轮 6 和蜗杆 4 用花键连接，其间隙应尽量小，以减小对分度定位精度的影响。蜗杆 4 为双导程蜗杆，用于消除蜗杆、蜗轮啮合间隙。蜗轮 15 下部的内、外两面装有夹紧瓦 18 和 19，数控回转工作台的底座 21 上固定的支座 24 内有液压缸 14，当液压缸的上腔进压力油时，柱塞 16 下移，并通过钢球 17 推动夹紧瓦 18 和 19，将蜗轮夹紧，从而将数控回转工作台夹紧。当不需要夹紧时，只要卸掉液压缸 14 上腔的压力油，弹簧 20 即可将钢球 17 抬起，蜗轮被放松。当其作为数控回转工作台时，不需要夹紧，功率步进电动机将按指令脉冲的要求来确定数控回转工作台的回转方向、回转速度和回转角度。

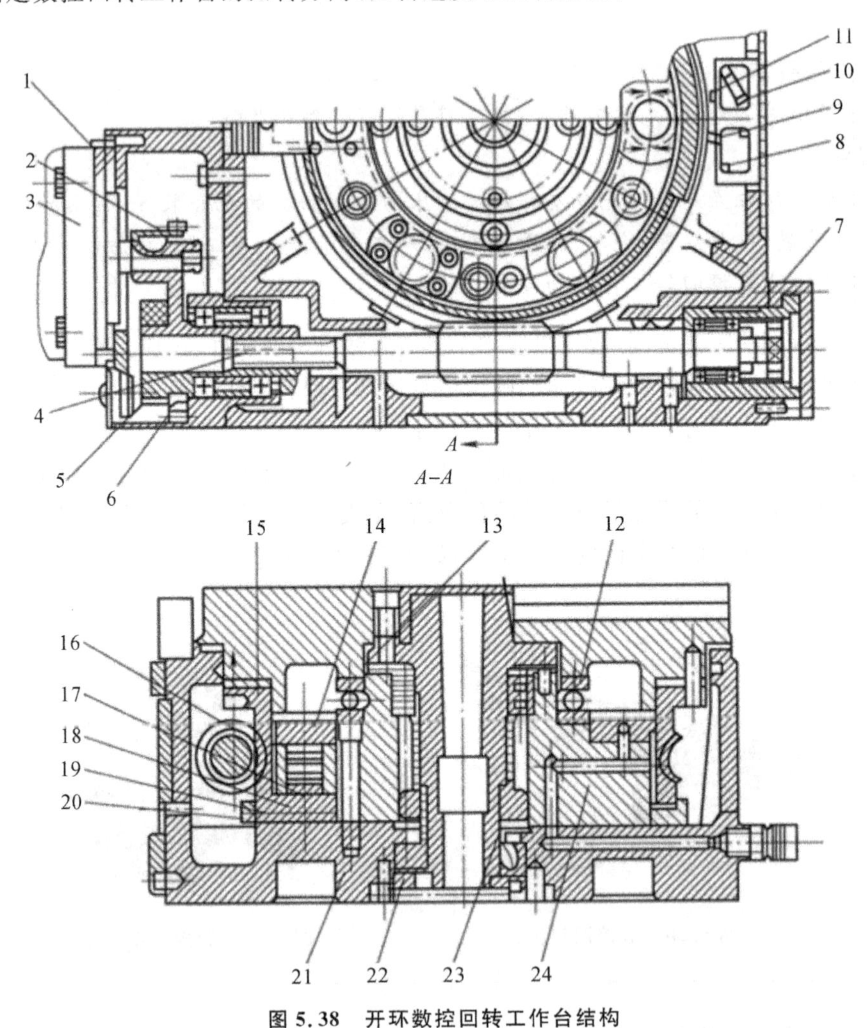

图 5.38 开环数控回转工作台结构

1—偏心环；2、6—齿轮；3—电动机；4—蜗杆；5—垫圈；7—调整环；8、10—微动开关；9、11—挡块；12、13—轴承；14—液压缸；15—蜗轮；16—柱塞；17—钢球；18、19—夹紧瓦；20—弹簧；21—底座；22—圆锥滚子轴承；23—调整套；24—支座

2. 闭环数控回转工作台

闭环数控回转工作台的结构与开环数控回转工作台大致相同，其区别在于闭环数控回转工作台有转动角度的测量元件(圆光栅或感应同步器)。所测量的结果经反馈，与指令值进行比较，按闭环原理进行工作，使回转工作台分度精度更高。

图 5.39 所示为闭环数控回转工作台结构。伺服电动机 15 经过减速齿轮 14、16 及蜗杆 12、蜗轮 13 带动工作台 1 回转，工作台的转角位置用光栅 9 测量。测量结果发出反馈信号并

与数控装置发出的指令信号进行比较，若有偏差，经过控制伺服电动机消除偏差方向转动，使工作台精确定位。当工作台静止时，必须处于锁紧状态。台面的锁紧用均布的8个小液压缸5来完成。当控制系统发出夹紧指令时，液压缸5上腔进压力油，活塞6下移，通过钢球8推开夹紧瓦3和4，从而把蜗轮13夹紧。当工作台回转时，控制系统发出命令，液压缸5上腔的压力油流回油箱，在弹簧7的作用下，钢球8抬起，夹紧瓦松开，不再夹紧蜗轮13，然后按数控系统的指令，由伺服电动机5通过传动装置实现工作台的分度转位、定位、夹紧或连续回转运动。

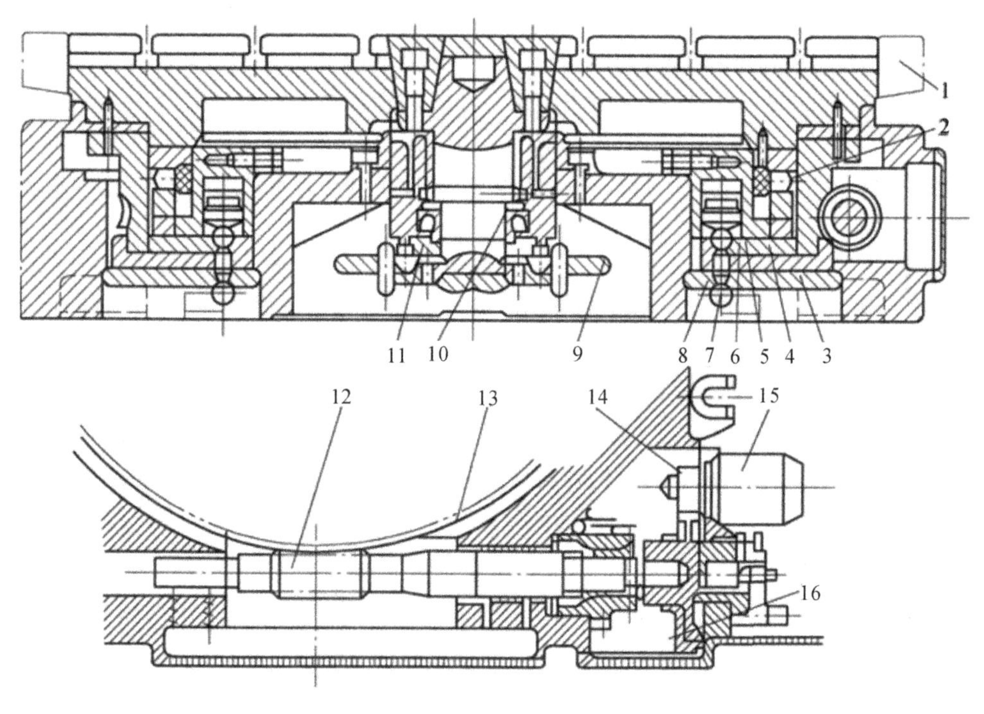

图5.39　闭环数控回转工作台结构

1—工作台；2—镶钢滚珠导轨；3、4—夹紧瓦；5—液压缸；6—活塞；7—弹簧；8—钢球；9—光栅；10、11—轴承；12—蜗杆；13—蜗轮；14、16—齿轮；15—伺服电动机

数控回转工作台的中心回转轴采用圆锥滚子轴承11及双列向心短圆柱滚子轴承10，并预紧消除其径向间隙和轴向间隙，以提高工作台的刚度和回转精度。工作台支承在镶钢滚柱导轨2上，运动平稳而且耐磨。

5.4.2　数控分度工作台

数控分度工作台的分度、转位和定位工作，按照控制系统的指令自动进行，通常分度运动只限于某些规定的角度（45°、60°、90°、180°等），但实现工作台转位的机构都很难达到分度精度的要求，所以要有专门的定位元件来保证。常用的定位元件有插销定位、反靠定位、齿盘定位和钢球定位等几种。

图5.40为数控卧式镗铣床分度工作台的结构，它是采用齿盘定位的分度工作台。齿盘定位分度工作台达到很高的分度定位精度，能承受很大的外载，定位刚度高，精度保持性好。实际上，由于齿盘的啮合、脱开，相当于两齿盘对严的过程，随着齿盘使用时间的延长，其定位精

度还有不断提高的趋势。

分度转位动作包括以下3个步骤。

(1)工作台抬起。当需要分度时,控制系统发出分度指令,压力油通过管道进入分度工作台9中央的升降液压缸12的下腔,于是活塞8向上移动,通过推力球轴承10和11带动工作台9向上抬起,使上、下齿盘13、14相互脱离,液压缸上腔的油则经管道排出,完成分度前的准备工作。

(2)回转分度。当分度工作台9向上抬起时,通过推杆和微动开关发出信号,压力油从管道进入ZM16液压马达使其转动。通过蜗轮4、蜗杆3和齿轮5、6带动工作台9进行分度回转运动。工作台分度回转角度的大小由指令给出,共有8等份,即45°的整数倍。当工作台的回转角度接近所要分度的角度时,减速挡块使微动开关动作,发出减速信号,工作台停止转动之前其转速已显著降低,为准确定位创造了条件。当工作台的回转角度达到所要求的角度时,准停挡块压动微动开关,发出信号,进入液压马达的压力油被堵住,液压马达停止转动,工作台完成准停动作。

(3)工作台下降定位夹紧。工作台完成准停动作的同时,压力油从管道进入升降液压缸12上腔,推动活塞8带动工作台下降,于是上、下齿盘又重新啮合,完成定位夹紧。在分度工作台下降的同时,推杆使另一微动开关动作,发出分度运动完成的信号。分度工作台的转动蜗轮蜗杆副具有自锁性,即运动不能从蜗轮4传至蜗杆3。但当工作台下降,上、下齿盘重新啮合,齿盘带动齿轮5时,蜗轮会产生微小转动。如果蜗轮、蜗杆锁住不动,则上、下齿盘下降时就难以啮合并准确定位。为此,将蜗轮轴设计成浮动结构,即其轴用向上、下两个推力球轴承2抵在弹簧1上面。这时,工作台做微小的回转时,蜗轮带动蜗杆压缩弹簧1做微量的轴向移动。

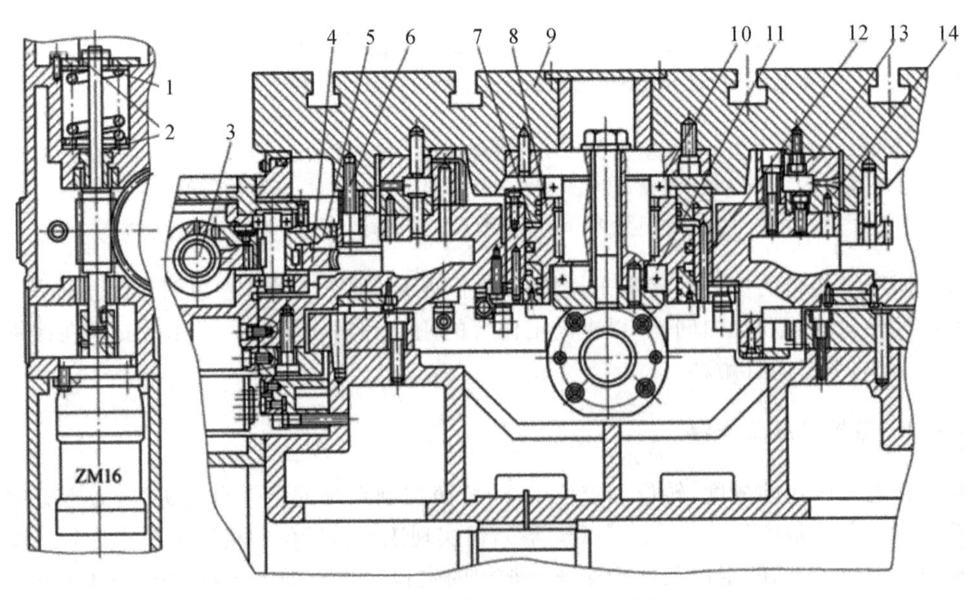

图5.40 齿盘定位分度工作台结构

1—弹簧;2、10、11—轴承;3—蜗杆;4—蜗轮;5、6—齿轮;
7—管道;8—活塞;9—工作台;12—升降液压缸;13、14—齿盘

本节思考题

数控回转工作台和分度工作台有什么不同？各适用于什么场合？

5.5　章节小结

机械结构是数控机床的主体部分，与普通机床相比，数控机床在机械传动和结构上有着显著的不同，在性能方面也有着新的要求，主要集中在支承件高刚度化、传动机构简约化、传动元件精密化和辅助操作自动化等方面。主传动系统是驱动主轴运动的系统，其核心部分是主轴部件，因此，要求主轴部件具有良好的回转精度、结构刚度、抗振性、热稳定性及部件的耐磨性和精度的保持性。电主轴是一种具有代表性的先进技术之一，应用越来越广泛。对于加工中心，为了实现刀具的自动装卸和夹持，还必须有刀具的自动夹紧装置、主轴准停装置和切屑清除装置等结构。

5.6　章节自测题

1. **填空题**(11空，每空2分，共22分)

(1)数控机床按控制运动轨迹可分为____________、____________、轮廓控制数控机床。

(2)数控铣床按布局形式可分为____________、____________和立卧两用式。

(3)数控机床按控制方式可分为____________、____________和闭环控制。

(4)数控机床从构造上可以分为____________和机床本体两大部分。

(5)数控机床滚珠丝杠螺母副，按滚珠返回方式的不同可分为__________和__________。

(6)数控机床主轴的传动方式有____________、变速齿轮传动、____________和高速主轴传动。

2. **判断题**(10小题，每小题2分，共20分)

(1)数控机床加工过程中可以根据需要改变主轴速度和进给速度。　(　　)

(2)一般情况下，开环控制的数控机床精度高于半闭环控制的数控机床。　(　　)

(3)滚珠丝杠螺母副有1、2、3、4、5、7、10七个等级，其中1级精度最高。　(　　)

(4)闭环数控系统是不带反馈装置的控制系统。　(　　)

(5)滚珠丝杠螺母副由于不能自锁，故在垂直安装时需添加平衡或自锁装置。　(　　)

(6)组合夹具是数控机床机械部分的主要组成之一。　(　　)

(7)加强数控设备的维护保养、修理，能够延长设备的技术寿命。　(　　)

(8)内装电动机主轴传动适用于主轴输出扭矩大的场合。　(　　)

(9)数控机床坐标系采用右手笛卡儿坐标系，用手指表示时，大拇指代表X轴。　(　　)

(10)滚珠丝杠导程越大，其精度越高。　(　　)

3. **填空题**(10小题，每小题2分，共20分)

(1)测量与反馈装置的作用是(　　)。

A. 提高机床的安全性

B. 提高机床的使用寿命

C. 提高机床的定位精度、加工精度

D. 提高机床的灵活性

(2)数控机床中将伺服电动机的旋转运动转换成溜板箱或工作平台直线运动的装置一般是(　　)。

A. 齿轮副

B. 连杆机构

C. 滚珠丝杠螺母副

D. 梯形螺母副

(3)数控车床床身中,排屑性能最差的是(　　)。

A. 平床身

B. 斜床身

C. 立床身

D. 后置床身

(4)加工中心和数控铣床的主要区别是(　　)。

A. 加工系统的复杂程度不同

B. 机床精度不同

C. 有无自动换刀系统

D. 速度不同

(5)数控机床主轴部件的主要作用是带动刀具或工件(　　)。

A. 移动实现进给运动

B. 转动实现进给运动

C. 转动实现切削运动

D. 进给运动

(6)数控机床采用带传动变速时,一般常用(　　)和同步齿形带。

A. 多联 V 带

B. 三角带

C. 平带

D. 圆弧带

(7)为了保证数控机床能满足不同的工艺要求,并能获得最佳的切削速度,主传动系统的要求是(　　)。

A. 无级调速

B. 变速范围宽且能无级变速

C. 分段无级调速

D. 高的加速度

(8)在数控机床进给传动系统中,通常采用(　　)来连接(伺服或部进电动机轴与滚珠丝杠轴)两轴的旋转运动。

A. 铰链

B. 齿轮

C. 联轴器

D. 链条

(9)数控机床的进给机构采用的丝杠螺母副是(　　)。

A. 滚珠丝杠螺母副

B. 梯形螺母丝杠副

C. 双螺母丝杠螺母副

D. 矩形丝杠

(10)具有刀库并能自动换刀的数控机床称为(　　)。

A. 数控铣床

B. 加工中心

C. 数控装置

D. 专用数控机床

3. **简答题**(2 小题,每小题 6 分,共 12 分)

(1)进给传动系统采用齿轮传动的目的是什么?齿轮间隙的消除方法有哪些?

(2)加工中心的特点有哪些?

4. **计算题**(2 小题,每小题 13 分,共 26 分)

(1)图 5.41 为 TND360 数控机床的传动系统,主轴获得高速为 800～3 150 r/min,主轴获得低速为 7～800 r/min,当主轴转速为 500 r/min 时,主电机的实际转速为多少?

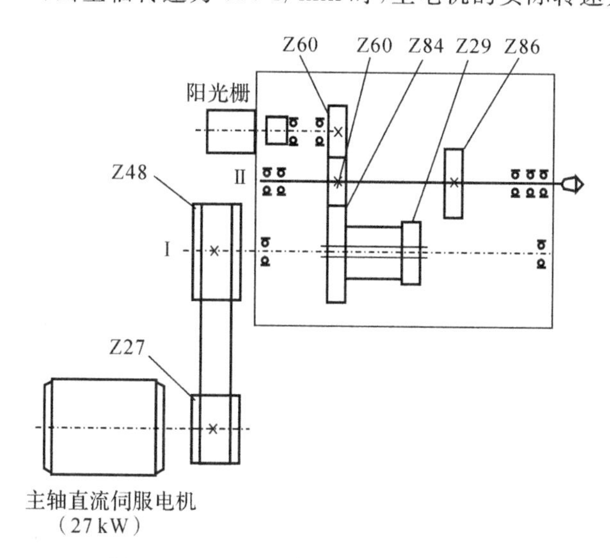

图 5.41　TND360 数控机床的传动系统

(2)某数控机床的控制装置,其脉冲当量为 0.002 mm/脉冲,当机床沿某方向运动时,数控装置在 10 s 内发出了 50 000 个脉冲,问拖板的进给速度是多少?

第6章　数控机床的保养与维修

教学提示:数控机床是一种典型的机电一体化产品,涉及范围比较广,在故障诊断和维护方面与传统机床有很大的区别。因此,学习和掌握数控机床故障诊断及维护技术,已越来越受到相关企业和人员的重视,数控机床故障诊断及维护已成为正确使用数控机床的关键因素之一。

教学要求:了解关于数控机床保养、维护与故障修理的基本内容,以及数控机床使用中的注意事项。重点掌握数控车床与加工中心的维护保养与故障诊断方法,熟悉机床数控系统与伺服系统常见故障的处理方法,并通过对实际例子的学习掌握数控机床常见故障的诊断步骤与基本思路。

6.1　数控机床的保养与日常维护

本节学习要求

1. 了解数控机床的保养内容。

2. 熟悉数控机床的日常维护过程。

内容导入

一台作为商品的数控机床,其可靠性和稳定性不仅仅取决于所采用的机械部件和电气部件,以及总体设计、装配和调试,还取决于数控机床的安装调试、日常管理。本节将讨论数控机床的安装调试、日常管理等方面的知识。

6.1.1　概述

一般来说,数控机床的维护工作应该包括设备管理、维护保养及故障修理,并且这3者是紧密相关、互相制约的,也就是说做好日常维护保养和设备管理工作,不仅可大大减少设备故障的发生,并且也为发生故障时的及时诊断、修复提供了必要的条件。

1. 数控机床的设备管理

设备管理是一项系统工程,它根据企业的生产发展及经营目标,通过一系列技术、经济、组织措施及科学方法来进行。其主要包括设备选购、安装、调试、验收、使用、维修以及改造更新,直至设备报废等一系列管理工作。

具体说来,设备管理为正确使用数控机床建立了必要的规章制度,如建立定人、定机、定岗制度,进行岗位培训,禁止无证操作。同时,根据数控机床的设备特点,制定各项操作、维修安全规程。在设备保养上要求严格进行记录工作，即对每次的维护保养都要做好保养内容、方法、时间、保养部件状况、参加人员等有关记录；对故障修复要认真做好有关故障记录与说明，如故障现象、原因分析、排除方法、隐含问题和所用备件情况等，并做好有关设备技术资料的出借、保管、登记工作。做好为设备保养和维修用的各类备品配件的采购、管理工作，各类常用的备品配件主要有各种印制电路板、电气元器件（如各类熔断器、直流电动机电刷、开关按钮、继电器、接触器等）和各类机械易损件（如传动带、轴承、液压密封圈、过滤网等）。对电气备用板要定期通电检验，为维修添置必要的技术手册、工作器具及测试仪器，常用的电气故障测试仪器有数字万用表、转速表、存储示波器、逻辑分析仪和在线测试仪等。

2.数控机床保养内容

为了使数控机床各部件保持良好状态，除了发生故障应及时修理外，坚持经常的保养是十分重要的。坚持定期检查，经常维护保养，可以把许多故障隐患消灭在萌芽之中，防止或减少恶性事故的发生。不同型号的数控机床日常保养的内容和要求不完全一样，对于具体的数控机床，说明书中都有明确的规定，但总体说来主要包括以下几个方面。

(1)使机床保持良好的润滑状态。定期检查、清洗自动润滑系统，添加或更换油脂油液，使丝杠、导轨等各运动部位始终保持良好的润滑状态，降低机械磨损速度。

(2)定期检查液压、气压系统。对液压系统定期进行油质化验和更换液压油，并定期对各润滑、液压、气压系统的过滤器或过滤网进行清洗或更换，对气压系统还要注意及时对分水滤气器放水。

(3)对直流电动机定期进行电刷和换向器检查、清洗和更换。若换向器表面脏，应用白布蘸酒精予以清洗；若表面粗糙，应用细金相砂纸予以修整；若电刷长度在10 mm以下，应予以更换。

(4) 适时对各坐标轴进行超程限位试验。尤其是对于硬件限位开关，由于切削液等因素容易产生锈蚀，平时又主要依靠软件限位起保护作用，但关键时刻如因锈蚀不起保护作用，则将产生碰撞，甚至损坏滚珠丝杠，严重影响其机械精度。试验时要用手按一下限位开关看是否出现超程警报，或检查相应的I/O接口输入信号是否变化。

(5) 定期检查电气部件。检查各插头、插座、电缆、继电器的触点是否接触良好，检查各印制电路板是否干净。确保主电源变压器、各电动机的绝缘电阻应在1 MΩ以上。平时尽量少开电气柜门，以保持电气柜内清洁；夏天用开门散热法是不可取的。定期对电气柜和有关电器的冷却风扇进行卫生清扫、更换其空气过滤网等。另外纸带光电阅读机的受光部件太脏时，可能发生读数错误，应及时清洗。印制电路板太脏或受潮，可能发生短路现象，因此，必要时应对各个印制电路板、电气元器件采用吸尘法进行卫生清扫等。

(6)数控机床长期不用时的维护。数控机床不宜长期封存不用，购买数控机床以后要充分利用起来，尽量提高机床的利用率，尤其是投入使用的第一年，更要充分使用，使容易出故障的薄弱环节尽早暴露出来，使故障的隐患尽可能在保修期内得以排除。数控机床闲置不用，会因受潮等加快电子元件的变质或损坏，数控机床长期不用时要定期通电，并进行机床功能试验程序的完整运行。要求每1～3周能通电试运行1次，尤其是在环境湿度较大的梅雨季节，应增加通电次数，每次空运行1 h左右，以利用机床本身的发热来降低机内湿度，使电子元件不致受潮，同时，也能及时发现有无电池报警发生，以防系统软件和参数丢失等。

(7)定期更换存储器用电池。一般数控系统内对 CMOS RAM 存储器器件设有可充电电池维持电路,以保证系统不通电期间保持其存储器的内容。在一般的情况下,即使电池尚未失效,也应每年更换一次,以确保系统能正常工作。电池的更换应在 CNC 装置通电状态下进行,以防更换时 RAM 内信息丢失。

(8)备用印制电路板的维护。印制电路板长期不用是很容易出故障的。因此,对于已购置的备用印制电路板应定期装到 CNC 装置上通电运行一段时间,以防损坏。

(9)经常监视 CNC 装置用的电网电压。CNC 装置通常允许电网电压在额定值的 85%~110%的范围内波动,如果超出此范围就会造成系统不能正常工作,甚至会引起 CNC 系统内的电子元器件损坏。为此,需要经常监视 CNC 装置用的电网电压。

(10)定期进行机床水平和机械精度检查并校正。机械精度的校正方法有软硬两种。其软方法主要是通过系统参数补偿,如丝杠反向间隙补偿、各坐标定位精度定点补偿、机床回参考点位置校正等;硬方法一般用于机床大修时,如进行导轨修刮、滚珠丝杠螺母预紧调整反向间隙等。

3.数控系统的使用与维护

(1)数控系统的正确使用。每种数控系统在组成与结构上都有各自的特点,操作人员在使用数控系统之前,应仔细阅读说明书中的有关内容,熟悉数控系统的基本组成与结构,了解所用数控系统的性能,熟练地掌握数控系统和操作面板上各个开关的作用,从而可避免一些因操作不当引起的故障。数控系统通电前的检查包括以下内容:

1)数控装置中各个风扇是否正常运转。

2)各个印制电路板或模块上的直流电源是否正常、是否在允许的波动范围之内。

3)数控装置的各种参数(包括系统参数、PLC 参数等),应根据随机所带的说明书一一予以确认。

4)当数控装置与机床联机通电时,应在接通电源的同时,做好按压紧急停止按钮的准备,以备出现紧急情况时随时切断电源。如伺服电动机的速度反馈信号线接反,出现机床“飞车”现象,就需要立即切断电源,以免造成对人身和设备的危害。

5)用手动以低速移动各个轴,观察机床移动方向的显示是否正确。然后让各轴碰到各个方向的超程开关,用以检查超程限位是否有效,数控装置是否在超程时发出报警。

6)进行几次返回机床基准点的动作,用来检查数控机床是否有返回基准点功能,以及每次返回基准点的位置是否完全一致。

7)按照数控机床所用的数控装置使用说明书,用手动或编制程序的方法来检查数控系统所具备的主要功能,如定位,各种插补,自动加/减速,M、R、T 辅助功能,各种补偿以及固定循环等。

(2)数控系统的日常维护。为了在系统出现故障时能及时排除,应在平时做好维修前的一系列准备工作,主要包括以下内容。

1)技术文件的准备。维护用的文件资料很多,主要指有关数控系统的操作和维修说明书、有关系统参数资料及机床电气方面的资料。要充分了解被维护的数控系统的性能、系统框图、结构布置及系统内需要经常维护的部分,甚至应掌握系统内所用印制电路板上有哪些可供维修用的检测点及其正常状态时的电平和波形。保存好数控系统和 PLC 的参数文件。每台数控机床出厂时都随机附有参数表或参数纸带，在机床现场安装调整之后，参数可能有所变动，应将变动的参数记录下来或存入磁盘，以备维修时用。另外，用户宏程序参数和刀具文件参数等也都直接影响机床的性能和使用，需要妥善保管。随机提供的PLC用户程序、报警文本以及典型的工件程序也是需要保存的文件。如有条件，维修人员还应备有一套数控系统所用的各种元器件手册，以备随时查阅。

2)制定有关的规章制度防止无关人员操作数控系统，以避免造成事故。数控机床的操作人员、编程人员和维修人员也应明确各自的职责范围，上述的文件资料也都应由专人保管。

3)准备好维修用器具。维修器具有交流电压表、直流电压表、万用表、相序表、示波器、逻辑分析仪及各种规格的螺钉旋具。

4)必要的备件。当数控机床发生故障时，为能及时排除故障，需要更换部件或元器件，以便机床尽快恢复正常，因此用户应准备一些必要的备件，备件的品种和数量要视本厂的具体情况来定。如电气系统故障，大多发生在微动开关、指示灯、风扇等外部器件、数控系统中的输入/输出接口模块及干簧继电器，以及伺服驱动单元和电动机的电刷等部位。因此，应配备一定数量的各种熔断器、电刷、晶体管模块及易发生故障的印制电路板，而对不易损坏的印制电路板，如中央处理器(CPU)模块、存储器模块及显示系统等部分，由于其价格昂贵，故障率也低，就不一定配备。

4.数控机床的故障修理

数控机床是一种自动化程度较高、结构较复杂的先进加工设备，大多用来加工重要工件。同时，由于数控机床价格昂贵，为提高其利用率，充分发挥它的效益，应合理安排加工工序，充分做好准备工作，尽量减少机床的等待时间；凡是能在数控机床上加工的，尽量利用，而不能以保护贵重设备为由，使其长期闲置。如果一台数控机床的任何部分在生产中出现故障或失效，都会使机床停机，造成生产停顿，若不能及时维修，不仅影响其设备利用率，贻误产品生产周期，甚至会影响企业的信誉，造成无法弥补的经济损失。因此，做好数控机床的故障修理工作，使其发挥应有的效率，不仅能创造实际价值，而且具有积极的社会效益。

数控机床采用计算机控制，伺服系统技术复杂，机床精度要求很高。因此，数控机床的使用不同于简单的设备，它是一项高技术应用工程。这就要求数控机床的操作、维修和管理人员具有较高的文化水平和业务素质。操作人员初次使用数控机床时，多是由于其操作技术不熟练而引起故障造成机床停机，因此应进行不同技术内容的培训。

6.1.2　数控机床的安装与调试

当一台数控机床运到工厂，必须安装、调试和验收合格后，才能投入正常的生产。故数控机床的安装、调试和验收是机床使用前期的一个重要环节。数控机床的安装应根据机床的要求，选择合适的位置摆放，以保证正确使用数控机床。

1.数控机床电线连接

(1)输入电源电压和频率的确认。目前我国电压的供电为三相交流380 V和单相220 V。国产机床一般是采用三相380 V、频率50 Hz供电，而有部分进口机床不是采用三相交流380 V、频率50 Hz供电，这些机床自身都已配有电源变压器，用户可根据要求进行相应的选择。下一步就是检查电源电压的上下波动，是否符合机床的要求和机床附近有无能影响电源电压的大型设备，若电压波动过大或有大型设备，应加装稳定器。电源供电电压波动大，产生电气干扰，会影响机床的稳定性。

(2)电源相序的确认。当相序接错时，有可能使控制单元的保险丝熔断。检查相序的方法比较简单，即用相序表测量，当相序表顺时针旋转，相序正确，反之相序错误，这时只要将U、V、W三相中任两根电源线对调即可。

2.数控机床调试与性能检验

按照上面所述进行电源连接，再参照机床说明书，给机床各部件加润滑油，接着进入机床调试环节。

3.机床几何精度的调试

在机床粗调整的基础上，还要对机床进行进一步的微调，主要是精调机床床身的水平，找正水平后移动机床各部件，观察各部件在全行程内机床水平的变化，并相应调整机床，保证机床的几何精度在允许范围之内。

4.机床的基本性能检验

(1)机床/系统参数的调整。主要根据机床的性能和特点去调整，包括各进给轴快速移动速度和进给速度参数调整、各进给轴加减整常数的调整、主轴控制参数的调整、换刀装置的参数调整、其他辅助装置的参数调整。

(2)主轴功能调整。其主要包括：手动使主轴连续进行5次正转反转的启动、停止，以检验其动作的灵活性和可靠性，同时检查负载表上的功率显示是否符合要求；手动数据输入方式(MDI)使主轴由低速开始，逐步提高到允许的最高速度，检查转速是否正常；一般允许误差不能超过机床上所示转速的±10%；在检查主轴转速的同时观察主轴噪声、振动、温升是否正常，机床的总噪声不能超过80 dB。

(3)各进给轴的检查。其主要包括：对各进给轴的低、中、高进给和快速移动，移动比例是否正确，在移动时是否平稳、畅顺，有无杂声的存在；通过手动数据输入方式(MDI)，运行G00和G01F指令，检测各进给速度。

(4)换刀装置的检查。其主要包括：手动检查换刀装置在手动换刀的过程中是否灵活、牢固，自动操作检查换刀装置在自动换刀的过程中是否灵活、牢固。

(5)限位、机械零点检查。其主要包括：检查机床的软硬限位的可靠性；用回原点方式，检查各进给轴回原点的准确性和可靠性。

(6)其他辅助装置检查。检查液压系统、气压系统、冷却系统、照明电路等的工作是否正常。

5.数控机床稳定性检验

数控机床的稳定性也是数控机床性能的重要指标，若一台数控机床不能保持长时间稳定工作，加工精度在加工过程中不断变化，而且在加工过程中要不断测量工件修改尺寸，这就会造成加工效率下降，从而体现不出数控机床的优点。为了全面检查机床功能及工作可靠性，数控机床在安装调试后，应在一定负载或空载下进行较长一段时间的自动运行检验。对于自动运行的时间，《金属切削机床通用技术条件》(GB/T 9061—2006)规定数控机床为16 h以上

(含16 h),要求连续运转,在自动运行期间,不应发生任何故障(人为操作失误引起的除外)。若出现故障,故障排除时间不能超过1 h,否则应重新开始运行检验。

6.机床的精度检验

(1)机床的几何精度检验。机床的几何精度是综合反映该设备的关键机械零部件和组装后几何形状误差的参数。数控机床的基本性能检验与普通机床的检验方法差不多,使用的检测工具和方法也相似,每一项要独立检验,但要求更高。所使用的检测工具精度必须比所检测的精度高一级。其检测项目主要有:①X、Y、Z轴的相互垂直度。②主轴回转轴线对工作台面的平行度。③主轴在Z轴方向移动的直线度。④主轴轴向及径向跳动。

(2)机床的定位精度检验。数控机床的定位精度是测量机床各坐标轴在数控系统控制下所能达到的位置精度。根据实测的定位精度数值判断机床是否合格。其内容有各进给轴直线运动精度、直线运动重复定位精度、直线运动轴机械回零点的返回精度。

(3)机床的切削精度检验。机床的切削精度检验,又称为动态精度检验,其实质是对机床的几何精度和定位精度在切削时的综合检验。其内容可分为单项切削精度检验和综合试件检验。单项切削精度检验包括直线切削精度、平面切削精度、圆弧的圆度、圆柱度、尾座套筒轴线对溜板移动的平行度、螺纹检测等。综合试件检验是根据单项切削精度检验的内容,通过设计一个具有包括大部分单项切削内容的工件进行试切加工,来确定机床的切削精度的。

本节思考题

1.数控机床在维修过程中应注意哪些事项?

2.数控机床日常保养总体说来主要包括哪几个方面?

3.试述在数控系统日常维护保养中的注意事项。

4.使用数控机床应注意哪些问题?

6.2　数控机床的故障诊断与维修

本节学习要求

1.了解数控机床常见故障处理方法。

2.掌握数控机床故障诊断与维修基础知识。

内容导入

数控机床是一个复杂的系统,一台数控机床既有机械装置,又有电气控制部分和软程序等。组成数控机床的这些部分由于种种原因,不可能避免地会发生不同程度、不同类型的故障,导致数控机床不能正常工作。本节将重点介绍数控机床常见故障的排除方法。

6.2.1　数控机床的故障诊断概述

数控机床是个复杂的系统,由于种种因素,不可避免地会发生不同程度、不同类型的故障,导致数控机床不能正常工作。一般这些因素大致包括:机械锈蚀、磨损和失效;元器件老化、损坏和失效;电气元件、接插件接触不良;环境变化,如电流或电压波动、温度变化、液压压力和流量的波动以及油污等;随机干扰和噪声;软件程序丢失或被破坏等。此外,错误的操作也会引起数控机床不能正常工作。数控机床一旦发生故障,必须及时予以维修,将故障排除。数控机床维修的关键是故障的诊断，即故障源的查找和故障定位。一般来说，故障类型不同，采用的故障诊断方法也不同。

1. 数控机床维修的基本概念

(1)系统可靠性和故障的概念。系统可靠性是指系统在规定条件下和规定时间内完成规定功能的能力，而故障则意味着系统在规定条件下和规定时间内丧失了规定的功能。

(2)平均故障间隔时间 MTBF。它是指数控机床在使用中两次故障间隔的平均时间，即数控机床在寿命范围内总工作时间和总故障次数之比，即

$$\mathrm{MTBF}=\frac{\text{总工作时间}}{\text{总故障次数}}$$

日常维护(或称预防性维修)的目的是延长平均故障间隔时间 MTBF。

(3)平均修复时间 MTTR。它是指数控机床从出现故障开始直至能正常使用所用的平均修复时间。显然，要求这段时间越短越好，故障维护的目的是要尽量缩短 MTTR。

(4)有效度 A。这是从可靠度和可维修度方面对数控机床的正常工作概率进行综合评价的尺度，表示一台可维修的机床，在某一段时间内，维持其性能的概率。

$$A=\frac{\mathrm{MTBF}}{\mathrm{MTBF}+\mathrm{MTTR}}$$

由此可见，有效度 A 是一个小于 1 的数，但越接近 1 越好。

2. 数控机床的故障规律

与一般设备相同，数控机床的故障率随时间变化的规律可用图 6.1 所示的故障曲线表示。根据数控机床的故障度，整个使用寿命期大致可以分为 3 个阶段，即初始运行期、有效寿命期和衰老期。

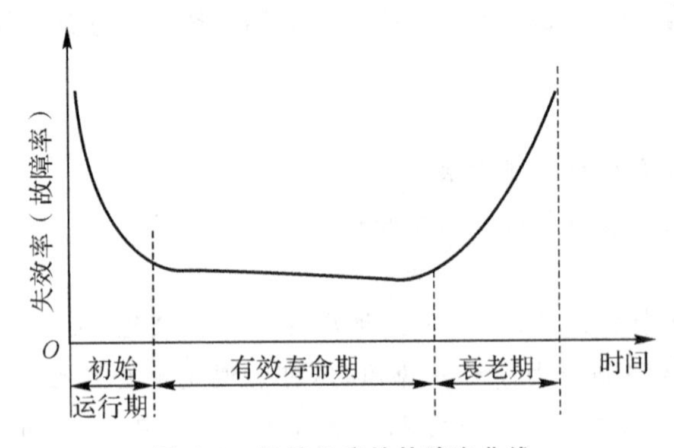

图 6.1 数控机床的故障率曲线

(1)初始运行期。初始运行期的特点是故障发生的频率高，系统的故障率为负指数曲线函数。使用初期之所以故障频繁，原因大致如下：

1)机械部分。机床虽然在出厂前进行过运行磨合，但时间较短，而且主要是对主轴和导轨进行磨合。由于零件的加工表面存在着微观的和宏观的几何形状偏差，在完全磨合前，零件的加工表面还比较粗糙，部件的装配可能存在误差，因此，在机床使用初期会产生较大的磨合磨损，使设备相对运动部件之间产生较大的间隙，导致故障的发生。

2)电气部分。数控机床的控制系统使用了大量的电子元器件,这些元器件虽然在制造厂经过了相当长时间的老化试验和其他方式的筛选,但实际运行时,由于电路的发热、交变负荷、浪涌电流及反电势的冲击,性能较差的某些元器件经不住考验,因电流冲击或电压击穿而失效,或特性曲线发生变化,从而导致整个系统不能正常工作。

3)液压部分。由于出厂后运输及安装阶段时间较长,液压系统中某些部位长时间无油,气缸中润滑油干涸,而油雾润滑又不可能立即起作用,可能会造成液压缸或气缸产生锈蚀。此外,若新安装的空气管道清洗不干净,则一些杂物和水分也可能进入系统,造成液压、气动部分的初期故障。

(2)有效寿命期。数控机床在经历了初期的各种老化、磨合和调整后,开始进入相对稳定的正常运行期。在这个阶段,故障率低而且相对稳定,近似常数。偶发故障是由偶然因素引起的。一般说来,数控系统要经过9～14个月的运行才能进入有效寿命期。因此,用户在安装数控机床后最好能使其长期连续运行,以将初始运行期控制在一年的保修期内。

(3)衰老期。衰老期出现在数控机床使用后期,其特点是故障率随着运行时间的增加而升高。出现这种现象的原因是数控机床的零部件及电子元器件经过长时间的运行,出现疲劳、磨损、老化等问题,已接近衰竭,从而处于频发故障状态。

3. 数控机床故障诊断的一般步骤

故障诊断是指在系统运行或基本不拆卸的情况下,即可掌握系统当前运行状态的信息,查明产生故障的部位和原因,或预知系统的异常和劣化的动向并采取必要对策的技术。当数控机床发生故障时,除非出现危及数控机床或人身安全的紧急情况,一般不要关断电源,要尽可能地保持机床原来的状态不变,并对出现的一些信号和现象做好记录。记录内容主要包括:故障现象的详细记录;故障发生时的操作方式及内容;报警号及故障指示灯的显示内容;故障发生时机床各部分的状态与位置;有无其他偶然因素,如突然停电、外线电压波动较大、雷电、局部进水等。

无论是处于哪一个故障期,数控机床故障诊断的一般步骤都是相同的。数控机床一旦发生故障,检修人员首先要沉着冷静,根据故障情况进行全面的分析,确定查找故障源的方法和手段,然后有计划、有目的地一步步仔细检查。切不可急于动手以及凭着看到的部分现象和主观臆断乱查一通,这样做具有很大的盲目性,很可能越查越乱,走很多弯路,甚至造成严重的后果。

故障诊断一般按下列步骤进行。

(1)详细了解故障情况。例如:当数控机床发生颤振、振动或超调现象时,要弄清楚是发生在全部轴还是某一轴;如果是某一轴,是全程还是某一位置;是持续发生还是仅在快速、进给状态某速度、加速或减速的某个状态下发生。为了进一步了解故障情况,要对数控机床进行初步检查,并着重检查荧光屏上显示的内容以及控制柜中的故障指示灯、状态指示灯等。在情况允许时,最好开机试验,详细观察故障情况。

(2)根据故障情况进行分析,缩小范围,确定故障源查找的方向和手段。对故障现象进行全面了解后,下一步可根据故障现象分析故障可能存在的位置。有些故障与其他部分联系较少,容易确定查找的方向,而有些故障原因很多,难以用简单的方法确定出故障源的查找方向,这就要仔细查阅数控机床的相关资料,弄清与故障有关的各种因素,确定若干个查找方向,并逐一进行查找。

(3) 由表及里进行故障源查找。故障查找一般是从易到难、从外围到内部逐步进行的。其难易主要指技术上的复杂程度和拆卸装配方面的难易程度。技术上的复杂程度是指判断其是否有故障存在的难易程度。在故障诊断的过程中，首先应该检查可直接接近或经过简单的拆卸即可进行检查的那些部位，然后检查需要进行大量的拆卸工作之后才能接近和进行检查的那些部位。

4. 维修中的注意事项

(1)从整机上取出某块电路板时，应注意记录其相对应的位置、连接的电缆号。对于固定安装的电路板，还应按先后取下的顺序，记录相应的连接部件及螺钉，并妥善保管。装配时，拆下的东西应全部用上，否则装配不完整。

(2)电烙铁应放在顺手位的前方，并远离维修电路板。电烙铁头应适应集成电路的焊接，避免焊接时碰伤别的元器件。

(3)测量电路间的阻值时，应切断电源。

(4)电路板上大多刷有阻焊膜，因此测量时应以相应的焊点作为测试点，不要铲除阻焊膜。有的电路板整个覆有绝缘层，则只能在焊点处用刀片刮开绝缘层。

(5)数控设备上的电路板大多是双面金属孔化板或多层孔化板，印制电路细而密，不应随意切断。因为一旦切断，不易焊接，且切线时易切断相邻的线。确实需要切线时，应先查清线的方向，定好切断的线数及位置。测试后切记要恢复原样。

(6)在没有确定故障元器件的情况下，不应随意拆换元器件。

(7)拆卸元器件时应使用吸锡器，切忌硬取。同一焊盘不应长时间加热及重复拆卸，以免损坏焊盘。

(8)更换新的器件时，其引脚应做适当的处理。焊接中不应使用酸性焊油。

(9)记录电路上的开关、跳线位置，不应随意改变。互换元器件时要注意标记各电路板上的元器件，以免错乱。

(10)查清电路板的电源配置及种类，根据检查的需要，可分别供电或全部供电。有的电路板直接接入了高压，或板内有高压发生器，操作时应注意安全。

(11) 检查中遵循由粗到细的原则，逐渐缩小维修范围，并做好维修记录。

6.2.2 数控机床常用的故障诊断方法

数控机床是综合应用微电子、计算机、自动控制、自动检测、液压传动和精密机械等技术的最新成果而发展起来的新型机械加工设备。它的发展趋势是工序集中、高速、高效、高精度以及使用方便、可靠性高。要达到这些要求，就需要对机床的维护保养、日常检查、故障诊断等做复杂、有效的工作。在生产过程中，数控机床频繁地发生故障，必然影响产品的加工质量和生产效率，影响数控机床性能的发挥。因此，必须对出现的故障进行广泛深入的研究，找出其原因和规律，不断积累经验，采取有效措施，对故障进行预防、预测，建立一套排除故障的有效方法。

1. 数控机床常见故障分类

故障是指设备或系统由于自身的原因丧失了规定的功能，不能再进行正常工作的现象。

数控机床的故障包括机械部分的故障、数控系统的故障、伺服与主轴驱动系统的故障以及辅助装置的故障等。故障可按其表现形式、性质、起因等进行分类。常见的故障分类方式有以下几种：

(1) 按与故障的相互关系可分为关联性故障和非关联性故障两类。其中非关联性故障是由与系统本身无关的因素(如安装、运输等)引起的，而关联性故障又可分系统性故障和随机性故障。系统性故障是指机床和系统一旦满足某种条件必然出现的故障，这是一种可重复的故障。而随机性故障则不然，即使在完全相同的条件下，故障也只是偶然发生。一般来说，随机性故障往往是由机械结构局部松动、错位，控制系统中软件不完善、硬件工作特性曲线漂移，机床电气元件工作可靠性下降等因素所致。这类故障的排除比系统性故障要难得多，需经过反复试验和综合判断才能确诊。

(2) 按诊断方式可分为有诊断显示故障和无诊断显示故障两类。现代的数控系统大多都有较丰富的自诊断功能，如日本的 FANUC 数控系统、德国的 SIEMENS 数控系统等，报警号有数百条，所配置可编程控制装置的报警参数也有数十条乃至上百条，当出现故障时自动显示报警号。维修人员利用这些诊断显示的报警号，较易找到故障所在。而在无诊断显示时，机床停在某一个位置不动，循环进行不下去，甚至用手动强行操作也无济于事。由于没有报警显示，维修人员只能根据故障出现前、后的现象来判断。因此故障排除难度较大。

(3) 按故障破坏性可分为破坏性故障和非破坏性故障两类。破坏性故障一般来说应避免再发生，维修时不允许使故障重现来进行分析、判断。如对因伺服系统失控造成的机床飞车、短路后熔丝熔断等破坏性故障，只能根据现场目击者提供的情况来进行分析、判断，所以维修难度较大，且具有一定的危险性。对于非破坏性故障，由于其危险性小，操作者可以使其反复再现，因此排除较容易。

(4) 按故障起因可分为硬故障和软故障两类。硬故障主要是由控制系统中的元器件损坏造成的，必须更换元器件才能排除故障。而软故障大都由于编程错误、操作错误或电磁干扰等偶然因素造成，只要修改程序或作适当调整，故障即可排除。

2. 数控机床常见故障分析方法

(1) 现场故障处理。数控机床或系统出现故障时，操作人员应采取急停措施停止系统运行。如果操作人员不能将故障排除，应及时通知维修人员，并保护好现场，同时对故障进行记录。主要记录内容如下：

1)数控机床处于何种工作方式(纸带方式、手动数据输入方式、存储器方式、点动方式等)？

2)数控系统状态显示的内容是什么？

3)定位误差超差情况如何？

4)刀具运动轨迹误差状况以及出现误差时的速度是否正常？

5)显示器上有无报警？报警号是什么？

(2)应从以下几方面对故障情况进行分析：

1)故障何时发生，一共发生了几次？此时旁边其他数控机床工作是否正常？

2)加工同类工件时，故障出现的概率如何？

3)故障是否与进给速度、换刀方式或螺纹切削有关？

4)故障出现在哪段程序上？

5)如果故障为非破坏性的,则将引起故障的程序段重复执行多次,观察故障的重复性。

6)将该程序段的编程值与系统内的实际数值进行比较,看两者是否有差异,是否是程序输入错误。

7)重复出现的故障是否与外界因素有关?

(3)数控机床操作及运转情况分析,应从以下几方面进行分析:

1)经过什么操作之后才发生此故障?操作是否有误?

2)数控机床的操作方式是否正确?

3)数控机床调整状况如何?间隙补偿是否合适?

4)数控机床在运转过程中是否发生振动?

5)所用刀具的切削刃是否正常?

6)换刀时是否设置了偏移量?

(4)环境状况引起故障,应从以下几方面进行分析:

1)周围环境温度如何?是否有强烈的振源?系统是否受到阳光的直射?

2)切削液、润滑油是否飞溅到系统柜里?

3)电源电压是否有波动?电压值为多少?

4)近处是否存在干扰源?

5)系统是否处于报警状态?

6)机床操作面板上的倍率开关是否设定为“0”?

7)数控机床是否处于锁住状态?

8)系统是否处于急停状态?

9)熔丝是否熔断?

10)方式选择开关设定是否正确?进给保持按钮是否被按下?

(5)数控机床和系统之间的接线情况,应从以下几方面进行分析:

1)电缆是否完整无损?特别是在拐弯处是否有破裂、损伤?

2)交流电源线和系统内部电缆是否分开安装?

3)电源线和信号线是否分开走线?

4)信号屏蔽线接地是否正确?

5)继电器、电磁铁以及电动机等电磁部件是否装有噪声抑制器?

3.数控机床故障诊断的原则

数控机床或数控系统的故障是多种多样的。但无论对何种故障,在进行诊断时,都应遵循以下原则:

(1)仔细调查故障现场,掌握第一手材料。维修人员到达故障现场后,先不要急于动手处理,而应首先详细向操作者询问故障发生的全过程,并查看故障记录单,了解故障发生前后曾出现过什么现象,采取过什么措施等。同时还要亲自仔细勘察现场。无论是系统的外观、CRT 显示的内容,还是系统内部的各电路板上有无相应的报警显示、有无烧灼的痕迹,不管多么细微的变化都应查清。在确认系统通电无危险的情况下,方可通电,并按下数控系统的复位(RESET)按钮,观察系统有何异常,报警是否消失等。如果消失,则该故障属于软故障,否则属于硬故障。

(2)认真查找各种故障因素。目前的数控系统在出现故障时,除少数自诊断显示故障原因外,如存储器报警、电源电压过高报警等,大部分尚不能自动诊断出故障的确切原因。往往是,同一现象、同一报警号可以由多种故障所致,不可能将故障缩小到具体的某一部件。所以在查找故障起因时,一定要思路开阔,不能被某种假象所迷惑。如系统的某一部分自诊断出现故障,但查其根源,故障原因在数控机床机械部分,而并不在数控系统。所以,无论是数控系统、数控机床电气系统,还是机械和液压系统,只要有可能引起该故障的迹象,都要尽可能全部列出来。

(3)综合分析,查清故障。利用数控机床的维修档案进行综合分析和筛选,找出可能性最大的原因。经过必要的试验,查清确切原因。然后"对症下药",采取相应措施排除故障。例如,某厂购置了一台北京机床研究所生产的JCS-018立式加工中心,使用中发现X、Y两坐标轴快速回零时,X轴出现抖动。经询问,该加工中心已使用了7年。对X轴进行多次单独运行试验,均无抖动现象,从而排除了X轴机械传动链和伺服电动机本身的因素。数控系统控制X轴脉冲也很均匀,这又排除了控制系统的影响。X轴的伺服电动机装在Y轴的床鞍上,X轴的控制电缆在Y轴运动时被来回拖动,当X轴单轴往复运动时,用手拖动X轴电动机的控制电缆,出现了抖动现象,这就可以确认抖动现象是X轴控制电缆接触不良造成的。由于电缆的插头长期被油腐蚀,绝缘性丧失,插头松动,需要更换电缆排除故障。

4.数控机床故障诊断的一般方法

(1)直观检查法。维修人员充分利用自身的眼、耳、鼻、手等感觉器官查找故障的方法,通过目测故障电路板,仔细检查有无熔丝熔断、元器件烧坏、烟熏、开裂现象,从而可判断板内有无过流、过压、短路发生。用手摸并轻摇元器件(如电阻、电容、晶体管等)看有无松动之感,以此检查一些断脚、虚焊等问题。针对故障的有关部分,使用一些简单工具,如万用表、蜂鸣器等,检查各电源之间的连接线有无断路现象。若无,即可接入相应的电源,并注意有无烟尘、噪声、焦糊味、异常发热等,以此发现一些较为明显的故障,进一步缩小检查范围。

(2)自诊断功能法。现代数控机床虽然尚未达到智能化很高的程度,但已经具备了较强的自诊断功能。所谓自诊断是指依靠数控系统内部计算机的快速处理数据的能力,对出错系统进行多路、快速的信号采集和处理,然后由诊断程序进行逻辑分析判断,以确定系统是否存在故障,并对故障进行定位。自诊断功能随时监视数控系统硬件和软件的工作状态。一旦发现异常,立即在CRT显示器上显示报警信息或用发光二极管示出故障的大致起因。利用自诊断功能,显示设备也能显示出系统与主机之间接口信号的状态,从而判断出故障发生在机械部分还是数控系统部分,并指示出故障的大致部位。这个方法是当前维修方法中最为有效的一种。

(3)功能程序测试法。功能程序测试法就是将数控系统的常用功能和特殊功能(如直线定位、圆弧插补、螺纹切削、固定循环、用户宏程序等用编程法),编制成一个功能测试程序,并存储于相应的介质上,如纸带和磁带等,需要时通过纸带阅读机等送入数控系统内,然后启动数控系统使之运行,以检查数控机床执行这些功能的准确性和可靠性,进而初步判断出故障的可能起因。本方法适用于长期闲置的数控机床第一次开机时的检查,对于数控机床加工中造成废品,但又无报警的情况下,一时难以确定是编程错误或是操作错误,还是数控机床本身故障时,该方法是一种有效的故障分析判断法。

(4)故障现象分析法。对于非破坏性故障,必要时维修人员可让操作人员再现故障现象,最好会同机械、电气、液压等技术人员一起会诊,共同分析出现故障时的异常现象,有助于尽快而准确地找到故障规律和线索。

(5)报警显示分析法。数控机床上多配有面板显示器和指示灯。面板显示器可把大部分被监控的故障识别结果以报警的方式给出。对于各个具体的故障,系统有固定的报警号和文字显示给予提示。出现故障后,系统会根据故障情况、类型给以故障提示,或者中断运行、停机,等待处理。指示灯可粗略地提示故障部位及类型等。程序运行中出现故障时:程序显示能指出故障出现时程序的中断部位;坐标值显示能提示故障出现时运动部件的坐标位置;状态显示能提示功能执行结果。维修人员应利用故障信号及有关信息分析故障原因。

(6)换件诊断法。当系统出现故障后,维修人员要逐步缩小故障范围,直至把故障定位于电路板级或部分电路,甚至元器件级。此时,可利用备用的印制电路板、集成电路芯片或元器件替换有疑点的部分,或将系统中具有相同功能的两块印制电路板、集成电路芯片或元器件进行交换,即可迅速找出故障所在。这是一种简便易行的方法。但换件时应该注意备件的型号、规格、各种标记、电位器调整位置、开关状态以及电路更改是否与怀疑部分的相同,此外,还要考虑到可能要重调新替换件的某些电位器,以保证新、旧两部分性能相近。任何细微的差异都可能导致失败或造成损失。

(7) 测量比较法。数控系统生产厂在设计印制电路板时,为了调整、维修的便利,在印制电路板上设计了多个检测用端子。用户也可利用这些端子比较、测量正常的印制电路板和有故障的印制电路板之间的差异。可以检测这些测量端子的电压或波形,分析故障的起因及故障的所在位置,甚至有时还可对正常的印制电路板人为地制造“故障”,如断开连接或短路,拔去组件等,以判断真实故障的起因。

(8)参数检查法。数控参数能直接影响数控机床的性能。参数通常存放在磁泡存储器或存放在需由电池保持的CMOS RAM中,一旦电池不足或由于外界的某种干扰等因素,个别参数会丢失或变化,发生混乱,使数控机床无法正常工作。此时,通过核对、修正参数,就能将故障排除。当数控机床长期闲置后,工作时会无缘无故地出现不正常现象,此时应根据现象特征,检查和校对有关参数。

另外,经过长期运行的数控机床,由于其机械传动部件磨损、电气元件性能变化等,也需对其有关参数进行调整。有些数控机床的故障往往就是由未及时修改某些不适应的参数所致。当然这些故障都属于软故障的范畴。

(9)敲击法。当数控系统出现的故障表现为时有时无时,往往可用敲击法检查出故障的部位。这是由于数控系统是由多块印制电路板组成的,每块板上又有许多焊点,板间或模块间又通过接插件及电缆相连。因此,任何虚焊或接触不良,都可能引起故障。当用绝缘物轻轻敲打有虚焊或接触不良的疑点时,故障会再现。

(10)局部升温法。数控系统经过长期运行后元器件均会逐步老化,性能变坏。当它们尚未完全损坏时,相应的故障时有时无。这时可用热吹风机或电烙铁等来局部升温被怀疑的元器件,加速其老化,以便彻底暴露故障部件。当然,采用此法时,一定要注意元器件的温度参数等,不要将原来好的元器件烤坏。

(11)原理分析法。根据数控系统的工作原理,维修人员可从逻辑上分析可疑元器件各点的电平和波形,然后用万用表、逻辑笔、示波器或逻辑分析仪进行测量、分析和对比,从而找出故障。这种方法对维修人员的要求最高,维修人员必须对整个系统乃至每个电路的原理都有清楚的了解。但这也是检查疑难故障的最终方法。

(12)接口信号法。由于数控机床的各个控制部分大都采用 I/O 接口来互为控制,利用数控机床各接口部分的 I/O 接口信号来分析,则可以找出故障出现的部位。

利用接口信号法进行故障诊断的全过程可归纳为:故障报警→故障现象分析→确定故障范围(大范围)→采用接口信号法→逻辑分析→确定故障点—排除故障。

此方法符合系统的设计与调试原则,使用简单,容易掌握,能起到迅速、准确排除故障的作用。因此,这种方法对数控系统的维修工作具有很重要的作用。

6.2.3　数控机床故障分析与维修实例

【例 6.1】一台从德国引进的专用数控磨床,采用 SINUMERIK 3G4 数控系统。

故障分析:

该机床出厂前已调试好。设备到位安装后进行二次调试,发现电源板无法工作。经改用诊断电源板后,机床仍无法工作。经电压波形检测后证实是电压波动过大,波形幅值变化剧烈引起故障。在维修工作中,改善接地状况、增添稳压器装置等、皆不能奏效,故障仍不能排除。直到使用动力线路限压器后才使电压稳定,启动机床。

【例 6.2】数控系统有显示,有背光,无报警,主轴高低速、正反转、刀库(刀架)功能无输出。

故障分析:

系统为 GSK928TA 或 GSK928M。液晶显示器显示正常,常规检查操作没有异常,由此可以排除 CPU 系统发生故障的可能性,应重点分析 I/O 接口电路。S、M、T 功能输出电路如图 6.2 所示。由 8155A 接口和 8155B 接口输出信号后经 2803 和 2003 功率放大后输出。无输出的原因有 8155 内部异常,2803 和 2003 短路烧坏,无+24 V 工作电压。拆开系统主板,用万用表直流电压挡测量液晶显示器(+24 V)和 2803、2003 工作电压(+24 V)后,发现果然没有电压。又测量开关电源(+24 V),输出正常。由此可以肯定系统内部(+24 V)供电电路有问题。

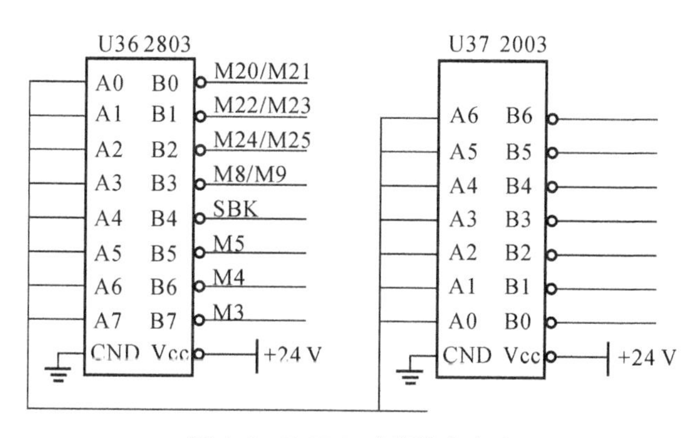

图 6.2　S、M、T 功能输出电路

【例 6.3】某数控机床配置 GSK980T 或 GSK990M+DA98 系统,*Z* 轴回机床原点时,行程到减速位置后系统并未减速,并超出行程 CNC,出现准备未绪报警。

故障分析:

机床原点是机床上的固定位置,通常机床原点安装在 *X* 轴和 *Z* 轴正方向的最大行程处。减速信号由安装在床身上的接近开关提供,原点信号由 DA98 驱动器反馈的回转信号提供。

当接收到机床原点信号时,Z 轴向正方向进给,当移动的撞块接近固定的接近开关时,Z 轴进给开始检测驱动器反馈回转的信号,接收到以后进给停止,回机床原点,波形图如图 6.3 所示,电路图如图 6.4 所示。由以上故障现象可见,系统并未接收到原点减速信号,以至于超出行程限位,导致准备未绪报警。

将系统输出 XS40 减速输入信号 DECZ 焊接线脱开,使之与外部分离,重新上电,手动使系统 Z 轴回机床原点,用短接线将 DECZ 与 COM 短接,进给立即减速,并回原点。由此可说明,CNC 系统内部没有故障,故障是接近开关失效或线路断路所致,将机床护罩拆开,观察撞块接近开关,接近开关工作灯并未亮。而且,发现接近开关表面有一层油污,擦干净后,重新回原点,工作正常。由此可证明,故障原因是接近开关表面脏,使感应效果减弱。

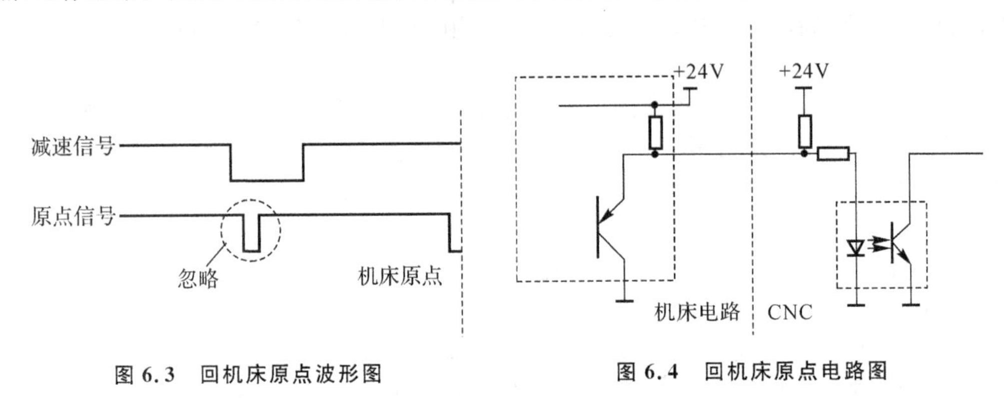

图 6.3　回机床原点波形图

图 6.4　回机床原点电路图

【例 6.4】某数控机床配有 GSK980T 或 GSK990M+DF3A 驱动器,系统经常出现 2 号报警,有时候又正常。

故障分析:

经查系统报警表,21 号报警解释为 X 轴驱动器报警。系统与驱动连接是通过 X 轴和 Z 轴驱动器驱动 X 轴和 Z 轴步进电动机进给实现的。驱动器上有 5 个状态指示灯,3 个相序指示灯,1 个功放指示灯,1 个报警指示灯。当驱动器报警时,报警指示灯亮,功放灯熄灭,CNC 系统立即停止信号输出,提示报警信息。引起驱动器报警的原因框图如图 6.5 所示。

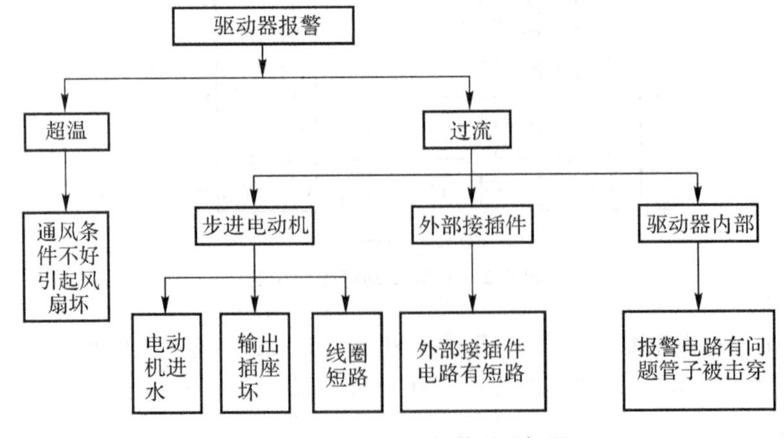

图 6.5　引起驱动器报警原因框图

打开电气箱门，发现 X 轴驱动器报警灯亮。虽然 X 轴驱动器和 Z 轴驱动器的驱动电流不同，但是两驱动器可以互换，这样可以判断是否是电动机或驱动器故障。断电后，将两个驱动器上的电动机插头互换，通电后手动按 Z 轴进给，一段时间后，CNC 系统显示 Z 轴驱动器报警。而手动按 X 轴进给，长时间工作都正常。因为这时 Z 轴驱动器驱动 X 轴步进电动机，由此可判断是 X 轴步进电动机异常。拆开电动机护罩，将电动机从减速箱上拆下来，发现减速箱里切削液很多。由此可以断定，切削液引起电动机绝缘度降低，从而过电流引起驱动器报警。用绝缘电阻表测量，电动机 A、B、C 三线圈对地电阻为零，正常阻值应大于 50 MΩ。

将电动机的转子和定子分离，在烘箱中烘干后重新装配，测量绝缘度，显示其正常。为避免以后电动机由于减速箱内积水过多，再度引起电动机进水，可将减速箱底部钻一个小孔，将切削液漏掉。处理后，系统一直比较稳定，正常工作。

维修是一门综合性技术。维修工作开展的效果很大程序上取决于维修人员的素质。维修人员在设备出现故障后，要能迅速找出故障并排除，其难度是相当大的。此能力并非一日之功就能达到，需要维修人员具备长期的技术储备。因此，维修人员要刻苦学习，勇于探索，勤于实践，不断归纳和总结经验，以提高自己的维修技术水平。

本节思考题

1. 试述数控机床故障诊断的一般步骤。
2. 数控机床常见故障的分类方法有哪些？
3. 数控机床故障诊断的原则是什么？
4. 数控机床常见的故障检测方法有哪些？

6.3　章节小结

数控机床是一种典型的机电一体化产品，坚持做好数控机床的日常保养和维修工作，可以有效地提高元器件的使用寿命，避免产生或及时消除事故隐患，使机床保持良好的运行状态。

(1)数控机床的保养。其主要包括数控机床日常保养的内容和要求、数控机床的维护保养、加工中心的维护保养、数控系统的使用与维护等。为了使数控机床各部件保持良好状态，除了发生故障应及时修理外，坚持日常保养也是十分重要的。

(2)数控机床故障诊断与维修。其主要包括数控机床维修的基本概念、故障规律、数控机床故障诊断的一般步骤、维修中的注意事项、数控机床常见故障分类、数控机床常用故障诊断方法、数控系统的故障诊断技术、数控系统常见故障的处理、进给伺服系统故障诊断与维修和主轴伺服系统常见故障的处理等，并通过大量典型实例介绍了数控机床故障诊断与维修方法。

6.4　自　测　题

1. **简答题**(6 小题，每小题 10 分，共 60 分)

(1)叙述数控机床常见故障的分类及方法。

(2)数控机床的位置精度测试包括哪些内容？如何理解定位精度对加工精度的影响？

(3)数控系统常见电源有哪几种？电源引起的常见故障有哪些？

(4)进给伺服驱动系统有哪几个组成部分？简述其功能。

(5)列举交流伺服主轴驱动系统的主要故障。

(6)数控机床主传动系统常采用的配置方式有哪些？

2. **案例分析**(4 小题，每小题 10 分，共 40 分)

(1)有一台 CK6140 数控车床换刀时，3 号刀位转不到位，试分析故障产生的原因。

(2)一台配套某系统的加工中心，进给加工过程中，发现 X 轴有振动现象，试分析故障产生的原因。

(3)某数控车床在加工时主轴运行突然停止，出现打刀，驱动器显示过电流报警，试分析故障产生的原因。

(4)一数控系统，机床送电，CRT 无显示，查 NC 电源＋24 V、＋15 V、－15 V、＋5 V 均无输出，试分析故障产生的原因。

附　　表

附表1:常用缩略语英汉对照

英文缩写	英文全称	中文全称
A/D	Analog-to-Digital	模拟/数字
AB	Address Bus	地址总线
AGV	Automated Guided Vehicles	自动制导车辆
APT	Automatically Programmed Tools	自动编程工具
CAD	Computer Aided Design	计算机辅助设计
CAE	Computer Aided Engineering	计算机辅助工程
CAM	Computer Aided Manufacturing	计算机辅助制造
CAPP	Computer Aided Process Planning	计算机辅助工艺规划
CB	Control Bus	控制总线
CIMS	Computer Integrated Manufacturing System	计算机集成制造系统
CNC	Computer Numerical Control	计算机数字控制
CPU	Central Processing Unit	中央处理单元
CRT	Cathode-Ray Tube	阴极射线管
D/A	Digital-to-Analog	数字/模拟
DCN	Direct CNC Networking	直接计算机数字控制网络
DDA	Digital Differential Analyzer	数字积分法
DNC	Distributed Numerical Control	分布式数字控制
EPROM	Erasable Programmable Read-Only Memory	可擦可编程只读存储器
FA	Factory Automatization	工厂自动化
FMC	Flexible Manufacturing Cell	柔性制造单元
FMF	Flexible Manufacturing Factory	柔性制造工厂
FML	Flexible Manufacturing Line	柔性制造线
FMS	Flexible Manufacturing System	柔性制造系统
I/O	Input/Output	输入/输出
ISO	International Organization for Standardization	国际标准化组织

续表

英文缩写	英文全称	中文全称
LCD	Liquid Crystal Display	液晶显示器
LED	Low Emitting Diode	发光二极管
MAP	Manufacturing Automation Protocol	制造自动化协议
MC	Machining Centre	加工中心
PIC	Programmable Interface Controller	可编程接口控制器
PID	Proportional-Integral-Differential (Controller)	比例积分微分(控制器)
PLC	Programmable Logic Controller	可编程逻辑控制器
PMC	Programmable Machine Controller	可编程机器控制器
PTCP	Punched Tape Card Punch	纸带穿孔机
PSC	Programmable Sequence Controller	可编程顺序控制器
PWM	Pulse Width Modulation	脉冲宽度调制
RAM	Random Access Memory	随机存储器
RLC	Relay Logic Circuit	继电器逻辑电路
ROM	Read Only Memory	只读存储器
SPWM	Sine wave Pulse Width Modulation	正弦波脉冲宽度调制

附表 2:常用刀具的切削参数

工件材料	车刀刀杆尺寸 $B\times H$/(mm×mm)	工件直径 d/mm	背吃刀量 a_p/mm				
			≤3	>3～5	>5～8	>8～12	>12
			进给量 f/(mm·r^{-1})				
碳素钢、合金钢、耐热钢	16×25	20	0.3～0.4	—	—	—	—
		40	0.4～0.5	0.3～0.4	—	—	—
		60	0.5～0.7	0.4～0.6	0.3～0.5	—	—
		100	0.6～0.9	0.5～0.6	0.5～0.6	0.4～0.5	—
		400	0.8～1.2	0.7～1.0	0.6～0.8	0.5～0.6	—
	20×30 25×25	20	0.3～0.4	—	—	—	—
		40	0.4～0.5	0.3～0.4	—	—	—
		60	0.5～0.7	0.5～0.7	0.4～0.6	—	—
		100	0.8～1.0	0.7～0.9	0.5～0.7	0.4～0.7	—
		400	1.2～1.4	1.0～1.2	0.8～1.0	0.6～0.9	0.4～0.6

续表

工件材料	车刀刀杆尺寸 $B\times H$/(mm×mm)	工件直径 d/mm	背吃刀量 a_p/mm				
			≤3	>3~5	>5~8	>8~12	>12
			进给量 f/(mm·r^{-1})				
铸铁、铜合金	16×25	40	0.4~0.5	—	—	—	—
		60	0.5~0.8	0.5~0.8	0.4~0.6	—	—
		100	0.8~1.2	0.7~1.0	0.6~0.8	0.5~0.7	—
		400	1.0~1.4	1.0~1.2	0.8~1.0	0.6~0.8	
	20×30 25×25	40	0.4~0.5	—	—	—	—
		60	0.5~0.9	0.5~0.8	0.4~0.7	0×	—
		100	0.9~1.3	0.8~1.2	0.7~1.0	0.5~0.8	—
		400	1.2~1.8	1.2~1.6	1.0~1.3	0.9~1.1	0.7~0.9

注:①加工断续表面及有冲击的工件时,表内进给量应乘系数 k,k=0.75~0.85。

②在无外皮加工时,表内进给量应乘系数 k,k=1.1。

③加工耐热钢及其合金时,进给量不大于 1 mm/r。

④加工淬硬钢时,进给量应减小。当钢的硬度为 44~56 HRC 时,应乘系数 k,k=0.8;当钢的硬度为 57~62 HRC 时,应乘系数 k,k=0.5。

附表 3:硬质合金外圆车刀切削速度的参考数值

工件材料	热处理状态	a_p=0.3~2 mm	a_p=2~6 mm	a_p=6~10 mm
		f=0.08~0.3 mm/r	f=0.3~0.6 mm/r	f=0.6~1 mm/r
		切削速度/(m·min^{-1})		
低碳钢、易切钢	热 轧	140~180	100~120	70~90
中碳钢	热 轧	130~160	90~110	60~80
	调 质	100~130	70~90	50~70
合金结构钢	热 轧	100~130	70~90	50~70
	调 质	80~110	50~70	40~60
工具钢	退 火	90~120	60~80	50~70
灰铸铁	<190HBS	90~120	60~80	40~60
高锰钢	—	—	10~20	—
铜及铜合金	—	200~250	120~180	90~120
铝及铝合金	—	300~600	200~400	150~200
铸铝合金	—	100~180	80~150	60~100

注:切削钢及铸铁时刀具寿命约为 60 min。

参考文献

[1] 杜国臣.机床数控技术[M].北京:北京大学出版社,2016.
[2] 王春海.数字化加工技术[M].北京:化学工业出版社,2003.
[3] 全国数控培训网络天津分中心. 数控编程[M]. 北京:机械工业出版社,1997.
[4] 全国数控培训网络天津分中心. 数控机床[M]. 北京:机械工业出版社,1997.
[5] 于春生.数控机床编程及应用[M].北京:高等教育出版社,2001.
[6] 华茂发.数控机床加工工艺[M].北京:机械工业出版社,2000.
[7] 杜国臣.数控机床编程[M].北京:机械工业出版社,2004.
[8] 彭晓南.数控技术[M].北京:机械工业出版社,2001.
[9] 毕毓杰.机床数控技术[M].北京:机械工业出版社,1995.
[10] 张超英.数控机床加工工艺[M].北京:机械工业出版社,2003.
[11] 龚仲华.数控技术[M].北京:机械工业出版社,2004.
[12] 李郝林.机床数控技术[M].北京:机械工业出版社,2004.
[13] 陈志雄.数控机床与数控编程技术[M].北京:电子工业出版社,2003.
[14] 张超英.数控加工综合实训[M].北京:化学工业出版社,2003.
[15] 张导成. 三维 CAD/CAM:Master CAM 应用[M]. 北京:机械工业出版社,2003.
[16] 廖卫献. 数控铣床及加工中心自动编程[M]. 北京:国防工业出版社,2002.
[17] 王隆太.先进制造技术[M].北京:机械工业出版社,2003.
[18] 关美华.数控技术:原理及现代控制系统[M].成都:西南交通大学出版社,2003.
[19] 董玉红.数控技术[M].北京:高等教育出版社,2004.
[20] 张俊生.金属切削机床与数控机床[M].北京:机械工业出版社,2001.
[21] 林宋.现代数控机床[M].北京:化学工业出版社,2003.
[22] 刘启中.现代数控技术及应用[M].北京:机械工业出版社,2000.
[23] 杜国臣.机床数控技术[M].北京:机械工业出版社,2017.